생활원예

이승우 · 이정명 공저

도서출판 동화기술

머리말

최근 우리 사회는 빠른 경제적 성장에서 발생하는 공해 증가와 도시의 거대화에 따른 극심한 자연환경 파괴현상이 현대인에게 각종 스트레스를 유발하고 있어 일반인의 원예에 대한 관심과 필요성을 높여 주고 있음은 물론 원예활동을 통한 정서적 순화, 육체적 휴식, 건전한 여가생활 유도 및 생활환경 개선 등에 대한 요구도가 더욱 절실해 지고 있는 실정이다.

1차원적 원예 또는 고전원예를 원예산물의 생산 및 획득과 원예활동을 통한 소득향상 등이라고 한다면, 원예산물의 기능성 물질을 이용한 건강증진과 원예활동을 통한 정신적, 육체적인 건강증진 등을 중점적으로 다루는 것은 2차원적 원예 또는 현대원예로 구분할 수 있으며, 생활원예는 2차원적 원예, 즉 현대원예의 범주에 속한다고 할 수 있다. 즉, 현대인들은 가정이나 직장 또는 사회생활 속에서 하루하루를 직접 또는 간접적으로 원예와 밀접한 관계를 맺으면서 생활하고 있다.

2000년도에 "최신생활원예"를 출간한 이래 10년 이상의 교양강좌 강의 경험을 토대로 현대적인 감각으로 대폭 수정된 1차 개정판을 2008년에 저술하게 되었으며, 이번에 출간되는 최신생활원예 개정판은 2008년도에 출간된 최신생활원예의 기본 틀을 유지하면서 새롭게 수집한 자료의 사진 추가와 함께 일부내용을 개정 및 보완하여 편집하였다. 주요 내용은 우리 주변에서의 친숙한 원예활동이나 취미생활 등에서 상식적이면서도 생활에 직접적인 도움이 될 수 있을 것으로 판단되는 주제를 선발하여 편집하였다. 특정분야에 치우치지 않고 다양한 장르로 구분하여 원예를 처음 접하는 대학생을 대상으로 한 교양과목의 교재로 저술하였으나, 일반인들도 교양차원에서 어려움이 없도록 많은 사진과 그림을 사용하였고 비교적 쉽고 폭넓은 이해를 충족시킬 수 있도록 편집하였다.

이 책은 원예의 기초이론, 분야별 특징과 이용 및 재배법, 기능성 산물을 이용한 건강증진, 그리고 주말농장, 수목원, 식물원 등과 같은 공공원예를 포함하여 모두 19개의 장으로 구성되어 있다.

제1~4장에서는 생활원예의 정의, 중요성 및 유형, 원예식물의 분류, 번식, 개화 및 생육조절에 관한 기초 이론을 중심으로 기술하였다.

제5~9장은 화훼원예의 분야로 주요 초화류의 종류와 재배법 및 화단의 조성과 관리, 분화류, 관엽류, 난 및 분재의 종류와 재배법, 화훼장식과 꽃 예술을 다루었다.

제10~12장은 최근 음식물 섭취를 통한 건강증진에 대한 관심이 고조되고 있음에 따라 원예산물의 종류별 기능성 물질탐색과 이용, 주요 채소 및 과수의 종류, 재배법 및 이용방법 등을 소개하였다.

제13~15장에서는 산업화, 도시화에 시달리고 있는 현대인들을 위해 녹색의 자연환경을 통한 삶의 질 향상을 목표로 하는 원예치료 및 향기요법과 산채류, 약용식물 및 버섯의 이용방법 등을 기술하였다.

제16~19장에서는 원예작물의 신품종 육성 방법과 유전공학 기법을 이용한 새로운 원예작물의 창출과 유해성 여부, 생활환경 개선에 따른 원예자재의 이용과 적용기술, 마지막으로 야외원예활동이나 공공원예의 의미로 주말농장, 국립공원, 식물원 및 수목원 등의 이용방법 등을 소개하였다.

끝으로 이 책을 저술하는 데 많은 도움을 주신 모든 분들과, 어려운 중에서도 기꺼이 출판을 맡아준 도서출판 동화기술 관계자 분들께 깊은 감사를 드리며, 원고정리에 도움을 아끼지 않은 최병순, 박미영, 왕평보 조교와 경희대학교 원예학과 대학원생들에게도 사의를 표한다.

저자 일동

차 례

9 장 꽃꽂이와 꽃예술 153

10 장 원예작물 이용과 기능성 식단 175

19 장 한국의 국립공원, 식물원과 수목원 369

부록 397

찾아보기 413

1 생활원예의 의미, 중요성 및 유형

1.1 원예

원예(園藝)는 한자의 의미로 울타리에 둘러싸여진 장소를 뜻하는 원(園)자와 작물을 정성껏 기른다는 뜻의 예(藝)자로 구성되며, 영어 표기인 horticulture는 정원 또는 둘러싸인 곳이라는 의미의 hortus(garden)와 재배 또는 경작하다는 의미의 cultura(cultivate)의 합성어이다. 따라서 원예는 울타리로 둘러싸인 곳 또는 온실이나 비닐하우스 같은 장소에서 고도의 기술로 작물을 재배하는 것으로서 대상 작물에 따라 화훼원예, 채소원예, 과수원예, 조경원예 등으로 구분한다.

한편, 현대적인 개념으로서의 원예는 수확 또는 생산을 의미하는 1차원적 원예와 양육 또는 이용을 의미하는 2차원적 원예로 구분한다. 1차원적 원예는 통상적인 의미로 먹거리 생산, 관상 및 조경용 식물의 생산이 주목적이며 원예작물의 분류, 기후, 토양, 시설, 번식, 재배, 보호, 육종, 저장, 가공 등을 포함한다. 2차원적 원예는 1차원적 원예의 의미 이외에 인간의 생리, 심리, 감정 및 육체적인 면에 영향을 미쳐서 삶의 질을 향상시키고 풍요롭게 하기 위한 수단으로 이용되는 원예로서 생활원예, 가정원예, 사회원예, 도시원예, 환경원예, 치료원예 등을 포함한다.

1.2 국내의 원예 산업 현황 및 중요성

선진국의 문화 수준 정도가 높아질수록 원예작물의 소비량도 많아지고 원예에 대한 관심이나 취미를 가지려는 인구가 급증한다. 미국인의 40%가 원예를 자신의 가장 중요한 취미라고 하며 사랑과 관심을 기울이고 있음이 이를 쉽게 증명해 보이는 것이라 할 수 있다. 국내에서 원예작물의 소비량은 식용(食用)을 주로 하는 채소와 과실이 대부분이고, 장식용으로 사용되는 화훼류도 1조원 정도로 전체 원예작물 소비량의 10%에 달하고 있다. 농림업 총생산액 39.7조원의 28%인 11조원이 원예작물생산액이다(표 1-1).

이러한 자료도 최근 자유무역제도의 확대 실시 및 FTA(Free Trade Agreement)의 체결 증가로 인해 국제무역이 용이한 식량작물과 쇠고기 등의 축산물의 수입이 급증하면서 상대적으로 국내생산액에서 차지하는 비율이 큰 폭으로 낮아져 원예작물의 생산액이 총 농업생산액의 50%까지 달하게 될 것으로 보는 견해도 많다. 그 주된 이유는 식량작물이나 축산물의 국내 생산원가가 상대적으로 지나치게 높은 것이 걸림돌이 되어 가격면에서의 국제경쟁력이 점차로 낮아지고 있어서 거의 수출은 하지 못하는데 비해 수입만 급증하고 있기 때문이다.

반면, 신선한 상태를 유지해야 하기 때문에 수출이나 장기저장이 상대적으로 매우 어렵고, 지역적 기호도 차이가 극심한 원예작물은 수입 통관 자체도 어려울 뿐만 아니라 수입되더라도 판매가 그다지 활발하지 않다. 또한 품질 좋은 원예작물들에서 채소류(김치, 파프리카, 토마토, 딸기, 채소종자 등), 과실류(사과, 배, 감귤 등), 화훼류(국화, 접목선인장, 백합, 장미 등)는 가까운 일본이나 네덜란드 등지에 꾸준히 수출물량을 늘여가고 있기 때문이기도 하다(그림 1-1).

최근 생활수준의 향상과 주5일 근무제에서 유래된 생활 속에서의 시간적 및 경제적 여유는 많은 사람들로 하여금 취미, 교육, 운동, 여가선용, 안전한 먹거리 생산 등으로 이어지는 각종 원예활동에 심취할 수 있도록 유도하고 있다. 아울러 현대인의 최대의 질병의 하나로 인정된

▶ **표 1-1.** 농림업 총생산액과 원예작물의 비중(농림수산식품통계연보, 2009)

구분	주요 품목	금액 (10억원)	상대비율 (%)
식량작물	쌀, 밀, 보리, 콩, 감자, 고구마, 옥수수 등	10,607	26.7
원예작물	채소(고추, 수박, 딸기, 배추, 토마토 등) 과수(사과, 감, 감귤, 포도, 배 등) 화훼(절화류, 분화류, 관상수, 화목류 등)	7,213 2,998 904	28.0
버섯-약용-특용-전매작물-볏짚	새송이-영지, 산약-두충, 참깨-땅콩 인삼-연초, 볏짚	3,154	8.0
임산물 및 부산물	용재, 죽재, 연료, 농용자재, 수실 등	1,193	3.0
축산-축산물	한우, 돼지, 닭, 오리, 우유, 계란, 벌꿀 등	13,593	34.3
총계		39,663	100.0

파프리카 배 접목선인장

▲ 그림 1-1. 한국에서 수출하고 있는 주요 원예작물

비만과 이에 따르는 각종 건강적신호(고혈압, 당뇨, 소화불량, 스트레스 축적)를 예방하기 위해서 원예작물의 섭취량뿐만 아니라 하루 섭취횟수를 5회 이상으로 늘려서 건강을 유지해야 한다는 이른 바 5-A-Day Promotion도 세계적으로 확산되고 있다.

정서적인 면에서도 원예치료(horticultural therapy)나 향기치료(aromatherapy), 그리고 전원생활이나 주말농장에 참여하여 신선한 공기를 흡입하면서 몸과 마음을 깨끗이 유지하도록 노력하는 집단이 폭증하고, 각종 매체를 통해 일반인에게 이러한 효과 및 변화가 상세하게 소개되면서 원예활동 또는 생활원예가 우리의 일상생활에서 차지하는 비중이 빠르게 증대되고 있다.

1.3 생활원예의 정의

생활원예는 원예학을 기초로 하여 가정, 직장 또는 휴식장소를 포함하는 현대인의 모든 생활공간에서 화훼, 채소, 과수 등의 다양한 원예작물을 대상으로 관상이나 식용 또는 정신건강을 위한 목적으로 행해지는 모든 원예활동을 말한다.

1.4 생활원예의 중요성

1.4.1 생활원예의 특징

현대원예의 특징은 획득의 개념으로서 먹거리 생산, 관상 및 조경용 식물의 생산이 주목적인 1차원적 원예와, 1차원적인 의미 이외에 인간의 삶의 질을 향상시키고 풍요롭게 하기 위한 수단으로 이용되는 2차원적인 원예로 구분하는데 생활원예는 2차원적인 원예의 특성이 강하다. 원예작물들은 관상식물류, 채소류, 과수류로 구분이 되는데 생활원예에서는 관상식물이 주 대상이 되며 채소류와 과수류는 부분적으로 취급되는 것이 보통이지만 최근에는 인간의 건강을 위한 채소와 과일의 기능성 물질 탐색과 이용에 관한 관심이 고조되고 있다. 따라서 생활원예는 인간의 모든 활동영역에서 시간적, 공간적으로 이루어지는 원예활동이라 할 수 있다.

1.4.2 생활원예의 효용

1 취미활동 및 여가선용

개인의 취미생활 뿐만 아니라 가족 간의 화합과 화목을 도모하고 근로정신 함양과 성취감을 느낄 수 있게 한다.

2 무공해 청정식품 생산

직접 재배한 무공해 채소나 과일을 필요한 만큼 즉시 수확하여 공급할 수 있어서 농약오염의 위험성이 없고, 유통과정에서 발생되는 영양적 손실이 없는 신선한 상태로 섭취할 수 있다.

(1) Vitamin 공급원

- A(파슬리, 당근, 부추, 시금치, 무잎, 고춧잎, 근대)
- C(파슬리, 양배추, 고춧잎, 풋고추, 시금치, 감귤, 레몬 등)
- B(고춧잎, 토마토, 파슬리, 시금치 등)

(2) 무기질 공급원 : Ca, K, Fe, Mg 등

- Ca(시금치, 무잎, 양배추, 우엉, 레몬 등)
- Fe(시금치, 무잎, 복숭아 등)

(3) 알칼리성 식품 : 체액의 산성화 방지(파속 식물을 제외한 대부분의 원예작물)

(4) 기타 : 소화촉진, 변비예방(셀룰로오스, 리그닌, 펙틴 등), 식욕증진(모양, 색깔, 향기 등), 항암효과(식물색소, 각종 기능성 물질 등)

3 쾌적한 환경조성

(1) 실내 온습도 조절

대부분의 관엽식물은 실내의 온도와 습도 조절 효과가 있어서 생활하기에 쾌적한 환경을 제공한다.

(2) 공기 중의 먼지제거

식물의 증산작용을 통하여 미세한 대류현상이 발생하여 공기 중의 먼지가 화분토양 속으로 흡수된다.

(3) 공기오염 물질의 정화

건축자재로부터 발생되는 포름알데히드 및 라돈, 세제류나 가구류 등에서 발생되는 휘발성 유기화합물, 연료의 불완전 연소 및 자동차의 배기가스에서 발생되는 이산화질소와 이산화탄소의 정화효과가 있다(표 1-2, 1-3, 1-4).

(4) 전자파 흡수

각종 전자제품에서 발생되는 전자파를 흡수한다.

4 식물의 치료적 역할

(1) 심리적 안정감

장애인의 재활, 치매치유, 정신질환치료, 범법자 정신순화, 어린이 정서교육, 스트레스 조절 등을 통한 삶의 질이 향상된다.

▶ 표 1-2. 주요 실내공기 오염물질 발생원 및 건강에 미치는 영향(대기환경연구회, 2001)

오염물질	발생원	인체영향
분진	대기 중 분진이 실내로 유입, 실내 바닥의 먼지, 담뱃재 등	규폐증, 진폐증, 탄폐증, 석면폐증 등
담배연기 (각종 가스, 탄화수소, 벤조피렌, 분진, 포름알데히드, 니코틴 등)	담배, 권련, 파이프담배 등	두통, 피로감, 기관지염, 폐렴, 기관지 천식, 폐암 등
연소가스 (일산화탄소, 이산화질소, 아황산가스, 호흡성 부유분진 등)	각종 난로(석탄, 가스, 석유), 벽난로, 연료연소, 가스레인지 등	만성 폐질환, 기도저항 증가, 중추신경 영향 등
라돈 (라돈가스의 부산물)	흙, 바위, 물, 지하수, 화강암, 콘크리트 등	폐암 등
포름알데히드	각종 합판, 보드, 가구, 단열재, 소취제, 담배연기, 화장품, 옷감 등	눈 · 코 · 목 자극증상, 기침, 설사, 어지러움, 구토, 피부질환, 비암, 정서불안정, 기억력 상실 등
석면	단열재, 절연재, 석면타일, 석면, 브레이크, 방열제 등	피부 질환, 호흡기 질환, 석면증, 폐암, 중피종, 편평상피 등
미생물성 물질 (곰팡이, 박테리아, 바이러스 등)	가습기, 냉방장치, 냉장고, 애완동물, 해충, 인간 등	알레르기성 질환, 호흡기 질환 등
유기용제 (에스테르, 알데히드, 케톤 등)	페인트, 접착제, 스프레이, 연소과정, 세탁소, 의복, 방향제, 건축자재, 왁스 등	피로감, 정신착란, 두통, 구역, 중추신경 억제작용 등
악취	외부 악취가 실내로 유입, 흡연 등	식욕감퇴, 구토, 불면, 알레르기증, 정신신경증

▶ 표 1-3. 포름알데히드 제거에 효과적인 실내식물의 순위

순위	식물명
1	보스턴 고사리
2	포트멈 국화
3	거베라, 왜성대추야자, 드라세나 데레멘시스 '자넷 크레이그', 대나무야자
4	인도 고무나무, 영국 담장이
5	벤자민 고무나무, 스파티필름, 아레카야자, 드라세나 '맛상게아나'

▶ 표 1-4. 대기오염물질을 제거하는 대표적인 식물의 예

오염물질	식물명
질소화합물(NO_3)	벤자민 고무나무, 스파티필름
암모니아	관음죽, 스파티필름, 파키라
벤젠	헤데라, 스파티필름, 거베라
이산화탄소(CO_2)	파키라, 관음죽, 스파티필름
트리클로로에틸렌	드라세나 데레멘시스 '자넷 크레이그', 스파티필름, 거베라, 국화
포름알데히드	표 1-3 참조
자일렌, 톨루엔	아레카야자, 피닉스야자, 싱고니움, 인도 고무나무
오존(O_3)	스파티필름, 영국 담장이, 벤자민 고무나무
이산화황(SO_2)	스파티필름
음이온	산세베리아
아세톤	스파티필름

(2) 지적인 만족감

식물의 생육 또는 재배와 관련된 지식을 습득할 수 있으므로 자연환경교육의 효과를 기대할 수 있고, 지적 장애인의 장애경감 및 극복에 효과적이다.

(3) 운동 효과

원예활동을 통한 근육의 퇴화방지로 건강증진 효과를 기대할 수 있다.

(4) 사회성 증진

원예활동을 통한 공동체 의식 및 협동심을 고취시킬 수 있고, 전시회 등을 통한 상호정보교류로 사회성을 증진시킬 수 있다.

1.5 생활원예의 범위 및 유형

1.5.1 생활원예의 범위

생활원예는 그 활동영역에 따라 실내원예와 실외원예의 형태로 구분되며 실외원예에는 시민이나 관광을 목적으로 하는 대중원예가 포함된다.

1 실내원예

베란다 및 창가를 이용한 관상식물 및 채소류의 재배, 실내정원, 테라리움, 양액 재배, 분경, 모듬화분, 꽃꽂이, 분재 등이 포함된다.

2 실외원예

주택정원 관리, 주말농원, 화단, 정원수, 잔디, 채소 재배, 유실수 재배 등이 포함된다.

3 공공원예

시민농원, 식물원, 수목원, 관광농원 등의 장소에서 식물을 감상하고 즐기는 원예활동이 포함된다.

1.5.2 생활원예의 유형

생활원예는 그 활동이나 방법에 따라 다양한 형태로 분류할 수 있다.

1 취미

각종 동호회를 통하여 동호인들 간의 정보교류 및 취미활동의 형태로 원예활동을 한다. 꽃꽂이(예술, 자격증 및 절화수명), 건조화, 인공조화, 자생식물, 허브류, 아프리칸 바이올렛, 무궁화, 난 동호회 등이 있다.

2 환경

도시환경은 급속한 과학발달과 도시산업화의 가속화에 따른 녹지감소, 대기오염, 수질오염, 쓰레기 등과 같은 문제로 인간의 삶의 질을 위협하고 있으며 산업구조의 다양화로 옥외활동 대신 실내활동이 증가하는 추세이다. 이 같은 생활환경의 변화에 따라 미적인 만족감을 통한 심리적 휴식 및 공기정화를 통한 쾌적한 환경 조성을 위한 녹지조성이나 원예활동이 요구된다.

3 장식

화훼장식, 조경, 정원조성, 실내원예 등을 통하여 미적 만족 및 쾌적한 환경을 조성한다(제8장 참조).

4 원예치료

도시현대화의 가속화에 따른 지나치게 빠른 문화적, 사회적 변화는 신체적 긴장과 정서, 감정에 영향을 미쳐 현대인은 많은 스트레스를 받고 있으며, 이는 활력감퇴와 정신적, 육체적 능력을 약화시켜 각종 질병을 유발하는 원인이 된다. 이 같은 문제들을 해결하기 위한 방법으로 원예치료가 활성화되어 병원, 사회복지센터, 양로원, 각급 학교 등에서 원예치료 프로그램이 실시되고 있다.

5 주말농원 · 관광농원

현대인의 생활양상은 경제적, 사회적, 문화적 발달로 인하여 보다 안락하고 풍요로운 생활을 추구하는 생활양식, 즉 삶의 질에 대한 변화에 가치를 두게 되었다. 이 같은 생활방식의 변화는 도시를 벗어난 야외활동이 활성화되는 결과를 가져와 대도시 근교에 주말농장의 부흥기를 가져오고 있다. 주말농장의 특징은 먹거리의 자가 생산, 가족 간의 협동심 고취 및 대화의 장 제공, 건전한 여가활동, 도시인의 정신적인 휴식과 만족감 등 많은 장점이 있다(제18장 참조).

6 식물원 및 수목원

광릉수목원, 용인에버랜드, 남산식물원, 서울대공원 식물원, 제주도 여미지 식물원, 어린이 대공원 식물원, 한택식물원 및 각종 사설 식물원 등지를 이용한 원예활동이 활성화되어 있다(제19장 참조).

7 가정

일반인의 가정에서 취미원예의 형태로 이용되는 정원관리, 실내장식, 베란다 원예 등과 같은 방법들이다.

8 정보 매체

주요 방송, 인터넷, 신문, 잡지, 기타 등을 통하여 원예지식을 습득할 수 있고, 특히 방송매체는 시청자가 편리한 시간대에 방영하는 것이 중요하다.

9 교육 및 학습

각급 학교의 정원, 자연학습원, 식물원, 수목원 등을 이용한다.

참고문헌

1. 한국원예학회. 1999. 신제 생활원예. 향문사.
2. 한동욱. 1996. 생활원예. 도서출판 서일.
3. 서정근. 1998. 생활원예 이야기. 단국대학교 출판부.
4. 최주견. 1997. 가정원예. 오성출판사.
5. 이종석, 곽병화. 1986. 신제 가정원예. 향문사.
6. 손기철. 2004. 실내식물이 사람을 살린다. 중앙생활사.
7. 농촌진흥청. 2003. 생활원예. (표준영농교본-137)
8. 곽병화(감수). 2009. 공기정화식물키우기. 주부생활사.

2 원예식물의 분류

원예식물은 용도에 따라 채소류, 과수류, 화훼류로 구분한다. 생활원예의 주요 대상이 되며 관상을 주 목적으로 하는 화훼류에는 종류가 매우 다양한 초본성, 목본성 식물이 포함되고, 인간의 식생활 재료 중 주식이 아닌 부식용으로 재배되는 것 중에서는 초본성(herbaceous)인 것을 채소류, 목본성(woody)인 것을 과수류로 분류한다.

2.1 화훼류의 분류

1 식물학적 분류

- 2명법 : Carl von Linne (1707~1778)의 분류에 근거
  - 학명 : 속명과 종명을 이탤릭체로 표기한다.
- 3명법 : 아종, 변종의 경우

  흰진달래 *Rhododendron mucronulatum*. Turtcz. for. *albiflorum* T. Lee

var. : 변종(variety)
for. : 품종(forma)
cv : 재배종(cultivar)

식물계(kingdom) : Plant
현화식물부(division) : Spermatophyta
종자식물문(phylum) : Angiospermae
쌍자엽식물강(class) : Dicotyledoneae
뽕나무목(order) : Morales
뽕나무과(family) : Moraceae
무화과속(genus) : *Ficus*
종(species) : *elastica*
변종(아종, subspecies) : *variegata*
품종(cultivar) : Bulgeman' s plant

2 성상에 의한 분류

(1) 초본류

- **총생형** : 1, 2년초, 숙근초, 구근류의 대부분이 포함된다.
- **만성형** : 나팔꽃, 누홍초, 클레마티스, 시계초 등이다.

(2) 목본류

생장습성에 따라 관목, 교목, 만성류로 구분되고 잎의 특성에 따라서 상록수, 낙엽수, 활엽수, 침엽수 등으로 구분한다.

- **관목류** : 수고 1 m 내외로 생육하며, 주간이 없고 여러 줄기가 근관부에서 총생한다.
  상록성 관목 : 만병초, 왜철쭉, 식나무, 남천, 사철나무, 백량금 등
  낙엽성 관목 : 장미, 개나리, 조팝나무, 모란, 명자나무 등
- **교목류** : 주간이 뚜렷하고 수고가 높게 자란다.
  상록성 교목 : 소나무, 동백, 향나무, 히말라야시다 등
  낙엽성 교목 : 단풍나무, 배롱나무, 벚나무, 후박, 목련 등
- **만성류** : 줄기조직이 목질화된 덩굴성 식물류이다.
  반등성 : 능소화, 담장이, 덩굴장미 등
  전락성 : 등나무, 인동덩굴(우회성), 다래나무, 으름덩굴(좌회성) 등

3 원예적 분류

(1) 1년초(Annuals)

파종 후 1년 이내에 개화 결실하고 고사하는 초본성 화훼류를 말한다(그림 2-1).

- **춘파 1년초** : 열대, 아열대 원산으로 여름부터 가을사이 개화하며, 상대적 단일 또는 단일 식물이 대부분이다. 과꽃, 금어초, 금잔화, 코스모스, 나팔꽃, 매리골드, 봉선화, 샐비어, 맨드라미, 해바라기, 백일홍, 채송화, 버베나, 색비름, 한련화 등이 포함된다.
- **추파 1년초** : 온대 원산으로 여름철 고온 하에서는 생육이 부진하고, 대부분 상대적 장일 식물이다. 팬지, 시네라리아, 프리뮬라, 양귀비, 데이지, 페튜니아, 칼세올라리아, 아게라텀, 스위트피, 석죽, 스토크 등이 포함된다.

가자니아 / 금어초 / 금잔화 / 나팔꽃

데이지 / 란타나 / 리빙스턴데이지 / 마가렛

매리골드 / 맨드라미 / 백묘국 / 백일홍

▲ 그림 2-1. 초화류

버베나 / 베고니아 / 빈카 / 사피니아
샐비어 / 임파첸스 / 채송화 / 콜레우스
토레니아 / 패랭이 / 팬지 / 페튜니아
펠라고니움 / 프리뮬라 / 한련화 / 색동양배추

▲ 그림 2-1. 초화류(계속)

(2) 다년초(Perennials)

– **노지 숙근초** : 온대, 아한대산 식물이 대부분이며, 봄부터 가을 사이에 개화 결실을 마치고 지하부가 월동하여 생장을 반복한다. 화단이나 정원에 이용하며 3~4년 주기로 분주 및 이식하는 것이 좋다. 국화, 금계국, 금랑화, 꽃창포, 노루오줌, 둥글레, 디몰호세카, 루드베키아, 클레마티스, 숙근 플록스, 작약, 옥잠화, 범부채, 부용, 붓꽃, 원추리, 접시꽃, 저

▲ 그림 2-2. 노지숙근초

먼아이리스, 꽃잔디, 아가판더스, 아킬레아 등이 포함된다(그림 2-2).

- **온실 다년초** : 열대, 아열대산 식물들로 내한성이 약해서 온실이나 실내에서 화분재배하는 것이 일반적이다. 거베라, 제라니움, 군자란, 아프리칸 바이올렛, 칼랑코에, 베고니아, 안스리움, 후크시아, 시계초, 아나나스 등이 있다(그림 2-3).

군자란 부겐빌레아 브룬펠시아 시계초

안스리움 자스민 제라니움 클레로덴드럼 화이트

클레로덴드럼 핑크 후크시아 렉스 베고니아 아부틸론

▲ 그림 2-3. 온실다년초

(3) 구근류(Bulbs)

잎, 줄기, 뿌리 등과 같은 조직이 비대된 양분저장기관으로 지하부에 구근이 형성된다(그림 2-4).

- **인경** : 줄기가 단축된 disk위에 비대한 인편이 둘러싸여 구를 형성한다.
  - 유피인경 : 외부인편이 말라서 껍질을 형성한다(튤립, 아마릴리스, 히아신스, 아이리스, 무스카리, 상사화, 수선화, 실라, 알리움 등).
  - 무피인경 : 껍질이 없다(나리, 프리틸라리아 등).
- **괴경** : 지하줄기가 비대된 무피구근으로 비소모성 구근이다(시클라멘, 아네모네, 칼라디움, 칼라, 글록시니아, 구근 베고니아 등).
- **구경** : 줄기가 비대한 것으로 잎이 말라서 껍질로 변형, 소모성 구근이다(글라디올러스, 후리지아, 구근 아이리스, 콜키컴, 크로커스 등).

▲ 그림 2-4. 구근류

- **괴근** : 뿌리가 비대되어 구를 형성한다(다알리아, 라넌큘러스, 글로리오사, 도라지, 작약 등).
- **근경** : 땅속줄기가 지하에서 수평으로 뻗어가면서 비대되어 구를 형성한다(칸나, 바나나, 생강, 저먼아이리스 등).

(4) 화목류(Ornamental Trees and Shrubs)

- **노지 화목류** : 온대지방 원산식물이 대부분이며 정원수, 조경수 등으로 이용된다.
  - 관화화목 : 개나리, 꽃복숭아, 꽃사과, 라일락, 매화나무, 무궁화, 명자나무, 모란, 박태기나무, 배롱나무, 목련, 벚나무, 산수유, 영산홍, 함박꽃나무, 진달래, 조팝나무, 해당화, 황철쭉, 자귀나무 등(그림 2-5)

▲ 그림 2-5. 화목류

산수유 산수유열매 자목련 홍도

▲ 그림 2-5. 화목류(계속)

- 관엽화목 : 고로쇠, 금송, 낙우송, 단풍, 복자기, 사철나무, 주목, 편백 등
- 관실화목 : 오미자, 노박덩굴, 모과나무, 백량금, 좀작살나무, 자금우 등

– **온실 화목류** : 열대 아열대산 식물들이 대부분이며, 우리나라 중부지방에서는 노지월동이 어렵다.

- 관화화목 : 꽃기린, 동백, 병솔꽃나무, 포인세티아, 하와이무궁화, 부겐빌레아, 협죽도 등
- 관엽화목 : 고무나무, 남천, 파키라, 드라세나, 소철, 쉐프렐라, 아라우카리아, 크로톤, 호랑가시 등
- 관실화목 : 감귤류, 낙상홍 등

(5) 관엽류(Foliage Plants)

열대 아열대 원산이 주류이며 목본, 초본류를 포함하는 대부분의 상록성 식물로 잎의 형태, 색채 등을 관상한다. 주로 실내 분화류로 사용되나 일부 화단장식과 절지, 절엽으로 사용되기도 한다(그림 2-6).

필로덴드론, 몬스테라, 고무나무, 파키라, 홍콩야자, 드라세나, 야자류, 아라우카리아, 아디안텀, 프테리스, 네프롤레피스 등이 있다.

고무나무 떡갈잎고무나무 벤자민고무나무(반엽) 수양벤자민고무나무

▲ 그림 2-6. 관엽류

펜다고무나무 접목 / 골드크레스트 / 관음죽 / 관음죽개화

남천 / 드라세나 '트리칼라 레인보우' / 드라세나 빅토리아 / 드라세나 맛상게아나

드라세나 산데리아나 / 드라세나 '송 오브 인디아' / 디펜바키아 '마리안느' / 아디안텀

파초일엽 / 박쥐란 / 보스턴고사리 / 프테리스

멕시코 소철 / 소철 / 몬스테라 / 스킨답서스

▲ 그림 2-6. 관엽류(계속)

싱고니움 '픽시'

싱고니움

셀로피지아

아라우카리아

알로카시아

여인초

접란

칼라데아

칼라디움

칼라디움

크로톤

켄챠야자

테이블야자

휘닉스야자

파키라

홍콩야자

페페로미아

필로덴드론 셀로움

필로덴드론 제나두

필로덴드론

▲ 그림 2-6. 관엽류(계속)

팔손이 | 히포에스테스 | 호야 | 렉스 베고니아

▲ 그림 2-6. 관엽류(계속)

(6) 선인장 및 다육식물(Cacti and Succulent Plants)

사막이나 건조지역에서 자라는 식물 중 잎이 비대하여 다육화된 다육식물과 잎이 가시로 변한 선인장류로 구분한다(그림 2-7).

- **선인장** : 나뭇잎 선인장, 부채선인장, 기둥선인장, 구형선인장, 접목선인장,철화선인장 등
- **다육식물** : 용설란, 알로에, 돌나물, 칼랑코에, 채송화, 유카, 포인세티아, 바위솔 등

게발선인장 | 금끈선인장 | 접목선인장 | 비모란 접목

산취 접목 | 프로아테아 | 철화선인장 | 철화선인장 백신환

▲ 그림 2-7. 선인장 및 다육식물

선인장 온실

꽃기린

알로에

용설란

스타펠리아

산세베리아

칼랑코에 튜비플로라

칼랑코에 엔젤램프

▲ 그림 2-7. 선인장 및 다육식물(계속)

(7) 수생식물(Aquatic Plants)

생육 중에 뿌리가 수중에 잠겨 있고 잎자루와 뿌리에 통기조직이 발달되어 있다. 물옥잠화, 연꽃, 수련, 물상추 등이 있다(그림 2-8).

구즈마니아

네오레겔리아

물상추

부레옥잠

빅토리아수련

수련

파피루스

연꽃

▲ 그림 2-8. 수생식물

(8) 습생식물(Hydrophytic Plants)

연못 주변 같은 습지에서 자라는 식물로 꽃창포, 붓꽃, 왕골류, 아나나스 등이다.

(9) 식충식물(食蟲植物, Insectivorous Plants)

특수한 구조나 기능을 이용하여 곤충을 잡아먹고 사는 식물로 네펜더스, 사라세니아, 끈끈이주걱, 벌레잡이제비꽃, 파리지옥 등이 포함된다(그림 2-9).

▲ 그림 2-9. 식충식물

(10) 고산식물(Alpine Plants)

고산지대에 생육하는 식물로 에델바이스, 누운주목, 구상나무 등이 있다.

(11) 방향식물(Aromatic Plants)

식물 전체에서 방향성 물질을 분비하는 종류로 허브류가 주종을 이룬다(그림 2-10).

▲ 그림 2-10. 허브류

(12) 난류(Orchids)

열대에서부터 북반구 일대에 약3만 여종 분포하는 것으로 추정되며 동양란과 서양란으로 구분한다(그림 2-11).

- **서양란** : 열대 및 아열대 원산종으로 대부분 착생란이 포함된다.
- **동양란** : 한국, 중국, 일본 원산종으로 지생란인 심비디움속이 주종을 이룬다.

생육적온에 따라

- 고온종 : 20~25°C/15~18°C(덴드로비움, 호접란, 시프리페디움, 반다 등)
- 중온종 : 18~20°C/13~15°C(카틀레아, 밀토니아 등)
- 저온종 : 15~18°C/10~13°C(심비디움, 온시디움 등)

덴드로비움 긴기아넘

나도풍란

덴드로비움

덴드로비움 크리소톡섬

반다

새우란

세엽풍란(반엽)

세엽풍란

심비디움

에피덴드럼

온시디움

자란

한란

호접란

덴드리비움 세컨덤

카틀레야

▲ 그림 2-11. 난류

2.2 채소의 분류

식용부위에 따라 잎줄기채소, 뿌리채소, 열매채소, 기타 채소의 4가지로 분류하는 것이 일반적인 방법이다.

1 잎줄기채소 (엽채류)

잎이나 줄기를 식용부위로 이용하는 채소로 배추, 양배추, 시금치, 상추, 파슬리, 셀러리, 아스파라거스, 양파, 마늘, 파 등이 있다(그림 2-12).

2 뿌리채소 (근채류)

지하에서 발달하는 부위를 식용으로 이용하는 채소로 무, 당근, 우엉, 고구마, 마, 감자, 토란, 생강, 연근, 고추냉이 등이 있다(그림 2-13).

3 열매채소 (과채류)

열매를 식용으로 이용하는 채소로 완두, 강낭콩, 잠두, 땅콩, 오이, 호박, 수박, 참외, 멜론, 토마토, 가지, 고추, 딸기, 옥수수 등이 있다(그림 2-14).

4 기타 채소류

종실, 산채류, 송이버섯, 양송이, 향신채류, 약용식물류 등으로 재배되는 것을 포함한다(그림 2-15).

▲ 그림 2-12. 잎줄기 채소

▲ 그림 2-12. 잎줄기 채소(계속)

▲ 그림 2-13. 뿌리채소

▲ 그림 2-14. 열매채소

▲ 그림 2-15. 기타 채소류

2.3 과수의 분류

과수는 분류기준에 따라 여러 가지로 구분될 수 있지만, 주로 자연분류법과 인위분류법에 의하여 분류되고 있다. 자연분류법은 종의 유연관계에 따라 분류하는 식물분류학적인 방법으로 실용성이 적기 때문에 과실의 특성 · 나무의 크기 · 잎의 낙엽 여부 · 주 재배지역 등을 고려한 과수원예학상의 인위분류법이 더 많이 이용되고 있다.

1 인위분류법

과수를 과실이 비대된 특성에 따라 크게 5군으로 분류하는 방법이다(그림 2-16).

(1) **인과류(pomes)** : 꽃받침이 과육으로 발달된 종류로 꽃받침 조각이 과실 꼭지의 반대 방향인 꽃자리부위에 붙어있다. 사과, 배 등이 대표적이다.

(2) **핵과류(stone fruits)** : 자방벽이 과육으로 발달된 종류로 종자가 단단한 껍질로 싸여 있고 꽃받침 조각이 없다. 복숭아, 살구, 양앵두, 자두, 매실, 대추 등이 포함된다.

(3) **준인과류(sub-pomes)** : 자방이 과육으로 발달되었고 꽃받침은 과실꼭지와 같은 방향에 붙어있다. 감, 감귤 등이 포함된다.

(4) **장과류(berries)** : 중과피와 내과피가 과육으로 발달되었고 과즙이 풍부하다. 포도, 무화과, 구즈베리 등이 포함된다.

(5) **각과류(nuts)** : 종실 내 자엽이 과육으로 발달되었으며 과즙이 적고 단단한 종피를 갖는다. 밤, 호두, 아몬드, 개암 등이 있다.

2 일반적 분류법

인위분류법은 재배적인 특성들이 거의 고려되지 않아 재배에 이용하기에는 불편한 점이 많기 때문에 현재 우리나라에서 재배되고 있거나 수입되고 있는 과수들을 일본과 미국 및 영국의 분류양식을 참고로 하여 분류하면 다음과 같다.

(1) 온대과수(낙엽성)

- **교목성과수** : 인과류, 핵과류, 각과류, 감, 무화과 등이 포함된다.
- **관목성과수** : 소과류인 나무딸기, 블랙베리, 구즈베리, 엘더베리, 블루베리 등이 포함된다.
- **만성과수** : 포도, 머루, 키위, 다래, 으름덩굴 등이 있다.

(2) 아열대과수

감귤류인 온주밀감, 레몬, 라임, 그레이프프루트, 유자, 탱자, 귤, 금감류 등과 비파, 올리브 등이 있다.

사과(후지)
사과(홍로)
사과(갈라)
배(신고)
복숭아
복숭아(백도)
복숭아(천도)
매실
자두
살구
양앵두
대추
감(대봉)
블루베리
양다래
한라봉
포도
무화과
호두
밤

▲ 그림 2-16. 온대과일류

(3) 열대과수

바나나, 파인애플, 망고, 아보카도, 파파야, 두리안, 망고스틴 등이 있다(그림 2-17).

▲ 그림 2-17. 열대과일류

참고문헌

1. 한국원예학회. 1998. 화훼원예학총론. 향문사.
2. 김광식 등. 2003. 개정 화훼학총론. 선진문화사.
3. 이정명. 2003. 신고채소원예총론. 향문사.
4. 이정명. 2004. 신고채소원예각론. 향문사.
5. 김정호. 1994. 가정과수. 오성출판사.
6. 농림통계연보. 2007. 대한민국 농수산부.
7. Lee, Jung-Myung 외. 2007. Horticulture in Korea.
8. Thailand Dept. Agriculture. 2006. Amazing Thai Fruits.

3 원예식물의 번식

식물은 식용, 약용, 섬유, 건축, 가구, 연료, 관상, 공기정화, 온 · 습도조절 등의 목적으로 인류의 생존을 위하여 필수적으로 사용되고 있는 고귀한 재산으로 식물을 유지하고 보존하는 것은 인류의 생존에 직결되는 중요한 문제이다.

식물의 번식은 종을 후대로 계승시키기 위한 수단으로 인류문명의 시작과 함께 번식수단이 발전되어 왔는데, 각각의 식물이 갖는 독특한 생육습성에 따라 개화 후 결실되는 종자를 이용하는 종자번식(유성번식)과 식물체의 일부분을 채취하여 번식하는 영양번식(무성번식)으로 구분된다.

3.1 종자번식 또는 유성번식(Seed Propagation)

식물의 종자는 식물의 종류에 따라서 형태나 모양이 다양할 뿐만 아니라 발아환경이 크게 다르므로 각각의 종자가 갖는 발아특성을 파악하여 최적 발아조건을 제공하는 것이 중요하다. 종자번식(seed propagation)은 번식방법이 비교적 쉽고 단기간에 대량번식이 가능하여 육묘비를 절감할 수 있고, 교잡에 의한 우량품종 육성, 1대 잡종종자 이용에 따른 수량증대 및 품질향상, 종자보관 및 수송이 쉬운 점 등 많은 장점이 있다. 단점으로는 불임이나 단위결과에 의해 종자를 얻을 수 없거나, 교잡에 따른 변이 유발 가능성 등을 들 수 있다.

1 식물의 수분(Pollination)

수분은 꽃가루가 암술머리에 옮겨지는 것을 의미하는데 꽃의 특성에 따라서 다양한 방법에 의해 이루어진다.

- **풍매화** : 바람에 의해 꽃가루가 옮겨지는 꽃으로, 대체로 화려하지 않고 향기가 거의 없다. 꽃가루가 건조하고 가벼워서 바람에 잘 날리는 특징이 있다.
- **충매화** : 곤충에 의해 꽃가루가 옮겨지는 꽃으로, 곤충을 유인하기 위하여 꿀샘에서 꿀을 분비하며, 꽃이 화려하고 향기가 강하다. 꽃가루는 무겁고 끈적거려 곤충의 다리에 잘 달라 붙어서 쉽게 이동한다.

2 식물의 수정(Fertilization)

암술머리에 옮겨진 꽃가루가 발아하면 꽃가루관이 신장하는데 이 꽃가루관이 암술대를 지나 자방으로 침투하여 수정이 이루어진다. 식물의 수정 과정은 꽃가루 주머니 속에서 화분모세포가 2회의 감수분열을 거쳐서 4개의 소포자를 형성한 다음 각각의 소포자가 핵분열을 하여 영양핵과 생식핵을 갖는 꽃가루가 형성된다. 한편 자방 내에서 배낭모세포의 핵이 2회의 감수분열을 통하여 4개의 핵을 갖는 대포자로 형성된 후 1개의 핵만 살아남고, 다시 3회의 체세포분열을 거쳐서 8개의 핵을 갖는 배낭세포가 형성된다. 이 8개의 핵은 2개의 극핵, 1개의 난핵, 2개의 조세포와 3개의 반족세포로 구성된다. 꽃가루에서는 생식핵이 2개로 분열되어 1개는 난핵과 결합하여 배(2n)를 형성하고 나머지 1개는 2개의 극핵과 결합하여 배유(3n)를 형성하여 종자를 이루게 된다. 이때 난핵과 극핵 2곳에서 수정이 이루어지므로 중복수정이라고 한다(그림 3-1).

3 종자의 구조

종자의 구조는 종피와 배유 및 자엽, 배축, 유근을 포함하는 배로 구성되며 식물의 종류에 따라 유배유종자, 무배유종자, 소형배종자, 미분류종자 등으로 그림 3-2와 같이 다양한 형태의 종류와 모양을 가지고 있다.

4 종자발아과정

종자의 발아과정은 활성화 단계, 물질분해 및 전류 단계, 형태형성의 3단계로 구분한다.

첫째, 활성화 단계에서는 물리적으로 종자가 수분을 흡수하여 부드러워지고 배가 팽창하여 종피가 파열되며, 화학적으로는 DNA, RNA가 활성화되어 단백질이 합성되어 전분분해효소인 α-amylase를 생성한다. 둘째, 물질분해 및 전류단계에서는 α-amylase가 전분을 당으로 전환하여 분해함으로써 생장에너지를 배로 전류시키며, 셋째, 형태형성 단계에서는 유식물체가 출현하여 자엽, 배축, 어린뿌리의 신장이 이루어진다.

이 과정은 ① 수분흡수 → ② 배에 GA 생성 → ③ 호분층 이동 → ④ α-amylase합성 → ⑤ 배유

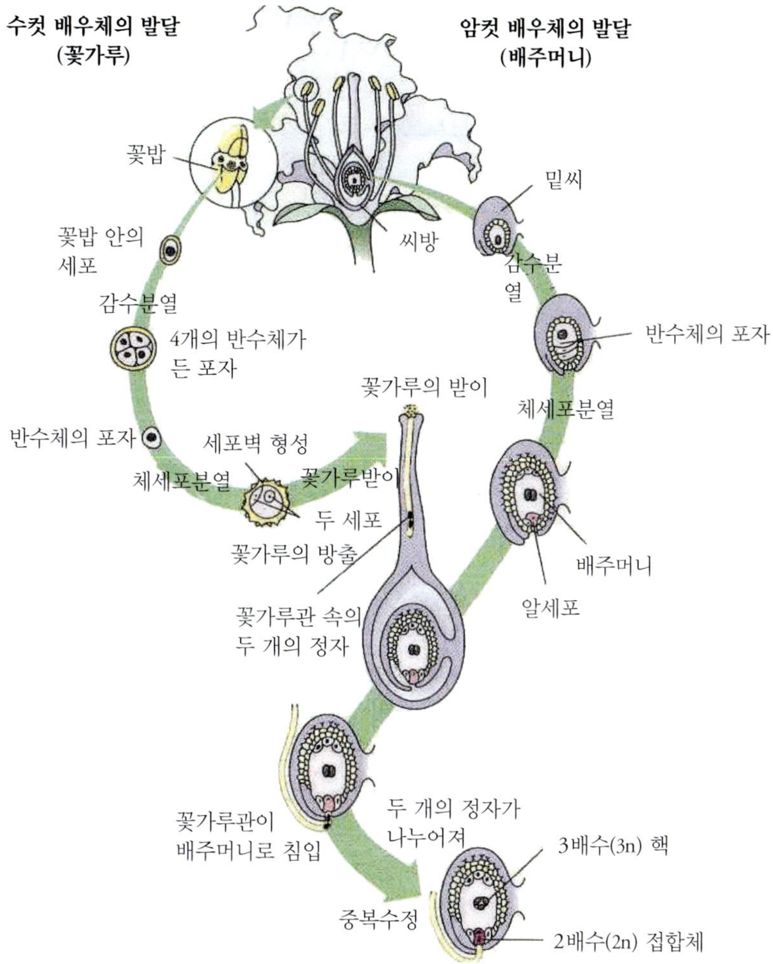

▲ 그림 3-1. 고등식물의 수정과정(김명원 등, 2004)

로 이동 → ⑥ 전분을 당으로 분해 → ⑦ 배의 생장점에 에너지 공급 → ⑧ 발아 및 유묘출현으로 요약할 수 있다.

5 종자발아 환경

(1) 수분

건조종자는 5~10% 정도의 수분만을 함유하고 있어 종자의 생명 현상이 최대한 억제되고 있는 상태로서 종자가 활성을 되찾기 위해서는 수분의 흡수가 필수적이다.

(2) 온도

발아기간 중 물질대사작용을 위한 효소활동이 활발하여야 발아가 촉진된다. 종자발아에 필

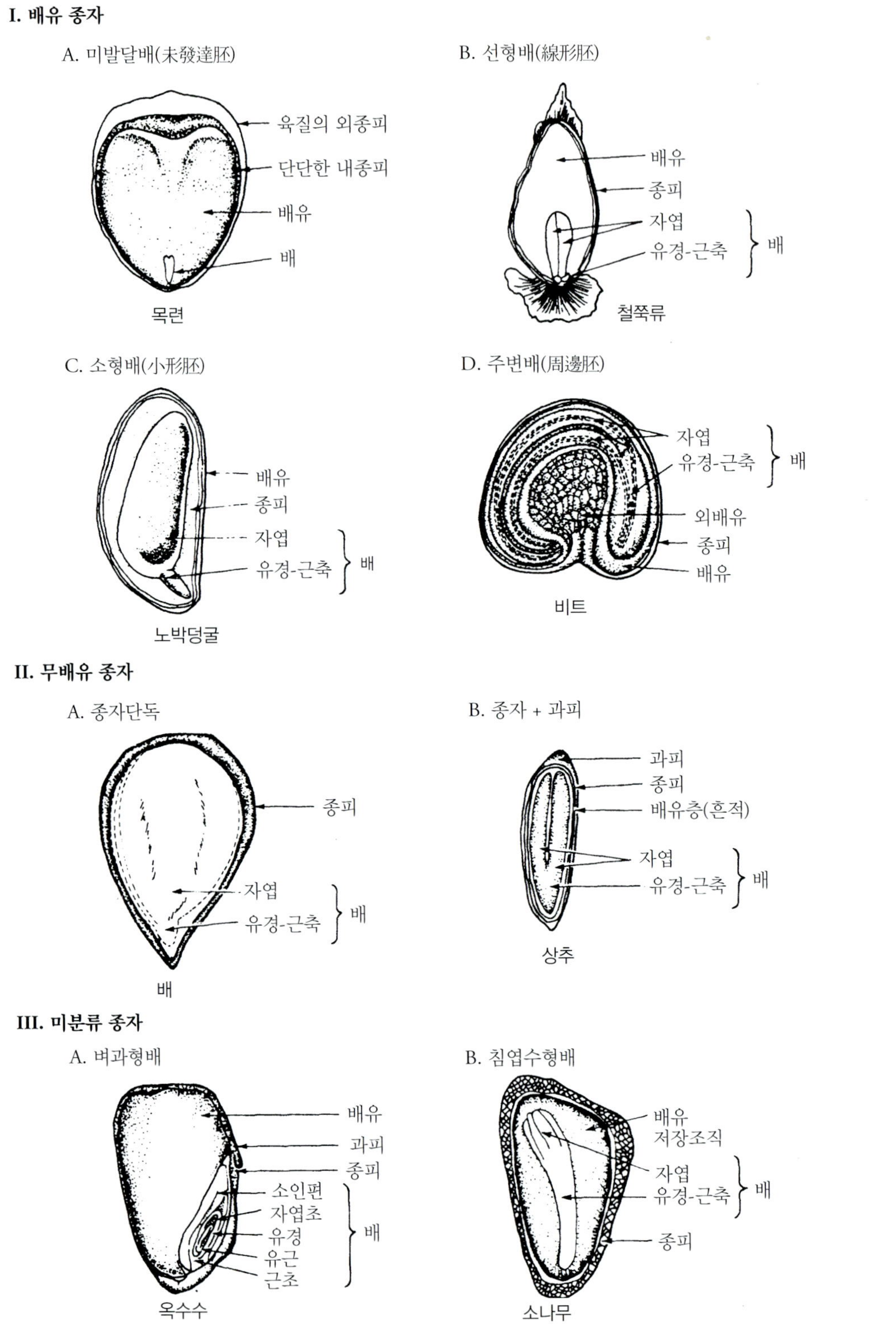

▲ 그림 3-2. 식물종자의 단면구조(Hartmann 등, 2002)

▶ **표 3-1.** 주요 1년초의 종자발아 특성

식물명	학 명	발아 소요일수	발아적온 (℃)	종자수명 (년)
아게라텀	*Ageratum houstonianum (A. mexicanum)*	8	21~26	2~3
아스파라거스	*Asparagus densiflorus* 'Sprengeri'	42	21	1
과꽃	*Callistephus chinensis*	8~10	21	1
봉선화	*Impatiens balsamina*	8	21~23	3~4
베고니아	*Begonia semperflorens*	14~21	21	2~3
게발선인장	*Schlumbergera truncata*	35	21	다양
금잔화	*Calendula officinalis*	10	21	3~4
카네이션	*Dianthus caryophyllus*	14~21	21	3~4
시네라리아	*Senecio hybrida (S. cruentus)*	10	21~23	2~3
맨드라미	*Celosia argentea* 'Cristata'	8~10	21	2~3
콜레우스	*Coleus blumei*	10	18~23	2~3
가자니아	*Gazania regins (G. splendens)*	10	15	2
제라늄	*Pelargonium hortorum*	21	21~23	1~2
아프리칸 봉선화	*Impatiens wallerana (I. holsti* or *sultanii)*	18	21	2~3
락스퍼	*Consolida orientalis (Delphinium ajacis)*	10	18	1
로벨리아	*Lobelia erinus*	20	21~23	2~3
매리골드	*Tagetes patula*	7	21~23	2~3
한련화	*Tropaeolum majus*	10	18	4~5
팬지	*Viola tricolor*	10	18~23	1~2
페튜니아	*Petunia hybrida*	10~12	21~26	1~2
빈카	*Catharanthus roseus (Vinca rosea)*	15	21~23	1
플록스	*Phlox drummondii*	10	18	1
채송화	*Portulaca grandiflora*	10	21	2~3
샐비어	*Salvia splendens*	12~15	21	1
꽃도라지	*Eustoma grandiflorum*	15~20	21	2~3
미모사	*Mimosa pudica*	12~15	26	2~3
금어초	*Antirrhinum majus*	7~14	18~21	3~4
스토크	*Mimosa incana*	14	18~23	3~4
밀집꽃	*Helichrysum bracteatum* 'Monstrosum'	7	21	2~3
꽃담배	*Nicotiana alata (N. affinis)*	15	21	2~3
버베나	*Verbena hybrida (V. hortensis)*	20	18	2~3
백일홍	*Zinnia elegans*	7	21	4~5

▶ 표 3-2. 주요 채소류의 종자발아 특성

식물명	학 명	발아일수	발아온도 (℃)
브로콜리	*Brassica oleracea italica* Group	3	21
방울다다기 양배추	*Brassica oleracea gemmifera* Group	3	21
양배추	*Brassica oleracea capitata* Group	3	21
꽃양배추	*Brassica oleracea botrytis* Group	3	21
셀러리	*Apium graveloens* var. *dulce*	10~21	21
파	*Allium fistulosum*	14	21
오이	*Cucumis sativus*	7	26
가지	*Solanum melongena*	14	26
상추	*Lactuca sativa*	7	21
멜론	*Cucumis melo* (several groups)	10	26
양파	*Allium cepa*	10	21
파슬리	*Petroselinum crispum*	15~20	26
고추	*Capsicum annuum*	10	26
호박	*Cucurbita pepo, C. moschata*	7	26
박	*Lagenaria siceraria*	7	26
토마토	*Lycopersicum esculentum*	7~14	26
수박	*Citrullus lantanus (C. vulgaris)*	10	26

요한 온도는 최고, 최저온도로 구분되며, 최적온도범위는 자생지에 따라 한대원산식물은 10°C 전후, 온대원산 식물은 15~20°C, 아열대 및 열대원산식물은 20~35°C 정도가 적당하다(표 3-1, 3-2). 한편 가지와 같은 일부종자는 일정한 온도보다 주·야간의 변온 처리를 함으로써 발아가 촉진되는 경우도 있다.

(3) 산소

종자의 발아가 시작되면 호흡작용에 필요한 산소공급이 필연적으로 요구되지만 대기 중에 산소가 20% 정도 포함되어 있어서 자연상태에서 산소결핍은 문제가 되지 않는다. 그러나 종피조직이 너무 단단하거나 치밀하여 산소공급이 원활히 이루어지지 않거나 장시간 침종, 토양수분의 과다 등으로 산소공급이 억제되어 발아력을 상실하는 경우도 있다.

(4) 광선

광선이 종자의 발아를 촉진하는 종류(호광성 또는 광발아종자)와 억제하는 종류(혐광성 또는 암발아종자) 및 광선의 영향을 받지 않는 종류(광중성종자)로 구분된다. 종자발아에 미치는 광선의 기작은 종자에 포함되어있는 파이토크롬(phytochrome)이라는 광수용성 색소의 영향으로서 식물체 내에 P_{red}와 $P_{far\text{-}red}$의 형태로 존재하며 가시광선 중에서 적색광과 초적색광을 흡수하여 종자의 발아를 조절한다(표 3-3).

▶ 표 3-3. 상추종자 발아에 미치는 적색 및 초적색광의 조명효과

광조사	발아율(%)
R	70
R–FR	6
R–FR–R	74
R–FR–R–FR	6
R–FR–R–FR–R	76
R–FR–R–FR–R–FR	7
R–FR–R–FR–R–FR–R	81
R–FR–R–FR–R–FR–R–FR	7

* 각각의 광선에 잠깐 노출한 후 암흑에서 발아시켰음.
R : 적색광, FR : 초적색광
Preece and Read, 1993.

6 종자휴면

종자의 발아는 적절한 외부환경 조건과 종자의 성숙도나 내부의 생리적 조건 등이 충족되어야 한다. 이와 같은 환경이 충족되지 못하여 종자가 발아하지 못하고 생육을 정지하고 있는 상태를 휴면이라 한다. 휴면의 형태는 외적 환경이 부적당하여 발아를 억제하는 외적휴면(타발휴면)과 배 또는 배유의 미숙, 발아억제 물질(abscisic acid)에 의한 생리적 요인, 종피의 수분 흡수가 어려운 불용성 종자 혹은 경실종자 등과 같이 종자 자체의 결함으로 발아가 억제되는 내적휴면(자발휴면)으로 구분된다.

7 휴면타파 및 발아촉진법

휴면타파 및 발아촉진법으로는 미숙배의 후숙 또는 배배양, 노천매장, 종피파상, 침종, 식물생장조절제 처리, 유기용매 사용 등과 같은 방법들이 이용되고 있다.

(1) 미숙배의 후숙 또는 배배양

목련과 같이 채종 당시 배가 미숙된 상태인 경우 일정기간을 축축한 모래 등과 함께 냉장고와 같은 장소에 저장하여 배를 후숙시키던가 또는 배배양에 의해 조기 발아시키는 방법이 있다.

(2) 노천매장

가을부터 봄까지 종자를 젖은 모래와 혼합하여 1 m 정도의 깊이로 노지에 묻어 두는 방법으로 종피가 두꺼워서 수분흡수가 어려운 종자나 종피에 발아억제물질이 포함되어 있는 종자에 효과적이다(표 3-4).

(3) 종피파상법

수분흡수를 촉진시키기 위한 방법으로 종자를 모래와 혼합하여 문질러 주거나 깨뜨려서 종

▶ 표 3-4. 주요 과수류 종자의 휴면타파를 위한 저온처리시간

종 류	7℃ 이하 요구시간	종 류	7℃ 이하 요구시간
사과	250~1700	복숭아	800~1200
호두	400~1500	자두	300~1200
배	200~1500	살구	300~900
양앵두	500~1300	아몬드	100~400

자 껍질에 상처를 주는 물리적인 방법과 KOH, H_2SO_4, KNO_3, 락스와 같은 약제 용액에 침종하여 종피를 부드러워지게 하는 화학적 방법이 있다.

(4) 침종법

종자를 10~20°C 정도의 냉수에 1일 정도 또는 35~50°C 정도의 온수에 10~20분 정도 침종하는 방법으로 특히 온수침종법은 종자 표면의 살균효과가 있다.

(5) 유기용매 사용

식물생장조절제를 처리할 때 효과적으로 사용할 수 있는데 에틸알코올이나 아세톤 등이 사용되며 다음과 같은 장점이 있다.

첫째로 휘발성이 강하여 처리 후에 종자를 쉽게 건조시킬 수 있고 또한 처리시 수분이 공급되지 않았기 때문에 종자 장기보관이 가능하며, 둘째로 침투성이 강하여 처리약제의 침투시간을 단축시킬 수 있고, 셋째로 용해성이 강하여 많은 종류의 식물생장조절제가 물보다는 유기용매에 잘 용해되기 때문에 그 효과를 극대화시킬 수 있으며 종피가 가지고 있는 불용성 물질을 제거하여 수분흡수를 촉진시키는 장점을 가지고 있다.

8 종자 파종법

파종 방법과 장소에 따라 구분한다.

(1) 파종방법에 따른 구분

- **흩어뿌리기** : 종자를 흩어뿌리는 방법으로 미세종자나 종자가격이 저렴하고 종자량이 충분할 때 실시한다. 특히 미세종자는 뿌린 종자가 몰리지 않도록 백지위에 종자를 쏟아서 뿌리고 발아 후에 몰린 것은 옮겨 심는다. 관수는 저면관수를 하여 종자가 몰리는 것을 방지한다(그림 3-3a).
- **줄뿌리기** : 종자를 직선으로 뿌리는 방법으로 종자를 손가락으로 낱개씩 집을 수 있는 크기로 0.5 cm 깊이로 파종한다(그림 3-3b).
- **점뿌리기** : 종자가 비교적 크고 그 수가 충분하지 못하며 가격이 비싼 경우에 실시한다. 종자가 묻힐 정도로 점을 찍고 종자를 놓은 다음 종자 두께의 1.5배 정도 복토를 한다(그림 3-3c).

a. 흩어뿌리기 b. 줄뿌리기 c. 점뿌리기

▲ 그림 3-3. 다양한 파종방법

a. 직파 b. 파종상 파종

▲ 그림 3-4. 장소 및 용기파종

(2) 장소에 따른 구분

- **직파** : 재배할 장소에 직접 파종하는 방법으로 직근성으로 이식하면 피해를 입는 종류와 생육이 왕성하여 육묘기에 세심한 관리를 하지 않더라도 잘 자라는 종류가 적당하다(그림 3-4a).
- **상파** : 종자가격이 고가이고 미세종자로 육묘기에 집중관리가 필요한 경우 관리가 편리한 장소에 파종상을 만들어 파종하는 방법이다(그림 3-4b).

9 이식 및 정식

미세종자를 파종한 경우 몰려있는 것들은 옮겨 심어서 하배축이 도장하는 것을 방지한다. 발아가 진행되어 본엽이 2~3매 전개되면 2~3 cm 간격으로 1차 가식을 하고 활착을 위하여 약 1 주일간 50%정도 차광을 한다. 본엽이 4~5매 전개되면 정식을 한다. 줄뿌림이나 점뿌림을 한 경우 1차 가식을 생략하고 바로 정식을 해도 무방하다(그림 3-5).

a. 플러그묘

b. 정식 전 묘

c. 정식 후 관리

▲ 그림 3-5. 이식 및 정식

3.2 영양번식 또는 무성번식(Vegetative Propagation)

식물체의 영양기관인 잎, 줄기, 뿌리 또는 수정을 거치지 않은 화기조직의 일부를 분리하여 새로운 개체를 형성시키는 방법을 말한다. 장점은 종자결실이 어려운 식물의 번식, 모식물과 유전형질이 같은 우량영양계의 유지보존 및 대량증식, 개화 및 결실시기 단축, 환경적응성과 병충해 저항성 증가 등을 들 수 있다. 단점은 식물조직배양을 제외하면 일시에 대량번식이 어렵고, 번식재료의 유지보존을 위하여 많은 투자가 필요하며, 고도의 번식기술이 요구된다는 것이다. 영양번식은 분주, 취목, 삽목, 접목, 구근번식, 조직배양 등의 방법으로 구분한다.

1 분주 또는 포기나누기(Division)

숙근초, 관엽류, 관목류와 같이 지하부 또는 지상부의 포복경에서 발생하는 새싹을 뿌리와 함께 분리하여 증식하는 방법으로 아래와 같은 방법들이 있다.

(1) **분얼지(Sucker)** : 지하부에서 발생하는 부정아를 분리하여 증식하는 방법으로 아프리칸 바이올렛, 접란, 난, 국화, 창포, 거베라, 아나나스, 맥문동 등이 있다(그림 3-6).

(2) **지하경(Rhizome)** : 땅속에서 수평으로 발생하는 땅속줄기를 2-3마디 절단하여 증식하는 방법으로 칸나, 저먼아이리스, 수련, 대나무, 생강, 바나나 등이 포함된다.

(3) **포복경(Runner)** : 지상부에서 발생하는 포복경의 마디에서 형성되는 유식물체를 분리하여 증식하는 방법으로 접란, 딸기 등이 포함된다(그림 3-7).

① 분주 전　② 포기가름 1　③ 포기가름 2　④ 분주 완료

접란

① 화분에서 꺼낸 포기를 가위를 이용하여 벌브가 3~4개 되도록 모아 가른다　② 뿌리가 끊어지지 않도록 양손으로 나누어 잡는다　③ 2포기로 분리한다　④ 화분에 심는다

카틀레아

▲ **그림 3-6.** 분얼지 분주(임재욱 등, 2002)

① 유식물체 포복경 발생

② 유식물체 포복경 분리 1

③ 유식물체 포복경 분리 2

④ 유식물체 화분 정식

▲ **그림 3-7.** 접란 포복경 분주

2 취목 또는 휘묻이(Layering)

모식물에 붙어있는 가지에서 뿌리를 발생시켜 새로운 개체로 육성하는 방법이다.

(1) 선단취목 : 줄기 끝을 땅속에 묻어서 생장시켜 발근시킨 후 분리한다(그림 3-8a).

(2) 단순취목 : 가지 끝을 땅속에 묻고 선단부가 지상으로 나오게 하여 발근 후 분리한다(그림 3-8b).

(3) 파상취목 : 덩굴성 식물이나 가지가 부드럽고 긴 줄기를 여러 차례 굴곡시켜 지하부에서 발근 후 분리한다(그림 3-8c).

(4) 공중취목 : 지상부의 가지에 상처를 주고 이끼로 감싸준 뒤 수분유지를 위하여 비닐로 덮어서 아래위를 묶어 발근 후 분리한다(그림 3-9).

(5) 매간취목 : 지상부 줄기전체를 수평으로 지하에 묻어서 마디에서 새싹과 뿌리를 발생시킨 후 분리한다(그림 3-8d).

(6) 성토법 : 줄기의 지상부를 절단하고 흙으로 묻어두어 새로운 식물체를 발생시킨다(그림 3-8e).

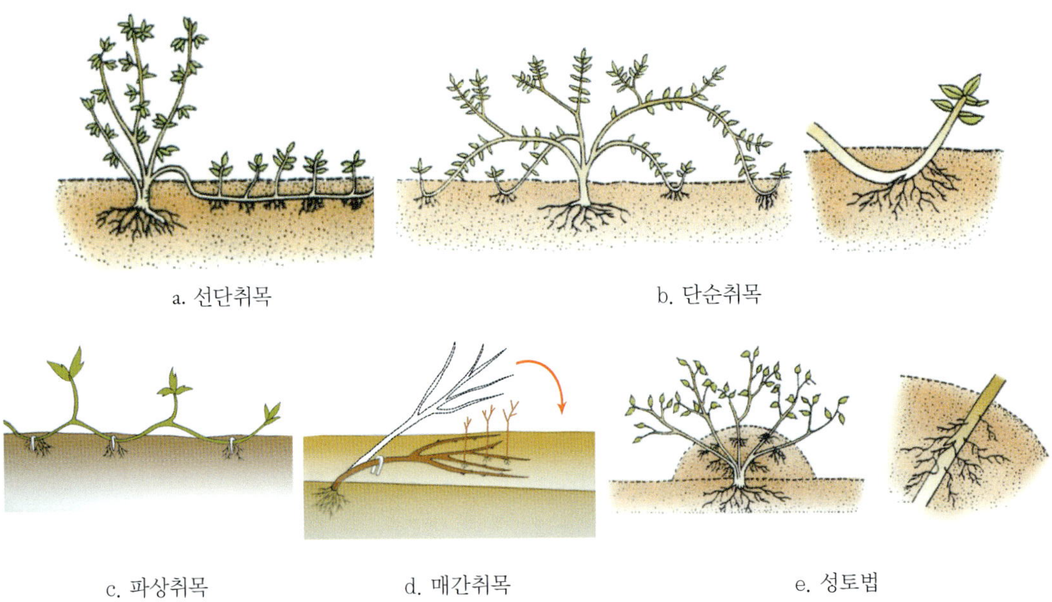

▲ 그림 3-8. 다양한 취목방법(임재욱 등, 2002)

3 삽목 또는 꺾꽂이(Cutting)

줄기, 잎, 뿌리 등을 모식물로부터 절단하여 발근을 유도하는 방법으로 가장 광범위하게 이용되는 영양번식 방법 중의 하나이다. 모식물의 이용부위에 따라 잎꽂이, 줄기꽂이, 뿌리꽂이 등이 있다.

① 고무나무

② 환상박피 1

③ 환상박피 2

④ 환상박피 3

⑤ 이끼덮기

⑥ 비닐싸기

⑦ 발근 후 절단

⑧ 정식

▲ **그림 3-9.** 고무나무 공중취목

(1) 잎꽂이(Leaf Cutting) : 엽삽이라고도 하며 초본성 식물에서 많이 이용된다. 잎자루를 붙여서 실시하는 엽병삽, 잎을 여러 조각으로 절단하는 분절삽 또는 엽맥만 절단한 잎 전체를 사용하는 방법 등이 있다(그림 3-10).

(2) 줄기꽂이(Stem Cutting) : 경삽, 지삽이라고도 하며 가장 널리 이용되는 방법으로 목본류나 초본류의 줄기를 이용한다. 목본류에서는 이른 봄에 잎이 생장하기 전에 실시하는 것을 숙지삽, 5~6월경에 당년에 생장한 잎을 붙여서 실시하는 것을 녹지삽이라 한다(그림 3-11).

(3) 뿌리꽂이(Root Cutting) : 굵은 뿌리는 5~10 cm 정도로 절단하여 새 뿌리와 싹을 발생시키는 방법으로 무궁화, 장미 등에서 이용한다.

① 칼랑코에 흑토이 ② 엽삽

칼랑코에 엽삽

① 아프리칸 바이올렛 ② 삽수조제 ③ 삽목 ④ 유식물체 출현

아프리칸 바이올렛 엽병삽

① 산세베리아 ② 삽수조제 ③ 삽목 ④ 유식물체 출현

산세베리아 엽삽

▲ 그림 3-10. 잎꽂이 종류

▲ 그림 3-11. 다양한 식물의 줄기꽂이(임재욱 등, 2002)

쉐플레라

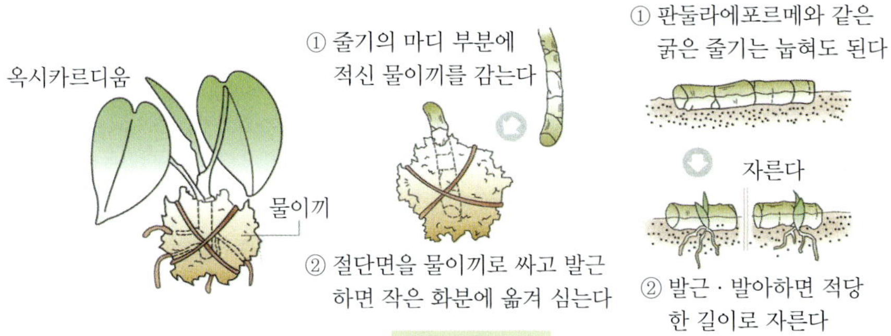

필로덴드론

▲ **그림 3-11.** 다양한 식물의 줄기꽂이(계속)

(4) 꺾꽂이 방법

- 삽수조제 : 목본류의 경우 10~15 cm 내외로 2~3마디를 포함시키며 초본류는 5~10 cm 길이로 하여 마디 아래 부분을 45° 정도의 각도로 절단하여 수분흡수 면적을 확대시킨다. 분절삽의 경우 엽맥을 중심으로 여러 조각으로 절단한다.
- 삽목용토 : 깨끗한 강모래, 질석, 펄라이트 등을 단용 혹은 혼용하여 사용한다.
- 삽상관리 : 삽수의 지나친 증발을 방지하기 위하여 반음지 상태로 차광을 해주고 발근 후에 충분한 광선을 받도록 한다. 삽목상의 온도는 21°C 정도를 유지하는 것이 적당하며 지상부보다 지하부 온도가 2~3°C 정도 높을 때 발근이 촉진된다. 습도는 삽수가 시드는 것을 방지하기 위하여 상대습도로 80~90% 정도로 유지한다.
- 분무번식법 : 높은 상대습도를 유지하기 위하여 주기적 분무시설이나 자동 분무시설을 이용하는 번식방법이다.
- 밀폐번식법 : 삽목상의 습도 유지를 위하여 비닐 등으로 밀폐시키고 온도가 지나치게 상승하지 않도록 억제목적으로 차광을 하여 번식한다.

- 발근촉진제 이용 : 발근촉진에 효과가 가장 큰 식물호르몬의 종류는 옥신류로서 인돌초산(indoleacetic acid : IAA), 나프탈렌초산(naphthaleneacetic acid : NAA), 인돌젖산(indolebutyric acid : IBA) 등이 있다. 현재 시중에서 유통되고 있는 루톤(Rootone)은 NAA 0.4% 정도를 함유하고 있으며 분말을 삽수기부에 묻혀서 삽목하면 발근효과가 탁월하다. IBA, NAA 0.1~0.3% 용액에 수초간 침지하여 삽목하는 방법이 널리 이용된다.

4 접목 또는 접붙이기(Grafting)

화목류, 과수류 등의 목본류와 채소류의 초본류에서 이용되고 있으며, 지하부에 해당되는 대목과 지상부에 해당되는 접수로 구분된다. 대목과 접수의 친화성이 절대적으로 요구되며, 그렇지 못한 경우 중간대목을 사용하기도 하는데 특별한 기술과 비교적 고가의 비용이 요구된다. 특히 접수와 대목간의 형성층 밀착이 중요하다(그림 3-12). 방법에 따라 가지접, 눈접, 뿌리접으로 크게 구분한다.

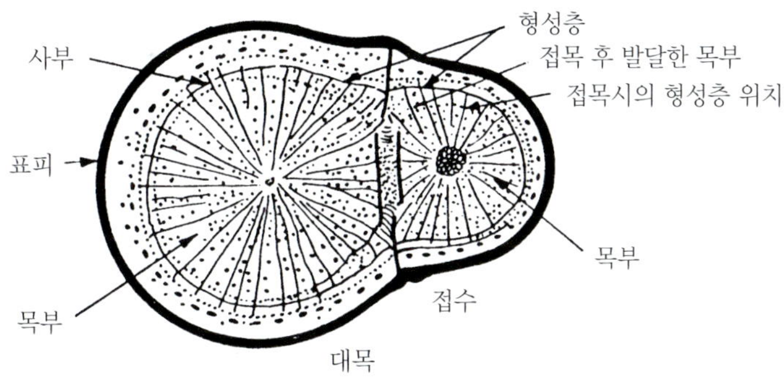

▲ 그림 3-12. 절접후의 융합부위 횡단면(Tsurushima, 1988)

(1) 절접 : 가장 보편화된 방법으로 뿌리가 붙어있는 대목을 5~10 cm 정도 높이에서 절단하고 번식하고자 하는 나무의 가지를 접붙이는 방법으로 식물의 생장이 재개되기 직전에 실시하는 것이 가장 좋다. 방법에 따라 절접, 설접, 할접 등으로 구분한다(그림 3-13, 14).

(2) 눈접 : 아접이라고도 하며, 생장 중에 있는 줄기를 절단하지 않고 특정부위의 표피와 목질부 일부를 떼어내고 눈과 잎이 있는 접수를 접하는 방법으로 보통 6~8월경에 실시한다(그림 3-13, 15).

(3) 뿌리접 : 드물게 실시하는 방법으로 5~10 cm 정도 길이로 절단된 굵은 뿌리를 대목으로 하여 실시한다(그림 3-13).

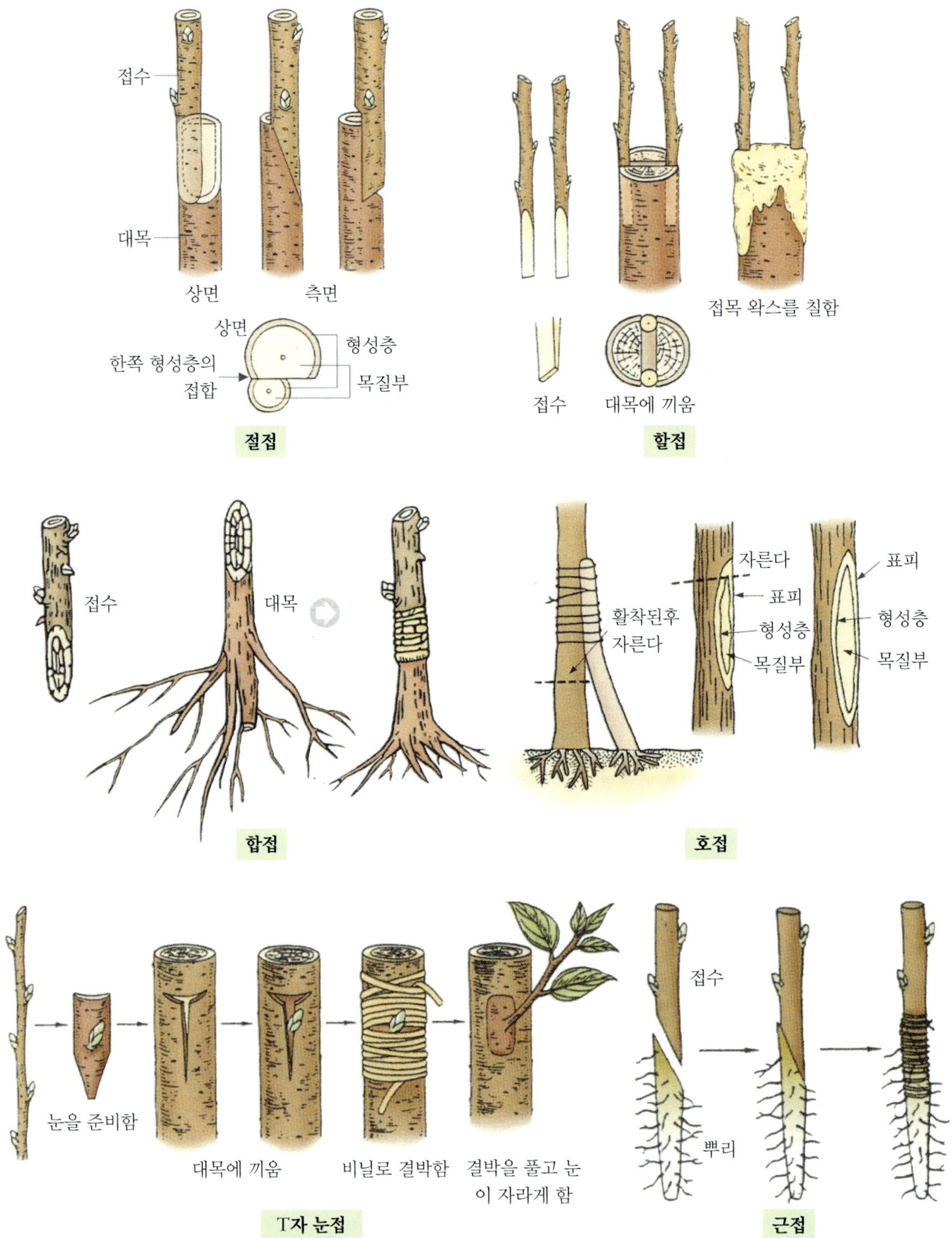

▲ 그림 3-13. 다양한 절접 방법(임재욱 등, 2002)

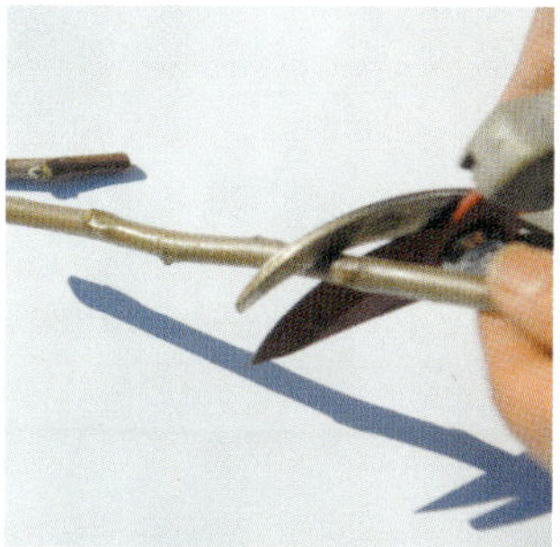
① 접수 자르기

② 접납처리

③ 접수기부 전면깍기

④ 접수기부 후면 머리치기

⑤ 접수기부 후면 내려깍기

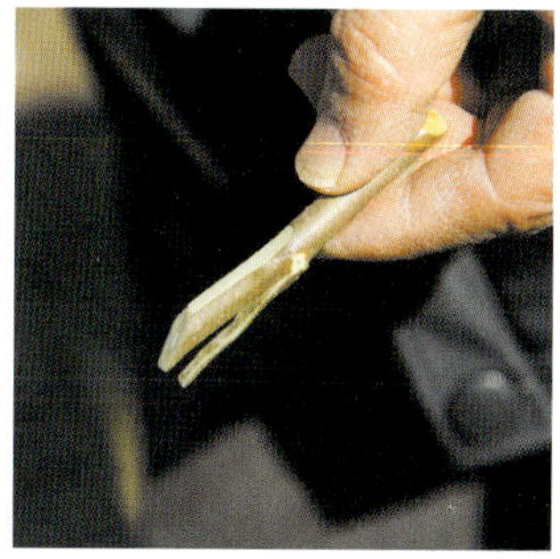
⑥ 접수 전면 쳐올려깍기

⑦ 대목 절단면 높은 쪽 머리치기

⑧ 대목 절단면 높은 쪽 내려깍기

⑨ 대목 절단면 낮은 쪽 쳐올려깍기

⑩ 대목과 접수 형성층 맞추기

⑪ 비닐 감기 완료

⑫ Kiss접 2년 후 접목부

▲ **그림 3-14.** 사과나무 절접(키스접, kiss grafting)

① 접수잎따기 ② 접수눈깎기 시작 ③ 접수눈깎기 중간

④ 접수눈깎기 완료 ⑤ 대목깎기 시작 ⑥ 대목깎기 완료

⑦ 대목에 접수넣기 ⑧ 비닐끈 매기 ⑨ 삭아접 1년 후

▲ **그림 3-15.** 사과나무 눈접(삭아접, chip budding)

5 구근번식(Bulb Propagation)

구근의 번식방법은 구근류가 다양한 형태로 분류되듯이 구근 각각의 독특한 번식방법에 의해 증식되는데 증식율이 매우 낮기 때문에 효율적인 증식방법이 요구된다.

구근류의 생육특성은 표 3-5와 같고, 주요 종류별 번식법을 소개하면 그림 3-16, 17과 같다.

▶ 표 3-5. 구근류의 생육특성 및 주요 번식 방법

구근명	저장기관	내한성	식재시기	식재깊이 (cm)	개화기	휴면개시기	주요 번식 방법
알리움	인경	강, 중	가을	15	봄	8월	
아네모네	괴경	강, 중	봄	5	봄	6월	
구근베고니아	괴경	약	봄	0	여름	10월	
칼라디움	괴경	약	여름	5	여름	10월	
칸나	지하경	중	S	12	여름	10월	
크로커스	구경	강	가을	8	겨울중순, 봄	6월	
시클라멘	괴경	약, 중	봄	8	겨울중순, 봄	5월	
달리아	지하경	약	봄	10	여름	10월	
후리지어	구경	약, 중	봄	8	여름	8월	
프리틸라리아	인경	강, 중	가을	10	봄	7월	
글라디올러스	구경	약	봄	10	여름	9월	
글로리오사	괴경	약	봄	10	여름	9월	
아마릴리스	인경	약	봄	0	여름	10월	
히아신스	인경	강	가을	15	봄	7월	
구근아이리스	인경	강, 중	가을	10	봄	8월	
저먼아이리스	지하경	강	여름	0	봄	10월	
나리	인경	강	가을	15	봄	9월	
무스카리	인경	강	가을	5	봄	7월	
수선화	인경	강	가을	18	봄	8월	
라넌큘러스	괴경	중	봄	5	봄	8월	
튤립	인경	강	가을	18	봄	8월	
칼라	지하경	약, 중	봄	5	여름	10월	

Hartmann 등, 1988

(1) 튤립 : 자연분구 방법이 일반적이며, 구근을 수확하면 3~5개의 자구를 얻을 수 있는데 이중 1~2개는 다음에 개화구로 이용할 수 있지만 어린구는 1~2년 양구해야 개화구로 발달하게 된다.

(2) 나리

- 주아번식 : 참나리와 같은 종류는 지상부의 엽액에 직경 1 cm 내외의 소구가 형성되는데 이것을 주아라고 하며, 주아는 8~9월경에 암갈색으로 성숙하여 탈락된다. 이 주아가 탈락되기 전에 수확하여 10월에 토양에 파종하면 이듬해 봄부터 발아하여 생육을 시작하며 2년 후 개화하게 된다.
- 인편삽목 : 많은 종류의 나리에서 실시되는 방법으로 구근직경 1/2 정도까지의 인편을 사용하여 삽목한다. 삽목 후 1개월 정도 지나면 기부에 쌀알정도 크기의 구근이 형성되며, 3개월 정도 지나면 잎이 출현하여 생장하게 된다.

(3) 히아신스

- 노칭(notching) : 구근의 기부에서부터 1/3 정도 높이까지 "+" 또는 "＊" 자형으로 칼집을 준 다음 7~8월 중에 표면이 보일 정도로 모래 같은 것에 거꾸로 묻어서 자구를 형성시킨다. 이때 상대습도를 80% 이상 유지시켜 주는 것이 중요하다. 1개의 구근에서 20~30개 정도의 자구를 얻을 수 있으며 2~3년 양구 후에 개화가 가능하다.
- 스쿠핑(scooping) : 구근의 기부를 1/4 정도 깊이까지 완전히 도려내어 노칭법과 같이 관리한다. 30~40개의 자구가 형성되며 개화까지 3~4년이 소요된다.

(4) 글라디올러스

수확한 구근의 기부에 형성된 목자를 채취하여 1년간 양구하여 개화구로 사용한다.

(5) 달리아

달리아 구근은 한 포기로부터 5~6개의 구근이 줄기의 하단 부에 부착된 상태로 뿌리가 비대되어 형성된다. 이같이 비대된 구근을 분할할 때 뿌리가 붙어 있던 줄기조직에만 발아할 눈이 존재하기 때문에 반드시 구근 상단부에 줄기조직을 부착시켜 절단해야 한다.

(6) 칸나

칸나는 지하에서 수평으로 생장하는 땅속줄기 부분에서 발아하는데, 이같은 땅속줄기(지하경 : rhizome)를 2~3 마디 포함시켜 절단하여 번식재료로 사용한다.

(7) 아마릴리스

아마릴리스는 구근의 아래 부분에 줄기조직이 단축된 디스크 부분을 반드시 포함시켜 구근을 아래쪽부터 8등분 또는 16등분으로 절단하여 삽목하여 번식한다.

나리 목자

글라디올러스 자구

칸나 지하경

아마릴리스 자연분구

수선화 자연분구

▲ 그림 3-16. 주요 구근류 자구형성

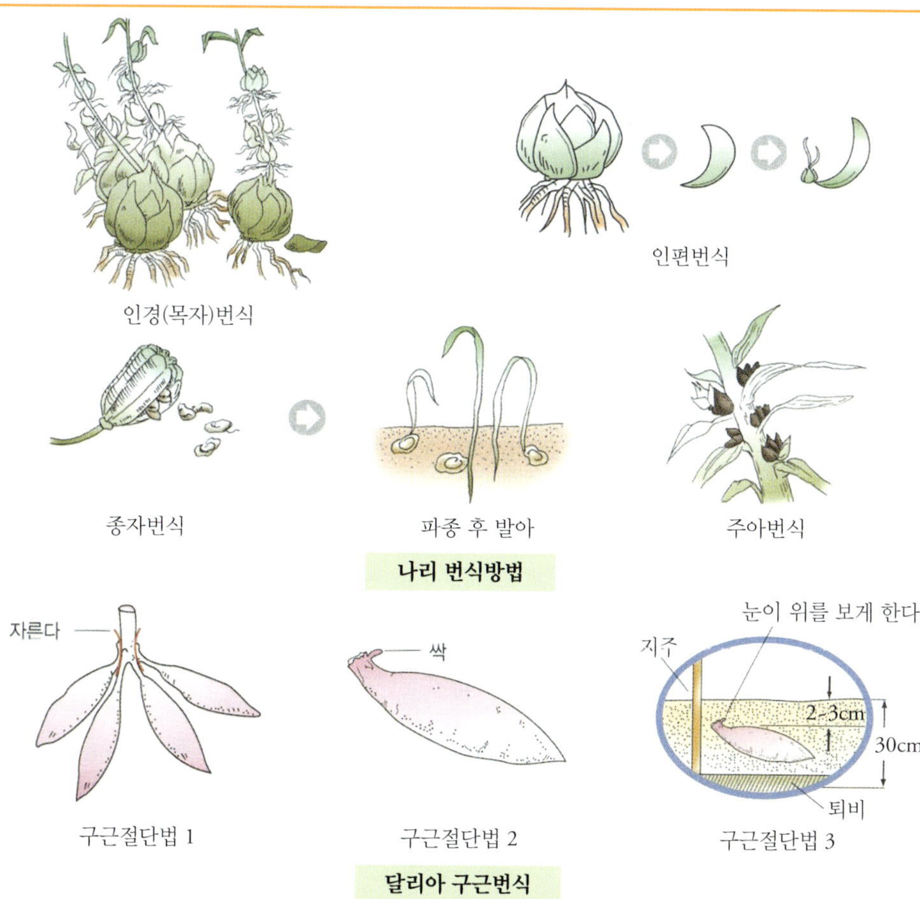

▲ 그림 3-17. 주요 구근류 인공번식방법(임재욱 등, 2002)

▲ 그림 3-17. 주요 구근류 인공번식방법(계속)

6 조직배양(Tissue Culture)

인공적으로 조성된 영양배지에 식물의 종자 및 줄기 뿌리 화기 등의 조직을 무균적으로 배양하여 새로운 식물체를 증식시키는 방법이다. 영양번식 수단으로 삽목이나 접목에 비하여 번식효율이 월등히 높고, 좁은 면적에서 계절에 관계없이 대량번식이 가능하여 매우 경제적인 방법이다. 난 종류의 번식뿐만 아니라 현대농업에서 반드시 필요한 기술이다. 생장점 배양을 통하여 무병식물을 생산할 수 있다는 장점이 있어 영양번식작물과 다년생 초본, 목본류 등에 광범위하게 이용되고 있는 방법이다.

조직배양과정은 크게 4단계로 구분되는데 절편체 확보단계 → 증식단계 → 발근단계 → 순화단계를 거쳐서 새로운 식물체를 완성시킬 수 있게 된다(그림 3-18).

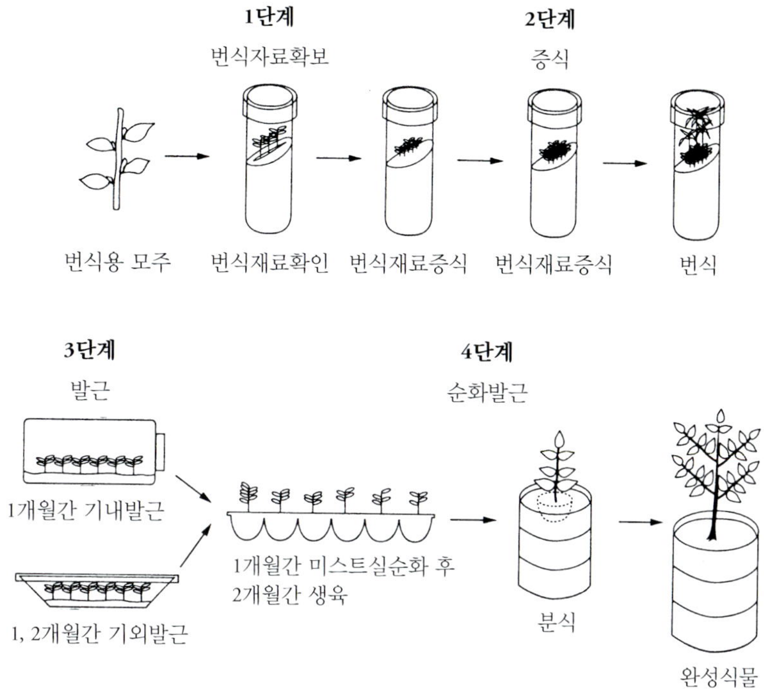

▲ 그림 3-18. 아잘레아의 기내번식 체계도(Hartmann, 1997)

(1) 절편체 확보단계

배양에 사용되는 절편체를 확보하는 방법으로 우선 모식물을 온실이나 노지에서 채취하는 방법과 시험관 내에서 일정기간 배양을 하여 확보하는 두 가지 방법이 있는데 식물의 병충해의 피해가 큰 환경이 주어지는 경우 후자를 택하는 것이 유리하다.

(2) 증식단계

배양을 하는 절편체로부터 직접 식물체가 재생되는 경우와 캘러스를 경유하여 재생되는 두 가지 경우가 있다. 두 가지 경우 모두 배지 종류와 식물생장조절제의 영향이 큰데, 특히 옥신류는 부정근과 캘러스 형성에 효과적이고 사이토키닌류는 부정아 형성을 촉진하는데 옥신류와 사이토키닌류의 적절한 배합이 재분화를 촉진하는 경우가 많다.

(3) 발근단계

시험관 내에서 재생된 식물체가 어느 정도 자란 후에는 발근이 쉽게 이루어지는 경우가 많지만 발근이 어려운 종류나 증식효율을 높이기 위하여 발근용 배지를 옮겨서 발근을 유도하는 것이 효과적이다. 또한 발근이 쉽게 이루어지는 종류는 미스트상을 이용하여 삽목을 한 뒤 발근 후 순화과정을 거칠 수도 있다.

(4) 순화단계

온실의 미스트실과 같은 시설이나 간이비닐터널 등을 이용하여 4주 정도 순화과정을 거친 후 토양에 이식하게 된다.

참고문헌

1. 김명원 등. 2004. 생명과학. 이론과 현상의 이해. 4판. 라이프사이언스.
2. 이종석, 곽병화. 1986. 신제 가정원예. 향문사.
3. 임재욱 등. 2002. 아름다운 꽃문화 · 활력있는 생활을 위한 꽃가꾸기. 경기도농업기술원.
4. 한국원예학회. 1998. 화훼원예학총론. 향문사.
5. 한국원예학회. 1999. 신제 생활원예. 향문사.
6. 서울시립대학교 환경화훼연구실. 2008. 화훼식물명 · 용어해설. 월드사이언스.
7. 한국원예학회. 2003. 원예학 용어 및 작물명집. 한림원.
8. Hartmann, H. T. et al. 2002, Plant Propagation. Prentice Hall.
9. Hartmann, H. T. et al. 1988. Plant Science. Prentice Hall.
10. Preece, J.E. and P.E. Read. 1993. The Biology of Horticulture. John Wiley & Sons, Inc.
11. Toogood, A. 1999. Propagating Plants. Dorling Kindersley.
12. Tsurushima, H. 1988. Handbook of Floriculture. 양현당(일본).

4 원예식물의 개화 및 생육조절

4.1 식물의 생장단계

식물은 종자발아를 시작으로 영양생장 단계 이후, 전환기를 거쳐 생식생장 단계에서 개화결실하여 일생을 마치게 된다. 각 단계별로 종자가 발아하여 양적 생장을 하는 유묘기까지를 영양생장 단계라 하고, 외부의 형태적 특징이 변화하는(예 : 아카시아-유묘기에는 가시가 없음) 전환기, 특정한 생육환경(광선, 온도, 영양상태 등) 하에서 꽃눈이 분화하여 개화결실하세 되는 시기를 생식생장 단계라고 하는데 이 과정은 그림 4-1과 같다.

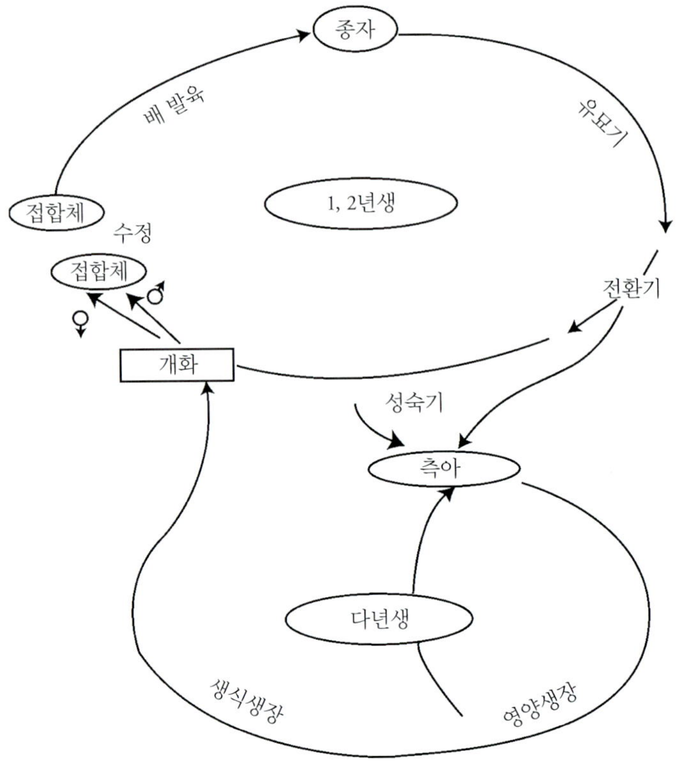

▲ 그림 4-1. 1~2년생 및 다년생 식물의 생장단계(Hartmann 등, 2002)

4.2 재배환경

모든 식물은 각각의 종류에 따라서 생장에 적합한 환경조건이 다르기 때문에 생장에 부적합한 환경 하에서는 생육이 지연되거나 심한 경우 생리장해 현상이 발생할 수도 있다. 특히 원예식물은 일반식물과 달리 생육환경이 인위적으로 조절되는 상태에서 재배하는 경우가 많기 때문에 각 작물에 가장 적합한 최적 생육환경을 파악하는 것이 우선적으로 필요하다. 식물의 생육을 지배하는 환경요인로서 광선, 온도, 수분, 토양, 비료 등의 영향이 절대적이다(표 4-1).

4.2.1 광선

광선은 태양광선 중에서 가시광선을 중심으로 자외선과 적외선까지도 식물의 생육에 영향을 미치는데, 이 장에서는 광도, 일장, 광질로 구분하여 살펴본다.

▶ **표 4-1.** 잎의 생육에 미치는 광선의 효과

양지식물	음지식물
1. 엽면적 감소	1. 엽면적 증가
2. 엽육두께 증가	2. 엽육두께 감소
3. 엽면을 중심으로 잎이 구부러짐	3. 잎이 평평한 상태로 생장
4. 엽록소 감소	4. 엽록소 증가
5. 기공밀도 증가	5. 기공밀도 감소
6. 책상조직 발달 촉진	6. 책상조직 발달 억제
7. 고광도에서 광합성 촉진	7. 저광도에서 광합성 촉진
8. 타원형의 엽록체	8. 원형의 엽록체
9. 암상태에서 호흡율 증가	9. 암상태에서 호흡율 감소

Preece and Read, 1993

1 광도(Light intensity)

식물이 받는 햇빛의 강도로서 광합성을 지배하는 주 요인이 되며, 이에 준해서 식물을 양지식물, 음지식물, 반양(음)지식물 등으로 구분한다.

(1) 양지식물(100,000 lux 전후) : 소나무, 향나무, 목련, 벚나무, 채송화, 맨드라미, 백일홍, 선인장류, 연꽃, 수련 등으로 잎이 두꺼우며 착엽각도가 예각인 것이 특징이다.

(2) 반음지식물(50,000 lux 전후) : 철쭉, 진달래, 팔손이, 식나무, 아프리칸봉선화, 시클라멘 등이 포함된다.

(3) 음지식물(10,000 lux 전후) : 실내에서 재배되는 대부분의 관엽식물, 양치류 등으로 잎이 얇고 넓으며 착엽각도가 둔각인 것이 특징이다.

2 일장(Day length)

하루 중 낮의 길이를 말하며 식물의 화아분화, 개화, 발육, 휴면 등에 영향을 미친다. 모든 식물은 화아분화 및 개화반응을 지배하는 한계일장을 가지고 있는데, 일장이 한계일장보다 길 때 꽃눈이 생기고 개화하는 식물을 장일식물, 짧을 때 개화하는 식물을 단일식물이라고 하며, 일장에 영향을 받지 않는 식물을 중일식물이라고 한다(표 4-2).

(1) 장일식물 : 금잔화, 페튜니아, 금어초, 알리섬, 아이리스, 무, 배추, 상추, 시금치 등

(2) 중일식물 : 카네이션, 시클라멘, 제라늄, 튤립, 팬지, 백일홍, 장미, 무궁화 등

(3) 단일식물 : 맨드라미, 국화, 포인세티아, 코스모스, 샐비어, 나팔꽃, 칼랑코에, 딸기 등

▶ 표 4-2. 주요 1년 초화류의 일장 반응

식물명	일장효과	
	장 일	단 일
알리섬	무	무
과꽃	줄기신장 촉진	개화촉진
콜레우스	영양생장 촉진	개화촉진
달리아	영양생장 촉진	개화유도
아프리칸 봉선화	무	무
매리골드	영양생장 촉진, 개화지연	개화촉진
팬지	화수 증가	줄기조직 강화
빈카	무	무
페튜니아	개화유도	영양생장 촉진
꽃잔디	개화유도	영양생장 촉진
루드베키아	영양생장 촉진	개화유도
샐비어	영양생장 촉진	개화유도
버베나	개화유도	영양생장 촉진
백일홍	측지발생 지연	측지발생 촉진

Hartmann 등, 2002

일장효과(Photoperiodism, 日長效果 또는 光週性) : 일장에 따른 식물의 개화조절 효과로서 1920년 미국 농무성 Maryland주 Beltsville 시험장에서 발견되어 국화, 카네이션, 장미, 포인세티아, 달리아 등 많은 작물에서 실용화되어 있다. 이와 같은 일장반응은 식물체의 어린잎에서 진행되어 그 효과가 생장점에서의 개화반응으로 이어지게 된다. 일장효과를 산업적으로 가장 잘 이용하고 있는 작물은 국화로서, 여름철에는 아침 저녁으로 차광을 해주어서 개화를 촉진시키고 가을과 겨울철에는 야간에 전등을 조명하여 개화를 억제시키는 것이 가능하여 연중 계속적으로 국화꽃을 생산할 수 있다(그림 4-2).

3 광질(Light quality)

식물생육에 영향을 미치는 광선은 자외선, 가시광선, 적외선 등으로 구분되는데 자외선은 색소형성, 적외선은 화아분화 및 개화유도에 관여한다. 가시광선의 스펙트럼 중에서는 청색광(420~490 nm)과 적색광(640~760 nm)이 일장효과에 가장 크게 작용한다(그림 4-3, 4-4, 4-5).

4 인공광(Artificial light)

실내환경은 광도, 광질, 일장의 변화로 광합성, 형태형성 등의 생리활동에 변화가 유기 된다. 특히 낮은 광도에 의해 엽면적 증가, 호흡량 증가 및 CO_2 방출량이 증가된다. 또한 뿌리의 발육억제 및 양분과 수분 흡수억제에 따른 관상가치가 저하되어 인공적으로 광선을 공급해 주는 것이

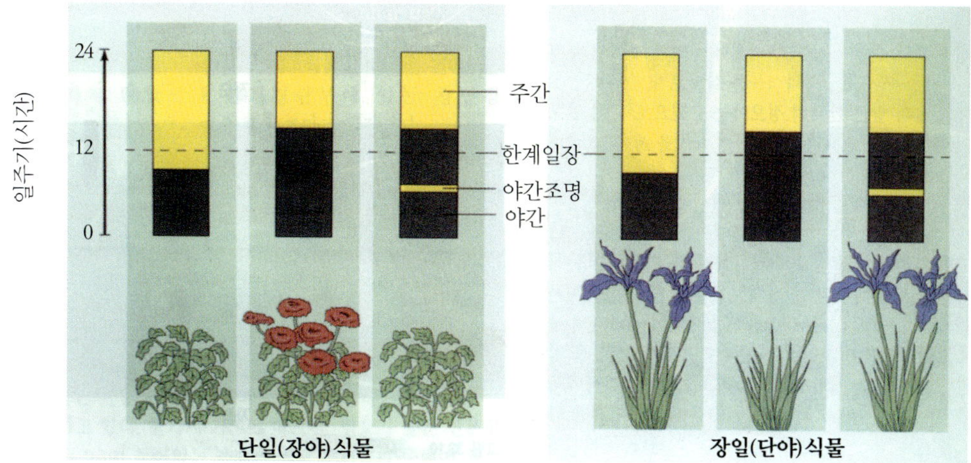

▲ 그림 4-2. 광주기에 의한 개화조절(김명원, 1999)

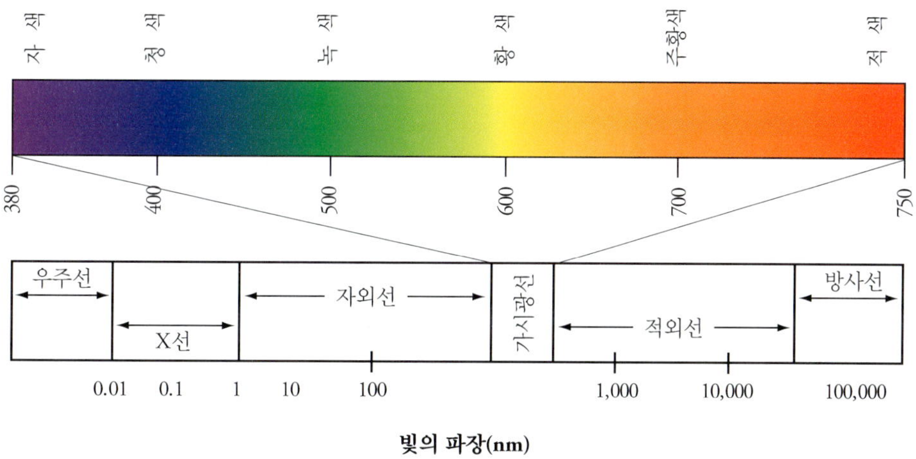

▲ 그림 4-3. 태양광선의 파장별 분포 및 가시광선의 스펙트럼

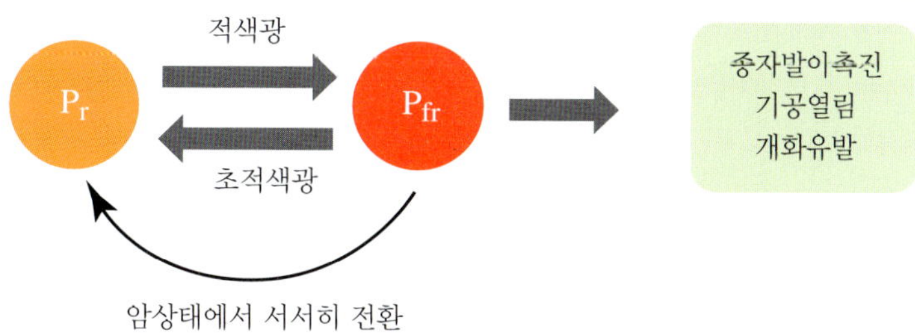

▲ 그림 4-4. 두 가지 형태의 피토크롬간의 상호전환(김명원, 1999)

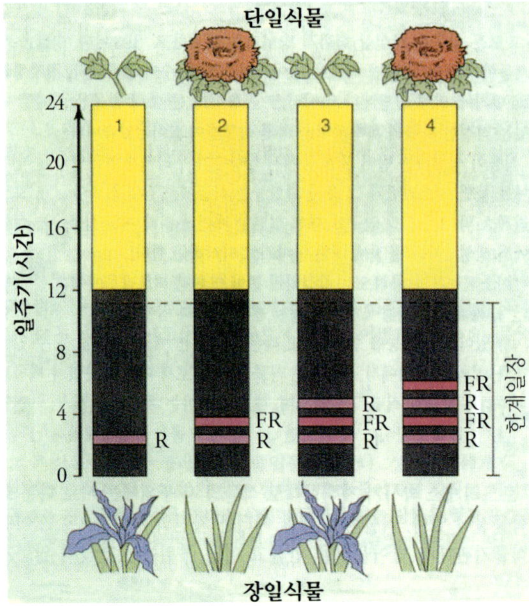

▲ 그림 4-5. 적색광(R)과 초적색광(FR)의 가역적 효과(김명원, 1999)

보편화되어 있는데 백열등과 형광등이 많이 사용되고 있다. 인공조명등의 종류 및 특성은 표 4-3과 같은데 최근에는 LED광이 개발되어 널리 이용되기 시작하고 있다(박, 2010).

▶ 표 4-3. 인공조명의 종류와 식물에 대한 상대적 특성

종 류	식물반응	비 고
백열등	잎색이 옅어진다. 잎이 얇아지고 길어진다. 줄기가 지나치게 자라고 길어진다. 개화, 결실, 노화가 빨라진다.	청색파장을 방사하는 광원과 조합하여 이용한다. 빛의 방향을 조절하여 식물의 인상적인 그림자를 연출한다.
형광등	잎의 면적이 넓어진다. 줄기가 서서히 길어진다. 개화가 늦어진다.	식물생장을 위해 가장 보편적으로 사용한다. 에너지 효율성이 높다. 광도가 낮으므로 천장높이 3 m 이상에는 부적당하다.
수은등	줄기가 서서히 길어진다. 개화가 늦어진다.	에너지 효율성이 좋다. 자외선 파장으로 인하여 식물에 해를 끼칠 수 있다.
할로겐등	잎의 면적이 넓어진다. 줄기가 가늘고 길게 자란다. 개화가 늦어진다.	높은 천정에 사용해도 좋다.
나트륨 등	잎색이 짙어진다. 잎의 면적이 넓어진다. 줄기가 천천히 두껍게 자란다. 개화가 늦어진다.	전기소모량이 적고 광도가 높아 효율적이다. 연색성이 좋지 않아 전체조명으로는 부적당하다. 식물의 계속적인 생육을 의도할 때는 할로겐등과 조합해서 사용한다.
LED	형광등과 유사하나 각 파장대별로 혼합이용이 가능하다.	차세대 식물광원으로 유망시 되고 있고, 전력비가 저렴하고 반영구적이나 시설비가 고가이다.

4.2.2 온도

온도는 식물의 증산작용을 통한 양분과 수분흡수 촉진 및 체내의 대사작용을 조절하여 생장반응을 지배하기 때문에 생육에 알맞는 온도를 제공하는 것이 필수적이다. 지구상의 식물이 생육할 수 있는 광범위한 온도범위는 0~50°C 정도로서 일반적으로는 10~35°C 정도에서 정상적으로 자라게 되며 생육적온은 각각의 식물이 유래된 지역에 따라서 차이가 난다.

식물의 종류에 따른 생육적온범위와 종류는 아래와 같다.

(1) 열대성식물(25~30°C) : 하와이무궁화, 고무나무, 파인애플, 안스리움 및 대부분의 관엽류

(2) 온대성식물(15~25°C) : 장미, 매화, 벚나무, 개나리, 튤립, 백합, 수선화, 국화 등

(3) 한대성식물(10~20°C) : 가문비나무, 전나무, 자작나무 및 에델바이스 등의 고산식물

춘화현상(Vernalization, 春化現象 또는 低溫感應性) : 원산지가 온대지방인 식물들 중에는 일정한 기간동안 저온에 감응을 받아야 개화하게 되는 경우가 있는데 이같은 현상을 춘화현상이라고 한다. 춘화처리는 밀과 같이 종자상태에서 감응하는 종자춘화형과, 대부분의 숙근류, 구근류 및 화목류와 꽃양배추, 스톡크와 같이 식물이 어느 정도 자란 후 감응하는 녹식물춘화형이 있다. 저온의 감응부위는 생장점이며 수분을 어느 정도 포함하고 있어야 하고, 감응온도 범위는 −5~15°C 정도로 식물의 종류에 따라서 차이가 있다.

4.2.3 수분

식물체의 조직은 70~90%의 수분을 함유하고 있으며, 이 수분은 세포의 주성분으로 팽압을 증가시키고 골격유지와 효소를 활성화시켜서 각종 물질대사작용을 촉진한다. 수분의 요구도는 식물체가 생장함에 따라서 증가하고 환경요인으로 광선과 온도와 밀접한 관련이 있다. 식물체의 수분흡수는 증산작용에 의해 촉진되는데, 잎이 광에너지를 받아서 체온이 상승하면 기공을 열어서 수분을 증발시킴으로써 체온조절과 함께 수분흡수가 촉진된다. 한편, 증산작용은 상대습도와 밀접한 연관이 있어서 상대습도가 높으면 증산작용이 억제되어 잎표면에 물방울이 맺히는 일비현상이 유발되며, 식물체가 약하게 자라서 병충해 저항성도 감소된다. 반면에 상대습도가 지나치게 낮으면 증산작용이 활발해져서 잎이 퇴색되거나 심하면 식물체가 시드는 현상을 보이기도 한다. 생육에 적합한 상대습도는 식물의 종류별로 크게 달라서 선인장류는 30~40%, 동양란은 60~70%, 관엽류는 70~80%가 적당하다. 상대습도 뿐만 아니라 식물의 수분요구도에 따라서 수생식물, 습생식물, 건생식물, 중생식물 등으로 구분한다.

1 수생식물

물속의 토양에 뿌리를 뻗고 사는 종류와 수면에 떠서 사는 종류가 있다. 전자에는 수련, 연꽃 등이고, 후자에는 부레옥잠, 물상추, 개구리밥 등이 있다.

2 습생식물

연못이나 개천 주변의 습한 곳에서 사는 종류로 왕골, 골풀, 붓꽃, 토란류, 버드나무, 부들 등이 있다.

3 건생식물

사막이나 건조한 곳에서 잘 자라는 종류로 선인장류와 알로에, 용설란, 칼랑코에, 채송화 같은 다육식물류 등이 포함된다.

4 중생식물

일반 원예식물들이 포함된다.

4.2.4 토양

토양은 식물의 뿌리를 지탱해 주는 토양입자인 고체부분(固相, 50%)과 생육에 필요한 양분이 녹아 있는 액체부분(液相, 25%) 및 뿌리호흡을 위한 산소를 공급해 주는 기체부분(氣相, 25%)으로 구성되어 식물의 생육을 유지시킨다.

가정에서 원예작물 재배하는 경우에는 특수한 토양을 사용하는 것이 일반적인데 그 종류와 특성은 다음과 같다.

1 코코피트(Cocopeat 또는 Coir)

야자열매의 거친 섬유를 이용하는 것으로 국내에서 가장 많이 쓰이고 내구성도 높다.

2 질석(Vermiculite)

질석을 760°C 정도로 가열하여 발포한 것으로, 갈색으로 가볍고 보수력이 크지만 입자가 수분을 함유하면 쉽게 부서지기 때문에 펄라이트, 피트모스등과 혼합하여 사용한다.

3 펄라이트(Perlite)

진주암을 870°C 정도로 가열한 것으로, 백색으로 입자가 강하고 보수력이 크다.

4 피트모스(Peatmoss)

늪지식물이 퇴적되어 부식된 것으로, 암갈색으로 가볍고 보수력이 뛰어나며 pH 4.0~4.5 정도의 강산성인데 캐나다, 러시아, 핀란드산 등이 유명하다.

5 수태(Sphagnum moss)

이끼류를 건조시킨 것으로 고산지대 한랭지에서 생산되며 보수력과 통기성이 뛰어나고 뉴질랜드산이 많이 수입되고 있다.

6 부엽토(Leaf mold)

낙엽활엽수를 썩힌 것으로 보수력이 좋고 비료성분이 풍부하여 혼합용토의 기본재료로 이용된다.

7 바아크(Bark)

나무껍질을 잘게 부수어 만들고, 통기성이 뛰어나다.

8 기타

난석, hydroball, 훈탄, 톱밥, 땅콩껍질 등이 이용되고 있다.

4.2.5 비료

식물생육에 가장 많이 요구되는 비료성분은 질소, 인, 칼륨인데 이들을 비료의 3요소 또는 필수원소라 하고 그 밖의 다량원소로 칼슘과 마그네슘, 유황 등이 있다. 또한 아주 적은 양으로 이용되는 것을 미량원소로 구분하며 철, 아연, 구리, 망간, 붕소, 염소, 몰리브덴 등이 있다.

1 비료의 종류

비료의 종류는 화학적 특성과 제조 상태에 따라 무기질비료와 유기질비료로 구분된다. 무기질비료는 비료회사에서 제조하는 화학비료로서 3요소가 단독으로 들어있는 단종비료와 3요소가 적당한 비율로 혼합되어 있는 복합비료가 있는데 복합비료는 각 제조회사별로 성분량을 표기하게 규정되어 있다. 예를 들어, 15 : 10 : 10이라면 질소 15%, 인 10%, 칼륨 10%의 비율로 혼합된 것을 의미한다. 각 비료성분의 특성은 다음과 같다.

(1) 무기질비료

① 다량원소

질소(N) : 잎비료, 엽록소 구성성분

인(P) : 꽃, 과실, 종자비료

칼륨(K) : 줄기비료, 수분이동 조절

칼슘(Ca) : 세포벽 형성, 조직강화

마그네슘(Mg) : 엽록소 구성성분, 효소활성 촉진

황(S) : 단백질 구성성분, 효소활성 촉진

② 미량원소

필요량이 토양 속에 포함되어 있어서 큰 문제가 되지 않지만 과잉의 피해가 발생되는 경우가 있다.

▶ 표 4-4. 각종 유기질비료의 성분 함량 비율

구 분	성분(%)		
	질 소	인	칼 륨
어박	9.0~10.0	5.0~7.0	–
깻묵	5.0	2.5	1.3
계분	2.0~4.5	1.5~4.5	1.0
골분	4.1	21.7	–
쌀겨	2.1	3.8	1.4
짚재	–	8.0	50.0
클로버 녹비	0.53	0.15	0.55
잡초 녹비	0.54	0.15	0.46
옥수수 녹비	0.19	0.10	0.37

(2) 유기질비료

유기질비료는 식물성 재료를 부숙시킨 식물성 비료와 어패류의 골분, 가축의 분뇨 등을 부숙시킨 동물성 비료로 구분된다(표 4-4).

유기질비료는 토양중의 미생물에 의해 분해되어 식물이 흡수 이용할 수 있기 때문에 비료의 효과가 장기간에 걸쳐 지속적으로 나타나고, 무기질비료의 과다 사용시 발생하는 염류 장해를 예방하며 토양의 물리성을 개량하는데 효과적이다.

깻묵비료 만드는 법

- 액체비료 : 깻묵과 물을 1:5 정도의 비율로 혼합하여 여름에는 20~30일, 겨울에는 30~60일간 발효시켜 상등액을 10~20배 희석하여 사용한다.
- 고체비료 : 깻묵, 골분, 물을 3:1:3 정도의 비율로 혼합 밀봉하여 1~2개월 후 반정도 건조시켜 밤알 정도 크기의 입단을 만들어 사용한다.

2 시비법

(1) 비료의 요구도

비료의 요구도는 식물의 생육단계에 따라 다르게 나타나는데 꽃눈이 분화하기 전까지의 영양생장기 중에는 질소의 요구량이 높은 반면에, 꽃이 피고 열매와 종자가 맺히는 생육말기에는 인의 요구도가 높다. 한편 식물의 세포벽의 구성성분인 칼륨은 생육 전기간에 흡수되어 조직을 강화한다. 또한 식물의 종류에 따라서 비료의 요구량이 크게 차이가 있는데 비료의 요구량이 큰 종류와 적은 종류의 식물들은 표 4-5에서 보이는 바와 같다.

▶ 표 4-5. 비료 요구도에 따른 분류

구 분	화훼류
비료요구량이 많은 것 (보통의 2배 이상인 것)	제라니움, 포인세티아, 수국, 카네이션, 국화, 아스파라거스, 백합, 튤립, 라넌큘러스 및 기타 양지식물류
비료요구량이 보통인 것	시클라멘, 후리지어, 장미, 아네모네, 거베라, 안스륨, 꽃완두, 작약, 아펠란드라
비료요구량이 적은 것 (보통의 1/2 이하)	철쭉나무, 고사리류, 양란(특히 착생란), 치자나무, 프리뮬라 및 기타 음생식물류

(2) 시비방법

시비방법은 토양시비방법과 엽면시비방법으로 구분되며, 토양시비법은 일반적인 방법으로 토양에 시비한 후 관수나 복토를 해주는 방법이며, 엽면시비법은 뿌리에 장해를 받아서 흡수가 곤란한 경우나 비료의 효과를 빨리 기대하기 위하여 액체비료를 잎과 줄기부위에 살포하는 방법이다. 비료의 성상에 따라 고형, 입제가 있으며 분말시비법, 액제시비법 등으로 구분할 수 있다. 원예용 복합비료인 하이포넥스의 경우 1000배 정도로 희석해 이용하거나 요소로 0.2~0.5%액을 엽면시비한다.

4.2.6 식물생장조절제

모든 식물은 적당한 환경 하에서 순조로운 생장을 위하여 소량의 호르몬을 생성하는데, 이 물질들은 식물의 생육전반에 걸쳐서 광범위한 영향을 미친다. 식물체 내에서 생성되는 식물호르몬과 이와 유사한 효과가 있는 인공적으로 합성된 물질들을 광범위한 의미에서 식물생장조절제라고 하며, 이 물질들은 식물의 생육조절을 위한 목적으로 광범위하게 사용되고 있다.

1 자연발생하는 식물호르몬(내생호르몬, Endogenous plant hormones)의 종류와 특성

(1) 옥신(Auxin) : 끝눈의 분열조직, 어린잎, 씨눈에서 생성되어 줄기신장, 뿌리생장 및 분화, 과일발생 촉진 등에 관여한다.

(2) 싸이토키닌(Cytokinin) : 뿌리에서 생성 지상부 이동하여 곁가지 형성, 세포분열 및 생장촉진, 발아 및 개화촉진, 노화억제 등에 관여한다.

(3) 지베렐린(Gibberellin) : 끝눈의 분열조직, 뿌리, 어린잎, 씨눈 등에서 생성되어 종자발아, 줄기신장, 개화, 과일발달촉진, 뿌리생장 및 분화 등에 관여한다.

(4) ABA(Abscisic acid) : 잎, 줄기, 녹색과일에서 생성되어 생장억제, 기공폐쇄, 휴면유지 등의 효과를 보인다.

(5) 에틸렌(Ethylene) : 성숙한 과일, 줄기마디, 상처부위 등에서 발생되어 과일성숙 촉진, 아나나스 개화촉진, 절화수명 단축 등의 효과를 보인다.

2 흔히 사용되는 생장조절제(일부는 제초제)의 용도 및 종류(농약사용지침서, 2008)

(1) 발근촉진 : IBA, NAA

(2) 착과촉진 : 토마토톤, 후라스타, 티디아주론, 풀메트

(3) 낙과방지 : 리테인(AVG)

(4) 성숙 및 노화촉진 : 에테폰

(5) 줄기신장억제 : Chloromequat(CCC), 빈나리

(6) 담배, 감자 맹아억제 : Maleic hydrazide(MH)

(7) 노화억제 및 저장기간 연장 : 스마트 프래쉬

(8) 기타용도 : 절화수명연장, 개화유발 및 억제, 종자발아, 콩나물 비대촉진, 착과촉진(참외, 수박, 포도 등), 암 · 수꽃조절(오이) 등이다.

참고문헌

1. Preece, J.E. and P.E. Read. 1993. The Biology of Horticulture. John Wiley & Sons, Inc.
2. Fosket, D.D. 1994. Plant Growth and Development. Academic Press.
3. Hartmann, H.T. et al. 2002. Plant Propagation. Prentice Hall.
4. 강영희 등. 2009. 식물생리학. 지구문화사.
5. 김명원역. 1999. 생명과학. 라이프 사이언스.
6. 박윤점 등. 1998. 장식원예총론. 도서출판 서원.
7. 박후원. 2010. 식물공장과 LED 조명의 과학적 고찰. 농경과 원예. 2010.5:132-135.
8. 이정명외 3인. 1998. 식물생화학 조절제. 도서출판 동화기술.
9. 이종석, 곽병화. 1986. 신제 가정원예. 향문사.
10. 한국원예학회. 1998. 화훼원예학총론. 향문사.
11. 한국원예학회. 1999. 신제 생활원예. 향문사.
12. 한국작물보호협회. 2008. 농약사용지침서.

5 초화류 및 실외장식

5.1 초화류

5.1.1 일년초화류(一年草)

종자를 파종하여 1년 이내에 꽃을 피우고 열매를 맺은 후 죽는 식물을 일년초라 하는데, 이러한 일년초 중에는 그 자생지인 열대지방에서는 다년생이지만 온대지방에서는 겨울의 추위에 얼어 죽는 것도 있다. 이같이 동일한 식물이라도 열대나 아열대지방에서는 다년초, 온대지방에서는 일년초로 취급되기도 하고, 또 노지에서는 일년초인 것이 온실에서는 다년초가 되는 경우도 있다. 따라서 일년초는 재배지역에 따라서 차이가 있으나 우리나라에서는 보통 중부지방의 내한성을 기준으로 분류한다.

일년초는 주로 종자번식을 하며 파종하는 시기에 따라 봄에 씨앗을 심는 춘파 일년초와 가을에 심는 추파 일년초로 나눈다. 춘파 일년초는 위도가 낮은 열대나 아열대지방 원산식물이 많아 일반적으로 고온, 건조, 척박한 토양 등에 강하다. 맨드라미, 채송화, 샐비어, 나팔꽃, 봉선화, 해바라기, 매리골드, 코스모스, 과꽃 등이 춘파 일년초에 속한다. 추파 일년초는 주로 온대나 아한대 원산식물로 서늘한 기후에서 잘 자라며 저온을 어느 정도 경과해야 꽃눈분화가 일어나는 경향이 있다. 대부분 상대적 장일식물로 단일에서도 개화가 되지만 장일에서는 개화가 촉진된다. 춘파 일년초에 비하여 일반적으로 건조에 약하고 토양이 비옥해야 잘 자라며 금잔화, 시네라리아, 데이지, 프리뮬러, 금어초, 팬지, 페튜니아 등이 추파 일년초에 속한다.

1 과꽃(China aster ; *Callistephus chinensis*)

파종시기는 4~5월이며 발아적온은 15~20°C이다. 9월 전후부터 개화하여 늦가을까지 지속된다. 재배토양은 유기물이 풍부하면서도 물이 잘 빠지는 사질 양토 또는 양토가 좋으며, 건조에 약하므로 하루에 한 번씩은 물을 주는 것이 좋다. 10a당 시비량은 질소, 인, 칼륨을 합하여 10~20 kg이 적당하며 질소와 칼륨 시비량의 1/3은 정식 1개월 후에 웃거름으로 시비한다. 퇴비는 10a당 2~3톤 정도가 적당하고, 석회도 100~200 kg 사용하는 것이 좋다.

2 꽃베고니아(Begonia ; *Begonia semperflorens*)

파종시기는 4~6월이며 발아적온은 15~25°C이다. 적정온도 범위에서 연중개화하는 사계성이다. 씨앗이 매우 작으므로 상자에 뿌렸다가 싹이 난 후 다시 큰 상자에 옮겨 심는다. 발아 6주 후에 한 번 이식하고 한 달 후에 꽃이 충분히 피었을 때 20 cm 간격으로 화단에 심는다. 오전에 직사광선을 받을 수 있고 오후에는 그늘이 지는 위치가 이상적이며, 토양 산도 5~6 정도의 약산성 토양을 좋아하고 추울 때는 관수를 피한다. 화분에 심을 경우에는 고형비료를 화분당 2 g씩 1개월에 1회 얹어주거나 물거름 1,000배액을 1주일에 1회 준다.

3 색동양배추(Flowering cabbage ; *Brassica oleracea* L. var. *acephala*)

화단용의 파종시기는 7월 상순이며 발아적온은 25°C 정도이다. 9월 상순에 정식을 하며 정식 간격은 40~50 cm이 적당하다. 가을에 자주색, 크림색 등으로 착색되며 잎 끝의 형태에 따라 축엽형, 환엽형으로 구분된다. 중부지방에서 노지화단 월동이 가능하고 이듬해 3~4월 추대하여 개화한다. 유기질 비료가 풍부하고 보수력이 있으며 토양산도 5.5~6.5 정도의 토양이 재배에 적당하다. 10a당 퇴비 2톤, 석회 200 kg을 밑거름으로 주고 질소 23 kg, 인 20 kg, 칼륨 23 kg을 시비한다. 물은 2~3일에 한 번씩 주는 것이 적당하다.

4 나팔꽃(Morning glory ; *Pharbitis nil*)

파종시기는 4월 하순~5월 상순이며 발아적온은 15°C 이상이다. 나팔꽃 종자는 수분흡수를 잘 하지 못하므로 하루쯤 물에 불려 파종하거나 종자 껍질에 상처를 내어 모래상자에 파종하였다가 발아하여 떡잎이 완전히 전개되었을 때 옮겨 심는다. 덩굴성 단일식물로 담장 같은 곳을 감고 올라가다가 9월부터 개화하기 시작한다. 점질 양토로 배수가 잘되는 토양이 적당하고 부엽토, 퇴비, 밭흙, 모래를 섞어 쓰면 좋다. 화단에 심었을 경우에는 맑은 날에는 매일 1~2회 물을 준다.

5 데이지(Daisy ; *Bellis perennis*)

파종시기는 9월 하순~10월 중순이며 발아적온은 15~20°C이다. 데이지의 종자는 호광성으로 파종 후 7일 정도 경과하면 발아한다. 화단에는 15 × 15 cm 간격으로 심는다. 봄철 화단용 식물로 이용한다. 토양은 배수가 잘되고 쉽게 건조하지 않는 점질양토가 좋고 밑거름은 10a당 퇴비 4톤, 깻묵 40 kg, 복합비료 40 kg을 주고 웃거름으로 물비료를 한두 차례 준다. 물은 오전에 충분히 주는 것이 좋다.

6 공작초(Marigold ; *Tagetes* spp.)

파종시기는 1~3월이고 발아적온은 10~20°C 이며 파종 후 4~6일이면 발아한다. 매리골드는 환경적응성이 강하여 빛이 잘 들고 약간 건조한 곳이면 어디서나 잘 자라며, 물은 약간 적게 주고 물이 꽃에 직접 닿지 않도록 하는 것이 좋다. 10a당 질소, 인, 칼륨을 22 kg, 36 kg, 37 kg 정도로 비료를 준다. 질소 비료가 지나치게 많으면 생육은 좋아지나 꽃이 적고 개화가 늦어진다. 여름 장마 전에 꽃을 보고 장마가 오기 전에 꽃을 포함한 싹의 윗부분을 순지르기 해주면 장마기를 무사히 지나고 서리 오기 전까지 꽃을 관상할 수 있다. 환경적응성이 강하여 봄부터 가을까지 지속적으로 개화한다. 샐비어 등 다른 색의 꽃과 조화를 맞추어 심는 것이 바람직하다.

7 맨드라미(Cockscomb ; *Celosia* spp.)

파종시기는 4~5월이며 발아적온은 20~25°C이고 파종 후 7일 정도면 발아한다. 종자를 파종상자에 뿌려서 잎이 2~3매 나왔을 때 작은 분에 옮겨 심었다가 꽃이 핀 상태로 화단에 30 cm 간격으로 심는 것이 좋다. 초장이 10~15 cm 되었을 때 순의 끝을 따면 곁눈이 많이 생긴다. 9월 이후 촛불형, 닭벼슬형 꽃대를 발생시켜 개화한다. 햇볕이 잘 드는 비옥한 사양토가 좋으며 건조에 강하므로 물은 자주 줄 필요가 없다. 10a당 질소, 인, 칼륨을 22 kg, 18 kg, 24 kg 정도로 주고 자라는 것에 따라 2~3번 웃거름을 준다.

8 샐비어(Salvia ; *Salvia splendens*)

파종시기는 2~6월로 광범위한 편이며, 발아적온은 20~25°C이다. 파종상자에 종자를 흩어 뿌린 후 3~5mm 두께로 복토를 한 후 물을 주고 신문지를 덮어 놓는다. 잎이 2~3매가 되면 한 번 가식하고, 5~7매일 때 화단에 20~30 cm 간격으로 심는다. 한 꽃대에서 20~30개의 작은 꽃이 개화하여 30일 정도 지속된다. 빛이 강하지 않은 곳이 적당하며 토양은 점질 양토가 좋다. 10a당 퇴비 2~3톤과 복합비료 100kg을 밑거름으로 사용하고 웃거름으로 인비료를 충분히 주면 생육이 좋다. 물은 2~3일에 1회 준다.

9 코스모스(Cosmos ; *Cosmos bipinnatus*)

파종시기는 5월 상순~8월 상순이며 발아적온은 10~20°C이다. 파종 후 발아하여 본엽이 3~4매가 되었을 때 10~20 cm 간격으로 심고 순지르기는 5번째 마디에서 해준다. 생육이 강건하여 척박지에서도 잘 자라지만 다습에 약하므로 배수가 잘 되는 토양산도 5~6의 약산성의 점질 양토가 적합하다. 밑거름으로 질소, 인, 칼륨 3요소를 10a당 3 kg씩 주고 생육이 나빠지면 밑거름과 같은 양의 질소를 웃거름으로 시비한다.

10 해바라기(Sunflower ; *Helianthus annus*)

파종시기는 4~5월이며 발아적온은 10°C 이상으로 7~10일 사이에 발아한다. 종자가 크므로 파종간격은 30 × 30 cm 정도로 하고 파종 전에 물을 흠뻑 주고 깊이 2 cm 정도로 2~3개씩 파종한다. 생육이 왕성한 편이며 토질을 가리지 않으나 한여름의 가뭄을 고려한다면 보수성과 유기질이 풍부한 점질양토가 좋다. 10a당 50 kg의 복합비료를 밑거름으로 주고 건조에 약하므로 2~3일에 1회 물을 준다.

11 팬지(Pansy ; *Viola wittrockiana*)

파종시기는 8월 하순~1월 상순이며 발아적온은 10~15°C이다. 종자는 반드시 그 해에 받은 새 씨앗을 사용하며 화단의 특성을 고려하여 품종을 선택한다. 파종 후에는 종자가 보이지 않을 정도로 살짝 복토한다. 파종용토는 밭흙 1과 피트모스 1의 비율로 혼합하여 사용하며 육묘용토는 밭흙 50%, 부숙퇴비 15%, 부숙왕겨 35%를 혼합하여 본엽 3~4매일 때 비닐 분에 이식한다. 3월 중순~4월 중순경 본엽이 6~7매가 되면 정식한다. 저온성 식물로 중부지방에서 6월경까지 생육한다. 심는 간격은 15~20cm로 하고 물을 충분히 준다. 밑거름은 10a당 질소 25 kg, 인 40 kg, 칼륨 30 kg을 시비하고 웃거름은 밑거름과 같은 양을 2~3회로 나누어 시비한다.

12 페튜니아(Petunia ; *Petunia hybrida*)

파종시기는 6월이며 발아적온은 15~20°C이다. 빛이 있는 조건에서 발아가 잘 되며, 파종 후 7~10일이 경과하면 싹이 올라온다. 종자가 작으므로 가는 모래로 복토를 한다. 본엽이 2~3매가 나오면 이식하고 꽃이 필 무렵이 되면 20~25 cm의 재식 간격으로 화단에 옮겨 심는다. 온도조건이 충족되면 연중 개화하는 다년초이다. 배수가 잘 되는 토질이 좋고 토양산도는 6.0~6.5가 적합하다. 이틀에 한 번씩 물을 주고 가끔 물에 비료를 연하게 타서 준다. 한 여름에는 과습의 피해가 발생하므로 장마기에는 각별히 주의를 한다. 비료는 복합비료를 월 2회씩 주는 것이 좋으며 비교적 튼튼하고 습해에 강한 화단용 품종을 선택하여 심는다.

5.1.2 숙근초화류

숙근초화류란 봄부터 생장을 시작하여 개화한 후 가을에 지상부는 고사하고 지하부가 월동하여 다음해에 생장을 반복하는 초본성 화훼를 말한다. 국화, 옥잠화, 숙근 아이리스, 작약, 원추리 등은 노지에서 재배하여 관상할 수 있는 숙근류이고 카네이션, 거베라, 숙근 안개초, 숙근 스타티스 등은 비가림 시설과 네트설치가 필요하다. 일명 다년생 또는 영년생 초화류라고도 불리운다.

1 국화(Chrysanthemum ; *Chrysanthemum morifolium* 또는 *Dendranthema grandiflorum*)

절화용, 화단용, 포트멈, 관상용 대국 등 용도에 따라 다양하게 이용할 수 있으나 화단용과 관상 대국이 가정원예의 주류를 이룬다. 화단용의 경우 발근묘를 6월 하순~7월 상순에 40 × 40 cm 간격으로 심으면 순지르기를 하지 않아도 품종 고유의 자연개화기에 따라 둥근 모양의 초형을 만들면서 생장, 개화한다. 대국의 경우는 1회 이상, 대형 현애국은 5회 이상 적심하는 경우도 있다. 9월 들어 온도가 하강하면서 습도가 높게 되면 흰녹병이 발생하기 쉬우므로 물은 아침에만 주고 잎에 물기가 생기지 않도록 관리한다.

2 옥잠화(Plantain lily ; *Hosta* spp.)

옥잠화는 한국, 중국, 일본 등에 약 40~50종이 자생하고 있다. 내한성 숙근초로서 절엽, 관엽 및 지피식물 등으로 용도가 다양하다. 옥잠화는 덩어리 모양의 지하경을 가지고 있으며 긴 엽병과 피침형 또는 넓은 타원형의 잎이 난다. 근출엽 사이에서 꽃대가 나오고 6개의 꽃잎을 가진 나팔 모양의 꽃이 20여 개 착생한다. 꽃색은 백색에서 보라색의 색채로서 품종에 따라 5월에서 9월 사이에 개화한다. 주로 분주에 의해 번식하고 한 번 심어서 3년 정도 연속 재배하는 것이 보통이다. 종자를 파종하거나 분주를 하여 번식한다. 종자번식의 경우, 가을에 씨앗을 받아서 바로 매장 후 이듬해 봄에 뿌린다. 분주는 봄 또는 가을에 1포기에 눈을 3~4개씩 붙여서 한다. 정식 후 짚으로 멀칭을 하거나 30% 차광망을 친다.

3 숙근 아이리스(German iris ; *Iris* spp.)

붓꽃 또는 꽃창포라고도 부르는 숙근 아이리스는 뿌리 형태에 의해 구근 아이리스와 구분되며 독일붓꽃을 포함한다. 꽃은 줄기의 정부에서 생겨 초포(鞘苞)에 1~수개의 꽃을 형성한다. 절화 외에 분화, 정원용으로 이용되고 꽃눈분화는 일반적으로 저온을 받으면 낮의 길이에 관계없이 잎의 신장과 동시에 꽃눈이 비대 신장하여 개화한다. 번식은 주로 분주로 한다. 개화주를 지상 30 cm에서 자르고 뿌리를 6 cm 정도 붙여 개화한 줄기는 잘라내고 새롭게 신장한 측아를 1~2개 남겨 분주하여 6월 하순부터 7월 상순에 정식한다. 재식거리는 20~30 cm로 하고 가능한 얕게 심는 것이 중요하다. 비료는 질소, 인, 칼륨을 10a당 각각 6 kg씩 준다. 꽃 자르기는 온도가 낮은 이른 아침에 한다.

4 작약 · 모란(Garden peony ; *Paeonia* spp.)

작약은 내한성 숙근초로서 대륜의 꽃으로 향기가 강한 품종이 많으며 초장은 40~60 cm 정도이고 자연개화기는 5~6월이다. 목본성은 모란이라 하며 관목의 형태이고 뿌리는 약용으로 쓴다. 신아(新芽)는 개화 후 줄기기부에 형성되며 9월 상순경에 꽃눈분화가 시작되고 12월 하순에 완료된다. 눈은 수매의 인편엽에 싸여 있고 −10°C 정도에서 월동한다. 맹아 후 급속히 줄기가 신장하고 야간 10°C, 주간 25°C에서 환기하면 맹아 10일 후 절화장의 1/2 정도까지 자라며 잎이 전개되고 꽃봉오리가 나오고, 봉오리는 개화 직전까지 비대를 계속한다. 번식은 주로 9월 중하순에 분주로 한다. 배수가 좋은 양토에 한번 심으면 5~6년 재배되므로 거친 유기물을 3~4톤/10a 넣고 심경한다. 정식적기는 9월 중하순이며 심는 깊이는 싹이 지표면으로부터 3~5 cm 깊이에 있도록 한다. 작약의 수확시기는 봉오리의 꽃잎이 보이기 시작할 때이며, 너무 일찍 자르면 꽃이 활짝 피지 못하게 된다.

5.1.3 구근초화류

구근은 비대된 잎이나 줄기, 뿌리 등이 변형된 형태로 양분을 저장하고 있는 기관이다. 구근을 심는 시기에 따라 봄에 심는 춘식구근과 가을에 심는 추식구근으로 나눈다. 또한 구근이 비대된 형태에 따라 줄기가 단축된 단축경 위에 비대한 인편이 둘러쌓여 구를 형성하는 인경(鱗茎), 지하줄기가 비대된 무피구근인 괴경(塊茎), 줄기가 비대하여 변형된 구경(球茎) ,뿌리가 비대된 괴근(塊根), 줄기가 지하에서 수평으로 뻗어가면서 비대된 근경(根茎)으로 분류하며 주요 구근류 사진은 그림 5-1과 같다.

1 백합(Lily ; *Lillium* spp.)

백합은 북반구 온대지역에만 130여종이 자생하고 있으며 한국, 중국 일본 등 동아시아에 주로 분포하고 그 외에 북미 및 유럽에도 자생종이 있다. 가을에 심고 이듬해 여름에 꽃이 피는 구근이며 틈나리, 나팔나리 및 오리엔탈나리 계통으로 나누어진다. 화단에 심는 시기는 가을이며 보통 늦봄에서 초여름에 걸쳐 꽃이 핀다. 재배적온은 15~20°C이며 햇볕이 많으면 좋지만 오리엔탈나리는 한여름의 강한 직사광선은 좋지 않다. 화단이나 화분의 용토는 퇴비분이 많고 배수가 잘되며 수분을 잘 보존하는 모래참흙이 좋다. 물은 표면이 말랐을 때 충분히 준다. 종자, 주아, 자구를 심거나 인편삽목에 의하여 번식한다. 정기적으로 살충제 및 살균제를 살포하여 진딧물, 잎마름병 등의 병해충을 예방한다.

2 글라디올러스(Gladiolus ; *Gladiolus gandavensis*)

글라디올러스는 붓꽃과에 속하며 세계적으로 200종 이상이 자생하나 거의 대부분이 남아프리카에 자생한다. 심는 시기에 따라 봄에 심는 춘식종과 가을에 심는 추식종으로 나누는데, 춘식

▲ 그림 5-1. 주요 구근류

종은 꽃이 크고 대형이며 꽃수가 많고, 추식종은 꽃의 크기도 작고 꽃수도 적다. 종자, 목자, 구근 및 조직배양에 의한 번식방법이 있으나 종자는 육종의 목적으로 이용하고 주로 목자번식을 이용하며 최근에는 실내에서 조직배양에 의한 번식도 한다. 글라디올러스는 주로 봄에 심으면 여름에 화려하게 개화한다. 화단에 심을 경우 땅이 얼지 않게 관리하면 이듬해 다시 꽃이 핀다. 생육적온은 15~25°C이며 −3°C 이하가 되면 동해를 입는다. 화단에 심기 전에 퇴비를 충분히 주고 땅은 배수가 잘되는 모래참흙이 좋다. 붉은무늬병, 목썩음병 및 삽주벌레 등의 병해충을 방제한다.

3 튤립(Tulip ; *Tulip gesneriana*)

튤립은 터키지방이 자생지로 백합과에 속하는 구근류로 나리와 더불어 가을에 심는 추식구근의 대표적인 작물 중의 하나이다. 주로 화단용과 절화용으로 사용하며 가을에 심으면 봄에 꽃이 피고 여름에 지상부가 마른다. 꽃의 색깔과 모양도 매우 다양하다. 번식은 주로 큰 구근에 달리는 자구로 번식하나 최근에는 조직배양기술을 이용하여 우량종구를 한꺼번에 대량으로 증식시키기도 한다. 생육적온은 15~20°C이며 배양토는 배수가 잘되고 부숙퇴비가 많은 모래참흙이 좋다. 수확 후 다시 심을 경우는 꽃이 피고 여름에 잎이 1/2~1/3 정도 마르면 수확하여 소독 후 그늘에서 건조시켜 잎과 뿌리가 완전히 마르면 구근을 조제하여 두었다가 가을에 다시 심으면 이듬해 꽃이 핀다. 화단에 심을 경우는 캐지 않고 가만히 두어도 스스로 매년 꽃이 피고지고를 반복하므로 수확할 필요가 없다. 이른 봄에 잎끝부터 갈색으로 변하여 말라죽는 구근부패병과 잎과 줄기에 갈색의 반점이 생기는 갈색반점병, 응애 및 진딧물을 방제하기 위하여 월 2회 정도 살균제와 살충제를 뿌려준다.

4 달리아(Dahlia ; *Dahlia hybrida*)

달리아는 국화과에 속하는 봄에 심는 구근류로 원산지는 멕시코이며 꽃색과 모양이 매우 다양하다. 대부분의 품종이 여름의 고온에는 약하고 봄과 가을에 생육이 좋고 꽃이 잘 피며 꽃 색이 선명하다. 번식방법으로는 구근을 나누는 분구법, 종자번식, 꺾꽂이 및 접목 등이 있으나 분구법을 주로 이용한다. 생육적온은 15~20°C이며, 봄에 심은 후 20일 정도 지나면 꽃눈이 분화되고 50일 정도 지나면 꽃이 핀다. 꽃이 피는 데는 낮의 온도가 10°C 이상이어야 하며 건조하지 않게 관리한다. 재배토양은 배수가 잘되는 모래참흙 등이 좋고 퇴비는 완전히 썩은 유기물을 밑거름으로 준다. 웃거름으로는 질소, 인, 칼륨을 소량 주기도 한다. 화단용 및 분화용으로 많이 재배하며 늦가을에 구근을 수확하여 습한 상태에서 얼지 않도록 보관하였다가 이듬해 봄에 다시 심는다. 줄기와 잎이 말라죽는 풋마름병과 줄기와 잎이 물러지면서 썩는 무름병, 잎에 연한 녹색의 반점이 생기거나 얼룩무늬가 생기는 바이러스병이 있으며 기온이 높고 건조할 때에 응애가 많이 발생한다. 살균제와 응애약을 주기적으로 살포해 주고 장마기에는 습해를 받지 않도록 관리한다.

5 아마릴리스(Amaryllis ; *Hippeastrum hybrida*)

아마릴리스는 수선과의 추위에 약한 구근류로 우리나라에서는 주로 화분용으로 재배하고 있으며 온실이나 실내에서 많이 재배한다. 꽃색은 적색, 백색, 복색 등 여러 가지가 있고 구근 하나에서 꽃대가 1~2개가 올라와 꽃대 하나에서 2~4개의 꽃이 핀다. 번식은 종자, 자연분구 및 인편을 이용할 수 있으나 주로 인편번식법을 많이 이용하며 인편번식의 적기는 7월이다. 고온 고습도의 지역에서 잘 자라는 다년생 구근류로서 봄에 심으며 생육적온은 21~27°C이고 그 이하가 되면 생육이 좋지 못하다. 심은 후 충분히 관수하고 뿌리와 새싹이 나면 관수량을 줄이고 흙이 축축한 상태를 유지한다. 여름에는 너무 강한 직사광선을 피하고 바람이 잘 통하도록 한다. 화분재배 시 용토는 부엽, 모래 및 흙 등이 골고루 섞인 용토가 좋으며 구근이 1/3 정도 노출되도록 심는다. 월동은 제주지역만 가능하고 그 외 지역은 화분에 심겨진 상태로 얼지 않게 보관하면 이듬해 다시 꽃이 핀다. 붉은무늬병, 바이러스병 등이 있고 총채벌레, 달팽이 등의 피해가 크다.

6 히아신스(Hyacinth ; *Hyacinthus orientalis*)

히아신스는 백합과에 속하는 알뿌리 식물로 가을에 심으면 봄에 꽃이 핀다. 화단과 화분에서 재배하며 물로 키우는 수경재배도 많이 한다. 생육적온은 15°C 전후이고 개화기에는 23°C 정도가 알맞으며 지나친 고온에서는 꽃이 일찍 시든다. 노지에서도 월동이 가능하므로 화단에 심을 경우 캐지 않고 그냥 두어도 이듬해 꽃이 핀다. 배양토는 부식질이 풍부하고 배수가 잘 되는 모래흙이 좋고 번식은 큰 구근의 아랫부분에 칼자국을 내는 노칭법이나 중간 속을 완전히 도려내는 스쿠핑법을 많이 이용한다(제3장 참조).

7 구근베고니아(Tuberous begonia ; *Begonia tuberhybrida*)

베고니아는 낮의 길이가 14시간 이상일 때 잎과 꽃눈이 분화되고 꽃이 피는 고온장일 식물이며 30°C 이상은 생육에 좋지 않다. 20~25°C로 관리하면 계속해서 꽃이 피나 건조하지 않게 물관리를 잘 해야한다. 주로 종자번식을 하나 삽목과 분구로도 번식한다.

5.2 화단조성과 관리

5.2.1 화단의 의의

가정화단은 다양한 공간의 특성에 대응하여 효과적인 구성을 하는 것이 필요하다. 일반적으로 공원화단, 용기화단 등 공공장소에 만들어진 화단은 연중 아름다운 꽃을 심고 유지하기가 어렵다. 반면 가정화단은 4계절 여러가지 꽃으로 화려하고 다양한 색깔을 제공해 준다고 할 수 있다. 따라서 부분적으로 요소 요소에 화단을 갖추는 것은 전체적으로 녹색공간을 제공한다는 면에서 의의가 있다.

5.2.2 화단의 종류

1 계절별 화단의 특징

(1) 봄화단

봄화단에 장식하기 위한 식물을 직접 기르고자 한다면 정식하기 4~5개월 이전에 종자를 파종해야 하지만, 보통 봄철에 구입하여 정식한다.

주로 가을파종 1년초의 꽃모종을 심거나 튤립, 크로커스, 수선 등 가을에 심는 구근을 사용할때는 구근식물을 옮겨 심기 어렵기 때문에 겨울화단을 조성할 때에 미리 옮겨 심어 놓던가 또는 단지에 육묘했던 포기를 봄에 옮겨 심는다. 주로 사용되는 화초는 팬지, 비올라, 데이지, 금어초, 꽃베고니아 등이 있다.

(2) 여름화단

여름화단에는 주로 봄에 파종한 화초의 꽃모종을 옮기거나 칸나, 글라디올러스 등의 춘식 구근을 사용하는 경우는 봄화단의 정식 때에 맞춰 옮겨 심는다.

여름화단은 장마와 고온다습한 환경 때문에 금잔화, 샐비어, 페튜니아 등 대표적인 여름화단용 화초라도 생육이 중단되거나, 꽃이 피지 않거나, 입고병, 줄기가 마르는 병, 잎마름병 등이 발생하기 쉽다. 정식시에 배수와 통풍을 고려한 바닥을 만드는 것과 밑줄기의 아랫잎을 제거하여 통풍을 꾀하는 것이 필요하다. 여름화단용 재료로 열대화목이나 숙근식물 등 내서성이 있는 것을 이용한다. 일반적으로 여름화단은 가을에 서리가 내릴 때까지 계속해서 생육 개화한다. 따라서 여름부터 가을까지 감상할 수 있다.

(3) 가을화단

주로 봄에 뿌린 화초를 사용하는데 파종기를 늦춰서 뿌려 가을화단용에 맞춰 육묘한다. 따라서 모종은 미리 육묘할 필요가 있다. 샤프란 등 가을에 피는 구근을 심고자 하는 경우에는 여름에 심거나 포트에 옮겨 심는다. 국화 등 숙근식물류는 꽃봉오리가 있을 때 포트묘를 옮겨 심는다.

(4) 겨울화단

팬지, 프리뮬러, 색동양배추 등으로 종류가 한정된다. 새로운 화초의 개발이 필요하지만 꽃이 없어도 산뜻하고 아름다운 조형을 만들어도 된다. 중부지방에서는 건조와 서리의 피해에 대한 주의가 필요하다.

2 화단의 종류와 이용법

화단의 종류는 이용방법과 형태에서 다양한 유형이 있는데(그림 5-2) 주요 종류는 다음과 같다.

(1) 중앙화단

가끔 공원에서 볼 수 있는 화단 중 사방 또는 양면에서 감상할 수 있는 화단으로 다음과 같은 유형이 있다.

① 평면화단

흔히 양탄자화단이라고도 하며 키가 작은 초화, 같은 꽃 높이의 종류나 꽃 색깔이 같은 화초 등을 주로 기하학적인 모양으로 한데 모아 심는다. 스위트알릿섬으로 테두리하거나 또는 기하학적인 모양의 기본이 되는 선이나 테두리는 회양목을 사용하는 경우도 있다.

② 산형화단

화단의 지반을 산형으로 조성함과 동시에 왜성화초로 구성한 화단이며, 중앙에서부터 키가 큰 화초, 중성(20~70 cm), 키가 작은 화초를 순서대로 심는 화단이다. 중앙부에

코니퍼토피아리 등을 심고 그 주변을 넓게 왜성 화초를 재식하는 것을 기본으로 하는 화단이다.

(2) 경계화단

보도(경계를 지어 조성한)화단이라고도 한다. 나무가 심어진 넓은 잔디 등을 배경으로 해서 통로를 따라 설치한 좁고 긴 화단으로, 길이는 적당하고 폭은 면적 등 뒤의 분위기 등에 따라 1~3 m 정도로 하고 일반적으로 통로측의 한쪽 방향에서 감상한다. 심는 법은 평면화단과 같고, 왜성화초의 평면재배, 뒤부터 키가 큰것, 중성화초, 왜성화초의 순으로 심는 산형 재식이다. 중성화초나 키가 큰 화초만으로 심는 화단도 있다. 재배에 사용하는 화초재료는 설치장소의 광환경에 의해 달라지지만 1년초, 숙근초, 구근화초, 열대성 화목, 관엽식물 등 어느 것이나 사용가능하므로 적절히 자리바꿈을 할 필요가 있다. 특히 최근에는 튤립 등 관상기간이 짧은 화초를 이용하는 경우도 있다.

(3) 집중화단

공원 등의 나무 사이에 시선이 집중되도록 조성하는 화단으로, 기존의 공간에 보다 아름답게 변화를 주기 위해 설치한 화단이며 1구획의 면적은 약 1~3 m^2이다. 적당한 화초는 주로 수년간 관리가 불필요한 숙근초나 구근류로 일반적으로 조용한 분위기의 키가 작은 초화나 꽃색이 좋은 화초, 또는 계절감이 있는 화초가 바람직하다.

(4) 나무밑 화단

아직 널리 행하여지고 있지 않은 재식법으로서, 예를 들면 느티나무 등 고목의 수관밑의 벌거숭이땅에 화초를 재식하는 방법이다. 키가 작은 화단은 중앙부의 나무 사이를 메워서 심지 않고 한 포기분 정도를 공간을 만들어 나무사이에 흙이 보이도록 심어 부드러운 분위기를 낸다. 반응달에서 키우는 맥문동 같은 화초가 적합하다. 꽃색이 있는 품종은 혼식한다.

(5) 지피식물화단

정원 내의 벌거숭이 땅이나 수목이 밀집한 지대의 벌거숭이 땅에 식물을 심어 피복하는 것을 말한다. 지피식물에는 아칸서스, 팜파그래스, 루드베키아, 코스모스 등 키가 큰 식물의 이용도 가능하나 대개는 왜성종과 중성종에 한정된다.

(6) 리본(ribbon) 화단

담이나 건물, 통로, 연못이나 강을 끼고 키가 작은 초화류를 이용하여 폭이 좁고 길이는 긴 리본처럼 조성된 화단이다.

(7) 기타

기타 재료나 위치에 따라 석변화단, 암석화단, 수재화단, 야생초화단, 구근화단, 창문화단, 옥상화단, 허브화단 등이 있다.

경사면화단

구근경계화단

구근중앙집중화단

꽃지도화단

꽃탑화단

나무밑화단

담장화단

산책로구근화단

산책로화단

중앙집중화단

중앙화단

지피식물꽃시계화단

지피식물꽃탑화단

숭례문 조형화단

초화꽃탑화단

초화류꽃시계화단

출입구장식화단

팬지경계화단

숙근초 벽면화단

문양화단

▲ 그림 5-2. 화단의 종류

5.2.3 화단의 조성

1 화단만들기 포인트

화단은 색과 모양으로 정원에 조화와 특징을 곁들이는 것이다. 화초를 중심으로 심는데 무계획하게 심어서는 아름다운 화단이 되지 않는다.

건물이나 정원 전체 등 각각의 환경에 잘 조화되는 계획을 세우고 나서 시작한다. 화단만들기 계획을 세울 때의 체크포인트는 다음과 같다.

- 화단을 만드는 목적은 무엇인가? 꽃을 보고 즐기고 싶은가? 손질하는 자체를 즐기고 싶은가? 등의 목적에 맞는 계획을 세운다.
- 건물이나 정원에 어울리는 화단을 만든다.
- 화단의 크기나 모양은 부지 전체의 균형을 생각해서 결정한다.
- 정원은 실내에서 바라볼 수 있는 위치가 바람직하며, 나머지는 담이나 베란다, 창 등의 위치에 따라서 모양이나 크기를 정한다.
- 심는 식물의 종류는 화단의 위치가 양지바른 곳인지, 아닌지에 따라 정한다.
- 이미 수목이 심어져 있으면 그 나무들과 배합도 생각해야 한다. 화단의 위치, 크기, 모양, 심는 식물 등은 수목과의 균형에서 결정한다.
- 햇볕이 들지 않으면, 차라리 화초는 심지 말고, 정원석 배치와 나무심기만으로 정원을 구성하는 방법도 있다.
- 화단을 만든 후, 손질하는 시간과 비용은 어느 정도 드는가? 1년생화초를 전면에 심은 융단화단이나 리본 화단은 항상 꽃이 피지 않으면 아름답지 않다. 계절마다 갈아 심으려면 시간과 비용이 많이 드는데, 다년생 화초를 섞어 심은 경계화단에서는 그것이 대폭 줄어든다.
- 정원이 좁을 경우 통로, 빨래건조장, 아이들의 놀이터 등의 공간을 충분히 계산해두지 않으면 애써 만든 화단이 방해물이 되어 버린다.
- 심는 화초의 꽃색도 화단의 중요한 요소이다. 색상조화를 고려하여 조성한다.

이상의 조건을 생각해서 작은 화단을 조성할 때 최대의 포인트는 "단순한 것이 가장 좋다"라는 것이다. 면적이 좁기 때문에 복잡한 모양이나 색으로 조성하면 어수선하기만 하고 조금도 아름답지 않다. 원형, 타원형, 정방형, 장방형 등의 단순한 모양이 좋으며, 짜 맞추는 모양의 수도 적어진다. 심는 화초는 2~3종류로 제한하고, 되도록 화초의 모습이 닮은 것을 갖추어서 산뜻하게 한다. 꽃색은 단색이나 많아도 2~3색 정도로 한다. 화단용으로 이용되는 주요 화훼류의 생육 특성은 표 5-1, 5-2와 같다.

2 심을 장소의 준비

앞에서 말했던 것처럼 화초는 수목에 비해 뿌리가 가늘고 지하 20~30 cm의 범위에 분포한다. 따라서 재배예정지는 약 30 cm의 깊이로 잘 경운하고, 뿌리의 생육에 적합한 토양으로 하기 위

▶ **표 5-1.** 화단용 주요 초화류의 특성

화초명(일년초)	초장(cm)	화 색	개화기(월)
아게라텀	20	백, 황	6~11
색비름	30~100	홍, 황, 녹엽	9~10
색양배추	60	홍, 백, 자엽	11~2
맨드라미	40~50	적, 황	8~9
콜레우스	60~90	관엽	5~9
코스모스	100~150	분홍, 백	10~11
천일홍	30~50	백, 홍, 자	8~11
봉선화	30~60	홍, 백, 분홍	6~8
분꽃	60~99	홍, 황, 백	8~9
나팔꽃	150~200	홍, 백	7~9
팬지	12~14	적, 황, 백, 보라	3~6
페튜니아	30~60	적, 분홍, 백, 보라	5~10
채송화	15	적, 황, 백	6~8
샐비어	60	적, 분홍, 백	6~11
매리골드	60	황, 주황	7~11
일일초	20~60	적, 백	7~9
백일홍	60	황, 주황, 적	6~10
금어초	15~60	적, 백, 황	5~8
데이지	7~15	백, 적	3~6
금잔화	30~40	황, 주황	3~6
석죽	60	적, 백	5~6
스토크	30~60	백, 분홍, 적	4~5

해 유기질 비료를 섞는다. 유기질의 시용효과는 표 5-3과 같다. 유기질은 퇴비, 피트모스, 부엽토 등 어느 것이든 그 사용량은 30평당 300 kg 또는 1 m^2당 10~15 L이다.

처음 재식에 있어서 경작할 때 땅의 산도조정과 뿌리의 발육촉진의 목적으로 석회를 준다. 석회의 사용량은 30평당 10 kg, 1 m^2 당 100~200 g이다. 재배가 시작되면 퇴비는 옮겨 심을 때마다, 석회는 연 1회 준다.

3 비료

화학비료, 배합비료, 유기질 비료 어느 것을 사용해도 좋으나 화학비료가 가장 사용하기 쉽다. 완효성 화학비료 N : P : K = 10 : 10 : 10 정도의 것, 원비는 30평당 10~15 kg, 1 m^2당 100~150 g을 전면시비하고, 추비로는 30평당 3~5 kg, 1 m^2당 30~50 g을 원줄기 주변에 흩어 뿌리고 갈아 준다.

▶ 표 5-2. 화단용 주요 숙근초 및 구근류의 특성

숙근초	초장(cm)	화 색	개화기(월)
접시꽃	150	백, 홍, 분홍	6
꽃베고니아	20~30	백, 홍, 분홍	연중
국화	40~60	적, 황, 백, 분홍	9~11
마가렛데이지	15~20	백	5~6
원추리	20~30	황, 적	6~7
옥잠화	30~50	백	8
꽃창포	30~50	자, 백	6~8
붓꽃	30~60	자, 백	5~6
작약	60~90	적, 백, 분홍	5~6
숙근플록스	60~80	적, 분홍, 백	7~8
꽃잔디	10~15	백, 분홍, 연보라	4~5
루드베키아	60~100	황	8
구근류	**초장(cm)**	**화 색**	**개화기(월)**
칸나	60~200	적, 황	7~10
달리아	60~150	적, 황, 백, 분홍, 보라	6~10
글라디올러스	60~90	적, 백, 분홍	7~11
아네모네	20~30	복합색	4~5
크로커스	10~15	황	4
히아신스	15~30	백, 적, 보라	3~4
구근아이리스	30~50	보라, 황, 백	5
수선	30~90	황, 담황, 백	5~6
라넌큘러스	25~30	여러 가지 색	5
튤립	15~30	여러 가지 색	4~5

▶ 표 5-3. 유기질 비료 시용방법과 효과

작 업	목 적	효 과
갈아 엎음	물리성의 개선 화학성의 개선	• 단립화하고 보수력 증진, 배수양호 • 통기성이 좋은 땅이 된다. • 화학비료를 주면 그 지속기간이 길어진다.
퇴비사용	물리성의 개선 화학성의 개선	• 단립화하고, 그 상태를 오래 유지한다. • 땅의 산도를 안정화한다. • 토양미생물의 활동을 활발하게 한다.
석회시용	생물적환경 개선	• 토양산도를 개선한다. 그에 따라 토양의 비효성분이 유효화되고, 뿌리에 잘 흡수된다. • 뿌리의 발육촉진

4 심는 방법과 간격

(1) 모종 심는 방법

비료를 전면시비한 후 갈아 엎고 심는다. 포트 모종은 포트를 제거하고, 잔 뿌리가 상하지 않도록 화분흙의 표면과 지표면이 같은 높이가 되도록 심는다. 심는 간격은 팬지 등의 모종에서는 줄기간 20 cm 정도, 줄기가 넓은 임파첸스나 숙근버베나는 25 cm 정도, 초화줄기가 30~40 cm 자란 화초묘는 30 cm 정도 간격을 표준으로 한다.

(2) 구근 심는법

초화 모종 심는 방법과 같이 비료를 전면시용하고 갈아 엎은 후 화단의 심을 장소에 도랑과 구멍을 파고, 비료를 주고, 흙을 살짝 덮고, 그 위에 구근을 놓고 흙으로 덮는 경우가 있다. 크로커스나 무스카리 등의 작은 구근은 화단에 도랑을 만들고 심어도 위와 같은 방법으로 심는다. 일반적으로 구근의 심는 간격은 구근 3배의 간격을 둔다. 심는 깊이는 구근의 높이의 2배의 흙이 덮이도록 심는다. 백합은 2.5~3배의 흙이 덮이도록 심는데 튤립은 발근부의 말굽형의 방향에 맞추어 심고 수선화는 잎의 세로 방향을 같은 방향으로 향해서 심으면 잎이 똑바로 나온다.

5.2.4 화단의 관리

1 관수

화초묘는 정식 직후에 충분히 관수한다. 통상 1회의 관수로 활착하지만 생육상태를 보아 1~2회 더 준다. 활착 후는 여름이나 겨울의 극단적인 건조기에 1~2회 준다. 관수를 자주 그리고 많이 하면 근군이 지표 부분에서 발달하기 때문에 건조기에 고사하기 쉽다. 구근화초나 숙근초는 월동 중의 줄기에 상처를 입히기 때문에 건조가 심할 때에는 충분히 관수한다.

2 병해충 방제

해충에는 진딧물이, 그리고 병에는 잎이 마르는 병, 반점병 등이 발생하기 쉽다. 공공장소에서 약제살포는 되도록 피하고 싶겠지만 병해충 방제를 위해 내버려둘 수도 없다. 해충구제의 한 방법으로 정식시 침투이행성 살충제(코니도 등)를 재식시에 처리해 두고, 이후의 발생에 대해서는 살충제를 살포한다. 또 병에 대해서는 발생전의 예방살포가 중요하다. 병은 6~7월의 장마 때나 9월의 늦장마기에 발생하기 쉽다. 시들은 꽃이나 밑줄기쪽에 난 잎을 따주는 등의 작업을 수시로 해주면 좋다.

3 꽃잎 따기

시들은 꽃은 그대로 방치해 두면 병의 원인이 된다. 또 꽃이 진 다음에 자라나는 씨앗은 성장하는 줄기를 노화시키며 관상목적으로도 바람직하지 않으므로 정기적으로 시든 꽃들을 따 준다.

튤립이나 백합 등은 시든 시점에서 꽃의 꼭지부분까지도 제거한다.

4 깎아 다듬기

금잔화, 샐비어, 달리아, 페튜니아 등의 초화류는 일단 꽃이 지기 시작하는 시점에서 잘라주면 새싹이 생겨 분지수가 많아지고 다시 꽃이 핀다. 너무 많이 자랐을 경우 다시 다듬어 주면 분지수가 증가하고 아름다운 모양새가 된다. 숙근 버베나는 일단 꽃이 진 시점에서 잘 다듬어 주면 다시 싹이 자라 아름답게 피지만 방치해 두면 가지와 잎이 얽혀서 다음에 꽃이 피지 않게 된다. 장기재배하는 숙근초나 지피식물 등은 가급적 자주 깎거나 다듬어 주어야 좋은 형태를 유지하게 된다.

5 중경과 제초

화단에 잡초는 금물이므로 정기적인 제초작업이 필요하다. 단지화단이나 보도화단의 숙근초 등 장기적인 재배가 지속되는 화단에서는 제초나 추비를 겸해서 중간에 흙을 갈아 뿌리의 발육을 촉진할 필요가 있다. 사계절 심는 화단에는 중경은 필요하지 않다.

6 파내기와 재식

중앙화단 등은 연 4회 옮겨 심고, 말라 죽은 줄기는 파낸 뒤 흙속에 남아있는 죽은 뿌리나 마른 뿌리, 마른 잎을 깨끗이 제거한 뒤 유기질비료를 넣고 잘 갈아 엎고 화학비료를 준 후에 다음 화초를 옮겨 심는다. 이때 '코니도' 와 같은 침수이행성 살충제를 섞어 주는 편이 좋다.

5.3 용기재배

화분, 프랜터, 대형프랜터 등의 용기에 화초를 재식하고 관상을 겸하는 것을 용기재배 또는 콘테이너가든이라 한다. 용기재배(container culture)는 각종 행사(국민체육대회, 박람회 등)에서 대량으로 사용한 것으로부터 시작되어 가정원예용으로도 보급되었다. 또 대형의 용기재배는 1986년 아시안게임, 1988년 서울 올림픽박람회에서 그 가장자리에 나무를 심거나 화초를 심어 사용되다가 공공장소에도 이용이 증가하기 시작했다. 용기는 가격이 싼 플라스틱부터 고급감이 있는 플라스틱, 목재, 테라코타 같은 토기, 가벼운 콘크리트제 등으로 고급화되기도 하고, 단순히 식물을 재배하는 용기부터 고급감, 디자인, 식물과의 조화, 환경과의 조화에 시점을 둔 용기로 변화가 되어가고 있다(그림 5-3).

외국에서는 오래 전부터 도시미화에 사용되어 공원, 광장, 포장도로 등에서 넓게 사용되어 경관형성에 큰 몫을 하고 있다. 최근에는 인조용토가 많이 시판되면서 더욱 더 용기재배가 증가하고 있다.

▲ 그림 5-3. 주요 용기가꾸기의 실례

5.4 플라워볼 재배

입체화단의 하나로서 한데 모여 심은 용기나 바구니를 플라워볼, 플라워스탠드, 꽃탑, 담장(펜스) 등에 입체적으로 배치, 설치하고 감상하는 재배의 하나이며 공원이나 시가지의 광장 거리 등에 설치해 환경을 미화한다. 제작기구는 여러 가지 고안이 가능하지만 아래와 같은 것이 있다. 재식용기의 크기는 길이 또는 직경 50~100 cm, 깊이는 일반적으로 10~20 cm 정도이다. 용기는 플라스틱, 목재, 철제 등으로 만들어진 것이 많다(그림 5-4).

▲ 그림 5-4. 플라워볼 재배 종류 및 용기

참고문헌

1. 한국화훼연구회. 1998. 화훼원예총론. 문우당.
2. 곽병화. 1994. 신제화훼원예각론. 향문사.
3. 문원, 김기선, 주영규, 이용범, 이종석. 1998. 가정원예. 한국방송대학교 출판부.
4. 한동욱외. 1998. 생활원예. 도서출판 서일.
5. 한국원예학회. 2003. 생원예학 용어 및 작물명집. 한림원.
6. 한금숙. 2009. 관상식물을 이용한 다기능 화훼조형물 개발 및 관리. 경희대학교 대학원 박사학위 논문.

6 분화 및 관엽식물

6.1 분화류

화분에 심어서 이용하는 꽃이 피는 식물을 분화(盆花)라고 하는데 여기에는 키가 작은 1년초에서부터 숙근류, 구근류, 화목류 등 다양한 종류가 포함된다. 실내에서 이용되는 종류가 많기 때문에 실내환경에서 적응력이 높은 것으로 개화가 잘 되고 꽃 색깔이 선명하며 예쁜 것이 바람직하다. 화분에 심어서 꽃이 피기 시작할 때 출하하며, 화분상태로 유통이 되기 때문에 소비가 많은 대도시 주변에 산지가 집중되어 있다.

1 시네라리아(Cineraria ; *Senecio cruentus*)

파종시기는 9~10월이며, 발아적온은 20~25°C이다. 종자가 미세하기 때문에 파종을 한 후 흙을 덮어주지 않아도 되며 물은 미세한 스프레이로 준다. 파종 후 10일이 경과하면 싹이 트고, 잎이 2~3매가 되면 가식을 하고, 8~9매가 되면 배수가 양호하고 유기질이 풍부한 용토에 심는다. 뿌리가 가득 차면 5~6월경 포기를 나누어 분갈이 한

다. 꽃이 피었을 때에는 꽃에 물이 닿으면 꽃잎이 갈변되고 수명이 짧아지므로 물이 닿지 않게 용토에만 물을 준다. 비료를 많이 요구하는 식물이므로 퇴비와 부엽을 충분히 넣은 후 심는다.

2 칼세올라리아(Calceolaria ; *Calceolaria herbeohybrida*)

파종시기는 9월 상순~11월 하순이며 발아적온은 15~20°C이다. 종자가 매우 미세하므로 파종 후에는 복토하지 않는다. 밭흙, 부숙왕겨, 모래를 6 : 3 : 1로 하거나 밭흙과 부숙왕겨를 2 : 1 비율로 하여 화분에 심는다. 화분에 심은 후에는 저면관수로 수분을 공급하는 것이 좋은데 꽃에 물이 닿으면 잿빛 곰팡이병이 발생하기 때문이다.

3 프리뮬라(Primula ; *Primula* spp.)

호광성 종자이므로 파종후 복토를 하지 않는다. 폴리안사와 오브코티카 품종은 3~4월에 파종하는 것이 좋고, 마라코이데스와 시넨시스는 6월에 파종한다. 15~20°C가 발아적온이므로 고온기 파종은 피하고 높은 습도를 유지하며 가급적 서늘한 환경에서 발아시킨다. 산성토양에서는 잎이 누렇게 변하고 생육이 잘 안되므로 용토에는 석회를 사용하여 중화시켜 사용하는 것이 좋다. 서늘한 환경을 좋아하며 건조는 싫어하므로 1일 1회 관수로 습하게 해준다. 비료는 품종에 따라 다르나 일반적으로 용토 1 L당 배합하는 표준 시비량은 질소 0.1~0.3 g, 인 0.1~0.3 g, 칼륨 0.2~0.5 g을 준다.

4 시클라멘(Cyclamen ; *Cyclamen persicum*)

페르시아지방이 원산지이며 가을에 종자로 번식하는 괴경류에 속하는 구근이다. 개화기는 크리스마스를 정점으로 하여 개화하므로 겨울에 실내에서 분화용으로 이용된다. 꽃이 많지 않은 겨울에 적색, 자주색, 분홍색, 흰색 등의 꽃이 핀 모습이 겨울철 분화류의 왕자란 별명을 가질 정도로 아름답다. 구근의 생장점에서 로제트 상으로 발생한 잎 사이에서 꽃대가 발생하고, 한 꽃대에서 1송이 꽃이 개화하여 20~30일간 지속되며 한 포기에서 20~30송이가 지속적으로 개화한다. 잎이 13매 정도 분화되었을 때 꽃눈이 만들어지기 시작하여 6개월 이상 개화가 진행되는데, 6월 이후 여름철로 접어들면서 고온에 의한 휴면이 야기된다. 실내에서 주의할 점은 광선과 토양습도에 예민하여 빛이 부족하면 잎자루와 꽃대가 웃자라서 늘어지므로 실내에서 햇빛이 잘 드는 창가 쪽이 재배장소로 유리하며 토양수분이 부족하면 잎이 황변하여 낙엽이 진다는 것이다.

5 제라니움(Geranium ; *Pelargonium hortorum*)

아프리카가 원산지인 사계성 분화류로 잎에 말발굽 모양의 무늬가 있고 끈끈한 액을 분비하여 만지면 특이한 냄새가 난다. 종자번식이 일반적인 번식방법이고 반목질화된 줄기를 이용하는 삽목도 널리 이용된다. 개화는 줄기가 신장하면서 줄기 끝에서 잎과 꽃대가 발생되는데, 광선이 부족하면 측지발생이 안되고 줄기의 하위엽이 떨어져 앙상한 줄기만 남게 된다. 이럴 경우 줄기의 윗부분을 잘라서 삽목하면 기부의 줄기에서 정부우세성이 타파되어 측지발생이 이루어진다. 제라니움은 여름철 화단에서 직사광선을 받고도 잘 자라는 호광성 작물로 실내에서는 반드시 광선을 충분히 받도록 하는 것이 중요하다. 향일성이 강하여 창가에 놓더라도 2~3일 간격으로 돌려주기를 하는 것이 좋다. 다습한 조건에서는 병발생이 많아지는 단점이 있다.

6 아프리칸바이올렛(African violet ; *Saintpaulia ionantha*)

원산지는 아프리카 적도지방의 탄자니아이며 실내환경에서도 연중 개화하는 반영구적인 초본화훼로 잎이 생장점 부근에서 로젯트 상으로 발생하여 10 cm 내외로 자라는 소품 분화류이다. 꽃의 색깔이 적색, 보라색, 분홍색, 흰색, 청색 등의 단색 또는 복색, 홑꽃, 겹꽃 등 다양한 변화를 보인다. 직사광선을 강하게 받으면 잎이 타고 겨울철 저온에 민감하며, 특히 냉수로 관수하는 경우 뿌리가 냉해를 입게된다. 잎을 삽목하여 번식하는 것이 가장 쉬운 방법으로 잎자루를 1~2 cm 붙여 잘라서 삽목하면 3주 정도 후에 발근하게 되고 3개월 정도 지나면 어린 식물체가 자라며 6개월 정도 후에 꽃을 볼 수 있다. 겨울에 실내에서 형광등으로 보광을 해 주면 꽃을 더욱 잘 피울 수 있다.

7 포인세티아(Poinsettia ; *Euphorbia pulcherrima*)

크리스마스의 상징 꽃인 포인세티아는 낮 길이가 짧은 조건에서 개화하는 단일성식물로 11~12월의 겨울에 개화하는 분화를 생산하려면 7~8월에 줄기 선단을 잘라 삽목한다. 삽목 후 약 4주 경과하면 뿌리가 내리고 화분에 정식을 한다. 정식 약 2주 후에 적심하고, 다시 3~4주 경과 후 암막 등을 이용하여 밤 길이가 약 14시간 정도 되도록 약 8주 정도 단일처리를 한다. 자연의 낮 길이가 짧을 때에는 단일처리를 하지 않고 하루 14시간 이상 빛이 들어가지 않도록 한다. 단일처리 개시 후 약

8주 정도 경과 후에는 포엽이 착색되고 꽃이 개화한다. 겨울철 동안 실내에서 관상을 하고 이듬해 봄에 가지를 자르면 신초가 나와 푸른 잎을 관상할 수 있다. 다시 단일조건을 주면 포엽이 착색되고 개화한다.

8 수국(Hydrangea ; *Hydrangea macrophylla*)

봄에 뿌리에서 가지가 올라와 6~7월에 꽃이 핀다. 5월부터 10월까지는 햇빛이 좋은 밖에 두고 키우는 것이 좋다. 11월에 실내로 들여놓기 전에 가지의 밑을 바짝 자르고 0℃ 전후의 실내에 두어 겨울을 보낸다. 우리나라에서 자생하는 산수국은 중부지방의 실외에서도 키울 수 있고 남부지방에서는 원예종 수국도 실외에서 기를 수 있다. 수국은 5월 중순에서 6월 상순에 걸쳐 삽목으로 번식한다. 수국은 물을 좋아하므로 특히 더운 여름철에는 물주기에 주의한다. 병해충의 발생이 거의 없어 정원이나 화분에서 비교적 쉽게 기를 수 있다.

9 치자나무(Gardenia ; *Gardenia jasminoides*)

상록성 화목류로 추위에 비교적 약하므로 중부지방에서는 5~10월까지 햇빛이 좋은 밖에서 화분상태로 기르다가 11월부터 4월까지는 0°C 이상의 실내에서 키운다. 분화재배용으로 주로 겹꽃을 기르는데 달콤한 향기가 매력적이다. 분화재배를 할 때 꽃봉오리가 너무 많이 달린 상태에서 햇빛이 너무 강한 곳에 두면 잎맥사이가 황화되는 경우가 있으므로 비료를 충분히 주어야 한다. 잎만 너무 무성하면 꽃이 잘 피지 않으므로 포기 안쪽으로 뻗은 가지나 잎들은 전정하여 충분히 햇빛을 받도록 한다. 번식은 주로 삽목으로 한다.

10 동백나무(Camellia ; *Camellia japonica*)

상록성 교목으로 남부지방에서는 정원에 많이 심고 있으나 겨울철 온도가 −10°C 이하로 내려가는 중부지방에서는 주로 겹꽃의 원예종을 화분에 심어 관상한다. 11월에 화분을 실내에 두고 기르면 2~3월에 화려한 꽃을 볼 수 있다. 실내에서 기를 때 건조하면 깍지벌레가 발생하기 쉽고 봄철 꽃이 지고 새잎이 나올 때 건조하면 진딧물 방제에 유의한다. 6월 하순에서 7월 중순경 그해 자란 잎이 2~3장 붙은 가지를 잘라 삽목하여 번식한다.

11 철쭉류(Rhododendron ; *Rhododendron* spp.)

자생종인 산철쭉이나 철쭉나무, 진달래는 주로 정원에 심어서 봄철 화려한 꽃을 감상하고 다양한 원예품종은 주로 분화로 햇빛이 좋은 실내에서 기른다. 일반적으로 4~5월에 꽃이 피지만 11월에 실내에 들여놓고 난방을 하면 1~2월에 꽃을 볼 수 있다. 꽃 피기 전후에 묽은 액체비료를 2주에 한 번 정도 주는 것이 좋다. 봄, 가을에는 햇빛이 좋은 곳에, 여름철에는 반양지에서 두고 기른다. 꽃이 진 후 건조한 5월과 6월에 햇빛이 너무 강한 곳에서는 응애의 발생이 심하다.

6.2 관엽식물

6.2.1 관엽식물이란?

관엽식물(Foliage Plant)은 주로 잎을 관상하는 식물로서 대부분은 열대정글 속에서 사는 식물들이거나 아열대 수림 속에서 사는 상록식물이다. 좁은 공간에 모여 사는 도시인들이 자연과의 접근을 위해 실내를 꾸미는데 주로 많이 이용된다. 이용되는 종류가 1,000여 종류를 넘을 정도로 다양하여 직립성인 교목(고무나무, 휘닉스, 당종려), 옆으로 퍼지는 관목(관음죽, 팔손이), 덩굴성인 식물(스킨답서스, 헤데라, 싱고니움), 그리고 초본류의 아나나스, 디펜바키아 등으로 생육 특성에 따라 생활공간에 맞도록 이용된다.

6.2.2 관엽식물의 원산지

1 남미 정글지역

남미 아마존 정글지역에 자생하는 관엽식물로서 필로덴드론, 디펜바키아, 스파티필름 등의 토란과(천남성과) 식물, 베고니아, 칼라디움, 후크샤, 테이블야자 등을 포함하여 약 6,000여종의 식물이 자생하는 것으로 알려져 있다.

2 아프리카 지역

북, 동, 남아프리카 지역의 건조한 초지지역과 사막의 건조지역에 잘 견디는 식물들이 자생하고 있다(아프리칸바이올렛, 산세베리아 등). 서부, 중부 아프리카는 우림지역으로 드라세나류, 제라늄, 군자란, 칼라 등이 자생하고 있다.

3 동남아시아 우림 정글지역

필리핀, 인도네시아 등의 몬순 기후형 다우지대로 크로톤, 콜레우스, 하와이 무궁화, 필레아, 아글라오네마 등이 자생하고, 한국 남단, 중국, 일본 등에서는 엽란, 대나무, 식나무, 팔손이 등이 분포하고 있다.

4 호주 · 뉴질랜드 지역

이 지역은 세계적인 고사리과 식물들의 원산지이며, 쉐플레라(홍콩야자), 아라우카리아, 디지고데카, 코르딜리네 등이 자생하고 있다.

6.2.3 주요 관엽식물의 종류

1 토란과 식물

50속 200종이 넘는 큰 집단으로 지생(地生), 수생(水生), 착생(着生)식물 등으로 다양하고, 열대, 아열대, 온대에 널리 분포하고 있다. 육수화서에 아름다운 화포가 있어 관상식물로 많이 이용된다. 칼라, 알로카시아, 몬스테라, 필로덴드론 등이 있다.

2 베고니아류

중남미와 아프리카 남부, 동남아시아에 분포, 1,000종이 넘는 많은 종류가 자생하며, 10,000여 개의 교배품종이 보고되고 있다. 잎의 형태가 다양하고 꽃이 아름다운 식물도 많아 널리 이용되고 있다.

3 파인애플과 식물

중남미에 분포, 약 45속 2,000종이나 되는 많은 종류가 자생한다. 물을 저장해 두는 물탱크가 있어 건조에 견디도록 되어 있고, 그 물탱크를 통해서 양분과 수분이 흡수되기도 한다. 꽃이 아름답고 개화 시 화포나 주변 잎에 색이 물들어 아름답다. 자생 및 착생식물 등 다양하며, 빌베르기아, 부로멜리아, 구즈마니아, 니둘라리움, 틸란드시아, 브리세아 등이 있다.

4 고사리류

전 세계에 널리 분포하며 포자로 번식하는 식물로 음지, 다습조건에서 잘 자라지만 건생식물도 있다. 크기도 이끼만큼 적은 것에서부터 24 m 가량 되는 키가 큰 것까지 있다. 파초일엽, 펠라에아, 폴리포디움, 아디안텀, 네프롤레피스 등이 있다.

5 야자류

210속, 3,000 종의 많은 종류가 열대 및 아열대에 분포하고 있다. 잎은 우상엽과 선상엽으로 나누고, 줄기는 대나무형과 기둥형 두 가지가 있다. 생육온도도 고온성에서 저온성까지 다양하고 일반적으로 단명종자로 실생번식하는 것이 많다. 수형이 아름다워 실내 조경용으로 많이 쓰인다. 아레카야자, 켄챠야자, 비로야자, 관음죽, 당종려 등이 있다.

6 기타

뽕나무과의 고무나무류, 용설란과의 행운목, 코르딜리네 등이 많이 이용되고, 칼라데아 및 마란타와 백합과의 아스파라거스, 산세베리아 등이 있다.

6.2.4 실내에서의 온도, 습도, 물, 양분의 관리

1 실내온도 설정

실내온도로서 이용되는 것이 많은 관엽식물이나 난류 등은 원산지가 열대 또는 아열대가 많고, 내한성이 약하다. 따라서, 이들 실내식물에 있어서는 하루하루 변화하는 실내온도 중 고온보다 오히려 저온에 주의하지 않으면 안된다. 또한 실내에 놓여진 화초는 그다지 왕성한 성장은 필요하지 않으며 오히려 완만한 성장이 바람직하다. 그 때문에 겨울철에는 성장은 거의 정지하지만, 저온장해나 시들어 죽게 되지 않는 온도를 아는 것이 중요하다. 이것을 내한온도라고 말하고, 실내에서 이용되는 주요한 화훼에 관해서 표 6-1에 나타내었다. 더욱 온도가 떨어지는 심야에서 이른 아침에 걸쳐, 내한온도 이하로 되지 않도록 화초의 종류에 적합한 보온 또는 가온이 필요하게 된다. 한편, 원산지가 온대인 동백나무류, 진달래류, 수국 등과 같이 꽃눈의 휴면을 가지고 있는 화훼를 난방되고 있는 실내에서 개화시키는 경우에는 일정기간 실외 등에서 저온에 노출시켜 휴면을 타파하는 것이 중요하다.

2 공중습도 관리

드라세나 데레멘시스, 알로에 등은 습도가 낮은 것을 좋아하는 반면, 아디안텀, 칼라데아 등은 습기찬 공기를 좋아한다. 이같은 관엽류에는 때때로 분무를 해서 적절한 습도를 유지할 필요가 있다.

3 물과 양분의 관리

일반적으로 관엽식물을 이용하는 장소는 거주공간에 있는 것이 많다. 따라서 식물의 광합성환경에서 보면 광보상점을 간신히 상회할 약광환경으로 된다. 이같은 환경에서는 어떻게 성장 속도를 최소화하느냐가 중요하므로, 관수를 줄이고 양분의 흡수를 낮게 유지하지 않으면 안된다. 단, 식물이 시들면 수분 스트레스(수분 부족)에 의해 억제물질이나 에틸렌이 생성되고, 꽃잎이 떨어지거나 잎이 낙엽되는 원인이 되므로, 적절한 최저관수량을 알고 아래 잎의 황화가 일어나지 않을 정도의 성장량에 알맞은 수분 및 영양 공급을 계속하는 것이 중요하다.

6.2.5 재배관리상의 환경 및 관리

1 광선

실내에서의 광선은 최소 500 lux 이상의 조도가 필요하다.

2 온도

식물의 생육한계는 대체로 −30 ~+50°C라는 범위 내에 있으며, 일반적으로 0~50°C에서 생리활동을 하지만 동화작용과 증산작용은 식물의 자생지역이나 식물의 종류에 따라 상당히 영향을 준다.

- 10~15°C : 헤데라, 칼랑코에, 시클라멘
- 15~18°C : 페페로미아, 코딜리네, 크리스마스 선인장
- 18~21°C : 아프리칸바이올렛, 크로톤, 디펜바키아, 다육식물

3 습도

대부분의 식물은 50~70%의 상대습도 하에서 잘 자란다.

- 다습(70~80%)을 좋아하는 것 : 아나나스, 크로톤, 칼라디움, 양치식물
- 저습(60% 이하)을 좋아하는 것 : 산세베리아

4 환기

실내식물은 약간의 미풍이 불어 잎에 가벼운 증산과 가스교환이 될 때 잘 자란다. 따라서 겨울철이라 하더라도 실내가 20°C 이상만 되면 천창이나 곁창을 열어서 환기시켜야 한다.

5 관수

표토가 1~2 cm 말라 있을 때 흠뻑 물을 주어 관수한 물이 배수구멍으로 약간 흘러 나오도록 해야 좋다. 아파트의 경우 습도를 높여 준다.

▶ 표 6-1. 실내에서 이용되는 주요 화초의 내한온도

내한온도	관엽식물	분화류	난 류
0~5°C	아스파라거스, 접란, 알로에, 산세베리아, 호야	아키메네스, 시클라멘, 프리뮬라류, 칼세오랄리아, 시네라리아, 제라늄	
5~10°C	스킨답서스, 드라세나 와네키, 테이블야자, 아디안텀, 베고니아의 근경종, 에크메아 파시아타, 부겐빌리아, 필로덴드론(토란과)	게발선인장, 임파첸스, 베고니아, 군자란	덴드로비움, 심비디움, 호접란, 세로지네, 파피오페딜럼
10~15°C	고무나무, 페페로미아, 디펜바키아, 코딜리네, 안스리움, 칼라디움	아프리칸바이올렛, 콜레우스, 겨울에 피는 베고니아, 글록시니아	카틀레야, 반다, 온시듐, 밀토니아

▶ 표 6-2. 식물에 따른 광 요구도

종 류	특 징	식 물	필요조도 (lux)	비 고 (등높이 45 cm)
양지식물	직사광선에서 잘 자라는 식물	선인장, 철쭉류	3000 이상	20W 또는 40W 형광등 2개
반양지식물	봄에서 가을까지 차광하거나 반응달을 좋아하는 식물	크로톤, 드라세나류, 식충식물	2000~3000	40W 형광등 1개
음지식물	1년 중 응달에서 재배하는 식물	야자류, 안스리움, 베고니아 등	500~2000	20W 형광등 1개

6 비료주기

관엽식물은 4~10월까지 월 1회, 깻묵을 주성분으로 한 완효성 비료를 준다.

7 병충해

깍지진드기, 잎진드기, 진딧물 등이 있다. 알코올을 묻힌 면봉이나 수건으로 세척하거나 가정용 농약을 살포한다.

6.2.6 주요 관엽식물의 생육 특성

1 아펠란드라(*Aphelandra squarrosa* 쥐꼬리망초과)

봄에서 가을까지는 강한 햇볕을 피해 그늘 또는 밝은 실내에 둔다. 번식은 15℃ 이상일 때 꺾꽂이로 번식시킨다(그림 6-1 좌).

2 인도 고무나무(*Ficus elastica* 뽕나무과)

인도 고무나무의 품종군은 어두운 곳에서도 제법 견디며 생육하는데, 건전한 생육을 기대하기 위해서는 밝은 실내가 적당하다. 또 공기가 건조되기 쉬운 장소는 피하도록 한다. 번식은 5~7월에 공중취목이나 꺾꽂이한다. 겨울에는 5°C 이상을 유지한다(그림 6-1 우).

▲ 그림 6-1. 아펠란드라(좌)와 인도 고무나무(우)

▲ 그림 6-2. 칼라디움(좌)와 칼라테아(우)

3 칼라디움(*Caladium* 토란과)

햇볕이 충분한 옥외, 실내에 들여놓을 경우는 가급적 밝은 장소에 둔다. 물을 좋아하지만 과습은 싫어하므로 주의한다. 번식은 구근을 나누어 심는다. 심는 시기는 봄이 적합하고 겨울에는 10°C 이상 유지해 준다(그림 6-2 좌).

4 칼라테아 또는 마란타(*Calathea* or *Marantha* spp. 갈울금과)

실내의 밝은 창가에 둔다. 어두운 곳에 오래 두면 잎 끝이 아래로 처지거나 싹 끝이 시들고, 또 강한 햇볕도 생육을 저해한다. 갈아심기는 2년에 1회 5~7월에 갈아심는다. 번식은 포기나누기가 보통이고 적기는 5~7월이다. 겨울철에도 최저온도를 10°C 이상 유지하고 보습에도 유의해야 한다(그림 6-2 우).

5 크로톤(*Codiaeum variegatum* 등대풀과)

봄에서 가을까지는 햇볕이 드는 옥외에 두고, 번식은 5~9월에 녹색이 짙은 싹을 골라 꺾꽂이한다. 월동은 실내의 햇볕이 잘 드는 곳에 놓고, 물은 약간 주고 온도는 최저온도라도 10°C, 가능하면 15°C 이상을 확보한다(그림 6-3 좌).

▲ 그림 6-3. 크로톤(좌)과 군자란(우)

▲ 그림 6-4. 코딜리네(좌)와 셰플레라(우)

6 군자란(*Clivia miniata* 석산과)

봄에서 가을까지는 강한 햇볕을 피한 밝은 실외 또는 실내의 밝은 곳에 둔다. 번식은 실생(實生)으로 하고 갈아심기 때 포기나누기를 한다. 월동은 5°C 전후에서 가능하다(그림 6-3 우).

7 코딜리네(*Cordyline* spp. 용설란과)

실내의 밝은 창가에 둔다. 일조 부족이면 아름다운 색이 나오지 않는다. 갈아심기는 2년에 한 번, 5~7월에 실시한다(그림 6-4 좌).

8 셰플레라(*Schefflera arboricola* 오갈피나무과)

밝은 실내가 이상적이지만 모든 환경에 잘 순응한다. 봄에서 가을까지 실외 햇볕을 잘 쬐게 하면 튼튼한 식물이 된다(그림 6-4 우).

9 종려죽, 관음죽(*Rhaphis* spp. 야자과)

강풍을 피한 해그늘이나 밝은 실내에 둔다. 갈아심기는 4~6월 또는 9~10월에 실시하고 번식은 5~6월 갈아심기 때 포기나누기 한다. 월동은 햇볕이 잘 드는 곳이면 옥외에서도 월동시킬 수 있다(그림 6-5 좌).

▲ 그림 6-5. 관음죽(좌)과 싱고늄(우)

▲ 그림 6-6. 디펜바키아(좌)와 스파티필럼(우)

10 싱고늄(*Syngonium* spp. 토란과)

강한 햇볕을 피한 밝은 실내에 둔다. 갈아심기는 5~9월에 갈아심고 번식은 꺾꽂이로 15°C 이상이면 언제나 가능하다. 월동은 10°C 이상이면 충분하다(그림 6-5 우).

11 디펜바키아(*Diffenbachia* 토란과)

여름에 강한 햇볕을 싫어하므로 실내의 되도록 밝은 장소를 선정한다. 갈아심기는 5~9월에, 번식은 포기나누기를 한다. 월동은 10°C 이상이 좋다(그림 6-6 좌).

12 스파티필럼(*Spathiphyllum* 토란과)

여름에 강한 햇볕을 피해 창가 밝은 실내에 둔다. 갈아심기는 5~8월 사이에 갈아심고 번식은 포기나누기를 한다. 월동은 5°C 이상만 유지되면 월동한다(그림 6-6 우).

13 드라세나류 (*Dracaena* spp. 용설란과)

밝은 실내에 두고 여름의 햇볕은 피한다. 갈아심기는 뿌리의 생육이 좋으므로 2년에 1회, 5~7월에 하고, 번식은 꺾꽂이로 번식시킨다. 정아꽂이가 좋으나 줄기꽂이도 된다. 잎이 떨어진 줄기를 10~20 cm로 잘라서 꽂는다. 15°C 이상 유지되면 언제든지 가능하다. 적기는 5~7월 분주하나 취목도 가능하다(그림 6-7 좌).

▲ 그림 6-7. 드라세나 산데리아나(좌)와 보스톤 고사리(우)

▲ 그림 6-8. 파키라(좌)와 필로덴드론(우)

14 보스톤고사리(*Nephrolepis* spp. 고사리과)

밝은 실내, 여름은 실외의 해그늘에 두어 통풍을 요한다. 번식은 5~9월 사이에 포기나누기를 한다. 월동은 5~6°C 이상 확보한다(그림 6-7 우).

15 파키라(*Pachira aquatica* 물밤나무과)

봄에서 가을까지는 실외 또는 밝은 실내에, 겨울은 밝은 실내에 둔다. 번식은 꺾꽂이를 5~9월경에 잘라서 한다. 월동은 5°C 정도로 월동시킨다(그림 6-8 좌).

16 필로덴드론(*Philodendron* spp. 토란과)

밝은 실내에 둔다, 여름에 강한 햇볕이 들어오는 곳은 피한다. 월동은 일부를 제외하고는 5~10°C 이상 확보한다(그림 6-8 우).

17 아이비(*Hedera helix* 두릅나무과)

건조되기 쉬운 곳을 피해 통풍이 좋은 해그늘이나 실내에 둔다. 번식은 꺾꽂이를 주로 하는데 삽수에 잎을 2~3장 붙게 한다. 월동시에는 찬바람과 건조에 주의한다(그림 6-9 좌).

18 페페로미아(*Peperomia* spp. 후추과)

해그늘이나 창 가까운 밝은 실내에 놓는다. 번식은 줄기꽂이, 잎꽂이를 5~9월에 한다. 월동온도

▲ 그림 6-9. 아이비(좌)와 페페로미아(우)

▲ 그림 6-10. 벤자민 고무나무(좌)와 스킨답서스(우)

는 10°C 이상 확보해야 한다(그림 6-9 우).

19 벤자민(*Ficus benjamina* 뽕나무과)

공기 건조에 주의하여 실내의 밝은 장소에 놓는다. 갈아심기는 2~3년에 1회, 5~9월에 하고 큰 포기는 밑 뿌리를 잘라 버린다. 번식은 충실한 어린 가지를 꺾꽂이한다. 월동은 고무나무처럼 추위에 강하지 못하므로 10°C 이상이 좋다(그림 6-10 좌).

20 스킨답서스(*Scindapsus aureus*, 토란과)

봄에서 가을은 해그늘이나 베란다나 창가 햇볕이 드는 장소에 놓는다. 번식은 얼룩무늬가 좋은 것을 골라 꺾꽂이한다. 월동은 20°C 이상이 좋다(그림 6-10 우).

21 몬스테라(*Monstera* spp. 토란과)

창가 햇볕이 드는 장소에 둔다. 번식은 소형종은 정아꽂이, 줄기꽂이를 한다. 월동은 5~10°C 정도로 유지해 준다(그림 6-11 좌).

22 야자류(*Palmae* spp. 야자과)

보통 밝은 실내에 두나, 크게 키우고 싶을 때는 약간 어두운 곳에 둔다. 갈아심기는 포기가 화분

▲ 그림 6-11. 몬스테라(좌)와 테이블야자(우)

에 가득 차면 6~7월에 한다. 번식은 종자번식이 원칙이다. 월동은 아레카야자 등 고온성의 것은 10°C에서 월동한다(그림 6-11 우).

참고문헌

1. 곽병화. 1994. 신제 화훼원예각론. 향문사.
2. 김기선 등. 2003. 생활원예. 농촌진흥청.
3. 문원 외 4명. 1992. 가정원예. 한국방송통신대학교 출판부.
4. 한국원예학회. 1999. 신제 생활원예. 향문사.
5. 喬林成年(이후자 역). 1993. 아이디어 관엽식물. 자유문화.

7 난 및 분재

7.1 난(Orchids)

난식물은 열대 · 아열대 · 온대에 걸쳐 25,000~30,000여종의 많은 종류가 있는데, 동양란의 종류는 심비디움이 주종으로 보춘란(報春蘭), 한란(寒蘭), 보세란(報歲蘭), 사란, 건란, 소심란, 옥화란 등을 포함하고 있으며, 서양란에는 카틀레야, 심비디움, 파피오페딜럼, 반다, 온시디움, 팔레놉시스 등 많은 종류가 포함된다. 이들 각종 난류의 번식방법에는 종자의 무균발아법과 조직배양법, 그리고 영양번식방법이 있다. 종자의 무균발아법과 조직배양법 같은 대량 번식법의 개발은 난 재배역사에 획기적인 업적이며, 난을 상품화하고 일반화시키는데 큰 역할을 하였다.

7.1.1 동양란

동양란이란 한국, 일본, 대만과 같은 온대성 기후대에 속하는 나라에서 자생하는 난과식물을 말하며, 종류로는 심비디움 속의 춘란류(한국춘란, 일본춘란, 중국춘란, 대만춘란), 한란류(제주한란, 일본한란, 중국한란, 대만한란), 혜란류(보세계의 광엽계 혜란, 보세계를 제외한 세엽계 혜란), 덴드로비움 속의 석곡류(장생란), 안그레컴속의 대엽풍란, 네오피네티아 속의 풍란

(부귀란), 기타 자란, 새우란, 복주머니란 등이 있다.

1 춘란

한국춘란, 일본춘란, 중국춘란으로 구분한다. 개화시기는 보통은 3~4월에 개화하나 일경구화는 4~5월에 개화한다. 잎이 좁고 키가 작으며, 잎가에 거칠거칠한 거치가 있다. 잎보다 뿌리가 왕성하고, 비교적 건조한 조건과 햇볕을 좋아한다. 한국춘란, 일본춘란은 1경1화로 향기가 없으며 순판에 점무늬가 없는 소심란이 있다. 중국춘란은 1경다화로 향기가 강한 것이 특징이다(그림 7-1a).

2 한란

제주한란, 일본한란, 중국한란, 대만한란 등이 있다. 개화시기는 보통 10월부터 2월까지 한 꽃대에서 보통 3~9송이의 꽃을 피운다. 잎 모양이 아름답고 여성적이다. 화경이 가늘고 동양란 중에서 개화기간이 30~45일로 가장 길다(그림 7-1b).

3 혜란

난의 잎에 무늬가 있고 꽃이 일경다화로 피는 난을 말한다. 개화시기는 광엽계(보세계)는 12~1월말, 세엽계(하란계통 및 추란, 한란)는 5~11월이다. 광엽계는 보세계통에서 변화된 난으로 동양란 중에서 잎매가 넓고 아름다우며, 꽃은 1경다화로 중국보세, 대만보세, 고금륜이 있다. 세엽계는 소심류, 옥화, 건란, 한란 등에서 변화된 난들을 말하며 비교적 잎이 좁고 아름다워 난애호가들로부터 많은 사랑을 받고 있다. 혜란은 꽃보다는 아름다운 잎무늬를 관상하는 난이므로 꽃대가 여러 대 생기게 되면 1대만 남기고 나머지는 제거하는 것이 좋으며 그림 7-2와 같이 품종이 다양하다.

▲ 그림 7-1. (a) 춘란, (b) 한란

사계란 백옥소 백화보세 타타향소심

▲ 그림 7-2. 다양한 혜란 품종

7.1.2 자생란

우리나라에는 제주도의 아열대성 기후부터 백두산의 한대성 기후에 이르기까지 비교적 다양한 종류의 야생란이 자생하고 있다. 특히 제주도의 한라산을 비롯한 전라남도, 경상남도 등의 해안지대 및 내륙지방이 주요한 분포지역이다.

우리나라에서는 자생하는 난과 식물로 상록성인 것은 한란(寒蘭), 보춘란(報春蘭), 새우란초, 사철란, 풍란 등이 포함되며, 낙엽성은 자란, 은대난초, 금난초, 병아리난초, 타래난초, 옥잠난초 등이 있다. 생태적으로 구분하면 착생란류(着生蘭類, epiphytic orchids)는 풍란, 나도풍란, 거미난초, 지네발난초, 혹난초, 콩짜개난초, 석곡, 금자란, 차걸이난초 등이고 나머지는 모두 지

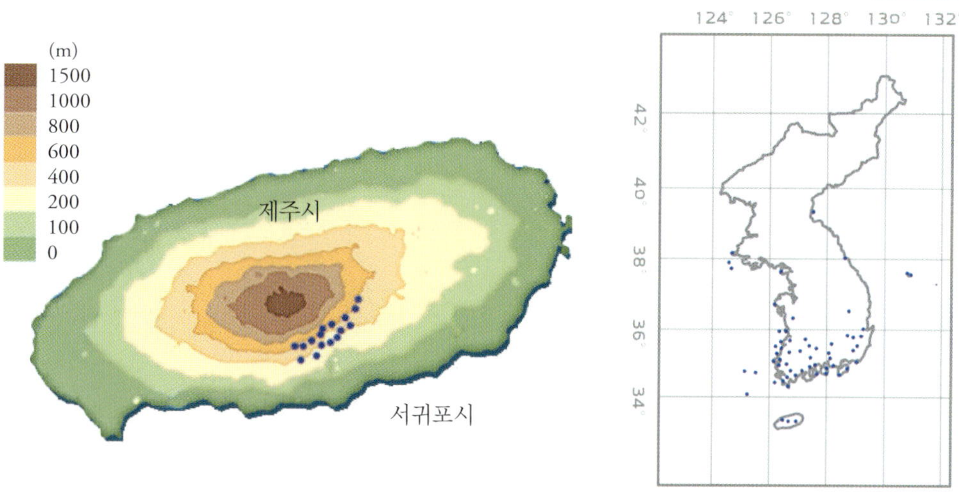

(a) (b)

▲ 그림 7-3. 자생란의 지역별 분포. (a) 제주 한란 자생지, (b) 춘란 자생지

생란(地生蘭, terrestrial orchids)인데 이중에서 대홍란, 유령란, 으름난초, 천마, 무엽란 등은 잎이 없는 무엽란(無葉蘭)류에 속한다(그림 7-3).

1 풍란(*Neofinetia faicata* 또는 *Angraecum falcatum*)

높은 습도와 통풍이 잘되는 따뜻한 해안지대의 암벽이나 나무에 붙어사는 반다속에 속하는 착생란이다. 전세계에 1속 1종이 있으며, 바다에서 불어오는 훈훈하고 끈끈한 해풍을 받으며 자란다고 해서 풍란이라 이름 붙여졌고 소엽풍란이라고 한다. 일본에서는 부유한 사람이 기른다하여 부귀란이라고 한다. 자생지는 한국, 중국, 대만, 일본 등이며 우리나라는 제주도, 홍도, 흑산도, 거문도 등 해안의 암벽이나 나무줄기에 착생하여 6~7월에 순백색의 꽃을 피운다. 형태는 외솔잎모양과 비슷하나 잎이 짧고 단단하며 강인하게 보인다. 꽃은 1경다화로 백색이며 향기가 대단히 좋다. 풍란의 특징은 통풍이 잘되며 습도가 유지되는 쾌적한 환경을 좋아한다. 야간에 향기가 많이 나며 난 중에서 가장 깊은 향기를 낸다(그림 7-4a).

2 나도풍란(*Aerides japonicum*)

자생지의 생육습성은 풍란과 비슷하나 분포지는 풍란에 비해 대단히 제한적이며 우리나라에서는 홍도, 흑산도 등의 남해안 일대에 분포한다. 온난한 지역의 습기가 많은 나무줄기나 암석에 붙어사는 착생란으로 대엽풍란이라고도 하며, 잎과 잎 사이에 굵고 긴 기근이 발생한다. 꽃은 4~5월경 5~15 cm 정도의 꽃대에서 10~20송이 정도 개화하며 향기가 뛰어나다(그림 7-4b).

3 석곡(*Dendrobium moniliforme*)

풍란과 유사한 지역에서 자생하는 낙엽성 다년생 착생란으로 장생란이라고도 부르며 제주도, 거제도, 전라남도의 완도 등 남해안 지역에서 나무껍질 또는 바위 등에 붙어서 생육한다. 크기는 5 cm에서 25 cm까지 있으며 4~6월에 백색 또는 핑크색 꽃을 피운다. 형태는 식물체의 크기가 짧고 작은 마디로 되어 있어 물이 마르면 탈수현상이 빨리 오고 잎이 떨어진다. 그러나 생명력이 강하고, 한약제로도 사용하며, 불로장생이란 별칭도 가지고 있다(그림 7-5a).

▲ 그림 7-4. (a) 풍란, (b) 나도풍란

▲ 그림 7-5. (a) 석곡, (b) 새우란

4 새우란(*Calanthe* spp.)

우리나라 새우난초 속은 제주도의 한라산 일대와 안면도 해안을 중심으로 자생하며 초장이 15~40 cm이고 개화기는 4월 하순~5월 중순이다. 여름새우란은 제주도에만 자생하며 초장은 15~40 cm이고 개화기는 7~8월이며, 담자색 꽃이 핀다. 금새우난은 제주도와 울릉도, 완도, 소흑산도 등에 자생하는데 새우난속 중에서 꽃이 가장 크다. 개화기는 4월 하순~5월 하순이며 순황색 꽃이 핀다. 신안새우란은 신안군 도서지방에 자생하고 초장은 20~40 cm이고 화색은 담홍색이나 백색이다(그림 7-5b).

5 복주머니란(*Cypripedium macranthum*)

개불알꽃이라는 이름으로 알려져 있다. 높은 산, 공기 맑고 서늘하면서도 양지바른 곳에서 정답게 모여 사는 복주머니란은 우리나라 고산지대에서 자생한다. 6~7월에 개화하며 핑크색과 적색 2종이 자생하며, 중국 백두산 등에서는 백색과 황색종도 자생한다(그림 7-6a).

▲ 그림 7-6. (a) 복주머니란, (b) 자란, (c) 해오라비난초

6 자란(*Bletilla striata*)

우리나라 전라남도 해안 토말 구릉지대의 초원지대에 군락을 이루고 있다. 잎의 길이 20~30 cm, 폭 2~5 cm, 끝이 뾰족하다. 5~6월에 30~40 cm의 꽃대에 6~7송이의 홍자색 꽃이 피며 가끔 흰꽃도 발견된다(그림 7-6b).

7 해오라비난초(*Habenaria radiata*)

황새란, 은화백로라고도 부르는 다년초로서 잠자리란초에 속하며, 경기도 칠보산에서 양지쪽 늪지대에 자생한다. 6월 말에서 7월 초에 개화하고 콩알만한 구경상태로 월동한다(그림 7-6c).

7.1.3 서양란

서양란은 다년생 초본으로 적도를 중심으로 한 열대지방에 분포하고, 속과 종의 수는 800속 2만 여종으로 그 일부가 종간과 속간 교잡육성으로 개량되어 관상용으로 이용되고 있다. 우리나라에서는 심비디움, 팔레놉시스, 덴드로비움, 카틀레아, 온시디움, 파피오페딜럼, 밀토니아, 반다 등이 분화와 절화용으로 재배되고 있다(그림 7-7).

1 카틀레아류(*Cattleya* spp.)

중남미 열대지방 원산의 착생란으로 복경성란이다. 카틀레아류의 원산지에는 우기와 건기가 있기 때문에, 생육은 성장기와 휴면기로 나눠진다. 그러나 휴면기에 꽃눈분화 · 개화하는 것이나 뿌리를 신장하는 것도 많다. 열대원산이지만 표고 1,000~2,000m의 고지에서 자생하고 있기 때문에 시원하고 차가운 기후를 좋아한다. 성장 · 개화의 적온은 여름은 낮 온도 20~25°C, 밤 온도 16~18°C, 겨울은 낮 온도 15~22°C, 밤 온도 12~13°C이다.

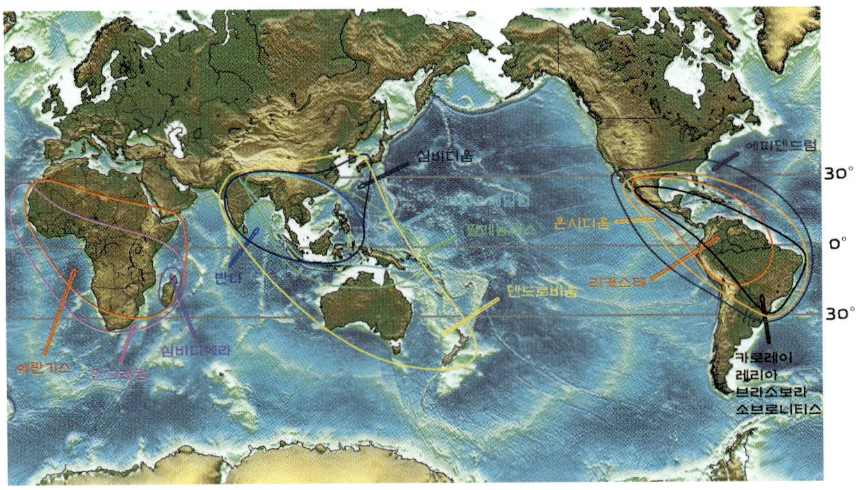

▲ 그림 7-7. 난 분포도

▲ 그림 7-8. (a) 카틀레아, (b) 심비디움

강한 빛은 잎을 타게 하므로 여름은 빛의 투과율을 50~60%, 봄에는 70~80%로 차광한다. 습도는 40~70%로 한다(그림 7-8a).

2 심비디움(*Cymbidium* spp.)

아시아 지역이 원산지이며 난류 중에서 가장 많이 생산되고 있는 복경성란이다. 꽃눈의 발달에는 온도가 깊게 관여한다. 7~8월에 분화한 꽃눈은 밤온도가 15°C 정도일 때 발달이 촉진된다. 20°C 이상의 고온에는 늦어지든가 꽃이 피지 않는다. 생육적온은 낮 온도 20°C, 밤 온도 10~15°C, 최저온도는 5~8°C이다. 여름의 강한 빛일 때는 빛의 투과율이 50~70%로 되게 차광하고, 그 이외는 충분히 햇볕에 노출되도록 한다(그림 7-8b).

3 팔레놉시스(호접란, *Phalaenopsis* spp.)

동남아시아 열대지방이 원산지이며 난종류 중 생장이 빠른 편이어서 국내에서 분화용으로 인기가 높은 종류이다. 착생란으로 단경성이며 종자번식으로 대량생산을 한다. 꽃눈 분화조건이 갖춰지면 가장 윗부분의 전개 잎부터 3~4마디 아래의 잎 마디에 꽃눈을 형성하고, 꽃대를 신장시킨다. 개화는 20~25°C에서 촉진된다(그림 7-9a).

또 단일의 개화촉진효과도 볼 수 있다. 보통, 9~10월에 꽃대가 자라고 2~3월에 개화한다. 40~60cm 정도의 긴 꽃대에 20송이 정도 개화하며 꽃대에 마디가 있어 분지되기도 하고 꽃이 지고 난 뒤 꽃대의 기부에서 2~3마디 남기고 절단해주면 2차 꽃대가 신장하여 개화하는 경우도 있다. 생육적온은 낮 온도 30°C, 밤 온도 20°C이다. 15°C 이하에서는 생육장해를 받는다. 약한 빛을 좋아하고, 봄 · 가을은 빛의 투과율 70%, 여름은 40~50%로 되게 차광을 한다. 건조상태나 과습을 싫어하므로 70% 정도의 습도를 지킨다.

▲ 그림 7-9. (a) 팔레놉시스, (b) 덴드로비움

4 덴드로비움(*Dendrobium* spp.)

아시아 · 오스트리아 · 뉴질랜드 원산의 덴드로비움속으로서 재배되고 있는 것은 노빌계로 흔히 덴드로비움이라고 하면 이것을 의미하며, 덴드로비움-팔레놉시스계(덴파레)로 구분한다. 노빌계는 대나무 같은 위구경의 각 마디에서 짧은 꽃대가 발생되어 2~3송이의 꽃이 개화하기 때문에 분화용으로 재배되고 있다. 덴파레계는 대나무 같은 위구경의 생장점 부위 1~2마디에서 꽃대가 신장하여 10~20송이 개화한다. 덴드로비움은 7~8월에는 빛의 투과율을 60~70%로 차광하여 잎이 타는 것을 막도록 한다(그림 7-9b).

5 파피오페딜럼(*Paphiopedilum* spp.)

파피오페딜럼의 자생지는 인도, 인도네시아, 중국, 뉴기니아를 비롯하여 우리나라에도 분포하는 대표적인 지생란이다. 우리나라의 당개불란, 광릉개불란도 이 종류에 속한다. 대개 산지의 수목 아래나 바닥에서 자라고 그늘과 습한 환경을 좋아한다(그림 7-10a).

6 온시디움(*Oncidium* spp.)

착생란의 대표적 품종으로 멕시코에서 남쪽으로 브라질에 이르는 중남미 지역의 해발 1,000~1,500 m 산악지대에 넓게 분포하고 최저온도 섭씨 10°C만 유지되어도 잘 자란다. 꽃은 황색계가 많고 핑크색, 갈색, 무늬가 있는 것 등 다양하며, 약 1m 정도에 이르는 가늘고 긴 꽃대에 수백 송이의 작은 꽃이 개화한다(그림 7-10b).

7 반다(*Vanda* spp.)

원산지는 미얀마, 보르네오에서 호주 북부까지 넓게 분포되어 있는 대표적인 착생란이다. 단경성란으로 줄기를 축으로 잎이 대각으로 발생하며 오래된 줄기의 마디에서 어린 식물체가 형성되기도 한다. 긴 꽃대에서 10송이 내외의 꽃이 개화하며 적색, 보라색, 황색 등의 다양한 변화를

▲ 그림 7-10. (a) 파피오페딜럼, (b) 온시디움

보이며 꽃잎에 점무늬 혹은 그물모양의 무늬가 있다. 뿌리는 스폰지 상의 두터운 세포로 쌓여 있어서 공기 중의 수분을 흡수하기도 하고 증산을 억제하기도 한다(그림 7-11a).

8 밀토니아(*Miltonia* spp.)

양란 중에서 꽃 피우기가 가장 쉽고 꽃모양도 팬지를 닮았다고 해서 팬지오키도(pansy orchid)라 불리는 난이다. 브라질 남부의 낮은 곳에서 자라는 저지성종과 콜롬비아, 에콰도르, 안데스 산맥의 해발 1,500~2,000 m 산악지대에서 자라는 고지성종으로 나눈다. 꽃피는 시기는 봄이지만 여름, 가을, 겨울에 피는 품종도 있다. 겨울철 온도는 15°C 정도이며 꽃색은 백색, 황색, 자적색, 분홍색 등이 있다(그림 7-11b).

▲ 그림 7-11. (a) 반다, (b) 밀토니아

7.1.4 난의 구입과 관리요령

1 구입요령

난은 누가 뭐라 해도 반드시 전문가를 찾아서 구입해야 한다. 기본적인 지식과, 자기 집의 환경 조건에 따라 난의 종류 선택조건이 현저히 달라지기 때문이다.

기본적으로 고려할 사항은 다음과 같다.

- 값싸고 번식이 잘 되며 꽃 붙음이 좋은 난을 선택할 것
- 내 집 조건에 적합한 난을 고를 것
- 값보다 충실한 난의 선택할 것 등

2 용토

(1) 이끼

수태라고도 하는 것으로 토양, 살균제, 살충제를 비닐봉지에 이끼와 함께 넣어서 햇볕이 잘 쬐는 곳에 2~3일간 두었다가 꺼내서 쓴다. 또는 이끼를 보자기에 쌓아서 찜통에 넣어 30분 정도 찐 다음 그늘에서 말려두었다가 쓴다.

(2) 바아크(bark)

삼나무를 콩알 정도 크기로 잘라서 계분과 섞어서 3년 정도 발효시킨 것으로 보통 굵은 톱밥을 이용하여 만들기도 한다.

(3) 인회석

갈매기배설물(구아노)이 오랫 동안 발효된 것으로 난용토로 우수하다.

(4) 클레이볼(clay ball)

진흙이나 이와 유사한 성질의 흙에 톱밥이나 왕겨의 고운 가루를 섞어 반죽한 후 경단크기로 빚어 불에 구어 낸 인조용토이다.

3 난 관리법

난을 잘 기르려면 난이 좋아하는 환경을 알고 사계절의 기후를 고려하여 일조량, 습도, 통풍 등이 적합한 환경을 만들어 주는 것이 중요하다.

(1) 일조량

일조량이 과다하면 잎이 타고 누렇게 변색된다. 난 기르기에 있어서 햇볕은 대단히 중요한 역할을 한다. 만약 햇볕을 받지 못하고 자란다면 잎이 연약해져 가늘게 늘어지며 꽃이 피지 않는 것은 물론이고, 병해충에 시달려 난으로서의 가치를 잃게 된다. 특히 성장기인 봄에서 가을까지는 반드시 적당한 일조가 필요한데, 하루 중 오후보다는 오전의 햇볕이 난에게 제일 좋다. 대나무발이나 갈대발을 두겹 정도 쳐서 그 사이로 들어오는 햇볕 정도면 무난하

다. 춘란계통은 많은 일조량을 요구하고 한란류나 보세류는 보다 약한 20~30%의 일조량이이면 충분하므로, 온실 내에서는 햇볕이 강하고 오래도록 햇볕을 볼 수 있는 쪽에 춘란류를 놓고 비교적 약하게 들어오는 곳에 보세류나 한란류를 놓아 두면 좋다.

(2) 통풍

통풍이 지나치면 잎이 꺾이고 거칠어진다. 난은 언제나 잎이 살랑살랑 움직일 정도의 통풍을 좋아한다. 난을 기르다 보면 여러 가지 병이 발생하는데 통풍이 안되고 일조량의 부족에서 발병하는 것이 대부분이다. 따라서 장마 때와 같이 온도와 습도가 높을 때에는 선풍기를 이용해서 환기시키는 것이 좋은데, 잎보다는 화분에 바람이 닿도록 선풍기를 눕혀서 환기하거나 아니면 선풍기를 약하게 하여 난실의 공기를 바꿔 주는 것이 효과적이다.

(3) 습도

과습하면 연부병에 걸리기 쉽고, 건조하게 자라면 관상가치가 떨어진다. 장마철을 제외하고는 언제나 건조한 편이기 때문에 장마가 시작되면 차광망 등을 걷어 낸다. 또한 새싹이 출아하는 초봄에서 초여름까지는 습도를 보충하기 위해서 자주 분무(미스트)를 해 주어 적당한 습도로 보충해 주면 난이 깨끗하고 아름답게 자란다. 난이 좋아하는 습도는 70~80% 정도가 가장 적합하다.

(4) 물주기

너무 자주 관수하면 뿌리가 썩고 부족하면 생장장해를 입는다. '물주기 3년' 이란 말이 있듯이 그만큼 물주기가 중요하다는 말이다. 난이 잘 자라고 못 자라는 것, 죽이고 살리는 것이 바로 물주기의 결과에 달려 있다 해도 과언이 아니다. 성장기에는 자주 주고 동면기에는 최대한 억제하여 관수하는 것이 효과적이며, 물을 주는 집의 구조와 화분의 크기, 화분용토의 종류 등 난이 위치한 장소나 환경을 고려하여 관수주기를 결정하는 것이 바람직하다. 다만 분토가 마르면 주는 것이 적당하며 물을 줄 때에는 충분하게 주어야 한다. 물을 주는 시기는 혹한기(겨울)에는 오전 10시부터 11시 사이가 적당하고, 혹서기(여름)에는 일몰 전후가 적당하다.

(5) 비료주기

비료가 과다하면 뿌리가 썩고, 부족하면 난이 허약해진다. 비료성분에는 질소, 인, 칼륨의 주요 3요소가 특히 중요하다. 비료는 2월 중순부터 10일 간격으로 5월 초 · 중순까지 전반기 시비를 하고, 9월부터 10월 중 · 하순까지 후반기 시비로 구분하여 주되, 하이포넥스 같은 원예용 비료를 약 1,000배 정도 농도로 약하게 녹여서 시비한다. 비료는 약하게 물을 타서 자주 주는 것이 효과가 빠르고 좋다.

(6) 분갈이

난의 종류에 따라 자라는 장소와 습성이 다르므로 종류에 따라 화분갈이 용토와 방법이 다

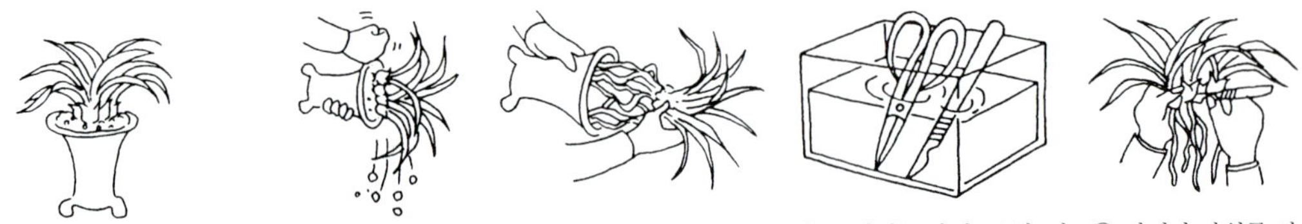

① 분갈이가 필요한 분을 선택한다.

② 분의 옆면을 가볍게 두드리면서 분 안의 배양토를 빼낸다.

③ 분을 기울여 난을 조심스럽게 꺼낸다.

④ 포기나누기에 쓰일 칼이나 가위를 소독액에 5분정도 담근 후 물에 씻어 준비한다.

⑤ 칼이나 가위를 사용해 포기를 나눈다.

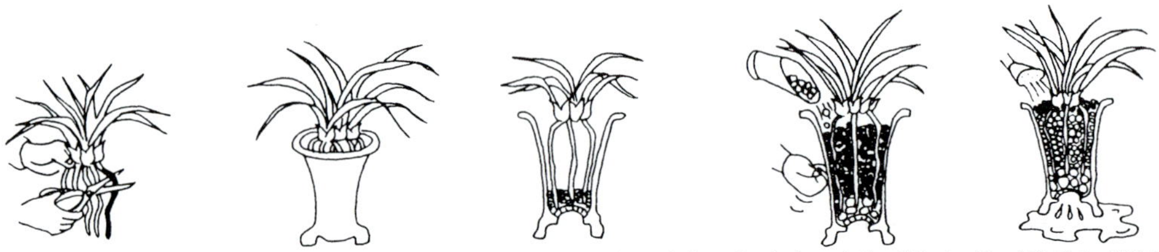

⑥ 뿌리가 검게 되었거나 만져보았을 때 껍질만 남은 뿌리는 잘라낸다.

⑦ 새 분이나 소독된 분을 심을 난의 크기에 맞추어 선택한다.

⑧ 배수공을 막고 배양토를 약간 넣은 후 뿌리를 길게 늘여 넣는다.

⑨ 중간크기의 배양토를 넣으면서 분옆을 두드려 뿌리 사이사이로 배양토가 골고루 들어가게 한다.

⑩ 가장 작은 화장토를 벌브주위에 덮어준 후 충분하게 물을 주어 난분내 작은 입자들을 씻어낸다.

▲ 그림 7-12. 동양란의 분갈이 순서

르다. 간혹 초보자들은 1년에 1회 정도로 빈번하게 분갈이 하는 것을 볼 수 있는데 이는 난의 뿌리가 착근해서 힘차게 자랄만하면 뿌리를 건드리는 결과가 되기 때문에 좋지 않으며, 보통 분갈이는 2~3년에 한 번씩 하는 정도가 무방하다. 1년 중 분갈이 시기는 가급적 새싹이 출아하여 모촉과 동일하게 자라 성장을 멈춘 11월 하순경이 적기이다. 분갈이 방법은 그림 7-12와 같은 순서로 한다.

(7) 병해충 방제

아무리 좋은 환경에서 잘 기른다 해도 병해충 방제를 게을리하면 해충이나 균에 의한 피해로 잎에 상처가 나거나 시들어 관상가치를 잃는 경우를 종종 볼 수 있다. 따라서 병이 발생한 후 치료하기보다는 발생 전의 예방이 가장 좋다. 유충은 마라손유제, 아테릭(피리포유제) 등을 이용하여 구제하고, 달팽이나 토양해충은 모캡이나 코니도 등으로 구제한다. 양란의 경우 온 · 습도가 높으면 연부병이나 입고병이 발생하므로 통풍을 시켜 온도나 습도를 낮춘다. 건조하면 개각충이 발생하는데 칫솔같은 것으로 문질러 없애거나 수프라사이드로 구제하는데 맹독성이므로 취급에 유의하도록 한다.

7.2 분재(Bonsai)

7.2.1 분재의 정의와 예술성

분재(盆栽)는 살아 있는 수목을 분에 심어 자연의 모습을 축소하면서도 자연 본연의 아름다운 상태를 재현한 하나의 예술작품이다.

분재는 인간의 창의와 기술로 살아 있는 생명체에 정서와 미적 감각을 표출시키는 종합예술이다. 그러나 인간의 능력으로는 대자연의 오묘한 섭리를 완전히 이해할 수 없으며 그 경지를 추구하는 마음에 따라 순수함과 예술성이 더욱 고조되며 무한하다. 분재예술은 그림이나 조각처럼 완성품이 없고 항상 미완성 작품이나 이것이 갖고 있는 신비함과 가치는 시간이 흐를수록 더 높아진다.

7.2.2 분재의 역사

분재의 역사는 동양문화를 중심으로 중국에서 발달되어 2,000여 년이 되었다. 문화의 경로가 중국에서 우리나라, 일본으로 전파된 것과 같이 분재문화의 발달도 역사와 문화와 함께 전달되었으나 지금은 일본에서 더욱 체계화되고 기술도 고도화되어 종주국으로 발전하였다.

동양이 분재의 발상지가 된 원인을 고찰하여 보면 동양권은 기후조건이 사계절이 뚜렷한 온대성 기후여서 수종이 다양하고 성장의 변화가 많아 천혜의 분재조건을 이루고 있다. 특히 우리나라는 귀중한 분재의 소재가 풍부하다는 점이 분재역사와 앞으로의 발전에 좋은 요인이 되고 있다. 분재는 생활문화 속에서 정서의 안정을 도모하여 평화로운 시대에 힘입어 더욱 성황을 이루어 왔다. 일찍이 당나라 궁전에서 진귀하게 관상되고 명·청시대에 분재문화가 꽃피기 시작하였다는 기록과 우리나라 세종 때 강희안(1417~1464)이 저술한 양화소록을 고찰해 보면 태평시대에 시상과 함께 즐겼다는 내력이 있다.

분재는 순수한 인간의 정신과 평화 속에서 만들어진다는 특징이 있다. 분재의 발달사가 중국에서 시작되어 우리나라, 일본으로 변천하는 동안 우리나라는 역사의 혼란 속에서 저변확대가 부진하였으나 일본은 생활속에 정착하면서 예술과 함께 분재산업으로도 발전시켜 문화와 수출산업으로 경제적 기반을 구축하였다.

7.2.3 분재의 분류

1 수종에 의한 분류

(1) **송백류(松伯類)** : 항상 푸른 잎과 남성적 특성을 지닌 것으로 남해송, 적송, 금송, 오엽송, 가문비나무, 삼나무, 두송(노간주나무), 백송, 편백, 주목, 전나무 등이 있다.

(2) **잡목류(雜木類)** : 여름의 무성한 신록과 가을의 아름다운 단풍, 낙엽 후의 나무를 감상하는 것으로 단풍나무, 옻나무, 화살나무, 느티나무, 팽나무, 소사나무, 너도밤나무, 느릅나무, 은행나무, 당단풍나무, 버드나무 등이 좋다.

(3) **화목류(花木類)** : 아름다운 꽃을 주로 관상하는데 매화, 철쭉, 황매, 명자나무, 해당나무, 벚나무, 베롱나무, 동백, 앵두나무, 치자나무, 석남화, 자귀나무, 목련 등이 있다.

(4) **과목류(果木類)** : 열매를 주로 관상하며 애기사과나무, 모과나무, 배나무, 감나무, 석류나무, 밤나무, 대추나무, 낙상홍, 홍자단, 으름나무, 다래나무, 머루나무, 피라칸사, 참회나무 등이 주요 대상이다.

(5) **초본류(草本類)** : 석창포, 석곡, 두란, 복수초, 바위손, 대나무, 취란초, 일엽초 등을 많이 이용한다.

2 수고에 의한 분류

(1) **대분재** : 분재의 수고가 80~150 cm 정도 되는 수형으로, 관리상의 문제는 있으나 압도하는 위용을 자랑할 수 있다.

(2) **중분재** : 수고가 40~80 cm 미만의 보편화된 정형적인 규격으로, 작업과 관리에 큰 어려움이 없이 관리할 수 있어 대부분의 분재가 여기에 속한다.

(3) **소분재** : 수고가 15~40 cm 정도로서 큰 부담없이 즐길 수 있는 분재이다.

(4) **두분재** : 여성적인 취향이 있는데 앙징스럽고 아기자기하며 신비스럽게 여겨질 만큼 귀엽

▲ 그림 7-13. 분재의 수형 모형도

다. 그러나 작은 분재라서 조금만 방심해도 실패하기 쉽다.

3 초물분재에 의한 분류

산야초 분재는 야생하는 산야초의 아름다움을 감상하는 것으로 맥문동, 석창포, 제비꽃, 털머위, 고사리류, 용담, 앵초, 은방울, 비비추, 금강초롱 등이 있으며, 난 분재는 아름다운 소엽란을 감상하는데 풍란, 석곡, 새우난초, 해오라기난초, 복주머니꽃 등이 있다.

1. 오엽송 단간
2. 노간주나무 쌍간
3. 흑송 쌍간
4. 오엽송 합식
5. 흑송 직간
6. 철쭉 모양목
7. 북해도 소나무 사간
8. 진백 문인목
9. 진백 반간
10. 노간주나무 반간
11. 주목 반간
12. 오엽송 반현애

▲ 그림 7-14. 분재의 기본 수형

4 분재의 수형에 의한 분류 (그림 7-13, 그림 7-14)

(1) **직간(直幹)** : 엄격한 제약조건이 있지만 하나의 주간을 이용하여 확대되는 이미지
(2) **사간(斜幹)** : 줄기는 한쪽으로 기울고, 굵고 길게 뻗은 뿌리와 아래로 처진 가지가 볼만한 요소
(3) **문인목(文人木)** : 줄기는 가늘고 수고(樹高)가 있으며, 소탈한 분위기를 가진 수형
(4) **현애(懸崖)** : 수관부를 낮은 위치에 두고 아래로 처지는 가지에 약동미를 준 모양
(5) **반현애** : 수관부가 분 바닥 선까지 미치지 않는 수형
(6) **쌍간(雙幹)** : 두 줄기가 예각을 이루면서 분기한 모습
(7) **노근분재(老根盆栽)** : 고산(高山)의 급한 비탈에 쓰러져서 뿌리를 노출한 채 끈질기게 살아가는 수형
(8) **풍향수** : 가지를 줄기의 한쪽에만 집중시켜서 강풍에 견디는 모습을 표현
(9) **석부** : 돌에 뿌리를 밀착시켜 아름다움을 연출하는 돌과 나무의 조화
(10) **군식** : 여러 포기를 함께 심어 줄기의 태세장단(太細長短) 변화에서 풍취를 느끼는 형태

7.2.4 분재의 구성요소

1 뿌리

분재의 가장 중요한 요소인 뿌리 뻗음은 흙위로 노출된 뿌리가 비대하고 성장하여 길게 뻗어 있는 모습이어야 한다. 수목은 수령이 많아짐에 따라 뿌리가 노출되며, 좋은 뿌리 뻗음은 줄기 밑동에서 굵기가 비슷한 몇 개의 뿌리가 사방으로 힘차게 뻗어있는 것이다. 분갈이나 분 올림을 할 때 굵은 뿌리를 잘 노출시켜 심도록 한다.

2 줄기

줄기는 분재 수형의 근본이다. 밑동이 굵고 줄기 끝으로 갈수록 점점 가늘어져야 하며 줄기가 둥글어야 한다. 이것은 자연의 이치이며 분재에서 가장 중요한 요소가 된다. 수령이 많아짐에 따라 줄기는 굵어지며 안정감과 웅대한 기풍이 나타난다.

3 가지

가지의 방향, 수, 세력은 곧 나무 전체의 모습이므로 가지는 수형을 구성하는 요소가 된다. 가지는 줄기에 입체적으로 나와야 하며, 줄기의 하반부에서 좌우교차로 힘차게 뻗어나온 것이 이상적이다.

4 잎

분재의 잎은 작을수록 좋으며 작은 나무가 거목으로 보이려면 잎이 작아야 한다. 좋은 수형으로 가꾼 분재라도 잎이 크거나 길고 생기가 없으면 관상미가 낮아진다. 잎의 빛깔은 화려하고 사계절의 변화가 뚜렷한 것이 좋다.

5 수관

수관은 나무의 생명력을 상징한다. 수관의 모양과 방향에 따라 나무의 정면이 결정되고 전체 수형에 영향을 준다. 어린 나무는 세력이 줄기 끝으로 몰려서 키만 크게 되므로 먼저 수관심을 적당한 위치에서 잘라내고 옆가지를 세워서 수관심을 조정한다.

6 꽃

분재는 꽃이 중요하다. 단순히 꽃만 감상하는 것이 아니라 분재 속의 꽃을 감상하는 것이므로 꽃은 우아한 품위가 있고 색이 너무 요란하지 않고 청초한 것이 좋다.

7 열매

열매는 분재의 관상가치를 크게 높여 준다. 아담한 정취를 느끼도록 열매는 형상과 색깔을 갖추고 오래 달려 있는 것이 좋다.

7.2.5 분재의 소재

현재 우리나라에서 사용되고 있는 소재식물은 모두 86과 310종 정도가 된다. 이 중에서 교목류가 약 41%, 관목류가 약 29%, 덩굴성이 약 8%이며, 초본류도 22% 정도 되는데 소나무과 · 진달래과 · 장미과 식물이 가장 많이 이용되고 있다. 우리나라에서 분재 소재로 이용되고 있는 주요 수종은 표 7-1과 같다.

▶ 표 7-1. 국내 분재소재로 이용되는 수종

과 명	종 류	과 명	종 류
소나무과 (Pinaceae)	곰솔(해송, 흑송), 소나무(적송, 육송), 오엽송, 구상나무, 낙엽송	노박덩굴과 (Celastracea)	참빗살나무, 화살나무, 회잎나무, 줄사철
느릅나무과 (Ulmaceae)	느티나무, 팽나무, 느릅나무, 혹느릅나무, 참느릅나무	낙우송과 (Taxodiaceae)	금송, 삼나무, 낙우송
장미과 (Rosaceae)	명자나무(명자꽃), 풀명자, 모과나무, 장수매화, 아그배나무(심산해당), 능금, 사과나무, 피라칸사, 해당화, 찔레꽃, 홍자단, 팥배나무, 황매화, 윤노리나무, 복숭아나무, 산사나무, 서양산사나무, 돌배나무	자작나무과 (Betulaceae)	서어나무, 소사나무
		꼭두서니과 (Rubiaceae)	치자나무, 백정화, 호자나무
		감탕나무과 (Aquifoliaceae)	꽝꽝나무, 호랑가시나무, 낙상홍
물푸레나무과 (Oleaceae)	쥐똥나무, 황금쥐똥나무, 이팝나무	측백나무과 (Cupressaceae)	노간주나무, 섬향나무, 눈향나무, 연필향나무, 가이스까향나무
범의귀과 (Saxifragaceae)	까치밥나무, 까마귀밥여름나무	옻나무과 (Anacardiaceae)	검양옻나무
보리수나무과 (Elaeagnaceae)	보리수나무	진달래과 (Ericaceae)	진달래, 산철쭉, 참꽃나무, 영산홍, 사즈끼철쭉, 기리시마철쭉

▶ 표 7-1. 국내 분재소재로 이용되는 수종(계속)

과 명	종 류	과 명	종 류
석류과 (Punicaceae)	석류	드릅나무과 (Araliaceae)	송악
단풍나무과 (Aceraceae)	당단풍, 산단풍나무, 단풍나무, 신나무, 고로쇠나무, 중국단풍	팥꽃나무과 (Thymeleaceae)	팥꽃나무
목련과 (Magnoliaceae)	남오미자	회양목과 (Buxaceae)	회양목
포도과 (Vitaceae)	담쟁이 덩굴	부처꽃과 (Lythraceae)	배롱나무(목백일홍)
층층나무과 (Cornaceae)	산수유	인동과 (Caprifoliaceae)	덜꿩나무, 가막살나무
차나무과 (Theaceae)	동백나무, 늦동백나무(산다화), 차나무	돈나무과 (Pittospor aceae)	돈나무
콩과 (Leguminosae)	등나무, 자귀나무	으름덩굴과 (Lardizabalaceae)	으름덩굴, 멀꿀
은행나무과 (Ginkgoaceae)	은행나무	자금우과 (Mysinaceae)	백량금, 자금우
뽕나무과 (Moraceae)	모람	버드나무과 (Salicaceae)	떡버들
운향과 (Rutaceae)	금감, 초피나무, 유자나무	매자나무과 (Berberidaceae)	매자나무, 당매자나무
감나무 (Ebenaceae)	감나무	때죽나무과 (Styracaceae)	때죽나무
노린재나무과 (Symplocaceae)	노린재나무	협죽도과 (Apocynaceae)	마삭줄
마편초과 (Verbenaceae)	작살나무	이나무과 (Flacourtiaceae)	산수유나무
가래나무과 (Juglandaceae)	가래나무	녹나무과 (Laruaceae)	생강나무

7.2.6 분재의 감상

분재의 감상 방법은 수종에 따라 낙엽성과 상록성으로 구분하여, 낙엽성인 것은 봄부터 겨울까지 계절에 따라 잎이 나고 꽃이 피며 열매가 맺히고 낙엽이 지는 다양한 형태로 변화하는 모습을 감상할 수 있다. 반면에 상록성인 소나무, 주목, 향나무 등은 기나긴 세월의 흐름 속에서도 푸르름을 간직하며 변함없는 절개를 상징하는 특성을 갖는다(그림 7-15).

봄 개화. 철쭉 석부, 명자나무, 모과나무, 산사나무 (좌로부터)

여름 녹음. 철쭉(영산백), 모과나무, 단풍나무 석부, 노각나무 합식 (좌로부터)

가을 단풍. 단풍나무 단간, 단풍나무 쌍간, 단풍나무 다간, 밤나무 (좌로부터)

겨울 낙엽. 모과나무, 단풍나무 단간, 단풍나무 3간, 노각나무 합식 (좌로부터)

▲ 그림 7-15. 분재의 4계

1 분재미를 감상하는 방법

- 자연미와 수형미를 비교해 본다.
- 계절의 변화에 따라 분재작품의 시각의 차이를 관찰한다.
- 활기가 있는지를 나무의 연륜에 따라 가치를 판단한다.
- 나무의 종류에 따라 특성을 찾아야 한다.
- 환경과의 조화가 잘 이루어져야 한다.

2 우수한 분재란?

- 잎이 작고 윤기가 나야 한다.
- 수세가 강하고 가지가 많이 발달한 것이 좋다.
- 마디가 짧게 자라 있어야 한다.
- 낙엽이 깨끗하고 사철 관상가치가 있어야 한다.
- 꽃과 열매가 작고 아름다워야 한다.
- 병충해에 강해야 한다.
- 수명이 길어야 한다.

7.2.7 분재의 재배관리

1 심는 방법

분재의 재식은 대부분 높이가 낮은 분을 이용하게 되므로 뿌리의 정리와 배열에 관심을 가져야 한다. 우선 방충망 조각이나 플라스틱 구멍막이를 이용하여 배수공을 막은 다음, 물빠짐을 좋게 하기 위해서 6~7 mm 크기의 마사토를 바닥에 깔아주고, 그 위에 다시 3~4 mm 굵기의 마사토를 깔아준다. 그 다음에 나무를 앉히는데 뿌리를 고르게 펴주고, 만약 고정이 되지 않아 쓰러질 우려가 있을 경우는 철사를 배수공에 넣어 뿌리와 고정시킨다. 뿌리 사이에 재식용토를 넣고 공간이 생기지 않도록 약간씩 다져주면서 심은 다음에는 배수공으로 물이 빠져 나올 때까지 충분히 물을 주고, 직사광선이 쪼이지 않는 곳에서 4~5일간 착생시킨 다음에 재배장소로 옮겨 놓는다. 산채한 분재는 처음부터 완벽하게 심지 말고 우선 뿌리가 활착할 수 있도록 한 다음에 정식하는 것이 좋다. 석부작을 만들 경우에도 돌에 나무뿌리를 밀착시켜서 끈으로 움직이지 않도록 묶고 뿌리 부근까지 흙을 쌓아 올린 다음 시간이 경과함에 따라서 서서히 흙을 벗겨 내리면서 뿌리를 경화시킨다(그림 7-16).

2 분갈이

분재는 오랜 기간 같은 분에서 기르게 되면 분속에 뿌리가 가득 차므로 통기성이 불량해지며 물빠짐도 좋지 못하게 된다. 따라서 잡목분재류는 1~2년마다, 송백류는 2~3년마다 분갈이를 해 주어야 한다. 분갈이의 목적이 통기성의 증진과 물빠짐을 좋게 하기 위한 것도 있지만 새로운

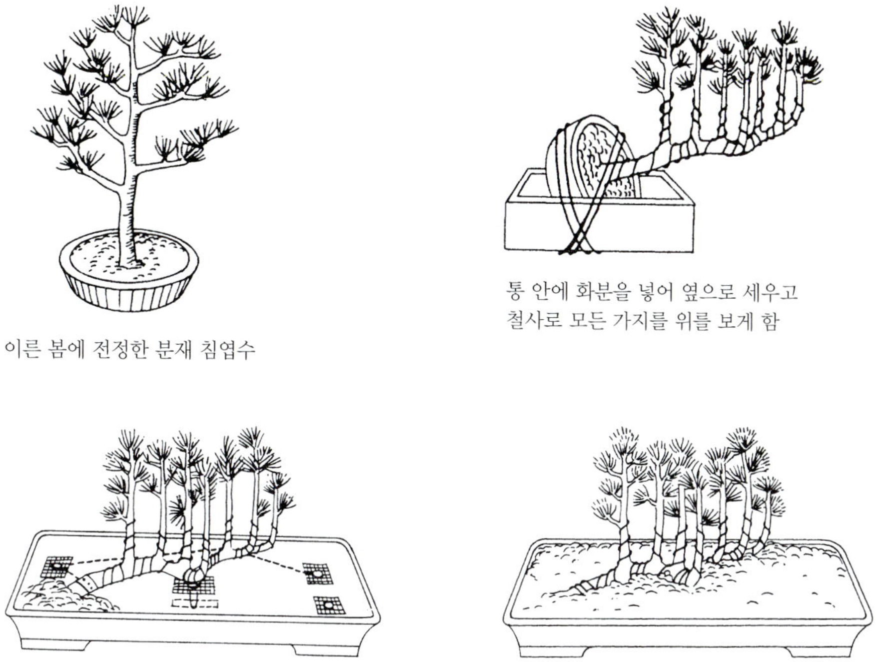

이른 봄에 전정한 분재 침엽수

통 안에 화분을 넣어 옆으로 세우고 철사로 모든 가지를 위를 보게 함

분갈이를 해서 평분으로 나무를 옮기고, 철사로 화분에 고정시킴

마지막으로 가지의 밑부분을 약간 보이게 하고 용토를 덮음

▲ 그림 7-16. 근연 분재 만들기

흙으로 갈아 넣어 줌으로써 식물의 생육에 필요한 미량요소를 공급하는 목적도 있다. 그러나 가장 주된 목적은 뿌리의 정리를 통하여 지상부의 생육을 조절하고자 하는 데 있다. 지나치게 왕성한 생육을 억제시키기 위해서 단근을 실시하여 세력을 약화시키고 개화 · 결실을 촉진시키고자 하는 것이다. 분갈이의 시기는 매화나무, 모과나무를 비롯한 낙엽수는 3~4월, 석류나무, 치자나무, 철쭉류, 배롱나무는 5~6월, 오엽송, 향나무류, 명자나무는 9~10월 경에 실시한다.

3 수형관리

(1) 햇순 따기

하나의 눈을 제거하여 다수의 싹을 유발시켜서 잔가지를 많이 만들고자 할 때나 정아우세성을 제거하여 가지의 힘을 분산시키고자 할 때 이용한다. 어린 순은 연약하므로 손톱으로도 제거할 수 있으며 노간주나무나 삼나무, 가문비나무, 단풍나무, 소사나무는 어렵지 않게 작업할 수 있으므로 수시로 필요에 따라서 실시한다. 소나무류는 햇순이 4~5 cm 정도 자랐을 때 제거한다.

(2) 햇가지 자르기

햇순 따기와 비슷한 목적으로 어린 가지를 자르며, 짧은 마디에 다수의 잔가지 획득을 목적으로 실시한다. 한편 가지의 세력균형을 조절하기 위한 목적으로도 이용하며 세력이 강한 가지는 약한 가지보다 늦게 자름으로써 새순의 생장속도와 균형이 맞게 된다.

(3) 잎의 관리

낙엽수에 있어서 새로운 젊은 잎으로 교체하고자 할 경우 잎따기를 실시한다. 잎을 따 주는 방법은 6월 중 · 하순경 새 잎이 나와서 굳어질 무렵에 일시에 모든 잎을 제거하거나 중간 솎기방법을 이용한다. 늦어도 7월 상순 이전에 실시하나, 수세가 쇠약한 나무는 하지 않는 것이 좋다.

(4) 철사감기

정아우세현상이나 수세를 조절하고 수형을 잡기 위한 목적으로 철사감기를 한다. 철사감기를 하는 계절은 휴면중인 시기에 실시하는 것이 좋으며, 생육이 왕성한 수종은 자람세에 따라서 수시로 한다. 분재의 철사감기에 사용되는 종류는 구리철사와 아연철사, 알루미늄철사가 있다. 줄기를 교정할 경우에는 6~10번선, 큰가지 교정시에는 12~14번선, 잔가지 교정용은 18~22번선을 사용하지만 일반적으로 10, 14, 18, 22번선을 준비하면 된다.

4 물주기

분재는 기상조건과 계절에 따라서 물주기 횟수가 달라지며 일단 물을 줄 경우는 배수구멍으로 흘러나올 때까지 충분히 주는 것을 원칙으로 하나, 간혹 화분이 마르지 않았을 때는 잎과 화분의 표면에만 뿌려 주는 경우도 있다. 물은 아침 일찍 주는 것이 좋고, 정오 이후에는 관수하지 않는 것이 바람직하다.

(1) 계절에 따른 관수

① 봄 · 가을 : 물이 마르지 않도록 충분히 주어야 하므로 하루에 한 번 정도 주며 가을철에는 화분의 표면이 마르면 관수해 준다.

② 여름 : 장마기에는 과습과 새 가지의 도장으로 수형이 흐트러지는 일이 많고 빗물에 흙이 튀겨서 잎 뒷면에 묻게 된다. 직접 비에 맞지 않도록 주의해야 한다.

③ 겨울 : 낙엽성의 나무는 휴면중이기 때문에 마르지 않도록 수분을 유지시켜 준다. 실내에 놓아둔 것들도 보통 1주일에 한 번 정도 관수하는 것이 알맞다.

5 비료주기

(1) 깻묵거름

① 깻묵 물거름 : 깻묵을 골분과 함께 항아리나 물통에 넣고 물을 10배 쯤 부어서 2~3개월 동안 잘 썩힌 다음, 그 액을 다시 50배 정도의 물과 희석하여 사용한다.

② 깻묵덩어리 거름 : 깻묵을 잘게 부수어 황토흙을 약간 부어서 잘 반죽한 다음 직경 2~3 cm 정도의 덩어리를 만든다. 햇볕에 말린 후 보관하였다가 화분의 가장자리에 두서너 개씩

묻어주어 물 줄 때마다 비료분이 서서히 녹아내리도록 한다.

(2) 골분

뼈를 수증기로 찌거나 물에 삶아서 기름기를 제거한 후 가루를 만들어서 사용하는데, 인산질비료의 공급에 가장 좋다.

(3) 어박

원래는 정어리의 기름을 짜낸 찌꺼기를 가루로 만든 것이나 요즈음에는 멸치 부스러기를 물과 혼합하여 썩힌 것을 물비료로 공급한다.

(4) 어패류 거름

조개류를 삶아서 나온 물을 병에 담아서 약 2개월 정도 썩힌 다음 물과 희석하여 사용하는데, 특히 소나무 분재에 효과적이다.

(5) 기타

하이포넥스와 북살, 메네델 등의 원예용 비료는 사용하기에 편리하고 냄새가 나지 않아서 좋다. 하이포넥스는 800배 정도, 메네델은 50~100배를 사용한다.

6 병해충 관리

(1) 주요 병해

① 뿌리썩음병 : 토양에서 전염되는 뿌리썩음병인데, 뿌리가 지나치게 많아서 물빠짐이 좋지 않거나 공기유통이 좋지 않을 때 또는 장마가 오래 계속될 때 과습으로 인해 나타나므로 물빠짐과 통기성이 좋도록 해주어야 한다.

② 근류병 : 주로 소나무류에 발생하는데, 잎의 군데군데에 주황색의 반점이 나타나고 심하면 잎이 떨어진다. 방제약은 다이젠 M-45를 살포한다.

③ 탄저병 : 잎에 검은 반점이 크게 나타나고 잎 전체에 확산되는데, 주로 오래된 잎에 많이 나타난다. 지네브, 디포라탄, 델란, 다이젠 M-45 등을 뿌린다

④ 흰가루병 : 초여름부터 새 잎의 표면에 흰가루를 뿌린 것처럼 보이며 점차 잎이 정상적으로 자라지 못하게 되는데 톱신엠, 벤레이트, 아푸칸, 수화유황, 지오탄, 훼나리, 리프졸, 트리아졸계 약제 등이 있다.

(2) 주요 충해

① 진딧물 : 연중 수시로 발생하는데 주로 새잎이나 새가지 끝에 붙어서 식물의 즙액을 빨아먹는다. 포스팜, 피리모, DDVP제를 교대로 뿌려주면 좋다. 최근 개발된 코니도는 토양처리용 최신제제로 그 효과가 장기간 계속되는 특징이 있고 수화제로 시판된다.

② 잎말이나방 : 새로 자라는 잎을 말고 그 안에서 피해를 준다. DDVP, 스미치온, 디프록스 등을 살포한다.

③ 응애 : 건조한 시기에 나타나는데 붉은 색의 작은 거미류로서 심하게 피해를 주는 경우는 잎이 퇴색되고 말라 죽는다. 벤조메, 테디온, 살비란, 디코폴 등의 약제를 가급적 교대로 살포한다.

④ 깍지벌레 : 잎이나 줄기에 붙어서 즙액을 빨아 먹고, 분비물로 인하여 그을음병을 일으키는 벌레인데 스프라사이드, 메카밤, 메치오, 기계유제 등을 살포한다.

참고문헌

1. 이근수. 1987. 분재백과. 전원문화사.
2. 김세원. 1990. 월별 분재가꾸기. 전원문화사.
3. 김교식. 1983. 가정원예수석대백과 7권 분재. 중앙서관.
4. 최영전 등. 1994. 가정원예백과 8권 분재 · 과수. 아카데미.

8 그린인테리어와 화훼장식

현대 주거공간에서는 생활수준의 향상에 따라 실내에 머무는 시간이 점점 길어지고 있는 현상을 고려할 때, 식물과 접할 기회가 적어지고 있다. 따라서 도시인들에게는 실내공간에 자연의 푸르름을 도입하고자 하는 본능적인 욕구가 발생하게 되었다. 또한 녹지의 확보를 통하여 실내 환경의 질적 향상에 관심을 기울이게 되어 최근 공공 사무실, 백화점, 식당, 건물 내 홀, 가정 등 실내에 다양하고 기능성 있는 식물과 꽃들이 자리잡고 있는 것을 볼 수 있다. 이러한 식물들은 인간에게 즐거움을 줄뿐 아니라 건물 자체에서 느낄 수 있는 딱딱하고 경직된 분위기를 완화시키는 역할, 아름다움, 정서적 안정, 그리고 실내 환경을 쾌적하게 하는데 크게 기여하고 있다. 따라서 본장에서는 생활공간에서 식물을 장식하는 활용 방법을 상술하고자 한다.

8.1 식물심기

식물심기란 다양한 용기를 이용해 비슷한 환경적응성을 지닌 식물들을 구성해 장식하는 것을 말한다. 식물심기는 기본적으로 용기와 토양, 식물로 이루어진다. 실내외 공간에 배치되는 식물심기 장식은 다양한 크기와 형태, 색, 재질의 용기와 선택되는 식물의 종류, 크기, 수 그리고 이용되는 첨경물에 따라 다양하게 표현될 수 있다.

식물심기는 우선 실외에 심을 것인지, 실내에 심을 것인지를 정하고 식물 형태와의 조화, 디자인적 요소를 고려하여

- 용기를 준비한다. 용기는 크기, 장식, 모양을 고려하여 신중하게 선택하도록 한다. 플라스틱용기는 안정감은 높지만 통기성이 나쁘므로 식물에 따라서 유의해서 준비한다.
- 두 번째는 토양인데 다량으로 쓰는 것이 아니라면 일반적으로 시내 대형슈퍼나 원예점에서 판매하는 배양토를 구입하는 것이 여러모로 유리하다. 특히 배양토는 가볍고 토양 병균이 없어서 선호된다.
- 다음으로 고려해야 할 사항은 용기 내 배수구의 유무이다. 배수구가 있는 용기는 망사나 부직포 또는 돌로 배수구를 막고 용기 밑바닥에 잔돌이나 굵은 모래를 깔아 배수층을 만든다. 그 위에 혼합된 토양을 채운 후 식물의 위치를 정하고, 뿌리사이의 빈 공간을 토양으로 채운다. 배수구가 없는 용기도 같은 방법으로 배수층을 만들고 토양을 넣어 식물을 심는다. 이렇게 하면 배수층에 물이 고이게 되어도 토양으로 올라오지 않기 때문에 토양이 과습할 염려가 적다. 배수구가 없는 큰 용기는 용기 한쪽에 PVC 관을 배수층 바닥에 닿도록 묻어 주어 고인 물을 펌프로 뽑아낸다. 지나치게 물을 많이 주지 않도록 조심하고, 관수 시 작은 용기 및 낮은 용기의 분식물은 물이 골고루 스며들도록 분무기를 이용한다.
- 분식물의 배치 및 구성방법은 교목이나 키가 큰 식물을 배치하여 디자인의 높이와 규모를 정한다. 한 방향에서 바라보는 장식일 경우에는 중심에서 약간 뒷부분에 가장 키가 큰 식물을 배치하고, 사방에서 바라보는 장식일 경우 중앙부에 키가 큰 식물을 배치한다. 교목이나 키가 큰 식물을 배치한 다음 주변에 관목을 심고, 가장 시선이 집중되는 부분에 꽃이 피는 식물이나 형태나 색이 돋보이는 식물, 돌, 수석 등의 첨경물을 배치한다. 마지막으로 키가 작은 식물 혹은 지피식물을 심어 표면의 흙이 보이지 않게 식재한다. 필요에 따라 여러 가지 장식용 재료로 토양표면을 피복한다. 모양, 크기, 색, 질감이 어우러지도록 조형적인 기준과 생육습성이 비슷한 식물을 같이 심어야 관수 및 광 온도, 습도를 맞추기 용이하며, 오랫동안 형태를 유지할 수 있다.

식물심기 장식은 배치되는 공간의 용도, 식물의 생육 환경조건, 이용자의 취향에 따라 다양하게 표현된다. 디쉬가든(dish garden), 테라리움(terrarium), 걸이분(hanging basket), 모듬심기(planted bowl), 포트 에 플레(pot-et fleur), 선인장 및 다육식물 정원(cacti and succulent garden), 실내 조경 등이 여기에 속한다.

8.1.1 규모에 따른 유형

식물심기 장식은 식물의 크기, 식물의 수에 따라 소형에서 대형, 단일 배치에서 반복 배치, 그리고 여러 종류의 많은 수의 분을 배치한 분정원과 대형 화분에 식물을 심어 수림을 형성한 실내정원까지 다양한 규모로 이루어진다.

8.1.2 용도에 따른 유형

실내용 식물심기 장식에는 단독주택, 연립주택, 아파트 등의 주거용 건물이나 사무실, 학교, 관공서, 미술관, 공항, 문화회관, 박물관 등 업무용 건물, 쇼핑센터, 호텔, 식당, 은행, 백화점 등의 상업용 건물 내에서 이루어지며 이러한 건물의 용도와 특성에 따라 다양한 방식으로 표현되고 이용된다. 이용목적에 따라서 생활공간 장식용을 기본으로 축하용, 행사용, 디스플레이용, 전시회용 등의 용도로 구분할 수 있다.

8.1.3 형태적 특성에 따른 유형

식물심기 장식은 외형적인 특성에 따라 구성양식이나 형태에 의해 명칭이 다르지만 식물을 식재하는 방법은 비슷하며, 용기와 식물 외에 장식물의 선택에 따라 다양하다.

1 테라리움(Terrarium)

Terrarium의 정의는 어원으로부터 보면 terra(흙이라는 뜻)와 arrium(어항과 같은 용기)의 합성어로서 이루어졌다.

Terrarium이란 용어의 유래는 영국 출신의 의사 Nathanial Ward가 밀폐된 용기에 흙을 채우고 나비의 유충에 관한 연구를 하던 중 그 속에서 포자가 발아하여 자라는 것을 발견한 데서 시작된 것이다. 그 이후 1850년대 이후에 미국인들이 실용화 시켰다. 우리말로 표현한다면 '병 속의 정원', '용기 속의 정원' 등으로 풀이할 수 있다(그림 8-1).

▲ 그림 8-1. 테라리움

투명하고 밀폐된 용기 또는 개방된 형태의 용기에 상토를 채우고 작고 아름다운 식물들을 배치하여 기른다. 습도를 정확하게 맞춰서 밀폐하면 식물이 자라는데 별도로 물을 주지 않아도 오래 동안 유지된다. 배수층 위에 숯을 약간 깔아주면 토양 내 발생된 유해물질을 흡수하고, 수분을 조절한다. 투명한 용기에 각양각색의 모래를 이용해 토양층을 장식하면 장식의 아름다움을 더해준다. 구성은 열대의 밀림, 사막, 연못가 등의 자연적인 풍경을 모방하거나 전혀 다른 새로운 모습을 구성할 수 있다. 장식적 효과를 높이기 위해 가장 중요한 것은 아름다운 용기와 적절한 식물의 선택, 그리고 독특한 첨경물이 배치되는 것이다. 테라리움은 테이블 위에 올려놓는 소형에서부터 실내 공간 벽면 전체를 테라리움으로 조성하는 경우도 있다.

테라리움의 변형으로는 aquarium과 vivarium 등이 있다. Aquarium은 aqua(물이라는 뜻)와 arium(용기, home)의 합성어로서 수족관에 속한다. 살아 있는 물고기, 거북이 등을 넣어서 키우는 것을 말하는데 물위에는 워터크레스(watercress)(그림 8-2) 같은 부유, 수생식물을 띄우고, 물속에도 다양한 수생식물을 넣어 기른다. Vivarium은 viva(동물)와 arium의 합성어로 살아있는 동물을 사육하는 용기를 말한다.

▲ 그림 8-2. Watercress

(1) 테라리움에 이용하는 식물들

테라리움에는 다습한 상태를 좋아하거나 잘 자라지 않는 소형 및 음지 식물이 좋다. 사라세니아 파리지옥, 끈끈이주걱 등의 식충식물이나 아디안텀, 프테리스와 같은 고사리류, 디펜바키아, 테이블야자, 페페로미아, 필레아, 피토니아 등과 같은 식물이 많이 이용된다. 습도가 높으므로 건조한 환경을 좋아하는 선인장이나 다육식물은 피하도록 한다.

(2) 테라리움의 관리

대개는 배수구가 없기 때문에 관수요령으로 과다한 물을 주지 않도록 조심스럽게 스프레이를 이용하여 물을 주며, 뚜껑을 닫았을 때 김이 서리지 않을 정도의 습도를 유지한다. 토양을 건조한 상태로 유지하여야 식물의 생장을 늦추고 건강하게 유지시킬 수 있다. 직사광선을 받으면 온실효과로 내부 온도가 급격히 올라가므로 직사광선이 비치지 않는 3시간 이상은 밝은 장소에, 그리고 10°C 이상의 기온이 유지되는 곳에 둔다. 도중에 적응하지 못하는 것은 빨리 제거하는 것이 좋다.

2 디쉬 가든(Dish garden)

다양한 형태의 접시 또는 일상생활에 사용하는 편평한 용기에 상토를 채워 정원의 형태를 연출하는 것으로 1960년대에 미국에서 유행하였다. 접시, 쟁반, 장독뚜껑, 분재형 화분, 수반형 화기

▲ 그림 8-3. 다양한 소재를 이용한 디쉬가든

▲ 그림 8-4. 다양한 형태의 공중걸이 화분

등과 같이 넓고, 얕은 그릇에 뿌리가 길게 자라지 않는 식물을 심고 이끼, 장식물 등을 이용해 정원의 이미지를 만든다(그림 8-3). 키가 작고 성장속도가 늦은 식물, 뿌리가 길거나 많지 않은 식물을 사용해 깊이가 얕은 용기에 심는 것이 좋으며, 용기의 깊이가 낮은 것을 사용하기 때문에 건조에 강한 식물들을 사용하면 관리하기 편리하다. 관리방법으로는 적절한 관수가 필요하며 건조한 실내에서는 수시로 물을 스프레이 해주어 공중습도를 높여준다. 적당한 광을 받을 수 있어야 하고, 식물의 생장에 따라 경관이 흐트러지지 않도록 다듬어 준다.

3 공중걸이분(Hanging basket)

실내 공간에 대형 수목을 배치할 수 없는 경우, 좁은 실내 공간, 베란다, 발코니 등의 공간을 효율적으로 이용하기 위한 장식 형태이다. 바구니와 같은 가벼운 소재의 용기에 용토나 물이 밖으로 스며나와 떨어지지 않도록 유의해서 만든다. 신답서스, 싱고니움, 필로덴드론, 옥시카디움, 임파첸스, 아이비, 러브체인달개비 등의 덩굴성 식물이나 늘어지는 식물이 걸이분에 적합하며, 반다와 같은 난은 공기뿌리의 아름다움을 감상할 수 있다. 벌레잡이 통풀이나 틸란드시아를 이용한 걸이분은 독특한 모양으로 이국적인 분위기를 연출한다(그림 8-4).

4 모듬심기(Planted bowl)

배수구멍이 없는 용기에 여러 종류의 화초, 관엽, 구근, 난 등을 함께 심는 것을 말한다(그림 8-5). 모듬심기는 여러 가지의 디자인의 가능성을 가지고 있다. 테크닉면에서 짧은 시간을 즐기기 위한 단시간 디자인(short-term design)과 장시간 키우면서 즐기는 장시간 디자인(long-term

▲ 그림 8-5. 다양한 용기를 이용한 모듬심기

design)의 두 가지 그룹으로 나눌 수 있다. 단시간 디자인은 양지, 음지 등 다른 특성을 가진 식물을 같이 사용하는 것이 가능하고, 식물을 반드시 흙 위에 심을 필요도 없고, 또 잘 자라도록 비료를 줄 필요도 없다. 장시간 디자인은 기본적으로 녹색식물만으로 만들거나 음지와 양지 등 생육상태가 다른 식물을 같이 심는 것은 불가능하고, 생육환경이 비슷한 식물을 심어야 한다. 화분의 가운데는 줄기와 뿌리가 잘 자라도록 공간을 만들어 주는 것이 필요하다. 식물이 잘 생장을 할 수 있도록 물과 비료 등 영양분을 흡수할 수 있는 흙에 심어야 한다.

5 포트 에 플레(Pot-et-fleur)

용기에 식재된 식물에 절화가 추가된 디자인을 말한다(그림 8-6). 절화가 시든 후에 새로운 꽃으로 교체도 가능하지만, 꽃이 시든 후 식물만으로도 어색하지 않도록 식재해야 장기간 관상이 가능하다.

▲ 그림 8-6. 포트 에 플레

6 선인장 및 다육식물 정원(Cacti and succulent garden)

여러 종류의 작은 선인장, 다육식물, 대기식물(air plant)을 나무나 돌과 함께 디자인 한 것으로 마치 작은 사막과 같은 이국적 분위기를 연출할 수 있다(그림 8-7). 깊이가 낮은 용기에 식재하며, 용기에 배수구가 없는 경우에는 반드시 용기의 밑에 돌, 자갈 등의 배수층을 만들어 주어야 한다. 관리 방법은 물을 자주 주지 않아도 된다. 다육 식물을 식재하였을 경우 광선을 충분히 받을 수 있는 장소나 조명을 받을 수 있는 장소에 두어야 한다.

▲ 그림 8-7. 선인장 및 다육식물 정원

7 토피어리(Topiary)

울타리 나무나 정원수 등을 장식적, 기하학적으로 전정하는 방법이며 고대 로마시대부터 내려오는 식물재배와 다듬기의 한 방법으로 라틴어의 'topia ; 가다듬다'가 어원이라고 전해진다. 놀이공원에서 흔히 볼 수 있는 식물로 만든 동물모형, 사철나무를 가지런히 전정해 놓은 가로수도 모두 이 토피어리의 일종이다. 16세기 르네상스 시대에는 녹색조각(green sculpture)의 형태로 왕궁이나 귀족들의 정원을 장식하고 길 안내 역할을 하던 토피어리가 19세기 들어서는 실내에 설치 가능한 소형 작품들로 만들어지기 시작하였다. 20세기에 들어서는 식물을 전정해서 동물모양, 하트모양의 형태로 다듬어 만드는 것보다 철사나 철망, 나뭇가지 등으로 원하는 형태의 틀을 만들어 식물이 자라고 있는 용기에 꽂거나, 틀 내부 가장자리를 수태로 가린 후 토양을 채워 식물을 심고 있다(그림 8-8). 푸밀라, 고무나무, 아이비, 러브체인 등과 같은 덩굴식물이 많이 이용되며, 식물이 자라면서 틀 외부를 덮어 특정한 형태를 나타내도록 유인한다. 관수 시 배수되는 물이 흐르지 않도록 토피어리를 담을 수 있는 적절한 용기가 필요하고, 수분공급을 자주해야 하는 단점이 있다.

동물형상

가방

방석

바지모양

▲ 그림 8-8. 토피어리의 종류

▲ 그림 8-9. 수경재배 방식을 이용한 분화 장식

8 수경재배(Hydroponics)

흙을 사용하지 않고 물에 뿌리를 넣어 식물이 생장에 필요한 무기양분을 인위적으로 공급하여 식물을 재배하는 방법을 수경재배(hydroponics) 또는 양액재배(nutrient solution culture)라고 한다(그림 8-9). 수경재배는 물속에 뿌리를 지지할 수 있는 배지를 넣어 화훼식물과 채소의 생산에 많이 이용할 수도 있고, 실내 공간 장식용으로도 이용된다. 싱고니움, 스파트필름과 같은 천남성과 식물, 자주달개비 등의 닭의 장풀과 식물, 접란 등의 관엽식물, 초봄에 히야신스나 수선화, 아미릴리스와 같은 구근류, 토란, 미나리, 고구마 등의 채소류도 실내 공간 장식용으로 이용되며, 특히 수련, 물옥잠화, 물상추, 개구리밥 등의 수생식물을 이용하여 연못을 조성할 수도 있다. 실내공간에서 구근류는 꽃을 감상하기 위해 일시적으로 이용되지만, 지속적으로 장식할 것이라면 수생식물도 열대성이어야 실내의 낮은 광도와 항온조건에 적응할 수 있다.

수경재배시 유리용기에 넣는 색깔이 있는 아름다운 돌이나 구슬, 젤리, 와이어는 장식효과와 함께 식물을 지지해주는 역할을 한다.

9 실내 조경(Interior landscape)

실내 공간에 각종 생물과 무생물 소재를 중심으로 디자인의 원리에 의해 공간의 성격에 알맞게 적용하여, 보다 기능적이고 경제적이며 아름다운 공간을 연출하여 수준 높은 환경을 조성할 수 있도록 하는 예술 활동이다(그림 8-10).

실내조경은 단순히 디자인과 시공 행위 자체로서만 끝나는 것이 아니라 생명력을 가진 식물체가 자라고 꽃을 피우는 과정을 경험하면서 심미적 욕구를 충족시킬 수 있다는 점이 미술이나 조각 등 일반 예술 활동과 다른 점이라고 할 수 있다.

▲ 그림 8-10. 실내조경

(1) 실내조경의 범위

사람들이 만들어 낸 건축공간을 대상으로 행해지는 조경 활동으로 그 범위는 실내와 실외의 전이 구간이라고 일컬어지는 현관부터 거실, 침실, 부엌, 화장실, 베란다, 발코니 등 일반 주택, 아파트에 이루어지는 작은 실내 정원을 비롯하여 대형 건물의 현관, 로비(lobby), 라운지(lounge) 또는 아트리움의 실내정원, 식물원 온실의 실내정원, 전시장에 일시적으로 조성하는 실내정원 등을 대상으로 한다.

(2) 실내조경의 효과와 이용

A. 장식적 효과

- 선형미(線形美), 색채미(色彩美), 구성미(構成美) 등 미적, 장식적 효과 증진
- 식물 고유의 냄새와 아름다운 꽃향기 제공
- 조각물이나 그림과 동일한 작품성을 제공

B. 건축적 효과

- 공간의 분할과 동선의 유도를 가변성 있게 활용
- 차폐효과를 이용하여 시선의 부분적 차단과 사생활의 보호
- 건축 재료의 경직성을 완화시켜 안정감 제공
- 건축의 질적 향상과 상징성 제공으로 건물의 이미지 부각

C. 환경적 효과

- 실내 온도의 급속한 변화 조절
- 건조한 실내에서의 습도 제공
- 풍향 및 풍속의 조절
- 소음 경감 및 음향 조절
- 산소 공급 및 공기 정화
- 녹지 효과로 시각적 안정성 도모

D. 여가 활용 효과

- 휴식 공간의 제공
- 취미 활동 및 여가 선용

▶ **표 8-1.** 실내조경에 이용되는 식물

식물의 특성	식물명
교목성 식물	켄챠야자, 아레카야자, 피닉스야자, 벤자민고무나무, 드라세나, 쉐플레라, 디지코데카, 폴리안셔스, 소철, 관음죽 등
관목성 식물	아글라오네마, 스파티필름, 디펜바키아, 필로덴드론, 알로카시아, 칼라데아, 크로톤, 몬스테라, 칼라디움 등
꽃피는 식물	안스리움, 스파티필름, 익소라, 구즈마니아, 브리에시아 등
지피식물	콩짜개란, 프테리스, 네프롤레피스, 히포에스테스, 해마리아, 바위취 등
덩굴식물	아이비, 스킨답서스, 포도아이비, 필로덴드론 옥시카디움, 세로페기아, 제브리나, 에스키난서스 등

(3) 실내조경에 적합한 식물의 형태

실내 조경의 식물은 지속적 혹은 영구적으로 생장하면서 정원을 형성하므로 내음성이 강하고, 항온조건에 견딜 수 있는 열대, 아열대원산의 관엽 식물이 적합하다(표 8-1). 계절의 변화감, 강조를 위한 꽃피는 식물은 개화기가 끝나면 교체해 주는 일시적 용도이므로 환경에 관계없이 다양한 식물이 이용될 수 있다.

(4) 프랜터(Planter)

실내조경에는 다수의 화분을 배치하여 이루는 분정원, 식물을 심는 프랜터의 크기에 따라 소규모에서 아트리움의 대규모 수림까지 다양한 규모로 이루어진다(그림 8-11). 프랜터의 크기와 형태, 깊이에 따라 다양한 양식의 실내 정원을 연출할 수 있으며, 건물 바닥이 토양면과 접한 실

▲ **그림 8-11.** 프랜터를 이용한 실내조경

내공간에서는 정원 조성에 자연 그대로 이용할 수도 있다. 프랜터(planter)에는 바닥위로 올라온 돌출형과 바닥에 묻힌 매몰형이 있다.

(5) 실내조경의 관리

실내 식물심기의 관리요령을 그대로 적용하면 된다. 규모가 커질수록 자동관수시설을 하는 것이 좋다. 자동관수시설을 하게 되면 모든 식물에 일률적으로 관수를 하기 때문에 식물 선정에 주의를 기울여야 한다. 실내조경은 지속적 혹은 영구적으로 유지되어야 하므로 관리가 손쉬운 식물을 이용한 단순한 디자인이 많은 편이다.

8.2 화훼장식(Floral decoration)

8.2.1 화훼장식이란?

화훼장식은 화훼식물을 주재료로 하여 인간의 창의력과 표현능력을 이용하여 생활공간의 기능과 미적인 장식효과를 높이기 위해 화훼장식물을 계획, 디자인, 구매, 제작, 설치, 유지 관리하는 것을 말한다.

화훼식물의 이용은 매우 다양하며, 식물의 특성에 따라 절화 식물과 분화식물, 정원식물을 주소재로, 실내 외 공간을 장식할 관상을 목적으로 생산되는 화훼식물의 이용에 관련된 내용을 포함한다. 살아 있는 식물을 주로 이용하지만 용도나 목적에 따라 압화(press flower), 건조화(dry flower), 조화, 보존화(preserved flower) 등을 이용하기도 한다.

8.2.2 화훼장식의 효과

1 환경적 효과

자연의 영향을 받고 사는 인간은 식물로부터 필수적인 산소공급과 건조한 환경의 습도유지와 온도조절, 공기정화를 통한 풍향과 풍속조절, 전자파 차단과 소음경감을 통한 쾌적하고 안락한 환경을 제공받는다.

2 사회적 효과

주변 환경이 아름다운 식물로 장식되어 있고 실내 공간에 식물이 있다면, 근무자나 방문객 모두가 쾌적한 환경 속에서 능률적으로 업무에 임할 수 있으므로 생산적인 면에서 효과가 크다고 할 수 있다.

3 건축적 효과

조형미를 가진 건축은 건물의 내, 외부를 비롯하여 친환경적인 생활공간으로 창출될 수 있으며, 건물 벽을 덮은 담쟁이덩굴은 건축미를 더욱 돋보이게 하는 시각적인 효과 뿐만 아니라 건물의 온도를 조절하는 역할도 한다. 동산이나 정원, 조각공원의 조형물은 자연스럽게 동선의 흐름을 유도한다. 또한 주택의 수목은 울타리 역할을, 실내공간의 화훼장식물의 배치는 차폐의 효과로 시각적인 효과를 줄 뿐 아니라 사생활도 보호할 수 있고, 안락한 휴식 공간도 제공해 준다.

4 장식적 효과

화훼장식은 어느 공간을 막론하고 목적에 따라 아름답고 쾌적한 환경의 연출에 매우 강렬한 효과를 보인다. 또한 화훼장식은 생활공간 뿐만 아니라 각종 신체부위와 패션을 장식할 수 있고, 무대장식, 디스플레이 등에도 이용될 수 있다.

5 교육적 효과

식물을 이용한 장식을 함으로써, 시대적 흐름과 사회적 배경, 전통과 문화, 역사와 종교에 대한 폭 넓은 관심을 갖게 된다. 또한 도시 어린이들에게 자연 학습의 기회가 주어져 미적 감각과 창의성을 향상시킬 수 있으며, 식물에 대한 관찰과 생태계의 중요성을 알게 할 뿐만 아니라, 감성이 풍부해지는 인격도 형성할 수 있다.

6 치료적 효과

화훼장식은 정서적 안정과 같은 정신적인 치료효과를 제공하는 것은 물론, 시력 저하, 어깨나 팔의 통증, 눈의 피로, 심신의 피로 등 테크노스트레스(techno-stress)를 경감시켜 주는 효과가 있는 것으로 보고되었다. 화훼장식물의 꽃의 형태, 향기 성분, 색채에 따라 신경계, 순환기계, 소화기계, 비뇨기계, 및 호흡기계에 치료효과가 있다고 한다.

7 경제적 효과

화훼장식은 상업적인 요소를 갖고 있으므로 다양한 용도와 목적으로 이용되고 있는 경제적 기능이 있다. 대형건물이나 호텔, 이벤트 행사, 웨딩, 성전의 장식, 축하선물, 졸업식, 교육, 실내외 공간장식 등은 계절과 관계없이 고부가가치의 경제적 효과를 준다. 이러한 경제성은 삶의 질을 높이고, 생활을 윤택하게 하는 요인이 된다.

8 심리적 효과

자연의 색 또는 치유의 색인 녹색은 시각적으로 심리적인 긴장감을 완화시켜 생활의 활력을 주며, 편안하고 안정감을 얻게 되어 삶의 질을 향상시킨다. 식물 및 원예 활동을 통하여 강한 성취감을 얻을 수 있고, 이로 인해 책임감과 자신감을 고양시키며 사회적, 교육적, 심리적, 신체적 적응력을 기르므로 정신적 회복을 추구한다.

9 언어적 효과

청혼, 출산, 결혼, 승진, 장례와 같은 경조사가 있을 때 상대방이 평소에 좋아하는 꽃과 식물을 장식하여 전달하는 언어적 기능을 말한다. 주는 즐거움과 받는 기쁨, 그리고 고마움을 느끼는 즐거움은 생활의 활기를 주며, 사회성과 친화력을 제공하므로 인간관계를 원만하게 하는 효과를 준다.

10 예술적 효과

화훼장식은 예술의 대상으로 모든 재료를 이용하여 아름다운 작품을 창출할 수 있고, 전시회나 경기대회, 국제대회를 통해, 새로운 예술의 창조와 개발을 위한 연구, 교류를 할 수 있으며 친선을 도모할 수 있다.

8.2.3 실내장식용 화훼의 형태적 분류

1 꽃의 종류

(1) 선형 꽃(Line flower)

꽃의 줄기가 곧고 키가 커서 선의 형태를 나타낼 수 있는 꽃을 말한다. 화훼장식 디자인 전체의 윤곽을 형성하며, 높이와 넓이의 비율을 나타낸다. 줄기를 따라 작은 꽃이 피는 형태로 글라디올러스, 리아트리스, 스토크, 금어초, 루피너스, 용담, 델피니움 등이 있다.

(2) 덩어리 꽃(Mass flower)

꽃송이가 약간 크고, 하나의 줄기에 한 송이의 덩어리 꽃으로 이루어져 있는 것을 말한다. 작품 속에서 꽃의 중간에 위치하여 전체적으로 무게감, 부피감, 안정감을 주고, 면을 만들어 주는 역할을 하기도 한다. 장미, 카네이션, 달리아, 라넌큘러스, 금잔화, 작약, 수국, 해바라기 등이 있다.

(3) 형태 꽃(Form flower)

모양이 크고 화려하며, 개성이 강한 꽃이다. 시각상의 초점을 강조하여 디자인에 뚜렷한 이미지를 주는 역할을 한다. 극락조화, 안스리움, 백합, 아이리스, 카틀레아, 나리류, 아마릴리스 등이 있다.

(4) 채우기 꽃(Filler flower)

하나의 줄기에 여러 개의 작은 꽃들이 붙어 있는 형태를 가지고 있으며, 꽃과 꽃 사이의 빈 공간을 메워 주거나 입체감을 보완해주는 역할을 한다. 안개초, 스타티스, 소국류, 카스피아, 솔리다스, 미니장미, 석죽 등이 있다.

2 잎의 종류

(1) 선형 잎

선 모양의 잎들은 선형의 꽃과 함께 이미 만들어져 있는 형태를 반복해서 구성하게 된다.

꽃과 잎의 반복적인 구성으로 통일감과 형태를 강조하게 되며, 직선적인 선형의 꽃을 부드러운 느낌으로 완화시켜준다. 베어그라스, 유칼리, 산세베리아 등이 있다.

(2) 덩어리 잎

덩어리 꽃과 같이 작품에 있어 부피와 중량감을 표현할 때 좋으며, 흡습성 스펀지를 가려줄 때 효과가 있다. 동백나무 잎, 레몬잎, 월귤나무 등이 있다.

(3) 형태 잎

독특한 형태를 가지고 있는 잎들이 많아 질감이나 색상을 표현할 때 좋으나, 강조하는 꽃을 보조할 수 있도록 선택을 잘 해야 한다. 칼라디움, 크로톤, 몬스테라, 칼라데아, 코르딜리네 등이 있다.

(4) 채우기 잎

작품의 형태를 완성하기 위해 또는 주가 되는 역할을 할 때 부담 없이 이용할 수 있다. 너무 경직된 형태의 작품에 부드러운 느낌을 줄 수 있는 잎으로서 종류에는 아스파라거스, 아이비, 회양목 등이 있다.

8.2.4 절화 줄기의 고정방법

1 용기에 꽂음

가장 기본적인 절화 장식의 줄기 고정방법은 물을 담은 용기에 절화를 꽂아 줄기가 용기의 입구에 기대어 자연스럽게 늘어지도록 하는 방법으로 가장 쉽게 이용되는 고정 방법이다. 단순하나 깔끔하고 물을 갈아주는 관리면에 있어서 편리하다. 일반적인 용기는 항아리, 수반, 병, 굽이 달린 콤포트 등이 있다. 재질의 종류에는 도자기류, 금속류, 유리류, 플라스틱류, 바구니류, 나무 박스류 등이 있다.

2 흡습성 스펀지 이용

흡습성 스펀지는 부드럽고 식물이 잘 꽂아 지는 재질로 만들어져 있어 많은 양의 꽃을 표현함과 동시에 원하는 형태를 만들어내기 쉽다(그림 8-12a). 흡수성과 보수성이 좋아 식물의 수명을 오래 보존하는 장점이 있고, 이동할 때 편리한 점이 있다. 처음 사용할 때는 물을 자연스럽게 흡수할 수 있도록 저절로 가라앉혀야 하며, 영양제를 첨가해서 사용하면 더욱 좋다. 다양한 형태와 색상의 종류가 있다.

3 철망 및 와이어의 이용

식물을 고정하기 위해 구조물을 짜서 철망의 구멍사이로 꽃과 나뭇가지를 걸치게 하여 쓰러지지 않도록 이용하는 방법이다. 무겁고 굵은 가지들을 이용할 때 활용 하면 효과적이다. 철망으로 리스(wreath)나 갈란드(garland)를 위한 틀, 기둥, 동물모양 등 다양한 형태를 만들어 절화를

(a) 흡습성 스폰지 (b) 줄기 격자 (c) 분재 와이어

▲ 그림 8-12. 줄기 고정의 방법

고정하는 지지물로 이용한다.

4 침봉

침봉은 바닥이 무거운 납으로 되어 있으며 그 위에 날카로운 핀이 촘촘하게 박혀있는 것으로 나뭇가지를 주 소재로 조형하는 한국 꽃꽂이의 줄기 고정에 이용된다. 흡습성 스펀지에 비해 재사용이 가능하나 다양한 디자인 테크닉에 적용하기에는 부적합하여 자유로운 양식의 현대식 꽃꽂이에는 제약이 많다.

5 줄기를 엮거나 격자를 이용

용기 내부에 나뭇가지를 잘라 버팀목을 한 줄 혹은 격자로 끼워 그 사이에 줄기를 꽂아 고정시키는 방법이다(그림 8-12b). 전통적인 기술로 줄기를 이용해 격자를 만들게 되므로 용기내부의 고정재료를 가릴 걱정을 할 필요가 없으며 빠르고 간단하다.

분재 와이어나 철사, 나뭇가지, 줄기, 잎, 하이볼 등을 이용하여 소재들을 고정하는 방법이다. 직선소재, 곡선소재를 혼합하여 표현하면 더욱 운치 있는 작품이 된다(그림 8-12c). 그 외 워터튜브(water tube)와 유리관 이용(그림 8-13), 끈, 실, 철사, 테이프 등으로 묶거나 핀(pins)이나 꽂이(picks)로 찔러 주는 것, 줄기를 엮거나 접착제를 이용하여 줄기를 고정한다.

▲ 그림 8-13. 워터 튜브와 유리관 이용

8.2.5 꽃다발(Bouquet)

꽃다발에 관한 기록으로는 고대이집트 시대의 왕 묘가 있던 피라미드 내부 벽화나 기불 등의 그림에서 연이나 수련을 손에 들고 신에게 바치고 있는 그림에서 찾아볼 수 있다. 또 꽃을

▲ 그림 8-14. 꽃다발의 종류

태양신에게 바치고 있는 그림도 오늘날까지 전해오고 있다. 이같이 꽃은 아주 옛날부터 세상에서 가장 아름다운 것으로 제물이나 선물에 사용되었으며, 이용 시에는 하나의 꽃보다 여러 개의 묶은 꽃다발 형태로 사용하는 관습이 생겼다. 우리나라에서 사용되고 있는 꽃다발은 원래 유럽의 관습으로 여성에게만 보내는 것이었으나, 최근에 이용 경향은 일반인, 예능인, 스포츠인 등 축하용으로 남녀노소에게 인기를 모으고 있다. 또한 화훼장식이 차츰 대중화가 되어 가면서 서비스 중시, 고급 디자인으로 품위 있는 꽃다발을 원하게 됨에 따라 꽃다발을 보다 아름답게 보이기 위해 리본 및 포장자재의 개발과 다양한 형태의 고풍스러운 꽃다발로 화훼장식의 한 장르로서의 위치를 굳혀가고 있다(그림 8-14).

1 핸드타이드부케(Hand-tied bouquet)

목적에 따라 ① 생산자가 도매시장에 출하하기 위하여 한 종류의 소재로 일정한 묶음과 최소한의 포장을 한 번치부케(bunch bouquet), ② 번치형의 부케로 꽃의 형, 색, 종류를 혼합하여 간단한 포장으로 만들어져 있는 캐쥬얼부케(casual bouquet)(그림 8-15a), ③ 캐쥬얼부케에 만족하지 못해 전문가의 손에 의해 창조되어지는 부케로서 전문가의 개성 또는 디자인성을 나타낼 수 있게 식물 이외에도 여러 가지 첨가하여 만들 수 있는 핸드타이드부케(hand-tied bouquet)(그림 8-15c), ④ 어떠한 목적 별로 제작되어지는 것으로 예식, 무대, 장식, 장례, 환송용 등 각 용도에 맞게 소비자들의 특별한 요망을 감안하여 만들어지는 프리젠테이션부케(presentation bouquet)가 있다(그림 8-15b).

줄기 묶는 형태는 중심의 꽃을 기준으로 그 주위를 한쪽 방향의 사선으로 돌려 가며 배치하는 방법으로 디자인 하는 나선형(spiral)(그림 8-15c)과 꽃을 묶는 방법 중 가장 오래된 방법으로 고대 이집트 시대에 많이 볼 수 있었던 줄기가 긴 것에서 작은 것으로 곧게 배치할 수 있는 병행형(parallel)이 있다(그림 8-15d). 핸드타이드부케의 제작 방법은 한쪽 방향의 사선을 유지하면서 잡는 부분에서 아래쪽은 잎을 제거하고, 잡는 부분을 기준으로 위아래의 볼륨감이 어느

(a) 캐쥬얼부케 (b) 프리젠테이션부케 (c) 핸드타이드 (d) 이집트부케

▲ 그림 8-15. 핸드타이드부케의 종류

정도 같아야 하며, 꽃들이 흔들리지 않게 그린을 꽃과 꽃 사이에 배치한다.

2 신부부케(Bridal bouquet)

신부부케는 신부를 위한 꽃다발로, 꽃이 나쁜 기운을 막는 신비로운 힘을 가지고 있다는 믿음에서 점차적으로 결혼식에 사용되게 되었다. 시대의 흐름에 따라 단순하고 정해진 틀에서 벗어나 신부의 개성을 살릴 수 있는 디자인 측면이 강조되는 다양한 형태의 부케로 변화하고 있다. 신부부케를 제작할 때 신부의 체형, 웨딩드레스, 장소 등을 고려하여 신부가 최대한 아름답게 돋보일 수 있어야 한다. 신부부케는 제작기법에 따라 자연줄기를 그대로 이용하는 내츄럴스템부케(natural stem bouquet), 와이어링부케(wiring bouquet), 부케홀더부케(bouquet holder bouquet), 혼합형 등이 있다. 부케의 기본형에는 원형(round), 삼각형(triangle), 폭포형(waterfall), 초승달형(crescent) 등이 있다(그림 8-16). 부케홀더부케는 꽃의 싱싱함을 더해 줄 수 있지만 무겁고 운반하기가 어려운 반면, 와이어링부케는 꽃을 지지하는데 줄기의 선을 보다 자유롭게 사용하여 어떠한 각도에서도 자유롭게 소재를 다룰 수 있으며, 가볍고 운반하기가 쉽다. 반면 와이어링부케는 꽃수명이 짧고, 작업의 시간이 많이 걸린다. 현대에는 이러한 장점들만 모아서 제작하는 혼합형도 많이 이용되고 있다.

라운드형 폭포형 초승달형

▲ 그림 8-16. 신부부케의 기본형의 종류

▲ 그림 8-17. 각종 코사지

3 부토니어(Boutonnier)

신부의 꽃다발의 꽃 중에서 감사의 표시로 신랑에게 건넨 한 송이를 의미한다. 남성의 깃,버튼, 홀에 장식하는 데서 부토니어 또는 버튼 홀 플라워(button hole flower)라고 한다.

4 코사지(Corsage)

프랑스어로 상반신을 뜻하며 통상적으로 여성의 의복이나 몸에 직접 또는 간접적으로 장식하는 자그맣게 묶는 꽃다발을 말한다(그림 8-17). 신부나 신랑의 가족, 결혼식을 도와주는 분들이 착용한다. 지나치게 크거나 무거운 코사지는 좋지 않으며, 착용하는 사람의 키나 의상의 색에 따라 다르게 제작한다.

8.2.6 꽃바구니(Flower basket)

바구니에 꽃을 꽂아 이용하는 꽃장식의 형태로 1953년 미국의 스미스더 오아시스사에서 흡습성 스펀지(floral water foam)를 상품화하면서 생화를 꽂는 용기로 많이 사용되고 있다. 바스켓의 가격이 저렴하며 운반이 쉽고, 이동성이 좋아 각종 행사 선물용으로 많이 활용되지만 일반 화기에 비해 물 관리가 어렵기 때문에 반드시 방수처리를 해 주어야 한다. 꽃바구니는 사용되는 목적과 장소분위기에 따라, 성별, 연령, 좋아하는 꽃과 색을 고려하여 다양한 소재와 첨가물을 사용할 수 있다. 바구니는 목적에 맞게 선택하고, 물이 새어 나오지 않도록 투명 라이너, 셀로판지나 비닐류, 부직포를 넣고 흡습성 스펀지를 고정시켜야 하며, 그린 소재로 흡습성 스펀

▲ 그림 8-18. 다양한 형태의 꽃바구니

지를 가려주어야 한다. 생일, 승진, 회갑, 발표회, 기념일, 약혼식, 어버이날, 성탄절 등 축하용 꽃바구니와 애도용 꽃바구니로 구분하여 사용한다(그림 8-18).

8.2.7 리스(Wreath)

리스는 독일에서는 크란츠(kranz)라고 하는데, '끝도 시작도 없는 불멸의 영원성' 을 상징으로 환영과 추모, 애도의 뜻으로 많이 쓰인다. 리스는 고대 그리스시대에 충성과 헌신의 상징물로 신에게 바치거나 혹은 옷이나 머리의 장식품으로 사용하였던 것에서 유래되었으며 지금도 반평면적인 장식물로서 화관용, 벽걸이용, 테이블용, 크리스마스 장식용 뿐만 아니라 스탠드에 거는 형태로 장례용이나 축하용으로 이용되고 있다(그림 8-19).

리스는 크게 나무덩굴이나 짚, 로프, 철사, 철망, 이끼 등으로 만든 둥근 원에 꽃을 모아서 실이나 철사로 감아 부착시키면서 이어가는 방법과 둥근 흡습성 스펀지에 줄기가 보이지 않게 절화를 짧게 꽂는 두 가지 방법이 있는데, 소재의 종류나 형태, 색, 질감에 따라 다양한 분위기로 장식할 수 있다. 흡습성 스펀지를 이용하지 않는 리스는 수명이 짧으므로 건조 소재나 조화를 이용하는 것이 좋으며, 둥근 고리의 크기와 고리 두께의 비(1 : 1.6 : 1)가 적절해야 아름다운 리스를 완성할 수 있다.

벽걸이용

크리스마스용

테이블용

장례용

▲ 그림 8-19. 리스

▲ 그림 8-20. 좌식용, 뷔페용 테이블 장식

8.2.8 테이블 장식(Table decoration)

테이블 장식은 대화의 장소로 시간, 목적, 공간, 음식 등의 조건에 따라 다르게 구성되고 시각, 미각, 청각, 후각, 촉각의 오감의 조화로 이루어진다. 센터피스(center piece)는 생화, 과일, 채소, 돌, 조각물, 말린꽃, 장식초 등을 사용한다. 특히 테이블을 장식할 때 화훼장식은 빛, 공간감, 색감, 미감을 조화시킬 수 있는 중요한 매개체의 역할을 한다. 생화, 채소, 과일의 경우 생기를 전달하고 계절감을 표현하며 형태, 색깔도 자유롭게 바꿀 수 있고, 무엇보다도 살아있는 생명체로 사람의 마음을 이어주는 역할을 할 뿐 아니라 지각적 쾌적성을 유도하는 효과를 준다. 그 외 테이블과 관련 있는 식기류, 린넨류, 커트러리(cutlery), 휘기어(figure) 등의 장식을 포함한다(그림 8-20).

테이블 장식에 주의해야 할 점은 시야에 방해되지 않도록 높은 디자인은 피하는 것이 좋지만, 불가피하게 높은 디자인을 해야 한다면 시선이 닿는 부분은 공간으로 처리해 시선을 방해하지 않도록 배려해야 한다. 냄새가 좋지 않은 꽃이나 지나치게 향기가 진한 꽃(백합, 히아신스, 메리골드 등), 흩날리는 꽃(뽀피, 작약, 아스파라거스)은 피하며, 돌, 수태를 사용할 경우 불쾌감을 주지 않도록 사용하는 것이 좋다.

8.2.9 절화의 수명연장

꽃을 물에 꽂아 신선한 상태로 유지가 가능한 기간을 절화의 수명이라고 한다. 절화수명의 단축요인은 ① 식물체의 수분 흡수 불량, ② 식물체 자체의 양분의 소모 및 노화, ③ 수분의 통로인 도관이 미생물의 증식 등으로 막히게 되면 꽃잎이 시들게 되고, ④ 꽃이 피면 호흡량이 급격히 증가하기 때문에 식물체 내의 양분이 더 빨리 소모되며, ⑤ 이때 에틸렌(ethylene) 가스의 발생도 대폭 증가하여서 이것이 주변의 다른 꽃까지 노화를 유발시킨다. 위의 문제점들을 최소화하는 것이 절화 수명의 연장기술이다. 절화 물올리기의 기본적인 방법은 다음과 같다.

- 물속자르기를 한다. 물속에서 공기가 들어가지 못하도록 아래 부분을 다시 물속에서 자른다(카네이션, 알스트로메리아, 장미, 글라디올러스, 백합)
- 밑동 쪼개기를 한다. 줄기의 아래 부분을 쪼개거나 짓이겨서 물의 흡수면을 넓혀 준다. 나뭇가지나 딱딱한 초화류에 사용한다(작약, 버들)
- 밑동 태우기를 한다. 줄기의 절단면 주변을 불에 태워 자극을 준다. 끝을 끓는 물에 넣거나 태우는 이유는 절단면의 부패를 막고 가열에 의해 팽창된 물의 압력으로 물이 보다 잘 흡수되어 기포 발생을 막는 효과를 주기 때문이다(수국, 포인세티아, 장미)
- 밑동 삶기를 한다. 끓는 물에 줄기의 아래 부분 3~5cm 정도를 담그는 방법으로 수증기가 꽃이나 잎에 닿지 않도록 종이나 비닐 등으로 싸서 처리한다(국화, 달리아, 스토크, 안개꽃, 부바르디아)
- 절화보존제를 이용한다. 노화를 지연시키고 수명을 연장시키는 약제로 당, 살균제(STS), 에틸렌 억제제(1-MCP), 생장조절물질, 무기질, 습윤제 등을 각각 다양한 방법으로 단독처리나 혼용처리 할 수 있다
- 식초, 염산을 물에 희석하여 그 물에 담근다(칸나, 파초)
- 명반을 물에 녹여 그 물에 담그거나 명반가루를 직접 자리에 찍어서 꽂는다
- 소금을 절단면에 바르거나 문지른다(튤립, 장미, 칼라, 클레마티스)
- 알코올 용액에 절단면을 담근다(장미, 등나무, 국화, 칸나)
- 박하가루를 직접 절단면에 묻혀서 꽂는다(초화류)
- 냉난방 가구, 연기, 성숙한 과일, 노화된 꽃(에틸렌이 발생)과 함께 두지 않는다

그 외 절화의 보존을 위해서는 바람 없는 흐린 날이나 아침 일찍 또는 저녁 때 꽃을 자르는 것이 좋으며, 장미, 모란, 백합은 꽃 색깔이 잘 나타났을 때, 금어초, 글라디올러스는 첫 꽃이 피었을 때, 카네이션은 완전히 피었을 때 자르는 것이 좋다. 수정된 꽃은 빨리 시들기 때문에 백합 등에서는 수술을 미리 제거한다.

참고문헌

1. 손관화. 2004. 화훼장식. 중앙생활사.
2. 김선례, 한금숙. 2005. Step by step floral design. Mellia.
3. 장은옥. 2005. 화훼장식 기능사. 크라운 출판사.
4. 박은혜 외. 2004. 화훼장식기능사. 시대고시기획.
5. 손기철 외 5명. 1998. 장식원예총론. 도서출판 서원.
6. 서수옥. 1998. 플라워디자인 교본. 도서출판 알라딘.
7. Judith Blacklock.1997. Flower Arranging. Bloomsury.
8. Len Alkemade. 2005. Flower Motivation. 誠文堂新光社.
9. Len Alkemade. 1996. Flowers in Style. 誠文堂新光社.
10. 손기철. 2006. 실내식물이 사람을 살린다. 중앙생활사.

9 꽃꽂이와 꽃예술

9.1 꽃꽂이

꽃꽂이(floral arrangement)란 절대적 미(美)의 대상인 자연을 모방하여 완전한 모양을 갖추고 있는 식물을 이용한 식물 재료와 기법으로, 주어진 공간에서 새롭게 재구성하여 표현하는 것이다. 꽃꽂이는 각 국가별, 지역별, 인종간의 차이, 지리적 조건, 자연환경, 문화적 배경, 종교, 기후조건 등에 따라 양상이 다르나, 각 민족의 특성을 지니면서 민족의 이동이나 교류 · 무역 등을 통해 많은 영향을 주고 받으며 발전하여 왔다.

동 · 서양간의 교역은 고대 로마시대나 중국의 한나라 시대에도 문화 발전에 많은 영향을 주었다는 기록이 있으며, 이 시기의 동 · 서양 미술사나 미술품에 나타난 꽃의 문양이나 꽃을 꽂은 모습을 보면 서로 문화의 영향이 비슷한 시기에 발전하여 왔음을 알 수 있다. 1900년경 서구의 새로운 화풍(畵風)의 미술사는 동 · 서양의 문화의 급진적 변화를 가져왔으며, 이러한 획기적인 변화는 꽃예술계에도 큰 영향을 미쳤다. 단순히 수반과 꽃병에 꽃을 꽂거나 몸을 장식하는 역할에 지나지 않았던 꽃예술이 새로운 변화를 맞으면서 미술의 한 장르로 자리매김하게 된 것이다. 삽화(揷花)라는 의미로 꽃을 '심는다' 라는 용어가 꽃꽂이로 전해내려 오면서 최근에는 꽃예술이라는 용어를 사용하고 있다. 또한 미술 사조를 바탕으로 하여 화훼조형이라는 용어도 사용되고 있으며, 동 · 서양 꽃예술의 범주는 많은 변화와 발전으로 새로운 양상을 띠고 있다.

꽃꽂이는 꽃을 잘라 물을 흡수할 수 있도록 용기에 꽂는 것을 의미하는데, 다양한 줄기고정과 배열방법을 이용하여 장식하게 된다. 꽃꽂이가 사용되는 장소와 용도, 이용자의 요구사항, 이용 소재, 그 나라의 문화적 특성과 사회적 배경에 따라 수 없이 많은 형태와 구성양식으로 표현되며, 발생지에 따라 동양 꽃꽂이와 서양 꽃꽂이로 분류한다. 동양 꽃꽂이는 주로 정신수양과 감상, 종교의식, 제례의 목적으로 사용된다. 서양 꽃꽂이는 그러한 목적 외에도 이벤트 장식, 공간장식 등 다양한 형태로 발전되어 왔으며, 감상적인 용도보다는 실생활에 많이 사용되고 있다.

9.1.1 전통한국식 꽃꽂이(동양 꽃꽂이)

신을 숭배하는 제전과 불전에 공양하는 헌화(獻花) 의식에서 유래되어 전해 내려오는 한국의 전통꽃꽂이는 인도, 중국의 영향을 받아 일본으로 전해졌으나 많은 수난사로 인하여 구전(口傳)이나 그림 또는 글로 전승되어 왔다.

고려시대(918~1392)에는 꽃을 꽂는 직책과 꽃을 간직하는 직책 등 꽃과 관련된 일을 하는 사람들에게 각기 다른 관직명의 명칭을 사용하였다. 5세기 이전부터 화병과 수반을 이용하여 꽃을 꽂았다는 역사적 흔적은 고구려, 백제, 신라 시대의 고분벽화에 그려진 꽃 작품 그림이나 건축, 조각, 회화 등 미술품에서 찾아볼 수 있으며, 3개의 주지로 작품을 구성한 그림을 볼 수 있다. 이러한 3각 구성의 이론은 중국의 역학에서 영향을 받은 것이며, 전통꽃꽂이 작품구성의 이론적 배경이 되고 있다.

이와 같은 꽃 작품의 1, 2, 3 주지의 형성은 고대인의 자연숭배사상으로 대자연을 상징하는 나무를 통하여 신을 청하였으며, 특히 솟대는 신과 가까이 하는 것으로서 다산과 다복을 기원하였다고 한다. 이러한 사실들은 꽃꽂이의 기원설과 유관하다.

삼주지(三主枝)의 의미 중 제1의 첫째가지는 하늘을 의미하며, 길을 여는 것을 뜻한다. 제2의 둘째가지는 대지를 의미하며, 하늘을 따르는 것을 뜻한다. 제3의 셋째 가지는 사람을 의미하며, 하늘과 땅 사이에 사람들의 화목을 의미한다. 즉, 하늘에서 신이 내려와 땅위에 있는 인간에게 평화와 안식을 준다는 뜻이다. 또한 우주만물을 구성하는 근원이 되는 본체의 색은 삼원색으로 붉은 색은 태양빛, 푸른색은 달빛, 황색은 땅의 기운을 주며, 색채의 사용법과 꽃꽂이의 이론적 배경이 된다.

또한 조선시대 미술품과 민화, 문인화에 나타난 꽃예술 작품은 삼주지에 의한 작품구성, 기울이는 형태, 사각구성, 타원구성, 가지의 교차, 병화도, 복형, 쌓는형, 분리형, 기둥장식과 공간구성 등 현재 우리가 작품구성 하는데 토대가 되고 있음을 알 수 있다.

서양 꽃꽂이와 비슷한 형태가 많은 것을 보면 이 시기에도 문화는 비슷하게 발전하였다고 생각할 수 있다. 다만 사용하는 용어의 표현이 차이가 있을 뿐이다.

1 화형(花形)의 구성

한국전통 꽃꽂이의 형태는 선의 아름다움과 여백의 미(美)를 강조하였다. 또한 곡선의 부드러움과 유연(柔軟)함을 섬세하게 나타내고, 직선의 강직한 의지력을 표현하였으며, 정신적인 수양을 목적으로 하였다. 이러한 화형은 세 개의 주지 길이에 의해 형태가 구성된다. 첫째 가지의 길이는 화기의 넓이나 높이에 의해 결정되며, 둘째, 셋째 가지의 길이는 첫째 가지의 길이에 의해 결정된다. 세 가지를 고정시킨 후 보탬 가지를 해 주므로 기본화형의 형태가 형성된다.

기본화형은 대체로 비대칭 형태로 구성이 되며, 선의 흐름 상태에 따라 가지의 위치가 전후좌우로 바뀌게 된다.

2 화형의 종류

꽃꽂이의 기본적인 화형은 세 개의 주지 길이에 의해 형태가 구성된다. 첫째가지 길이는 화기의 넓이 + 높이의 1~2배에 의해 결정되며, 작품의 높이와 생장력을 의미한다. 작품 전체를 이끄는 요소가 된다. 둘째 가지는 첫째 가지의 3/4, 1/2, 1/3 중에서 선택하여 길이를 정할 수 있으며, 넓이와 방향을 제시한다. 너그러움과 안정감을 주는 역할을 한다. 셋째 가지의 길이는 모양을 완성하고 작품에 깊이와 폭을 만들어 준다. 길이는 둘째 가지의 3/4, 1/2, 1/3 중에서 선택한다. 보탬가지는 3주지 이 외에 작품의 형태에 양과 부피를 구성하는 꽃이나 나무 가지들을 입체감 있게 보탬 역할을 한다. 각 주지의 꼭지점은 삼각형의 구성이며, 선의 흐름은 세 가지가 삼각형의 한 꼭지점을 향해야 한다. 기본화형은 대체로 비대칭 형태로 구성되며, 선의 흐름 상태에 따라 가지의 위치가 전후좌우로 바뀌게 된다.

이러한 꽃꽂이를 구성하기 위해서는 많은 습작이 필요하다. 사계절의 꽃꽂이 소재를 통하여 선의 흐름 선택법과 꽃의 얼굴보기, 나뭇가지의 표정보기, 가지자르기, 불필요한 가지치기, 침봉 위에 고정하는 방법, 선 구부리기, 각도 내의 고정하기, 병 꽃꽂이의 고정방법, 침봉 없이 가지를 고정하는 방법, 침봉 위에 가지선택 방법 등 다양한 형태의 반복적인 연습과 특징적인 요소들을 익혀야 한다.

주지의 방향에 따라 꽃꽂이 형이 결정되는 것이 특징이다(그림 9-1). 이러한 화형을 연출하여

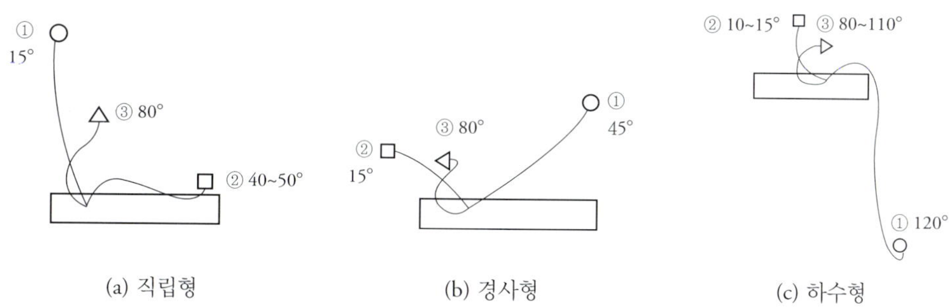

▲ 그림 9-1. 전통한국식 꽃꽂이 기본화형

반복적인 연습을 통해 꽃꽂이에 대한 감각과 안목을 키우고, 이를 바탕으로 어느 정도의 수준이 되면 독창적인 꽃꽂이를 표현할 수 있다.

(1) 직립형(直立形)

- 첫째 가지를 거의 수직에 가까운 형태로 꽂는다. 첫째 가지는 직선 0°에 대비하여 15°내에 기울여 꽂으며, 둘째 가지는 40~50°내에 기울여 꽂고, 셋째 가지는 80° 정도 기울여

(a) 직립형

(b) 경사형

(c) 하수형

(d) 평면형

(e) 분리형

(f) 부화형

(g) 교차형

▲ **그림 9-2.** 전통한국식 꽃꽂이의 종류

꽂는다. 주가지의 선택에 따라 전후좌우로 가지 위치가 바뀔 수 있다(그림 9-2a).

- 전체적으로 시원하고 강하게 솟아오르는 듯한 긴장감과 확장성을 느끼게 한다.
- 식물을 인위적으로 꽂는 것이기 때문에 식물의 자연 상태를 살려 무리가 없는 한도 내에서 꽂는다.

(2) 경사형(傾斜形)

- 직립형에서 변형된 형이다.
- 첫째 가지가 어느 한 쪽으로 기울어지는 것으로, 왼쪽이나 오른쪽으로 45° 기울어져 있다. 꽃봉오리가 더욱 벌어진 형상의 느낌으로 표현한다(그림 9-2b).
- 곡선 소재를 이용하여 기울여서 꽂는 형식이다. 선의 흐름에 따라 위치와 방향이 바뀔 수 있으며, 곡선 구성이 아름다운 화형이다.
- 특히 나무 뿌리의 고목을 이용하여 구성하면 더욱 운치가 있어 좋다.

(3) 하수형(下垂形)

- 첫째가지가 수평선(90°)보다 훨씬 아래로 늘어지는 형태이다(그림 9-2c).
- 둘째, 셋째 가지의 각도는 어느 정도의 변화가 가능하다. 안정감과 평안함을 주는 느낌으로 표현한다.
- 늘어지는 특성을 가진 소재를 사용하면 자연스러움과 생동감을 줄 수 있다.
- 화병의 높이가 있는 화기나 굽이 높이 달린 화기를 이용하여야 하며, 좁은 장소의 코너나 벽에 걸어 장식을 할 때 이용하면 좋다.
- 강한 물줄기의 폭포가 흘러내리는 이미지를 형상화 한 것이다.

(4) 평면형(平面形)

사방에서 볼 수 있는 화형으로 많은 양의 식물 소재를 사용하지 않으면서 자연스럽고 부드러운 느낌을 준다. 수평적으로 구성하며 위에서 내려다 볼 때 삼각형의 형상이다. 간결하고 안정감을 주는 화형이며, 주로 식탁이나 응접용 식탁화로 잘 어울린다(그림 9-2d).

(5) 분리형(分離形)

하나의 수반에 두 개의 침봉이나 화기를 나누어 표현하는 형식으로 작품의 규모를 크게 표현할 수 있는 장점이 있다. 아기자기하게 표현할 수도 있으며, 소규모로 표현하기도 한다(그림 9-2e).

(6) 부화형(孵花形)

넓은 화기를 이용하여 주로 수생식물을 물에 띄우는 형식이다. 실내에 습도를 유지하고 물의 생명력으로 심리적인 안정감을 주는 느낌이다. 꽃잎이나 나뭇잎을 띄워 함께 표현하기도 한다(그림 9-2f).

(7) 복합형(複合形)

두 개 이상의 화기를 이용하여 작품의 규모를 더욱 크게 확장하여 표현할 때 좋다.

작품의 하나하나는 독립적이면서 전체의 작품은 조화가 잘 되어야 한다.

넓은 공간에 잘 어울리는 화형이다.

(8) 교차형(交叉形)

곡선교차와 직선교차가 있으며, 식물의 형태를 그대로 식생적으로 표현하는 화형이다. 많은 양의 소재를 사용하지 않으면서 간결하고, 청초한 느낌이나 바람에 휘날리는 형상의 느낌으로 표현한다(그림 9-2g).

이외에 주지의 세 가지를 모두 30° 내로 똑바로 세워서 꽂는 직상형이 있으며, 수직적 구성으로 높이 확장성을 줄 때 표현하기 좋다.

3 제작방법

목적과 용도에 따라 설정하고, 배치할 공간의 규모와 분위기를 확인한 다음, 배치해야 할 공간에 맞는 작품 구상을 스케치 한다. 화기의 크기에 따라 소재를 선택하여 구입한 후 밑 부분을 사선으로 잘라 물올림을 충분히 해준다. ① 수반을 준비하여 적절한 위치에 침봉을 고정시킨다. ② 첫째가지의 길이와 각도를 정하여 꽂고 ③ 둘째, 셋째 가지를 꽂는다. 전체적인 운동감과 조화가 잘 되어야 한다. ④ 꽃을 세 주지의 내부에서 주지의 길이와 적절히 맞추어 주지 앞에 꽂는다. ⑤ 잎으로 침봉을 가리고, 작품이 쓰러지지 않도록 잘 고정한다. ⑥ 물 공급이 충분한지 확인한 후 수분이 필요한 꽃과 잎에는 분무해 준다. ⑦ 제작한 작품을 운반하여 배치한다.

9.1.2 서양 꽃꽂이

꽃과 식물은 고대 이집트, 그리스 시대로부터 종교적 의식의 가치 있는 상징으로서 병의 치유를 위해, 악마를 없애기 위해, 장식으로 또는 향기를 즐길 목적으로 사용되어졌다. 이처럼 당초에는 종교적인 배경이 강한 영향을 받았지만, 현재 세계에서 행해지고 있는 플라워디자인의 형태로 발전하게 되었다. 고대 이집트, 그리스, 로마 시대에 다양한 병에 다양한 과일들과 꽃들을 꽂았으며 토기, 금, 석판, 석고, diorite(광물 : 섬록암) 등 여러 가지 모양의 재료로 만든 병, 항아리, 식기 등에 꽃을 꽂았다. 신전의 원기둥과 피라미드의 삼각형 등 기하형태(그림 9-3)는 그리스 문화에 뿌리가 되며 꽃 예술의 형태에 직접적인 영향을 주었다.

▲ 그림 9-3. 삼각형

리스와 갈란드는 묵직하고 정교한 모양이며, 몸이나 집안장식에 밝은 색의 향기로운 꽃을 선호하였고, 월계수로 만든 관으로 명예, 영광의 상징을 표현하였다. 중세에 걸쳐 근세에 이르러 많은 변화를 주었으며, 다양한 양식과 여러 가지 형태의 재료를 이용하여 명확한 형태를 강조하였다.

빅토리아 시대(1837~1901)는 모든 원예가 가장 번성하던 시기이며, 꽃예술로 처음 인식되고 확립되었다. 꽃장식은 빈 공간 없이 입체적인 형태이며, 꽃과 식물에 대한 지대한 관심과 정원 가꾸기, 꽃꽂이를 지도하기 시작하였고, 잡지와 책들이 예술로 표현하면서 급격하게 변화하였다. 건축물의 실내장식, 가구, 문학 미술사 등에 빅토리아 양식이란 이름이 붙여질 정도로 가장 많이 발전한 시기라고 볼 수 있다. 많은 역사학자들은 인류 역사상 일상생활에서 식물과 꽃을 가장 많이 사용한 시대라고 한다. 꽃꽂이를 하는 법칙을 세워 기록하였고, 꽃꽂이의 기법에 관한 많은 연구가 시행되었다. 젊은 여성들이 꽃꽂이나 부케를 만드는 일 뿐만 아니라 꽃을 기르는 법, 말리는 법, 압화를 만드는 법, 꽃을 그리는 일을 하였다. 종교적 요소, 시대적 환경에 맞는 기능, 장식성 등에 의한 표현에 중점을 두고 있다. 다양한 색상과 여러 종류의 소재를 사용하여 자연의 있는 그대로의 모습보다 기하학적인 형태를 표현하는 것이 특징이며, 장식성을 목적으로 한다. 부피가 크고 중량감이 있으며, 색상을 중요시 한다.

1 클래식 스타일(Classic Style)

꽃꽂이의 외곽선이 직선이나 곡선 모양을 이루고, 주로 기하학적인 형태를 바탕으로 모든 방향에서 볼 수 있는 사방화의 형태이다. 색채, 공간, 질감, 형태, 균형, 율동, 강조, 조화 등의 미적 표현 요소를 감안하여 장식하며, 종류는 가운데를 중심으로 방사형식으로 꽂는 삼각형(triangle), 수직형(그림 9-4a), 수평형(horizontal), L자형, 역T자형(그림 9-4b) 등의 직선구성, 넓은 공간을 장식할 때 좋은 원형, 타원형, 부채꼴형의 매스구성, 초승달형(crescent)(그림 9-4c), S형(sigmoid line)(그림 9-4d)을 표현하는 곡선구성, 반원형과 구형(ball), 원추형(cone)(그림 9-4e), 피라미드형 등의 입체구성으로 나뉜다.

이러한 구성들에 있어 직선적인 형태의 수직형은 남성적인 강렬한 느낌을 주며, 수평형은 안전하고 잔잔한 느낌을 준다. 또한 삼각형은 중후하고 실용적인 느낌을 주며(그림 9-5), L자형은 예리하고 인상적이며, 역T자형은 간결하고 안전한 느낌을 준다. 곡선적인 형태의 초승달형은 갸날프고 신비한 느낌을, S자형은 여성적인 유연성과 세련된 느낌을, 원형은 귀엽고 원만한 느낌을 준다. 입체적인 형태의 반구형은 귀엽고 안전한 느낌을 주며, 구형은 귀엽고 견고한 느낌을 준다. 매스형태에서는 화려하고, 차분하며, 온화한 느낌을 준다. 주로 대칭적인 구성으로 표현한다.

(a) 수직형 (b) 역T자형 (c) 초승달형

(d) S자형 (e) 원주형 (f) 원형

▲ 그림 9-4. 서양 꽃꽂이의 기본형태의 종류

수평형 제작방법

삼각형의 변형형인 수직형을 눕혀 놓은 형태이며, 좌우 끝선에서 무한대의 확장되는 선을 가지고 있다. 360° 사방형 또는 일방형으로 가능하다. 수평형은 편안하고 부드러운 이미지를 가지고 있으면서 높이가 낮기 때문에 테이블 센터피스로 많이 사용된다.

- 작품의 좌우 길이를 결정 한 후 길이에 적당한 높이로 수직축을 세운다(높이 : 세로 : 가로 = 1 : 2 : 6).
- 하나의 초점(기구적 초점)은 수직축에 위치한다.
- 화재를 서로 지그재그 형태로 좌우대칭 또는 비대칭이 되도록 꽂는다.

2 모던스타일(Modern Style)

모던스타일에는 자연 생태적인 모습을 그대로 표현하는 것이 특징이다. 전통적인 디자인은 주로 많은 양의 식물 소재를 빽빽하게 또는 촘촘하게 꽂는 형식으로 풍성한 느낌이 드는 디자인이다. 자연적인(natural) 디자인은 식물의 생장하는 과정과 구조 및 개체에 대한 관찰을 표현하는 디자인이다(그림 9-6). 선형적인 디자인(formal liner)은 직선과 곡선의 소재를 자연스럽게

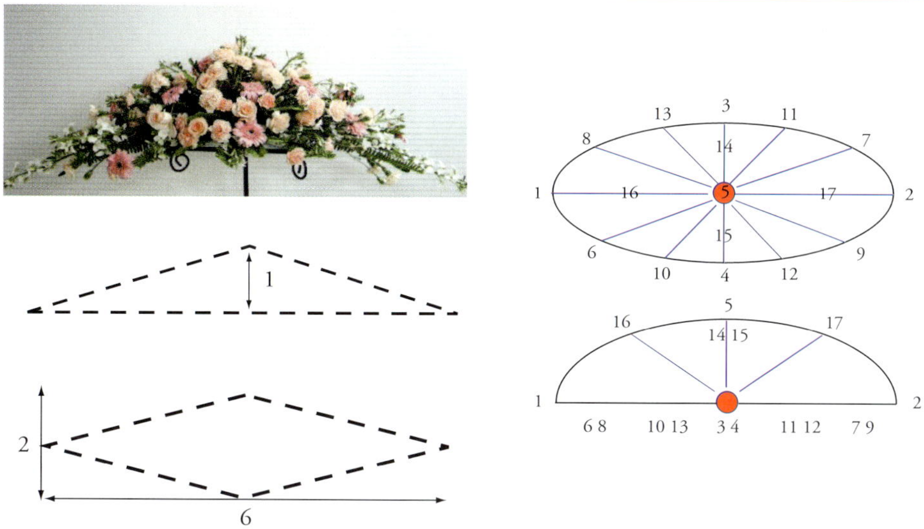

▲ 그림 9-5. 수평형의 제작방법(평면도와 정면도)

표현하며(그림 9-7), 비교적 적은 양의 소재를 이용하여 시각적인 균형과 비대칭(asymmetric) 디자인으로 구성하여 연출한다. 실험적인 디자인은 구름이나 언덕, 계곡 등을 표현하는 형식으로 주로 그룹을 지어 꽂으며, 자연스럽게 곡선적인 것을 연출 또는 추상적으로 표현하거나 보석을 촘촘히 박듯이 표현하는 형식이다. 색상과 형태, 질감을 강조하여 표현하는 것이 특징이다.

▲ 그림 9-6. 자연적인 디자인

▲ 그림 9-7. 선형적인 디자인

9.1.3 유러피언 꽃꽂이(European Style)

서구적인 디자인은 색상과 질감을 강조하였으며, 네덜란드, 프랑스, 독일, 영국, 벨지움, 미국 등의 나라에서 구성하여 특징적인 요소들을 개발하였다. 영국은 주로 나뭇잎과 덩굴, 잡초 등을 이용하였고, 많은 꽃을 사용하여 크고 작은 사방화로 입체감이 있게 공간을 남기는 스타일이다. 독일, 벨지움, 네덜란드에서는 전통적인 화기를 이용하여 클래식하고, 화기의 색상을 중요시 하였다. 유럽은 대체로 사방화이며, 중심점 꽃을 큰 송이로 꽂고, 작은 꽃일 경우에는 그룹을 만들어 꽂는 것이 특징이다. 디자인의 기법이 다양하며 다종다색의 꽃과 소재로 양감을 표현하는 것이 특색이다. 유러피언 클래식 스타일의 구성은 기본형인 원형(round, 그림 9-10), 삼각형(triangle), 서클(circle)의 변형형으로 팬형, S라인, C라인, T라인, L라인, 원추형, 큐브 등이 있다. 모던스타일의 구성은 식생적 디자인(vegetative design, 그림 9-9a)을 기본으로 가든스타일(garden style, 그림 9-9b), 패러렐(그림 9-9c), 리니어(linear, 그림 9-9d)가 있다. 각각의 발전형으로 실험적 디자인(experimental design)이 있다. 움직임, 자기주장, 질감 등을 표현하기 위한 구성이론을 중심으로 발전하여 왔다.

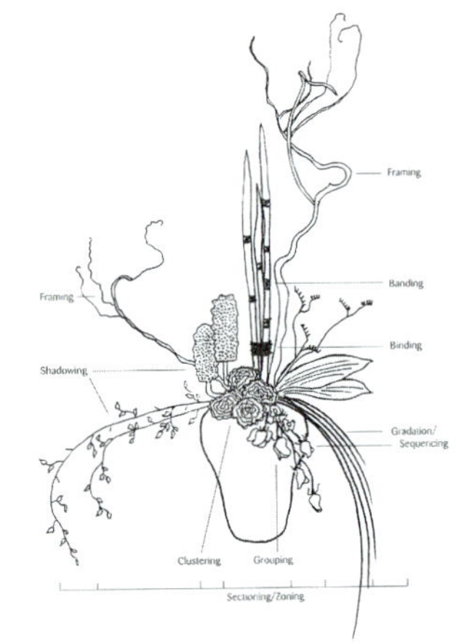

▲ 그림 9-8. 유러피언

클래식스타일 디자인의 특징은 단순한 조화미를 표현하는 디자인으로 화형이 명확하고, 좌우대칭구성으로 하나의 초점으로부터 방사형을 이룬다. 장식적인 구성법으로 꽃과 그린은 일정한 볼륨을 주기 위해 사용되고, 빽빽한 느낌으로 무겁게 보일 수도 있다. 특정한 꽃과 그린이 눈에 띄기보다는 전체구성의 한 요소로 조화를 이루어 일정한 형태를 이루도록 혼합(mixing)한

(a) Parallel-obligue line (사선병행)　(b) Vegetative form (식생적)　(c) Decorative Form (장식적)　(d) Formal linear design (선형적)

▲ 그림 9-9. 유러피언 꽃꽂이

다. 모던스타일 디자인의 특징은 자연을 기본으로 한 구성으로 클래식스타일과는 달리 꽃과 그린이 가진 개성, 특징을 존중하고 디자인 안에 표현하는 것이 중요하다. 비대칭 구성으로 여러 개의 초점을 가지고 서로 만나지 않고 병행을 이루며, 색, 형태, 혹은 질감, 재료 등의 성격이 비슷한 것끼리 모아꽂기(grouping)해서 한 종류의 꽃이 한 장소에서 생육하고 있는 것과 같이 디자인한다.

서양꽃꽂이는 인위적이며 기하학적인 형태의 구성으로 디자인을 하며, 유러피언꽃꽂이는 자연주의적으로 식물의 개성과 특징을 중심으로 디자인된다.

원형 제작방법

공을 반으로 잘라 놓은 모양으로 360° 어느 방향에서 보아도 아름답게 보이는 형이다. 라운드형이라고도 표현하는 둥근 원의 형태를 가지고 있는 디자인으로 하나의 초점을 향해 방사상의 구성을 가지고 있다. 전체의 형태에 따라 단순한 둥근형, 타원형, 반원형 등도 원형에 속한다. 중심은 화기의 중앙에 위치한다. 중심의 초점으로 모든 줄기가 향하는 방사형으로 제작된다.

- 흡습성 스폰지를 화기의 높이에서 2.5~3.0 cm(손가락 두 개의 두께) 정도 올라오게 세팅 한다.
- 꽃송이의 수에 따라 중심 꽃의 위치에 화재를 꽂고 높이를 결정한 뒤, 시계방향의 12, 2, 4, 6, 8, 10시 방향의 6곳의 저변을 결정하여 꽃을 꽂는다.
- 높이와 저변 사이에 3곳(삼각형 구성)으로 꽂아, 표면구성이 1/2 원형 형태가 되도록 꽂는다.
- 원형 기본 구성이 끝난 뒤, 사이에 다른 종류의 화재를 넣어 빈틈이나 공간없이 꽂는다.
- 화재를 높낮이 없이 구성하고, 하나의 초점(기구적 초점)을 주의해서 구성한다.

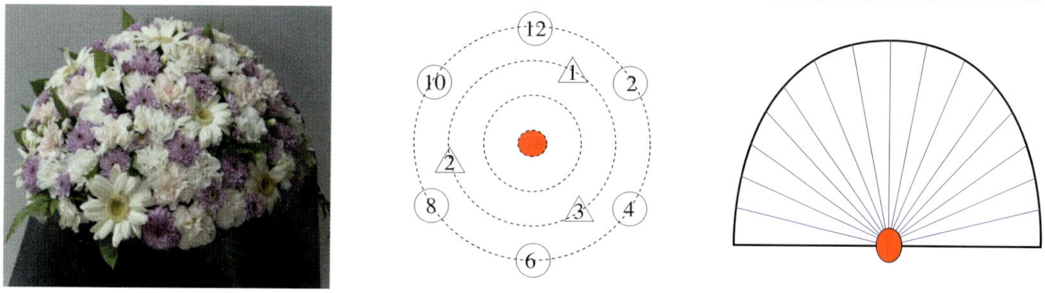

▲ 그림 9-10. 원형 제작방법(평면도와 정면도)

9.2 공간장식

실내, 실외의 공간에 분식물, 절화를 이용하여 목적이나 의도를 갖고, 일시적이거나 지속적 또는 영구적으로 공간을 돋보이게 하는 장식의 형태이다. 용도와 목적에 따라 세심한 계획과 설계를 하여 대상인에게 의도나 정보를 전달하는 결과를 얻을 수 있도록 체계적이고 합리적인 디자인을 해야만 한다. 공간은 생활공간과 업무공간, 공공의 공간, 상업 공간, 전시 공간이 있으며, 주택의 실내공간을 비롯하여 결혼식장(그림 9-11), 연회장, 장례식장, 박람회장, 전시장, 은행, 관공서, 박물관, 학교, 이벤트 행사장, 호텔, 레스토랑, 상점, 무대 공간, 실외 등 우리 주변에 있는 모든 공간이 대상이 된다.

최근 들어 화훼 장식의 규모는 대형화 되어가며, 재료의 범위도 철, 금속, 합판, 시멘트, 철판, 스치로폼, 신문지, PVC 등 모든 재료를 이용하여 기본적인 골격을 제작한 후에 다양한 식물과 절화로 구상한 조형물을 완성하여 공간장식을 하는 경우가 증가하는 추세이다. 화훼조형은 현대의 화훼장식 흐름 경향의 새로운 변화라고 할 수 있으며, 직선과 곡선의 모든 식물 소재와 모든 무기재료를 이용하여 동서양의 모든 기법을 다 활용할 수 있는 새로운 형식이다. 하나의 조형물을 반복적으로 구성하여 운동감을 주거나 색채를 강조 또는 통일감을 주어 균형과 비율이 잘 맞도록 전체적인 규모와 조화가 어울리게 디자인하며, 실내외 공간장식으로 많이 활용하고 있다. 구조물은 반영구적으로 활용할 수 있으며, 식물 또는 절화의 소재를 교체하여 색다른 느낌으로 연출할 수 있다는 장점이 있다.

1 실외 공간

주로 정원이나 조각공원, 조형물(造形物) 정원 등의 실외장식은 규모가 커야 하며, 주변의 환경과 연계하여 잘 어울리도록 디자인해야 한다(그림 9-12). 수시로 변화하고 생동하는 식물 소재와 무기재료를 이용하여 쾌적하고 미적인 공간으로 연출하여 교육장소로 이용하기도 한다. 물

▲ 그림 9-11. 결혼식장

관리를 위해 주로 꽃 화분이나 잔디, 다육식물, 선인장을 이용하며, 나뭇가지를 이용하여 형상을 구성 또는 이미지를 형상화하여 감상용, 전시용으로 장식한다. 뿐만 아니라 번식력이 강한 꽃식물로 군락을 지어 자랄 수 있도록 하여 장식으로 이용한다. 야외 결혼이나 야외 전시가 이에 속한다.

▲ 그림 9-12. 실외 공간

2 실내 공간

실내 환경을 조절하는 기능적인 역할과 정서 순화를 할 수 있도록 장식한다. 사무실 공간 장식은 근무자들의 업무 능률을 높일 수 있도록 장식한다. 행사용 장식으로 결혼식, 연회장의 경우 분위기 조성에 도움을 줄 수 있도록 한다. 주로 많은 양의 꽃을 필요로 하며, 장식하는 인원과 시간이 많이 소요된다. 이 외에 생활공간은 차분하고 안정감을 줄 수 있도록 너무 많은 양보다 적은 양으로 간결하게 장식하는 것도 좋다.

3 상업 공간

상업적인 목적으로 소비자를 유치하기 위한 홍보용 장식을 하는 것이다. 창가나 벽의 디스플레이(display)(그림 9-13), 테이블 장식, 객장, 선반, 천장 등 모든 공간을 소비자들의 관심과 구매 동기 부여를 할 수 있도록 시각적인 효과를 주는 장식을 독창적으로 연출하는 것이 중요하다. 대형매장이나 백화점, 레스토랑, 호텔 같은 상업공간에서는 이러한 장식이 더욱 필요하다.

4 전시 공간

전시 공간은 주로 홍보를 목적으로 하며, 친목 형식과 교류 교역의 목적으로 개인이나 소그룹, 대그룹, 박람회 등을 열기도 한다(그림 9-14).

모든 재료를 다 활용하여 독창적인 장식 연출을 하므로 상징성과 이미지를 부각시키는 전시효과를 목적으로 하며, 문화 수준을 높이는 좋은 기회이기도 하다.

▲ 그림 9-13. 상업 공간(디스플레이)

고양시 꽃 박람회전

유러피언 인증평가전

경희대학교 원예생명공학과 축제전시회

▲ 그림 9-14. 전시 공간

9.3 건조화

건조화(乾燥花 ; dry flowers, 드라이 플라워)란 수명이 짧은 살아 있는 식물을 여러 가지 기법으로 건조시켜 반영구적으로 사용할 수 있도록 가공한 것으로 식물체의 꽃, 잎, 열매, 줄기, 뿌리 등을 건조시켜 실내 장식에 이용하는 것이다(그림 9-15). 아름다움의 유지 지속시간이 짧은 생화와 비교하여 지속성 뿐만 아니라 다른 독특한 형태와 색, 질감을 가지고 있어 그 아름다

▲ 그림 9-15. 건조화

움 때문에 많이 이용하고 있다. 우리나라에서 건조식물을 이용한 유래는 확실치 않으나 창호지에 꽃과 잎을 부착시켜 건조된 모양을 즐겨 왔으며, 또 국화의 꽃과 잎을 건조시켜 베개 속에 넣기도 하고 옥수수, 조 등을 건조시켜 실내 장식용으로 이용하였다. 예전에는 변형되지 않는 절화를 채집해서 사용하였다. 그러나 최근에는 뛰어난 건조기술(乾燥技術)로 건조화는 생화와 비슷한 아름다운 색과 모양을 가지게 되었고, 거의 모든 꽃들을 건조시킬 수 있게 되었다. 꽃에만 국한되지 않고 잎, 줄기, 열매, 뿌리, 나뭇가지, 나무껍질 등 모든 부위가 이용되고 있다. 건조소재는 다양한 건조방법과, 가공방법으로 생산되고 있으며, 건조소재를 활용한 장식은 꽃꽂이, 꽃다발, 리스, 갈란드, 토피어리 등의 생화장식의 방법과 똑같이 적용하기도 하지만 물을 공급할 필요가 없기 때문에 보다 자유롭고 창의적으로 조형된다.

9.3.1 건조화의 이용 소재 (그림 9-16)

- 꽃 : 줄기가 단단한 것(장미, 수국, 홍화, 맨드라미), 색채가 화려한 것(아킬레아, 델피니움, 홍화, 로단세), 영구적으로 이용 가능한 것(천일홍, 스타티스, 맨드라미, 카스피아, 밀짚꽃)
- 잎 : 비교적 얇고 수분 함량이 적은 것(아스파라거스, 조릿대, 양치류, 유칼립투스), 두껍고 커다란 잎을 가진 것(태산목, 목련)
- 나뭇가지, 덩굴 : 다래 덩굴, 곱슬 버들, 석화 버들, 삼지닥나무, 오동추, 칡
- 열매 : 꽈리, 사과, 라임, 오렌지, 석류, 청미래 덩굴, 찔레, 고추, 솔방울
- 이끼 : 수태, 레인디어모스, 풀모스
- 이삭 : 강아지풀, 귀리, 조, 수수, 밀, 팜파스 그라스

▲ 그림 9-16. 건조화 이용 소재(HOGEWONING in Holland)

9.3.2 건조방법

1 누름건조법

신문지나 누름판, 다리미, 실리카겔(silica gel) 등을 이용하여 식물의 수분을 제거하고 압착시키는 방법이다(그림 9-17). 압화라고 불리며 평면장식에 주로 이용된다.

2 동결건조법

꽃을 동결시킨 후 수분을 기화시켜 건조하는 방법으로 동결건조기를 이용한다. 꽃 조직 속의 수분을 얼음알갱이 상태로 서서히 제거시키는 것으로 자연건조나 열풍 건조한 꽃은 수축되고 변색되지만 냉동 건조한 꽃은 수축과 쭈그러짐이 거의 없으며, 자연적인 형태와 색상도 그대로 유지되어 수명이 연장되는 장점이 있다. 그러나 공기 중 습기를 쉽게 흡수하여 변색되고 모양이 흐트러지기 때문에 코팅제를 뿌리거나 유리용기 속에 밀폐시켜 장식해야 하므로 비용이 많이 드는 단점이 있다. 식물, 과일, 채소 등에 건조 후 사용할 수 있으나 일반인은 어렵고, 대량생산을 목적으로 하는 전문업체에서 생산이 가능하다.

3 매몰건조법

꽃의 모양과 색깔을 그대로 남기고 싶을 때 흡수력이 큰 건조제인 실리카겔 속에 꽃을 파묻어 건조시키는 것(그림 9-18)으로 건조 후 꽃의 수축과 형태변화 그리고 색의 변화가 적어 매우 아름다운 건조화를 만들 수 있다. 조직이 연하고 수분이 많아 자연건조 시 비틀어지거나 색이 변하는 수선화, 도라지, 팬지, 장미, 철쭉, 용담, 카네이션, 채송화, 프리뮬러 등에 활용된다.

4 자연건조법

일상 공기 중에 노출시켜 건조하는 방법으로 특별한 기술이나 도구 없는 손쉬운 방법이다. 서늘하고 통풍이 잘되는 곳에 식물을 높은 곳에 거꾸로 매달아 놓은 것으로 한 번에 다량의 소재를 적은 비용과 노력으로 건조시킬 수 있는 가장 오래된 건조방법 중 하나이다.

▲ 그림 9-17. 누름건조법

▲ 그림 9-18. 매몰건조법

- 거꾸로 걸어서 건조시키는 방법 : 연하고 꽃이 큰 식물체의 건조에 많이 이용된다(그림 9-19)(안개꽃, 리아트리스, 미모사, 장미, 스타티스, 델피니움).
- 화병 안에 위를 향해 건조시키는 방법 : 튼튼하고 곧은 줄기를 가진 식물을 말릴 때 적합한 방법이다(조, 귀리).
- 물에 세워서 건조시키는 방법 : 식물이 건조되는 시간을 느리게 해서 원래의 형태와 색상을 유지시키는 특징이 있다(수국, 명주꽃, 톱풀).
- 평면에 놓아 건조시키는 방법 :꽃과 이삭이 좀 무거운 식물체에 많이 이용된다(잎류, 나뭇가지류, 이끼류, 과피 식물).
- 철사망에 놓고 건조시키는 방법 : 얼굴이 큰 식물체에 이용되는 방법으로 깊이가 깊은 상자 위에 격자나 벌집모양의 철망을 놓고 꽃의 머리를 지지하도록 망사이에 관통해 걸어서 말린다(해바라기, 프로테아 등).
- 꽃꽂이 한 상태에서 그대로 건조시키는 방법 : 신선한 꽃의 상태에서 그대로 건조시키는 방법이다(회향목, 수국).

▲ 그림 9-19. 자연건조법

5 열풍건조법

호흡으로 인한 양분손실이 많아지기 전에 빠르게 건조하기 위해 열풍건조기를 이용하면 변색이 적어 많은 종류의 꽃에서 아름다운 색을 유지할 수 있다.

6 용액건조법

글리세린, 알코올, 포르말린 등의 용액을 흡수시켜 말리는 방법이다. 건조화에 비해 잘 부서지지 않고 생화와 같은 싱싱함, 오래 동안 시들지 않는 지속성(持續性)과 유연성이 증가되어 장식과 보관이 편리하다. 생화에서 볼 수 없는 다양한 색상까지 섬세하게 표현할 수 있다.

9.3.3 건조화를 이용한 장식

1 콜라주(Collage)

풀로 붙인다는 뜻을 가진 20세기에 등장한 독특한 시각예술 형태의 하나로 천, 쇠붙이, 나뭇조각, 모래, 곡식, 나뭇잎, 말린 꽃잎, 열매, 조각, 솜, 프라스틱류 등의 재료를 화면에 혼합 구성하는 표현 기법이다. 자유로운 표면 형태와 질감의 배열로 추상적이고, 비구상적인 표현도 가능하나 형태, 질감, 명암, 색의 표현이 잘 나타나야 한다. 콜라주의 종류에는 평면 콜라주(그림 9-20a)와 입체 콜라주(그림 9-20b)가 있다.

(a) 평면콜라주

(b) 입체콜라주

▲ 그림 9-20. 콜라주의 종류

2 압화(Pressed Flower)

식물의 꽃, 잎, 줄기, 덩굴 등을 흡수지 사이에 넣고 어느 정도의 압력(壓力)을 가해 건조시키는 것을 말한다. 오랜 기간 동안 소재와 색상을 보존할 수 있으며, 평면성으로 자연풍경, 회화 등을 표현하는데 아주 뛰어나다. 액자, 액세서리, 책 커버, 명함, 축하용, 봉투, 카드, 열쇠고리, 휴대폰 고리, 유리그릇 등 액세서리에서 도기그릇, 문갑장식, 거울, 공예품 등 큰 가구에 이르기까지 장식적인 기능으로 우리 생활 속에 많이 이용되고 있다(그림 9-21).

압화의 제작은 ① 원하는 신선한 꽃을 골라 놓는다. ② 압화판을 열고 스폰지 위에 습자지를 깔고 꽃을 얹는다(그림 9-22a). ③ 꽃 위에 다시 습자지를 깔고 판으로 덮는다(그림 9-22b). ④ 끈을 단단히 조여 압화판을 눌러 놓는다(그림 9-22c). ⑤ 실리카겔을 상자 안에 넣고 4~7일 정도 건조시키는 순서로 진행된다.

▲ 그림 9-21. 압화를 이용한 가구와 액자

(a)

(b)

(c)

▲ 그림 9-22. 압화 제작방법

3 포푸리(Pot Pouri)

프랑스어로 '발효시킨 항아리'라는 의미를 가진 포푸리는 방향성식물의 꽃, 잎, 줄기, 열매, 뿌리 등의 방향성 부위를 건조시킨 것으로 용기에 담거나 주머니에 넣어 이용하는 장식물이다(그림 9-23). 향이 곧 날아가 버리므로 정유(essential oil)가 잘 흡착되는 고정제에 정유를 첨가하여 숙성(熟成)시킨 후 사용한다. 포푸리는 좋은 향기와 함께 아름다운 색상과 질감으로 실내장식의 효과뿐 아니라 우울증, 불면증, 스트레스를 치료하는 향기치료(aromatherapy), 방충제, 방향제의 역할을 한다. 우리나라에서는 신라시대 때 향대라 하여 향기 좋은 꽃을 말려 베주머니에 넣어 전염병을 물리치는 목적으로 이용하였다. 포푸리용 허브의 건조방법에는 장미, 매리골드와 같은 겹꽃은 꽃잎을 한 장씩 떼어내어 건조시키고, 캐모마일이나 콘플라워같은 소형꽃은 그대로 건조시킨다. 또한 허브류로서 잎이 비교적 큰 종류인 민트류, 레몬밤, 바질, 세이지 등은 잎을 한 장씩 건조시키며, 잎이 작은 종류인 타임이나 로즈마리 등은 줄기를 절단하여 건조시킨다.

▲ 그림 9-23. 포푸리

4 갈란드(Garland)

갈란드는 건조소재, 절화(切花), 절엽(切葉) 등을 길게 엮은 장식물로 고대 이집트와 로마시대부터 행사에서 경축의 용도로 사용하였다. 길고 유연성이 있어 기둥의 둘레를 감거나 난간, 문, 등을 장식할 수 있으며 벽이나 천장에 드리울 수 있다(그림 9-24). 결혼식장, 연회장, 축제의 장식에 적합하고 녹색의 침엽이나 상록수의 잎, 솔방울이나 과일 또는 견과류의 갈란드는 성탄절이나 새해의 장식으로 적합하다. 재료들은 무게들을 고려하

▲ 그림 9-24. 갈란드

여 갈란드의 길이에 적합하게 선택되어야 한다.

9.3.4 보존방법

빛과 습기에 약하므로 건조하고 어두운 곳에 보관한다. 꽃 전체를 포장한 후 전체를 덮어 보관하거나 바구니에 담아 보관하는 것이 좋다. 인공 건조화는 유리용기 또는 아크릴로 만든 상자에 넣어 보관하거나, 실리카젤을 2 cm정도 깔든 얇게 자른 흡습성 스폰지를 깔고 실리카젤 1컵을 넣어 줄기구실을 하는 철사를 꽂아서 늘어 세워 보관한다. 매몰건조에 의해 건조된 소재는 저장 중 변색, 변형을 막기 위해 습기를 제거해야 하며, 꽃끼리의 접촉이나 압력에 대한 손상에 유의해야 한다. 그리고 바닥에는 스티로폼, 우레탄, 흡습성 스폰지 같은 지지물에을 두어 그 위에 꽂아 저장한다.

9.4 보존화

보존화(preserved flowers)는 특별한 가공을 통해 생화의 부드러운 탄력성과 싱싱함을 오래 동안 보존할 수 있도록 한 새로운 형태의 꽃이다(그림 9-25). 특히 착색을 통해 자연계에 존재하지 않는 풍부한 색의 꽃을 탄생시킴으로써 이미 유럽과 일본에서 마법의 꽃으로 인기를 모으고 있다. 생화의 아름다움을 오래도록 유지할 수 있고, 다양한 색상의 꽃으로 꽃꽂이와 장식을 연출할 수 있으며, 물을 줄 필요가 없어서 장식할 때 편리한 장점이 있으나 가격이 비싼 것이 단점이다.

▲ 그림 9-25. 보존화

9.5 포만더(Pomander)

향료알, 향정, 향정갑 등을 말하며 방향제 역할을 한다. 레몬이나 오렌지 껍질 부분에 건조되어 있는 계피나 커피 등 향기가 나는 재료들을 아름답게 디자인하여 부착하거나 꿰메워 주면, 장식적으로 보기도 좋고 향기가 나서 자동차 안이나 현관 앞, 화장실, 식탁, 침실 등에 놓아두면 건조되는 동안 은은한 향기가 지속적으로 풍겨 나온다(그림 9-26).

▲ 그림 9-26. 포만더(Pomander)

9.6 염색화

식물에서 볼 수 없는 특수한 색을 원하거나 또는 말린 이후에 변색된 식물에 자연적이지 않은 특정한 색을 첨가하고 싶을 때 꽃을 염색해 사용한다. 건조 식물을 염색하는 경우에는 표백을 시킨 후에 염색을 해야 남아 있는 색 때문에 생각지 못한 색으로 염색되는 것을 막을 수 있다(그림 9-27). 염색 방법은

- 염료가 첨가된 물에 식물을 넣고 삶아서 건조시킨다(건조화).
- 전용 염료 스프레이를 뿌려 착색시킨다(생화, 건조화 모두 이용 가능).
- 특수염료가 섞여 있는 물에 식물을 꽂아 절단부의 도관을 통해 그 물이 흡수되도록 한다(생화).

염색화 기술은 최근 급진적으로 발전되어 무지개 색깔을 지니는 염색장미가 일본 등지에 다량으로 수출되는 등 빠른 발전을 거듭하고 있다.

장미 카네이션 형광꽃

▲ 그림 9-27. 염색화

참고문헌

1. 고하수. 1999. 한국의 꽃예술사. 하수출판사.
2. 민희자외. 2004. 전통화예. 도서출판 인아.
3. 손기철 외 5명. 1998. 장식원예총론. 도서출판 서원.
4. 손기철. 2006. 실내식물이 사람을 살린다. 중앙생활사.
5. 서수옥. 1998. 플라워디자인 교본. 도서출판 알라딘.
6. (사)한국꽃예술 작가협회. 2004. 화훼장식. 도서출판 SAY.
7. 이상용외. 2004. 현대화예 I. II. 집현전.
8. 任華公. 1979. 84. 90 華藝 I. II. III. 主婦の友社.
9. Judith Blacklock. 1997. Flower Arranging. Bloomsury.
10. 김선례, 한금숙. 2005. Step by step floral design. Mellia.
11. 장은옥. 2005. 화훼장식 기능사. 크라운 출판사.
12. 박은혜 외. 2004. 화훼장식기능사. 시대고시기획.
13. Len Alkemade. 2005. Flower Motivation. 誠文堂新光社.
14. Len Alkemade. 1996. Flowers in Style. 誠文堂新光社.
15. 손관화. 2004. 화훼장식. 중앙생활사.
16. 곽혜란, 서정남, 이애경. 2007. 교실에서 만나는 자연. 부민문화사.

10 원예작물 이용과 기능성 식단

10.1 원예작물의 이용

최근 들어 기능성 식품(functional foods or designer foods)이 인간의 심신을 강건하게 유지하고, 노화를 지연시키며, 각종 질병의 감염이나 심화를 방지하고, 근본적으로 삶의 질과 품위를 향상시킨다는 데 많은 사람들의 인식과 관심이 집중되고 있다(그림 10-1). 그리고 이러한 경향은 과학적 기술과 증거와 효능 등이 속속 구체적으로 입증되면서 점점 더 그 영향력과 식품에서의 비중과 인기도를 더해가고 있다. 특히 이러한 기능성에 대한 상세한 인식과 적극적인 이용은 최근 10여년간에 걸쳐서 대단히 활발하게 진행된 바 있다.

"기능성"이란 용어는 비단 식품에서 뿐만 아니라 화장품, 의복, 생활도구, 생약 등 거의 모든 분야 및 용품에서 폭 넓게 사용되는 용어로 자리매김을 하게 되었다. 식품에서의 기능성은 여러 가지 식품의 배합이나 혼합 등으로 조성되어 다양한 기능성을 보유하게 되는 일반기능성과 특수한 영양성분에 근거하여 그 성분이 인체 내에서 작용하는 특수기능성으로 구분할 수 있다. 일반기능성의 경우에는 식품 또는 원예작물이 함유하고 있는 모든 성분의 복합적인 효과를 논하므로 간단히 건강식품이나 위생식품이나 영양식품으로 구분되기도 한다. 일례로, 우리 일상생활에서의 보편적인 음식(밥과 반찬 등)에 비하여 채식(菜食), 생식(生食), 선식(仙食) 등도

▲ 그림 10-1. 브로콜리의 기능성 성분 sulforaphane

이에 속한다고 할 수 있고 병원 등지에서 특수한 환자에게 제공되는 별식 또는 특식도 이에 속한다고 할 수 있다.

이에 비해서 특수기능성은 각각의 식품, 여기에서는 원예작물에 독특하게 함유되어 있는 특수물질의 종류와 이들 물질의 인체 내 역할 또는 기능을 체계적으로 파악하고 개발하는 것이라 할 수 있다. 예를 들어, 콩이나 콩의 가공식품에 함유되어 있는 성분이 탄수화물-단백질-지방으로 평가되는 것이 아니라 isoflavone류가 강조되고, 색깔 짙은 과실에 함유되어 있는 flavonoid류, 마늘 등에 함유되어 있는 유기유황성분, *Echinacea*에 함유되어 있는 인체면역 증강물질 등을 들 수 있다.

본 장에서는 일반기능성보다는 특수기능성에 초점을 맞춰 기술하고자 한다.

10.2 기능성의 정의와 이해

10.2.1 정의 및 구분

일반적으로 식품 또는 원예작물의 기능성은 표 10-1에서와 같이 영양가치를 다루는 1차 기능성, 맛이나 색깔을 중요시 여기는 2차 기능성, 특수대사작용에만 관여하는 3차 기능성, 그리고 정신적 또는 심리적 기능성인 4차 기능성으로 구분할 수 있다.

최근에 기능성이라는 용어가 강조되면서 단독적으로 조명을 받기 이전에는 기능성 성분은 흔히 2차 대사산물(secondary metabolites)이라고도 불렸다. 2차 대사산물이란 식물체가 광합성과 주 대사과정을 통해서 보편적으로 생합성하는 탄수화물, 단백질, 지방, 섬유소 등과 같은 물질(일차대사산물)을 제외하고, 특수한 식물체 내에서 소량으로만 생합성 되는 물질들을 말한

▶ **표 10-1.** 원예산물의 기능성(목 등, 2005)

구분		개념
1차 기능	영양적 기능성	비타민, 각종 무기물, 조섬유 등의 함량
2차 기능	감각적 기능성	냄새, 맛, 색깔 등의 정도
3차 기능	생체조절 기능성	생체방어, 질환방지, 노화억제, 질병치료 등
4차 기능	상상적 기능성	함유성분과는 무관한 신념 또는 확신에 준한 정신적 기능

다. 즉, 식물체의 종류 또는 식물체의 부위에 따라서 소량으로만 존재하기는 하면서 해당식물의 생존에 지대한 영향을 미치는 경우가 대부분이다. 따라서 식량으로서는 중요시 되지 않았던 물질들이 포함되는 경우가 많다.

2차 대사산물을 상세하게 구분하면 표 10-2와 같이 요약된다. 즉, 크게 분류하여 alkaloids, 함질소(含窒素)화합물(nitrogen containing compounds), 테르피노이드류(terpenoids), 그리고 페놀류(phenols)로 나누고, 각각에 함유되어 있는 성분과 해당식물, 그리고 보유특성으로 구분되는데, 보유특성에서 볼 때 대부분의 경우 영양식품이 아니라 의약품으로서의 효과나 효능이 강조되고 있음을 볼 수 있다. 실제로 많은 의약품들이 이러한 식물체에 함유된 2차 대사산물을

버드나무-아스피린

양귀비-모르핀

홍화-식용색소

에키네시아-면역 강화물질

▲ **그림 10-2.** 천연 의약품을 추출하는 대표적 식물

▶ 표 10-2. 식물 2차대사산물의 분류, 식물명 및 기능성(Wink, 2010)

물질류	해당식물	기능성 또는 특성
Alkaloids		
coniine	poison hemlock	신경독성
strychnine	strychnine tree	신경자극 및 경련유인성
tubocurarine	curare tree	화살 독성, 수술시 근육이완제
thomasine(tomatine)	tomato leaves	해충회피
morphine	opium poppy	진통제
codeine	opium poppy	기침억제제
atropine	belladonna	동공확대효과, 진정, 긴장완화
vincristine	Madagascar periwinkle	백혈병 치료
quinine	quinine tree	진(술)의 쓴맛, 말라리아치료
N-containing compounds		
canavanine	jack beans	유독성 비단백성 아미노산
beteonione(betalin)	roots of garden beet	적색색소
sinigrin	horseradish	겨자의 매운 성분(최루)
amygdalin	apricot seeds	시아나이드분비-암치료
Terpenoids		
menthol	mints & eucalyptus tree	향기 강, 기침약
camphor	camphor tree	소독효과 및 성형제
nepatalactone	catnip	고양이 유인
smilagenin	sarsaparilla	성호르몬 효과
digitalin	purple foxglove	강심제
oleandrin	oleander	심장 독극물
lycopene	tomatoes	적색-주황색 색소
rubber	rubber tree	고무타이어 성분, 라텍스
taxol	Pacific yew	자궁암 생장 억제
Phenolics		
salicin	willow tree	민간 두통약, 해열제
gallic acid	walnut husks	타닌 성분 공급
myristicin	nutmeg	육두구(허브류)의 주성분
rutin	buckwheat	건강기능성분
cyanidin glucoside	chrysanthemums	강한 적색 부여
limonin	grapefruit	강한 쓴맛 성분

정제-농축하여 만들어지고 있는데, 두통약이나 모세혈관 수축방지 등으로 많이 이용되고 있는 버드나무에서 정제된 아스피린(aspirin), 진통제로 유명한 양귀비의 모르핀(morphine), 그리고 색소나 첨가물로도 사용되는 홍화, 면역강화제로 각광받고 있는 에키네시아(*Echinacea*) 등은 잘 알려진 예이다(그림 10-2).

이제 그 범위를 다소 좁혀서 원예작물의 작물별 기능성 성분의 종류와 주요 기능을 살펴 보면(표 10-3), 한국에서 가장 널리 재배-이용되고 있는 고추에는 capsaicin이라는 휘발성 매운맛 또는 신미(辛味) 성분이 있는데, 이것은 인체 내에서 교감신경을 자극하여 신진대사를 촉진하

▲ 그림 10-3. 다양한 고추

고 체지방분해를 촉진하며 혈액순환을 원활하게 하는 작용을 한다. 또한 강한 자극성이 있어서 타박상에도 유효하고, 신경통 치료에도 효과적이며, 모기와 같은 해충의 기피제로도 쓰이고, 재배식물에 살포하여 야생동물로부터 식물을 보호하는 목적으로도 이용되고 있다(그림 10-3). 그러나 때로는, 특히 자극성이 강한 고추를 먹어본 일이 없는 사람들의 경우 심한 복통 및 위출혈을 초래하고 위장장해나 위궤양을 유발할 수도 있으므로 단기간 내의 과용은 피하여야 한다. 기타 작물에 대한 상세한 기능성은 표 10-4에 요약된 것을 참고하기 바란다.

▶ 표 10-3. 채소 종류별 특수성분과 기능성

구 분	성 분	기능 및 효능
고추	capsaicin	비만 예방(체지방 분해), 체액 분비 및 혈액순환 촉진, 동상예방(외용), 신경통 치료
토마토	lycopene, β-carotene	항암
감귤	rutin	소화촉진, 모세혈관 강화로 고혈압 예방
백합과 채소	diallyl sulfide, allyl methyl trisulfide	해독, 심장기능 강화, 면역 기능 강화
가지	nasunin	고혈압, 동맥경화 예방
상추	lactucin	최면, 진통 및 수면 효과
깻잎(들깨)	perilla aldehyde	방부작용, 혈액순환 촉진, 미용, 강장제
근대	betaine	이뇨, 발한제(종자)
당근	β-carotene	항암
미나리	carotene	해독, 신경통 및 관절염 치료, 혈압강하 및 항암
셀러리	apiin	뇌신경 강화, 혈액순환 촉진
파슬리	apiol, kinine	이뇨, 혈액 정화, 항산화작용(노화방지)
배추과 채소	flavonoids, glucosinolates, sulforaphane, β-carotene	항암, 기능성 강화, 소화흡수 및 배설
우엉	inulin	혈액순환촉진

▶ **표 10-4.** 질병에 따른 원예작물의 예방적 기능성

구 분	해당성분	식물군	기능성 높은 농산물
고혈압	rutin, saponin, choline, acetylcholine, nasunin, prostaglandin	채소	아스파라거스, 셀러리, 갓, 가지, 우엉, 파슬리, 호박, 쑥갓, 마늘, 미나리, 생강, 냉이, 더덕, 쑥, 시금치, 양파, 토마토, 딸기, 감자, 고구마, 들깨
		기타	키위, 사과, 감, 석류, 호두, 녹차, 콩, 땅콩, 감귤류
동맥경화	alliin, unsaturated fatty acids (linolenic acid plus)	채소	마늘, 고사리, 당근, 토마토, 멜론, 들깨
		기타	감귤류, 석류, 호두, 녹차
암	sulfur compounds, inulin, flavonoids, carotenoids, polyphenols, glucosinolates, lysine, indole, tryptophane, tannin, cathechins	채소	마늘, 생강, 셀러리, 가지, 배추과 채소, 당근, 토마토, 호박, 고구마, 시금치, 양파, 우엉, 딸기, 멜론, 감자
		기타	감귤류, 사과, 포도, 콩, 땅콩, 녹차
비만 당뇨	vitamin A, C, & RE	채소	부분의 채소류, 특히 토마토, 마, 양파, 두릅
		기타	감귤류, 사과, 콩, 땅콩, 녹차

▶ **표 10-5.** 채소 종류별 주요 항암 성분

구 분	함유 항암 성분
백합과 채소	sulfur compounds (alliin), terpene, phenolic compounds, quercetin
배추과 채소	sulfur compounds, flavonoids, carotene, courmarin, terpene, phenolic compounds, indole, thiocyanates(SCN), sulforaphane
미나리과 채소	flavonoids, carotenoids, coumarin, terpene, phenolic compounds, polyacetylene
가지과 채소	flavonoids, anthocyanin, carotenoids, coumarin, terpene, phenolic compounds
박과 채소	flavonoids, carotenoids, coumarin, terpene, phenolic compounds

앞에서 언급된 항암효과 중 다시 채소류에서만 상세하게 검토하면(표 10-5) 각각의 채소 종류별로 다소 그 구성성분이 다르기는 하지만 대부분의 채소류에 구체적인 항암성분이 풍부하게 들어 있음을 확인할 수 있다. 즉, 백합과 채소인 마늘, 양파, 파, 아스파라거스 등에는 유황화합물과 quercetin 등이 주를 이루고, 가지과 채소인 고추, 가지, 토마토, 감자 등에는 색소류와 페놀류가, 그리고 박과채소류에는 역시 색소류와 coumarin, cucurbitacins 등이 손꼽힌다.

최근 약물 과용에 따르는 문제점, 즉 특정 약물에 대한 효능이 급감한다던가, 아니면 아예 효과를 보이지 않는다던가, 효과적인 사용량이 대폭 증가하여 위험 수준까지 올라간다던가 하는 문제점들이 급증하면서 병원이나 약국에서의 처방전이나 약물 사용을 줄이고, 대신 효과적인 기능성식품으로 대체하려는 대체의약에 대한 관심도가 급증하고 있다. 이러한 대체의약 대상물질 중에 가장 각광을 받는 것이 신선한 원예작물임은 두말할 필요가 없다. 아울러 우리들의 일상생활에서 상용하는 음식도 먹기에 따라서 훌륭한 대체의약물이 될 수 있음이 많은 학자

양파 / 브로콜리 / 색당근 / 가지과채소(감자, 고추, 토마토, 가지)

▲ 그림 10-4. 항암효과 및 항산화 효과가 높은 색깔 채소류

들에 의하여 상세하게 지적되고 있다. 표 10-6과 10-7은 이러한 예들의 일부를 보이는 것으로 이중 몇 가지만을 구체적으로 살펴보면, 채소는 신선함이 생명이며 따라서 같은 지역에서 생산된 같은 채소를 이용하더라도 그 효능을 최대한으로 유지하면서 적재적소에 이용하는 것이 특히 강조된다(표 10-6). 일례로 신선한 상태의 갓 수확된 채소를 이용하는 경우에는 그 효과가 유사하다고 하여도, 이들 채소를 저장하거나 또는 부분적으로 가공하려고 하는 경우에는 사정이 매우 달라진다. 즉, 쌈용으로 사용하려는 잎상추의 경우 비닐봉지에 넣어 냉장고에 보관하면 3~4일 정도 저장하더라도 외관상으로는 거의 차이가 없지만, 함유되어 있는 vitamin C 농도는 매우 큰 폭으로 감소한다. 또한 밭에서 자랄 때에 항상 위를 향해서만 자라던 잎, 줄기, 뿌리채소의 경우에는 이들을 냉장고 속에서 눕혀서 저장하게 되면 맛을 좌우하는 glutamic acid 등의 함량이 매우 낮아져서 고유의 좋은 맛에 영향을 끼치게 되는 경우가 많으므로 이들은 냉장고 속에서도 세워서 저장하는 것이 좋다는 최근의 연구 보고도 있다(표 10-6의 1항과 2항).

채소의 기능성을 최대화하기 위한 가장 좋은 방법은 제철에 생산된 채소를 가급적 최소한으로 가공하여 이용하는 것이다. 시금치나 배추 같은 채소는 대개 늦가을에 수확되는 것이 보통이고 이를 일컬어 제철채소라고 할 수 있는데, 이 시기의 시금치와 배추(많은 다른 채소에도 공통적)에는 비타민이나 당분함량이 매우 높을 뿐만 아니라 건강기능성으로 손꼽히는 섬유소

▶ **표 10-6.** 채소-약이 되게 먹는 방법 40가지(이케다 히로시)

	효용 또는 효력		효용 또는 효력
1	저장기술이 생명이다	21	데치는 것도 기술이다
2	잎, 줄기, 뿌리채소는 세워서 저장하라	22	항암성분이 풍부한 각종 채소류
3	껍질과 뿌리도 용도를 찾아라	23	녹색이 강한 것을 선호해야!
4	제철 채소가 으뜸이다	24	면역력을 높여주는 연한색깔의 채소류
5	버섯맛은 요리하기 나름	25	뿌리채소의 뛰어난 항산화작용
6	많이 씹을수록 좋다	26	비빔밥의 다양한 비결
7	청국장을 이해하라	27	된장국엔 채소를 곁들여야
8	뿌리 속의 탄수화물의 효능	28	감자와 고구마를 즐겨라
9	먹는 양보다는 횟수를 늘여라	29	콩의 사포닌은 대장암을 예방한다.
10	콩류는 정서안정에 특효	30	적색, 황색, 녹색채소는 노화를 지연
11	미네랄채소는 골격을 든든히 한다	31	토마토의 리코핀이 지닌 다양한 기능
12	유기농을 선호하여야!	32	동맥경화에도 좋은 마늘
13	변비에 특효인 각종 채소	33	장아찌로 맛이 배가되는 채소류
14	마늘의 면역강화효과와 살균력	34	단호박의 혈압조절 효과
15	가을 가지의 간 기능 강화 효과	35	면역력을 높여 주는 버섯의 효과
16	체지방 분해로 날씬함을 주는 고추	36	파의 맛과 향은 체질 개선에 유효
17	죽순의 떫은맛의 비밀	37	채소류의 뛰어난 제독(除毒) 효과
18	깻잎의 알레르기성 체질 개선 효과	38	미나리과 채소는 약보다도 좋다
19	혈당치를 낮추는 마와 토란	39	식물성 기름을 즐겨라
20	피를 맑게 하는 풋고추의 향기 성분	40	쓰고 떫은 채소가 약발이 좋다

▲ **그림 10-5.** 미국 국립암연구소에서 실시한 designer foods 과제의 역학조사로 만들어진 원예산물(농산물)의 항암성 피라미드. 높은 위치일수록 항암효과가 탁월함.

도 양질의 부드러운 섬유가 풍부하여 제철이 아닌 시금치나 배추에 비하여 갑절 이상 그 품질이나 기능성이 높은 경우가 대부분이다.

채소는 신선한 상태로 이용하는 것이 최선이라고 알려지고 있으나 때로는 데쳐서 이용하는

▶ 표 10-7. 암을 이기는 한국인의 음식 54가지(대한암예방학회, 2007)

	음식류	슬로건		음식류	슬로건
1	현미콩밥	주식을 바꿔라	28	생강	매운맛이 기능성
2	잡곡	오곡밥의 비밀	29	양파	껍질도 먹어라
3	미강	유방암세포증식억제	30	호박	주황색의 대표주자
4	율무	결장암에 탁월한 효과	31	부추	항암효과 증강
5	고구마	대장암과 폐암	32	쑥	항암성 인증
6	콩	유방암, 전립선암, 위암	33	버섯	경제적 암예방 식습관
7	작두콩	성인남자 간암	34	차가버섯	폐암 초기위암 후두암
8	청국장	암을 이기는 효과	35	토마토	가공해도 좋음
9	된장	콩의 효과 배가	36	알로에	암세포 성장전이억제
10	등푸른생선	DHA의 암예방과 장수	37	다시마	바다의 고급채소
11	새우젓	면역력 증강	38	미역	풍부한 섬유질
12	녹황색채소	밥상의 기본	39	김	해조류중 항암성 최고
13	케일	녹즙 효과	40	포도	껍질까지 먹어라
14	브로콜리	유방암, 대장암	41	배	발암물질의 배설
15	새싹채소	성분함량이 높음	42	딸기류	구강암, 식도암
16	배추와 콜리플라워	식이섬유	43	머루	포도보다 월등
17	양배추	위암, 대장암, 직장암	44	요쿠르트	장수 음식
18	김치	총체적 효과	45	유산균	대장암 예방
19	신선초	흡연자의 항암효과	46	들깨	한국인의 항암식품
20	시금치	암예방 활성성분	47	아마씨	귀한만큼 효과도 좋음
21	미나리	소금물에 데치면 배가	48	올리브오일	지중해의 보물
22	곰취	무공해 산나물	49	인삼	세계적 항암성
23	가지	일본인들이 특히 선호	50	홍삼	증가된 항암기능성
24	도라지	암세포 소멸 촉진	51	감초	전립선암, 유방암
25	당근	폐암과 유방암	52	녹차	하루 2잔이면 효과
26	고추	위암억제	53	커큐민	항암성 카레 색소
27	마늘	으뜸 항암식품	54	셀레늄	주목받는 필수성분

2009년 보건복지부의 통계자료 : 암으로 사망하는 것이 인구 10만명당 139.5명으로 1위이고 뇌혈관질환, 심장질환 등의 순서임.
위암, 폐암, 유방암 등에서 최근에는 대장암, 전립선암 등 서양인의 암으로!
담배, 알코올, 식사-금연, 절주, 운동(유산소운동), 스트레스 해소, 환경조절, 물 마시기

것이 더 좋은 경우도 많다. 데침이란 끓는 물속에 신선한 채소를 푹 담근 채로 30~120초 정도 익히는 것을 의미한다. 이러한 과정에 의하여 채소 내에서는 많은 변화가 수반되는데, 대표적으로 신선감이 파괴된다. 즉, 살아있던 조직이 모두 죽으면서 씹는 감촉이나 맛이나 향이 변하고 원래의 형태가 파괴되면서 함유성분 중에서 채소의 가장 중요한 성분인 vitamin C가 상당량 파괴된다. 물론 데치는 시간에 따라서 손실 정도에는 크게 차이가 있는데. 약 30초간의 데침 정도로는 vitamin C의 80% 정도는 그대로 유지되지만 데치는 시간이 길어져서 국 끓이듯이 5분 이상을 끓이게 되면 거의 대부분 파괴된다고 하여도 과언이 아니다. 이렇듯 문제점이 있는 반면에 장점들도 또한 만만치 않게 많은 것도 사실이다. 즉 데친 채소를 먹으므로,

- 채소섭취량을 쉽게 늘일 수 있다(먹기에 편하므로).
- 기생충이나 바이러스(노로바이러스 등), 그리고 식중독 균을 죽일 수 있다.
- 데친 후에는 냉동하거나 건조하여 채소를 장기 보존하여도 품질변화가 거의 없다.
- 토마토나 당근 등의 vitamin A 전구물질인 베타카로틴 등은 익혀 먹으면 오히려 소화 흡수량이 증가한다.
- 제철 채소의 고품질을 최대한으로 유지할 수 있다.
- 농약성분이나 위해물질도 한 번 더 세척함으로써 위해가능성이 더욱 낮아진다.
- 결과적으로 총체적인 채소의 기능성은 변하지만 낮아지는 것만은 아니다.

표 10-7은 특수한 경우, 즉 암에 대비한 음식이나 식생활을 나타내는 최근의 연구결과들을 종합하여 보이고 있는데, 여기에서도 역시 원예작물을 현명하게 섭취 또는 이용하는 것이 매우 중요한 요인임을 여실히 보여 주고 있다.

10.2.2 기능성 성분과 일반 성분과의 공통점 과 차이점

대부분 공통되게 이용되고는 있지만 간단히 차이점을 지적하면, 기능성 음식이란 일상생활에 필요한 필수 에너지원에 추가되어 인체 활동 또는 활력에 도움을 주거나 또는 영향을 미치는 기능을 보유하는 성분을 풍부하게 함유하고 있는 식품이라고 요약할 수 있다.

10.2.3 기능성 성분과 약리적 성분의 공통점과 차이점

약리적 성분은 대부분의 경우 기능성 성분과 유사하기는 하지만 때로는 그 폭이 기능성보다는 좁아서 특수한 질병 또는 문제점에만 특수하게 작용하므로, 그 문제점이 해결 또는 치유된다면 이러한 성분의 이용도 중단하는 경우가 이에 해당된다고도 할 수 있다. 즉, 기능성 식품은 상용하여도 무방하고 또 그렇게 권유되기도 하지만, 약리적 성분은 특수한 경우에만 선별 이용하는 것이 바람직하다.

▶ 표 10-8. 산채류의 약리 및 식품첨가물 효과(홍정기 등)

약리효과	식품첨가물 효과
항말라리아제-kina, 개똥쑥 등	감미료-감초, 백운산, 스테비아 등
기억장해치료제-쇠뜨기, 전초 등	착색료-홍화(잇꽃), 베타인 등
항혈소판 활성화 인자-은행잎, 우엉 등	보존료-사철쑥 등(안식향산)
항궤양제-croton 등	산화방지제-후추 등
간염 치료약-감초, 오미자, 돌나물 등	고미료(苦味料)-caffeine 등
항알레르기제-미나리과, 매자나무, 황금 등	기타 다수

10.2.4 원예식품의 항산화성(抗酸化性, antioxidant activity)

최근 강조되는 항산화성이란, 인체의 각각 부위에서 에너지원이 이용되면서 나오는 산화물질, 즉 세포 또는 기관의 폐기물이 인체의 구석구석에 집적되는 경우가 많은데 이러한 노폐물 또는 산화물이 생기지 않도록 조절하는 물질들을 일컫는다. 즉, 여러 부위에서의 산화작용을 방지하여 노폐물의 인체 부위 내의 축적을 최소화하여 세포를 젊고 활기 있게 유지하고 궁극적으로 인체 활력 증진과 질병 예방에 기여하는 효과를 말한다. 토코페롤(tocopherols) 등의 비타민류를 위시하여 원예작물 내에 함유되어 있는 많은 물질들이 강력한 항산화 효과를 보인다(그림 10-6).

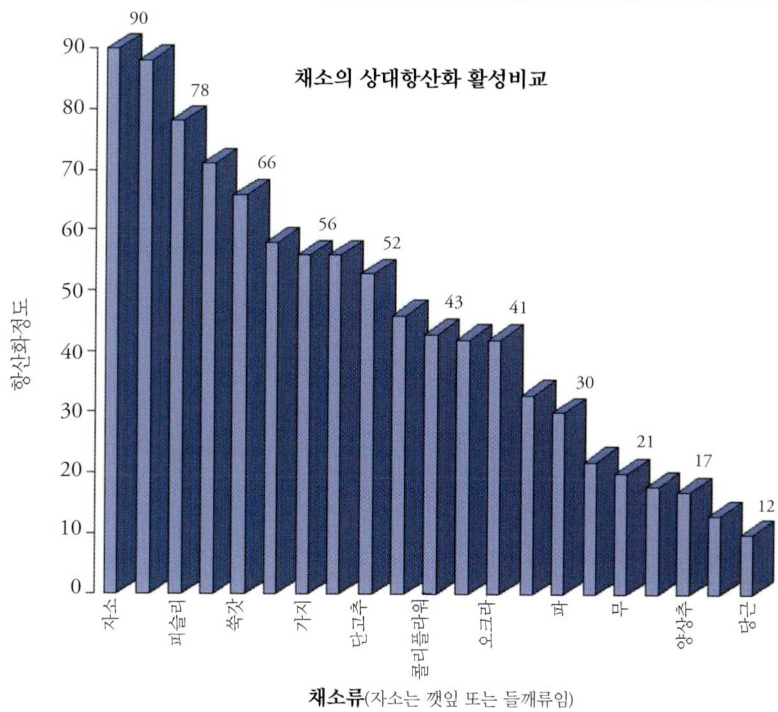

▲ 그림 10-6. 채소류에서의 항산화 활성도 비교

소과류

깻잎

▲ 그림 10-7. 항산화성이 뛰어난 원예작물 (깻잎은 일명 들깨 또는 자소로도 불리움)

▶ 표 10-9. 약용식물의 약리성분의 분류와 주요 해당물질 (한국약용식물연구회 자료)

	분류	물질명		분류	물질명
1	전분, 이눌린	mono- & polysaccharides	9	트리테르펜, 사포닌 등	cholesterol 등
2	지방유	linoleic acid 등	10	카우축	천연고무
3	단백질	proteins	11	식물색소	shikonin 등
4	납	wax	12	타닌	catechin 등
5	점액질	pectins	13	리그난, 리그닌	lignan 등
6	검수지	다당류 수지	14	배당체	salicin 등
7	정유	menthol, camphor 등	15	알칼로이드	caffeine, quinine, cocaine 등
8	발삼수지	stevioside 등	16	칼슘염	

10.3 기능성 원예작물의 이용

10.3.1 채식(菜食) 및 채식주의자(菜食主義者, vegetarians)

세계적으로 채식인구가 급증하고 있는데 채식가 또는 채식주의자들은 그 정도에 따라서 다음과 같이 구분된다.

- 베간(vegan) : 골수 채식주의자
- 오보(ovo) : 계란만 허용
- 락토(lacto) : 축산가공품만 허용

▲ 그림 10-8. 채식주의자 식단 피라미드(상위에 있는 것일수록 섭취량을 적게 한다)

- 락토-오보(lacto-ovo) : 축가공품과 계란 허용
- 페스코(pesco) : 생선까지 허용
- 세미(semi) : 닭고기까지 허용, 때로는 육식

상기에 추가하여 개인적으로 자신이 채식주의자임을 내세우지 않는 은둔형과 어디를 가더라도 채식주의자임을 강조하는 개방형으로도 구분한다.

10.3.2 채식의 다양한 효능

채식가가 강조하는 채식의 효능을 나열하여 보면 아래와 같다.

- 채식은 혈액을 깨끗하게 만든다.
- 채식은 치아와 뼈를 튼튼하게 한다.
- 채식은 암내와 같은 몸 냄새를 없애준다.
- 채식으로 거친 성격을 고칠 수 있다.
- 채식으로 머리를 좋게 할 수 있다.
- 채식을 하면 수면시간이 짧아지고 숙면할 수 있다.
- 현미 · 채식과 소식으로 불면증을 치료할 수 있다.
- 신경계의 허약에서 오는 정신병도 치료할 수 있다.

▲ 그림 10-9. 채식 식당

10.3.3 생식(生食)

생식은 음식을 가급적 끓이거나 익히지 않고 날것인 상태로 식단을 조성하는 것을 의미한다. 채식과의 차이점은 생식에서는 육류의 섭취를 반드시 제한하는 것이 아니라는 점이다(그림 10-10). 대신 채소, 과실은 물론 일반 곡류까지도 익히지 않은 상태로 먹어서 음식물에 들어 있는 각종 유익한 효소까지도 같이 섭취하여 인체의 생기를 북돋아 주려는 목적을 가진다. 즉, 장점으로는 살아있는 생명을 먹음으로써(효소 등) 신체에 활기를 부여하고 날씬해져서 비만 문제를 해결하며, 간편성을 강조하고, 기타 다양한 질병의 예방 내지는 치료효과 등을 강조한다. 다만 끓이거나 익히지 않은 상태로 식용하므로, 생식하는 재료 자체가 어느 정도 확실하고 안전한 것인가 하는 문제점이 뒤따르고 있다. 즉, 최근에 불거져 나오는 생식의 몇 가지의 문제점을 요약하여 보면

- 과잉 선전(유기농 포함) 지나치게 확대되어 있음(채식 열풍과도 유사)
- 오염 문제
- 저장 중의 변질
- 불량제품의 유통 증가
- 유통단계에서의 문제점(노인들을 상대로 한 만병통치약 등, 피라미드 판매, 반품 일체 불허)
- 성분함량 미상 및 불일치
- 포장 상품과 내용물과의 불일치 등이 제기되고 있음을 주목할 필요가 있다.

▲ 그림 10-10. 생식과 선식

10.3.4 선식(禪食)

불신자들이 길고 힘든 불공을 드리기 위한 영양식이라고도 줄여 표현할 수 있다. 물론 매우 다양한 식단이 가능하며 이용 방법도 역시 다양하다(그림 10-10). 육식을 금하므로써 유발되는 단백질 부족은 버섯이나 콩 제품으로 보완한다.

10.3.5 비빔밥과 쌈밥(김밥)

이제는 국제항공노선에서 조차도 한국의 진미인 김치와 비빔밥이 사랑 받는 식단으로 등장하여 있다. 일본의 번화가인 대중음식점 등에서도 역시 한국의 비빔밥은 인기상종가이다. 비빔

▶ 표 10-10. 한국 고유 음식인 김치, 비빔밥, 쌈밥의 기능성

김치		비빔밥		쌈밥	
주요 구성성분	주요 기능	주요 구성성분	주요 기능	주요 구성성분	주요 기능
배추	항암, 소화촉진	쌀	영양	상추	안정, 최면
마늘	면역증강, 강건	도라지	거담, 진해, 배농	쌈장	기력증진, 강건
생강	항균, 자극	고사리	천식, 감기, 두통	고기류	영양
고추	체지방분해, 자극	기타 나물류	다양한 조합	마늘, 쑥갓, 들깻잎	다양한 조합

비빔밥 A　비빔밥 B

새싹비빔밥　꽃밥

▲ 그림 10-11. 다양한 종류의 시판 비빔밥

밥은 간단히 요약하여 기능성 물질들의 균형 잡힌 식단이라 요약할 수 있다. 최근에는 재래식 비빔밥에 추가하여 새싹비빔밥, 꽃밥 등이 등장하여 비빔밥의 메뉴 폭을 확장하고 있는 실정이다(표 10-10, 그림 10-11).

10.4 재배 및 가공방법의 차이에 따른 구분

원예산물의 재배방법이나 가공방법 등에 따라서 아래와 같은 추가적인 구분이 가능하다.

10.4.1 신선편의상품

외국에서는 흔히 fresh-cut 또는 minimally-processed fruits & vegetables라고 부르는데 한국에서는 신선편의상품이라 부르기로 합의하고, 신선편의상품협회가 구성되어 그 활동 범위를 넓혀 가고 있다. 손질을 많이 해야하는 원예산물을 미리 잘 다듬어서 소량씩 판매하여 그 이용을 촉진하자는 의도이다(그림 10-12).

신선편의 A

신선편의 B

신선편의 C

샐러드류

▲ 그림 10-12. 다양하게 포장 · 시판되는 신선편의 제품들

10.4.2 샐러드(salads or salads bar)

특히 젊은 여성들을 대상으로 대도시 음식점에서는 아주 흔한 보편적 메뉴가 되었고, 가격도 비교적 저렴하여 많이 애호되고 있다. 친환경 상품에는 무농약 상품 및 유기농 상품이 주를 이룬다.

10.4.3 친환경 상품 및 GAP(Good Agricultural Practice) 상품

음식점보다는 대형 슈퍼마켓 등에서 쉽게 찾아 볼 수 있는 친환경 산물로서 생산자 이력추적도 가능한 우수농산물 제품이다. 가격이 다소 비싸기는 하지만 품질에 신빙감이 있어서 찾는 사람들이 꾸준히 증가하는 추세이다. 친환경 상품에는 무농약 상품 및 유기농 상품이 주를 이룬다.

10.4.4 유기농 상품

친환경 산물 중에서도 등급이 가장 높고, 가격도 보통 상품에 비해 20~30% 정도 높게 거래된다. 3년간 화학비료 및 농약, 제초제 등을 사용하지 않은 토양에서 생산하여 소정의 검사에 합격한 산물이므로 친환경 산물의 극히 일부분만이 이에 속한다. 가격이 높고, 제품의 공급에서도 지속성이 약한 것이 결점이지만 그 이용은 꾸준히 증가하고 있는 실정이다.

10.4.5 병원식단조성

병원에서의 특수 음식물을 지칭한다.

10.4.6 학교급식

학교에서 단체급식을 하는 음식을 통칭한다.

10.4.7 기능성 강화 또는 수정 식품

소정의 정부 또는 정부 지정 기관의 검사를 받고 이를 명확하게 표시하고 있는 산물을 지칭한다.

10.5 결론

고가의 기능성 식품이라고 하더라도 이를 적절히 이용하지 않는다면 그 효과가 매우 낮거나 오히려 부정적으로 나타날 수 있으므로 다음을 유념하여 이용토록 한다.

- 기능성 식품이라도 과식, 편식은 득보다 실이 더 많다.
- 신선 채소 및 과실 같은 기능성 식품은 소량씩 자주 섭취하는 것이 비결이다.
- 식사시간을 고정하고, 식생활의 습관화를 정착해야 한다.
- 기능성은 개인에 따라 각각 다른 것이 원칙이므로 자신에 알맞은 기능성 식품을 지혜롭게 선택 이용한다. 만병통치 기능성 식품은 없다!
- 즐거운 마음으로 식사에 임하는 것이 심신의 건강 유지에 중요하다.

참고문헌

1. 윤동혁. 색, 색을 먹자. 2005. 기획출판 거름.
2. 박건영 외. 2007. 암을 이기는 한국인의 음식 54가지. 연합뉴스.
3. 동아일보사. 2004. 몸에 좋은 새싹 & 화분 채소 키우기. 동아일보사.
4. 이케다 히로시. 2005. 채소, 약이 되게 먹는 방법 40. 동도원 (역자: 오희옥).
5. 목일진, 이지원. 2005. 안전성과 기능성이 우수한 고부가치 농산물 생산. 2005 서울국제원예전시회 심포지엄 P. 1~23.
6. Mazza, G. 1998. Functional Foods. Biochemical & Processing Aspects. Technomic Publishing Com., USA. 460 pages.
7. Shi, J., G. Mazza, and M. L. Maguer. 2002. Functional Foods Vol. II. Biochemical & Processing Aspects. Technomic Publishing Com., USA. 409 pages.
8. Watson, R. R. 2003. Functional Foods & Nutraceuticals in Cancer Prevention. Iowa State Press. 315 pages.
9. Shi, J., C.T. Ho, and F. Shahidi. 2005. Asian Functional Foods. CRC Press. 647 pages.
10. Wink, M. 2010. Functions and Biotechnology of Plant Secondary Metaholites. Annual Plant Reviews, Vol. 39. Wiley-Blackwell. 410 pages
11. Wink, M. 2010. Biochemistry of Plant Secondary Metaholism. Annual Plant Reviews, Vol. 40. Wiley-Blackwell. 445 pages

11 채소의 영양, 재배, 이용 및 가공

11.1 채소의 뜻

채소(菜蔬, vegetables)는 '푸성귀' 또는 '남새' 라고도 부르는데, 푸성귀는 사람이 가꾸어 기르거나 또는 저절로 난 나물들을 의미하며, '남새' 는 심어서 가꾸는 나물로서 채마(菜麻)라고도 하고 방언으로 '남우새' 가 지방에 따라 쓰여 왔다. 또 나물은 먹을 수 있는 풀이나 나뭇잎의 총칭 또는 그것을 조미하여 무친 반찬이라고 기록되어 있다. 채(菜)와 소(蔬)는 같은 뜻으로 해석되어 왔으며 다같이 "나물"이라는 뜻이다.

채소는 넓은 뜻으로는 식용되는 초본성(草本性, herbaceous) 식물의 총칭으로 쓰일 수 있으나 대체로 재배되는 초본성 식물만을 의미한다. 채소는 부식적(副食的) 성격이 강하고 저장성이 부족하므로 계절적 이용의 성격이 뚜렷하다. 따라서 지역에 따라서는 재배하지 않는 채집식물이 채소로서의 비중이 높을 수도 있고, 한 계절에는 채소가 되고 다른 계절에는 야생식물로 그치는 경우도 있다. 따라서 채소라는 용어의 내용과 그 범위에 명확한 구분이나 정의를 내리기가 어렵다.

산과 들에 자생하는 초본성 식용식물은 그 이용방법은 채소와 같지만 채소라고 부르지 않고, 산에서 나는 것을 산나물, 들에서 나는 것을 들나물이라 하여 채소와 구별하는 것이 보통이다. 또 두릅나무, 참죽나무 등의 어린 싹은 이용단계에서 채소와 같으나 그것이 목본성(木本性, woody)이고 야생 상태에서 채취되므로 채소로 취급되지 않지만, 최근에는 이러한 식물들도 대규모로 재배하는 농가가 증가하면서 민속채소라는 새로운 용어로 불리고 있기도 하다. 감자, 고구마, 옥수수 등은 주식작물로 재배하는 지역에서는 식량작물이 되고 전분채취를 목적으로 재배하면 공업원료작물, 사료용으로 재배하면 사료작물, 간식 또는 부식용으로 재배하면 채소작물로 취급된다. 콩(大豆)은 작물로 흔히 취급되지만 미숙한 것을 식용목적으로 재배되는 풋콩(枝豆)이나 콩나물은 채소이다. 요컨대 "채소는 원칙적으로 신선상태(新鮮狀態, 다즙)로 부식 또는 간식으로 제공될 목적으로 재배되는 초본성 식물이다"라고 정의할 수 있다. 이러한 채소의 내용과 범위는 매우 넓으며 시대, 지역이나 장소, 재배법, 이용법 또는 식생활의 사정에 따라 고정된 것이 아니고 변천하는 것이다. 흔히 부르는 야채(野菜)라는 말은 들나물이나 산나물을 지칭하는데 채소 대신에 사용하는 것은 일본 유래의 틀린 용어이므로 사용에 유의한다.

11.2 채소의 분류

다양한 채소류는 학명(學名, scientific name)에 근거를 주고 분류하는 과학적인 분류가 있지만, 실용상으로는 식용부위에 따라 아래와 같이 세분하는 것이 보통이다.

11.2.1 엽경채류(葉莖菜類)

(1) 엽채류(葉菜類, 잎채소) 주로 잎이나 줄기를 식용으로 하는 채소류를 지칭하며, 넓게는 꽃을 이용하는 화채류도 포함된다. 잎을 이용하는 배추, 양배추, 갓, 청경채, 열무, 상추, 시금치, 근대, 쑥갓, 머위, 미나리, 참나물 등이 이에 속한다(그림 11-1).

(2) 인경채류(鱗莖菜類, 비늘줄기채소) 마늘, 양파, 파, 쪽파, 염교, 달래, 리크 등으로 잎이 변

▲ 그림 11-1. 엽채류

하여 발달된 기관을 주로 이용하는 채소이다.

(3) 화채류(花菜類, 꽃채소) 꽃을 먹는 채소(edible flowers)로 꽃양배추류, 식용국화, 호박꽃, 아티쵸크 등이 있지만, 최근 화식문화(花食文化)가 널리 확산되면서 매우 다양한 꽃 종류가 비빔밥, 꽃밥의 형태로 그 이용이 급증하고 있다. 많이 이용되는 꽃으로는 팬지, 국화, 한련화, 페튜니아, 토레니아, 카네이션, 금잔화, 데이지, 비올라, 베고니아, 패랭이, 미니장미 등이다. 대체로 화려하고 다양한 색상을 지니고 있는 꽃들이 선호된다(그림 11-2).

▲ 그림 11-2. 새싹 및 화채류

11.2.2 근채류(根菜類, 뿌리채소 ; root vegetables) (그림 11-3)

(1) 직근류(直根類) 무, 당근과 같이 원뿌리가 비대하여 식용부위가 되므로 옮겨 심으면 뿌리 모양이 비정상이 된다.

(2) 괴경(塊莖) 및 구경류(球莖類) 감자, 토란 등

(3) 괴근(塊根) 및 기타 고구마가 대표적이다.

11.2.3 과채류(果菜類, 열매채소 ; fruit vegetables) (그림 11-4)

(1) 과실 이용 고추, 토마토, 가지, 오이, 호박, 수박, 참외, 멜론, 박

(2) 종자 이용 완두, 잠두, 녹두, 강낭콩

(3) 기타 부위 이용(꽃받기 이용 – 딸기, 단옥수수)

▲ 그림 11-3. 근채류

▲ 그림 11-4. 과채류

11.2.4 향신채류(香辛菜類 ; herbs)

주로 잎을 이용하므로 엽채류에 속하는 것이 많기는 하지만, 다양한 부류에 고르게 분포되어 있고 그 용도도 매우 다양하다(14장 참고).

11.2.5 기타 채소

버섯류, 산채류, 약용식물, 양채류, 기타 등이 포함된다.

(1) **새싹채소** : 싹을 틔워 어린 상태에서 식용한다. 무싹, 유채싹 등 종류도 다양하다.

(2) **버섯류** : 최근에는 대부분 병재배 버섯으로 전환되고 있다.

11.3 채소의 중요성 및 기능

채소의 영문 vegetables는 라틴어의 vegetabilis라는 단어에서 유래되었는데 그 의미는 "활력을 준다"라는 뜻이다. 즉, 신선한 채소에 많이 함유된 비타민을 포함한 영양물질이 인체에 활력을 제공하여 활발하고 건강한 삶을 유지할 수 있다는 의미이다. 이러한 의미에서 채소의 중요성을 요약하면 아래와 같다.

11.3.1 영양적 중요성

(1) **영양물질의 공급** : 탄수화물, 지방, 단백질의 기본 영양소를 공급하는데, 엽채류에는 함량이 적지만 근채류(감자, 고구마 등)나 과실, 종실 채소류에는 상당량 포함되어있다. 그러나 이들 영양소만을 목적으로 할 때는 곡류나 다른 물질로도 가능하므로 채소만의 특성은 아니다.

(2) **비타민의 공급** : 채소의 가장 중요한 영양성분이다. 색이 강하게 나타나는 채소류에 풍부하게 들어있는 비타민 C를 비롯하여 비타민 A의 전구물질인 베타캐로틴 등과 엽산(folic acid) 등을 위주로 한 각종 비타민류가 풍부하게 함유되어 있다.

(3) **무기질의 급원** : 다양한 무기질의 풍부한 급원이다.

11.3.2 보건적 중요성

(1) **양질의 식이성 섬유 공급** : 인체에 영양분을 공급하지는 않으나 원활한 소화 흡수나 배설, 그리고 내장의 청소 기능까지도 하는 식이성 섬유의 주 공급원이다.

(2) 체질의 산성화 방지 : 대부분의 채소는 알칼리성 식품이어서 인체의 체액의 산성화를 지연시켜 피부 및 세포의 노화를 억제하는 효과가 크다.

(3) 식사의 다양성 및 즐거움 제공 : 다양한 채소류는 식사의 다양성과 즐거움을 주어 인체의 정신적인 안정 및 정서함양에 까지도 기여한다.

11.3.3 정서적 중요성

(1) 취미활동 : 여가선용 채소재배 및 가공 이용과 연계하여 여가를 선용하면서도 보람을 찾고, 부수적으로는 건강채소의 자급자족에도 기여할 수 있는 중요성으로 특히 최근 주5일 근무제의 확대실시와 이에 따르는 여가선용 문제가 심각해지면서 도시 근처에서는 계약제 주말농장 등의 이용이 많은 사람들의 관심을 끌고 있다(그림 11-5).

(2) 원예치료의 주요 내용 : 다양한 원예활동을 심한 정신적 스트레스나 장해를 겪고 있는 사람들에게 적용하여 정상적인 생활로의 복귀 또는 정착을 목표로 하는 프로그램으로 이 역시 최근 빠른 속도로 보급되고 있다.

(3) 교육적 이용 : 학교 화단에나 공원 등에 식물의 이름을 적어 놓고 아울러 간단한 특성 및 재배 또는 이용 방법까지도 익히도록 하여 자연의 원리와 소중함을 근본적으로 이해시키는 원예활동을 스스로 익히도록 도움을 주는 것으로 특히 선진국에서 많이 활용되고 있다.

11.3.4 채소의 기능

(1) 생체방어기능 : 앞에서 언급한 중요성에 추가하여 각각의 채소에 특수하게 함유되어 있는 성분들이 인체에 미치는 영향을 이해하기 시작하면서 최근에 강조되는 성분으로 매우 다양한 기능성이 알려지고 있는데, 가장 중요한 기능성의 하나가 생체방어 기능성으로 마늘이나 꽃양배추류에 함유된 특수성분의 인체면역 증강 기능성 등이 그 예이고, 들깨 등의 항산화성 물질류도 이에 속한다고 할 수 있다.

(2) 생체조절기능 : 인체의 대사작용을 촉진하여 질병에 걸리지 않거나 또는 회복속도를 빠르게 하는 기능을 들 수 있다.

(3) 정신조절 : 채소에 들어 있는 특수한 성분이 신경안정제나 진정제 등의 역할도 겸하여 다양하면서도 건전하고 안전한 정신조절효과를 얻을 수 있는데, 주로 소량으로 이용하는 향신채류(herbs)에서 상대적으로 더 많다.

(4) 질병의 예방과 회복 : 채소에 함유되어 있는 특수성분을 이용하여 질병으로부터의 예방과 회복을 빠르게 한다는 의미에서는 한약이 가지고 있는 기능과도 유사하게 생각할 수도 있다. 채소류 중 특히 민속채소류는 예로부터 식용 및 약용 겸용으로 이용되어 왔으므로 이에 해당되는 식물들을 특히 많이 찾아볼 수 있다.

▲ 그림 11-5. 가정 채원과 엽채류 재배

11.4 채소의 이용

11.4.1 식용 채소의 이용

1 먹는 횟수를 늘이자

최근이 유행어가 되다시피 한 용어로 전세계적으로 "5-A-Day Promotion"이라는 것이 있다(그림 11-6). 즉, 건강하고 활기찬 삶을 유지하고 싶다면 하루에 신선채소(과일 포함)를 먹는 횟수를 5번 이상으로 늘이라는 의미로서 미국에서는 관공서 출입구 벽면에까지도 크게 홍보물을 내걸어 홍보하고 있다. 미국에서는 현재 하루 평균 3회 정도인데 아마도 상당수의 한국인은 1회 정도가 아닐까? 한번에 먹는 양이 중요한 것이 아니라 먹는 횟수가 중요한 이유는 비타민의 효과를 최대한으로 하자면 매 4시간마다 소량씩 섭취해야 한다는 이론과도 일치한다. 이외에도

▲ 그림 11-6. 원예작물 이용증대 홍보

▲ 그림 11-7. 가정 채원

다양한 보건 기능이 함께 함은 물론이므로 특히 가정채원에서 키울 수 있다면 더 이상적이다 (그림 11-7).

2 다양하게 섭취하자

몇 가지 채소만을 편식하는 것은 물론 전혀 먹지 않는 것보다는 좋기는 하나 다양하게 섭취하는 것에 비하면 그 효과가 매우 떨어진다. 동양인들은 대체로 과일보다는 채소를 압도적으로 많이 섭취하는데 한국인들은 이들 채소의 60% 이상을 김치의 형태로 이용한다. 따라서 다양한 재료가 김치에 추가되지 않는 한 그 다양성에서 상당히 제한적일 수도 있다. 특히 신맛이 강하게 나는 김치는 신선채소의 영양가와는 상당히 다르므로 이러한 식생활은 시급히 개선할 필요가 있다. 다양한 샐러드를 만들어 소량씩 이용하는 것은 건강에는 물론 접대용으로도 필수적인 조건으로 바뀌고 있다(그림 11-8).

3 신선한 것일수록 좋다(유통기한 준수)

흔히 신선채소를 냉장고에서 상당 기간 냉장저장한 이후에도 부패하지 않고 싱싱한 상태를 유지하고 있으면 그 성분도 유지되는 것으로 판단하기 쉬운데, 연구결과에 따르면 신선해 보이더라도 저장기간이 길어지면 현저히 그 기능성 성분함량이 감소될 수 있다고 한다. 따라서 신선채소는 가급적 오래 저장하지 말고, 구입 또는 수확 즉시 이용토록 한다.

4 약이나 종합비타민 등으로 대용하는 것을 피한다

흔히 채소의 영양가로 비타민을 손꼽으며 비타민만 먹으면 신선채소의 섭취횟수를 줄여도 좋다고 속단하는 경우가 흔한데 이는 전적으로 틀린 생각이다. 약으로 대치하는 비타민은 천연물과는 달리 효과면에서도 지속성이 없고 약효가 일정치 않을 뿐만 아니라, 과용이나 오용에 따르는 부작용도 자주 보고되고 있는 실정이다.

▲ 그림 11-8. 다양한 색깔의 채소류

5 익혀서 먹는 것이 좋은 경우도 있다

채소는 원칙적으로 신선한 상태로 이용하는 것이 권장되지만 종류에 따라서나, 취향 등에 따라서는 오히려 익혀서 먹는 것이 더 효과적인 경우도 있다. 대표적인 예로 당근이나 토마토를 들 수 있는데, 이들 채소는 익히더라도 주성분인 비타민 A의 전구물질, 즉 베타카로틴이나 리코핀(lycopene) 등이 파괴되지 않을 뿐더러, 오히려 인체 내로의 흡수가 촉진된다. 아울러 일부 채소류에서는 가열에 의해 살균효과나 독성물질의 제거효과도 기대할 수도 있고, 데친 채소의 경우 상대적으로 더 많은 양을 쉽게 섭취할 수 있으므로 노약자 등에게는 오히려 살짝 데친 채소가 더 효과적일수도 있다.

11.4.2 채소의 종류별 영양가치 및 기능성

몇 가지 주요 채소별 영양가 및 인체에서의 기능은 표 11-1에 요약되어 있다. 일반적으로 과수류와는 달리 채소류는 종류도 다양하고, 이용방법이나 이용시기 등에 따라 그 성분함량이나 효과에도 차이가 클 수 있으므로 필요시마다 적시적소에 이용하는 것이 결코 쉬운 일이 아

▶ 표 11-1. 채소의 종류에 따르는 주요 성분 조성 및 영양 · 보건 · 기능성

채소군	종류	성분 및 용도	영양가-보건성 -기능성
배추과 채소	배추, 양배추 등	섬유질, glucosinolates, indole	양질의 식이성 섬유 항암, 소화 및 배설촉진
백합과 채소 A	양파, 파 등	sulfides, quercetin	해독, 살균, 항산화성, 심장기능 강화
백합과 채소 B	마늘, 부추 등	allicin, alliin, scordinin	면역기능강화, 스태미너 증강
국화과 채소	상추, 쑥갓, 치커리 등	lactucin, lactucerol	신경안정, 진정, 최면
박과 채소	오이, 참외, 수박, 호박 등	cucurbitacin, momordecin	살균, 피부미용, 이뇨촉진, 해열
미나리과 채소	미나리, 당근	apiin, carotene	진통, 건위, 강장, 혈압, 항암
콩과 채소	콩, 완두, 강낭콩 등	isoflavon	골다공증, 갱년기 장해, 치매, 천식
가지과 채소 A	고추, 단고추	capsaicin	신진대사촉진, 스트레스해소
가지과 채소 B	토마토, 방울토마토	lycopene, carotene	항산화성, 항암성, 피부미용
가지과 채소 C	가지	nasunin	수렴작용, 혈압강하
명아주과 채소	시금치, 근대, 비트	엽산, 섬유질, 비타민	체력증강, 기억력 증진
꿀풀과 채소	들깨, 허브류	aroma oils	항산화성, 진정, 정혈
초롱꽃과 채소	도라지, 더덕	aroma oils	기침, 건위, 강정
벼과(화본과)	죽순, 옥수수 등	싹으로도 이용	다양한 효과
민속채소류	산채류 및 나물류	다양한 성분	약용 및 식용 겸용이 많음
버섯류	양송이, 팽이, 느타리, 표고 등	다양한 성분	단백질 및 기능성 풍부, 약용도 상당수(영지, 신령, 상황)

니다. 따라서 쉽게 한눈에 이해할 수 있는 영양 가치를 주요 채소별로 나열하여 보았다.

영양가는 탄수화물, 단백질, 지방 등의 영양소와 비타민 및 광물질 함량이 주를 이루는데 비하여, 최근에 강조되는 기능성은 이러한 영양 가치에 추가적으로 적용되는 것이어서 채소의 종류 및 심지어는 품종 및 재배기술에 따라서 크게 차이가 나는 특징이 있다.

최근에 세계적으로 선정된 10대 건강식품에 마늘이 1위로 선정되고 연어와 포도주를 제외한 대부분이 채소와 과일로 구성되어 있음을 주목할 필요가 있다. 특히 신선채소류에 풍부하게 들어있는 항산화성분은 체내 대사작용의 정상적인 진행에 필수적인 요인임도 증명된 바 있다.

11.4.3 색상별 기능성 및 해당 채소류

최근 들어 색깔이 진한 채소류, 유기농채소류 또는 친환경채소류, 새싹채소류, 및 어린채소류의 이용이 급증하고 있는데, 특히 다양한 색깔을 기능성으로 대변하는 경우도 있다. 단편적 예를 든다면 과거의 통배추는 절단 시 내부색깔이 백색이 대부분이었으나, 최근에는 속노란배추라고 불리는 배추로 상당수 전환되기에 이르렀으며(그림 2-12 참조), 토마토의 경우도 과거 녹색 과실을 수확하여 후숙시켜 이용하던 것이 최근엔 완전한 적색과(완숙과)를 이용하는 경향이 두드러지게 나타나고 있는데, 이들 상품이 영양가와 기능성에서 현저하게 높으므로 국제교역에도 중요하게 취급기도 한다. 또한 표 11-2와 그림 11-9에서도 확인할 수 있듯이 다양한 채소류에서 과거의 녹색 위주에서 다양한 색깔을 지니는 채소로 변환되면서 하나의 작물에서도 다양한 기능성을 얻을 수 있는 기법들이 마련되고 있다. 아울러 경증 정도의 신체적 영양적인 일시적 문제점들에 대하여는 투약이나 입원이라는 대응보다는 현명한 식단과 식사요법으로 해결하려는 개개인의 노력이 더욱 중요한 시점에 와 있다고 판단되며, 이러한 습관을 생활화하는 것이 생활원예의 학습과 응용의 중요한 내용이라 요약할 수 있다.

▶ 표 11-2. 채소 및 원예작물의 색깔에 따르는 구분 및 주요 기능

색 깔	해당 기능성	해당채소 또는 작물	비 고
백색	면역력 강화	마늘, 감자, 무, 양파, 인삼	열에 일부 파괴됨
녹색	폐와 간의 건강	시금치, 배추, 열무, 브로콜리, 풋고추	신선한 상태 이용 권장
황색	콜레스테롤 강하	콩나물, 바나나, 과일류	열에도 안정
흑색	젊음을 되찾음	우엉, 검정콩, 검은깨, 메밀, 김	열, 가공에 안정
적색	항암효과 탁월	딸기, 토마토, 고추(사과)	신선상태가 항산화성이 특히 높음
오렌지	혈액순환 개선	당근, 고구마, 호박(오렌지, 감)	가공에도 견딤
혼합색	무지개색깔	다양한 조화가 가능	신선채소 위주

▲ 그림 11-9. 다양한 색깔을 나타내는 기능성 강화 채소들(당근, 근대, 색동무, 브로콜리 및 고추)

11.4.4 간식 및 영양식 채소의 이용

1 신선편의상품

우리나라에서는 신선편의채소(또는 상품)로 널리 불리고 있는 이 상품은 외국에서는 다른 여러 용어로도 불리는데 minimally-processed vegetables 또는 fresh-cut vegetables라는 용어가 가장 보편적이다. 즉, 앞서 언급된 바 있는 하루 채소 섭취횟수를 획기적으로 증가시키기 위해서 고안된 상품이라고도 할 수 있다. 과일과는 달리 신선한 채소를 하루에도 몇 번씩을 다듬고 세척하고 껍질을 벗기고 잘라서 접시 등에 담아서 이용하기에는 너무나 많은 노력과 시간과 비용이 필요하므로 이를 상품화하여 판매하는 것이라고 요약할 수 있다. 즉, 일정한 크기의 플라스틱 용기에 이미 세척, 절단된 다양한 채소류를 소량씩 다양하게 포장하고 유통기간을 밝힌 후 이들을 대형수퍼마켓을 중심으로 cold chain을 이용하여 판매하는 것을 일컫는다. 이러한 제품은 고전적인 통조림에 실증과 실망을 느끼는 많은 사람들의 관심을 끌어들여 외국에서는 물론이고 국내에서도 활발히 유통되고 있다(그림 10-12 참조). 신선채소 뿐만 아니라 매우 다양한 상품이 소개되고 있고, 이것만을 주관하는 협회도 최근에 구성되어 활발하게 활동 중이다. 유사한 내용으로 샐러드만을 전문으로 하는 식당이나 다이어트 식품들도 소개되어 있다.

2 가공 이용

(1) 데침의 중요성 : 신선한 채소는 냉장하더라도 수명이 길지 않고 고품질이 유지되는 기간이 매우 짧으므로 적기에 수확된 많은 채소들은 가정에서는 물론이고, 대규모 식품가공전문회사나 공장에서 급속 냉동하여 장기적으로 냉동보관하며, 이 역시 대형유통마켓을 통해 동결상태로 판매되고 있다. 급속냉동하기 전에 보편적으로 실시하는 데치는 작업은 보통 끓는 물에 신선채소를 30~120초 정도 담그어 처리하는 것을 말한다. 이러한 처리로 채소에 감염되어 있을 수도 있는 노로바이러스나 그 밖의 병균들을 사멸시킬 수도 있고, 중요한 것은 식물체 내의 효소를 불활성화시켜서 저장기간 중에 발생할 수 있는 품질변화 등을 최소화 한다는 것이다. 데친 채소(blanched vegetables)는 즉시 이용도 가능하고 냉장, 건조, 냉동 등의 방법으로 장기저장도 용이하므로 산업적으로 뿐만 아니라 가정정원에서 생산된 채소류를 대상으로 행해지는 경우도 매우 많다. 다만, 데치는 시간이 길어지면 채소류가 지나치게 무르게 되고, 열에 불안정한 비타민 C의 파괴가 증가하며, 특유의 향기성분도 많이 감소되므로 김치재료나 상추 등의 샐러드 전용 채소류에는 적응하기가 어렵다는 단점도 있다.

(2) 김치 및 퓨전 김치

배추와 무를 주재료로 하고 마늘, 파, 고추, 생강, 기타 채소들을 부재료로 하여 담그는 김치는 한국의 고유 음식이자 크나 큰 자랑거리이다. 물론 주재료로 배추나 무 외에도 오이, 양배추, 부추, 고들빼기, 미나리, 돌나물, 파, 열무, 갓 등 다양한 재료로도 담근다. 한국인의 국외진출이 늘면서 특히 김치는 세계적 진미의 하나로 자리매김을 하게 되었으며, 세계 어느 곳에서나 구입 이용도 용이하게 되었다. 조(2000)에 의하면 총 336종의 김치가 보고된 바

▲ 그림 11-10. 김치(겉절이, 백, 보쌈, 배추, 물)와 퓨전(브로콜리, 순무, 아스파라거스)김치

있는데 김치류 173종, 깍두기류 20종, 겉절이류 19종, 동치미류 7종, 생채류 26종, 장아찌 및 짠지류 88종에 이르고 있고, 재료별로 볼 때는 배추 25종, 무 62종, 오이 19종, 기타 채소 54종, 해조류 5종, 동물성 21종 등이 있다고 한다.

김치의 효과는 최근 유행하던 SARS에 김치에 첨가된 마늘과 생강이 유효함이 증명되면서 더욱 그 진가가 높아지기에 이르렀다. 김치 보급이 보편화됨에 따라 서양채소 등 김치를 전혀 담그어 먹어보지 않았던 채소까지 그 적용이 확대되어 이른 바 퓨전김치(fusion kimchi)까지도 창출되기에 이르렀다(그림 11-10). 브로콜리, 아스파라거스 등의 양채류를 주재료로 담근 김치가 그것이다(Yoon, 2005).

3 다양한 절임류

절임채소는 주요한 반찬으로 대개는 된장이나 막장 등에 묻거나, 아니면 오이지에서와 같이 소금물에 침지하여 탈수과정을 거친 후 이용하는 것 등 다양한 유형이 있다. 대개는 시중에서 구입하여 이용하지만 가정채소 재배에서 수확한 오이나 풋고추 등으로 절임을 담그어 이용하는 재미도 각별하다. 특히 재배만 잘 하면 무공해 반찬을 양산할 수 있으므로 이 또한 별미이자 최고의 선물도 될 수 있다. 몇 가지 인기 절임류는 아래와 같다.

- 장아찌류 : 마늘, 마늘쫑, 달래, 고춧잎, 풋고추, 배추꽃이, 배추잎, 무채, 무숙, 연무, 무청, 무말랭이젓, 배추무말랭이 장아찌 등
- 짠지류 : 배추, 파, 파강회, 무채, 부추, 삭힌고추, 무, 고갱이, 열무, 골금 등
- 절임류 : 오이지, 단무지, 젓국지 등

4 기타 이용

(1) 새싹 이용(새싹채소 또는 싹기름 채소)

새싹채소의 영양가는 최근에 잘 알려졌으나, 새싹채소는 그 저장수명이 오래가지 않고 고품질이 유지되는 기간도 짧기 때문에, 시중에서 구입 이용하는 경우도 많으나 상당수 가정에서는 베란다나 간단한 재배용기를 이용하여 직접 길러먹는 경우도 많다. 새싹재배용 종자나 간단한 재배용기도 인터넷에서 쉽게 구입할 수 있기 때문에 이 또한 실용적이라 할 수 있다(그림 11-11).

일반채소에 비하여 새싹채소를 재배 이용하는 경우의 장점은 아래와 같다.

- 재배기간이 짧다. 싹만 틔워서 먹는다면 씨 뿌리고 7일 후 부터는 이용이 가능한 것이 상당수 있다.
- 무공해로 키울 수 있다. 즉, 종자의 상태만 좋다면 화학비료나 농약을 전혀 살포할 필요가 없이 재배가 가능하므로 안심하고 이용할 수 있다.
- 다양한 채소류를 기를 수 있다. 시중에 많이 유통되는 종자류만 해도 20종 이상 되므로 다양하게 선택하여 키울 수 있다.

▲ 그림 11-11. 새싹채소(아시아종묘, 2010)

- 기르는 재미가 각별하다. 씨 뿌린 후 하루가 다르게 자라나는 새싹들은 교육용, 취미용으로도 매우 적합하다.
- 기능성 성분함량이 일반 채소보다 5~10배 정도나 높고 영양가도 뛰어나다.
- 기르는 기간에 비하여 수확·이용하는 기간이 길다. 즉, 씨를 뿌린 후 7일 후부터 이용이 가능하며, 작물에 따라서는 20~30일 정도 계속 키우면서 적당한 크기에서 수확하여 이용·저장하는데 이때는 "어린채소(baby vegetables)"라고 부른다.

(2) 어린채소 이용

새싹채소보다는 다소 재배기간이 길며, 싹을 이용하기보다는 어린잎을 주로 이용하는 채소류를 통칭하는 말이다(그림 11-12). 이 역시 일반 채소보다 무공해로 생산하거나 가정재배가 용이하므로 가정채소로 특히 권장된다. 재배기간이 다소 길어 기간 중에 비료도 주고 적합한 광선도 주어져야, 충실하고 영양가 높은 채소를 생산할 수 있다. 시금치의 경우 보통 생식은 하지 않으나, 어린채소로 재배·이용하면 생식하여도 무방하므로 이러한 효과를 위해 재배할 수도 있다. 대개 어린채소는 부드럽고 소화가 잘 되므로 노약자의 건강식으로 특히 적합하다. 가정에서 키운 새싹채소나 어린잎 채소 등은 최근 시중에서 위협을 주고 있는 위해성 대장균이나 노로바이러스(noro virus)와 같은 전염성 병균으로부터도 상대적으로 안전하므로 많이 키우고 있다. 흔히 재배하는 새싹채소와 어린채소는 그림 11-11, 11-12에 보이고 있다.

다채 어린잎채소 엔디브 어린잎채소 아마란 어린잎채소 적상추 어린잎채소

▲ 그림 11-12. 어린채소(농진청, 2009)

(3) 쌈채소

쌈채소는 한국인의 고유 음식으로 이제는 김치, 고추장, 비빔밥과 아울러 세계적인 진미로 인정되기에 이르렀다. 전통적인 쌈채소는 상추를 비롯하여 데친 양배추, 절인 배추, 데친 호박잎과 순, 쑥갓, 깻잎(들깨의 잎) 등이었지만 최근 다양한 쌈채소류가 양액 재배되어 우리들의 식탁을 장식하면서 인기 있고 실용적인 음식점 메뉴로도 등장하게 되었다(그림 11-13).

(4) 비빔밥

비빔밥의 유래는 그다지 화려한 것만은 아니었겠지만, 최근에 세계적으로 가장 관심을 많이 받는 음식으로 부상하였다. 국제항공노선에서 제공되는 비빔밥은 이제 전 세계인들이 즐겨찾는 중요 메뉴가 되었다. 과거에 인기 있었던 정월대보름 비빔밥이나 콩나물을 주재료로 하는 전주콩나물비빔밥 등에서 각광을 받기 시작한 우리의 비빔밥은, 최근에는 양식, 일식, 중국식 등과 혼합되어 다양한 비빔밥으로 변신하면서 우리들의 식단을 아름답게 채우고, 경제적 전통먹거리를 창출하고 있다. 새싹채소를 주로 이용하는 새싹비빔밥이나, 아름답고 향기로운 식용화(食用花, edible flowers)를 이용하는 꽃밥, 그리고 상상을 초월하는 갖가

▲ 그림 11-13. 다양한 쌈채소류

▲ 그림 11-14. 꽃밥(화채류), 새싹비빔밥, 비빔밥나물 및 대보름나물

지 비빔밥류를 우리들은 인터넷 검색창을 이용하여 손쉽게 확인할 수 있게 되었다. 가장 중요한 것은 역시 비빔밥의 건강성이다. 풍부하게 들어 있는 채소류와 묵나물은 인체에 필요한 영양소와 섬유소 같은 보건성 물질을 풍부하게 공급하여 줌으로써 인체 건강과 활력을 유지하면서도 현대인의 가장 무서운 질병의 하나로 인정되기 시작한 비만 예방에도 각별한 효과가 있어서 최근 김치, 고추장과 함께 한국을 대표하는 식품이 되었다(그림 11-14).

(5) 나물 및 묵나물

신선한 채소는 바로 이용하여야만 최대의 효과를 얻을 수 있고, 저장기간이 길어질수록 영양가가 저하되는 반면, 나물 및 묵나물은 일단 끓는 물에 데친 후 냉장, 냉동, 건조저장함으로써 일시에 다량 수확한 채소를 장기간 안전하게, 그리고 간편하게 이용할 수 있는 이상적인 방법이다. 특히 최근에는 가정용 냉장고뿐만 아니라 냉동고가 상대적으로 많이 보급됨에 따라 서구에서와 같이 나물 및 데친 채소의 이용도 급속히 증가하고 있다. 일단 데친 나물들은 일정 기간 보존하여도 쉽게 상하지 않고, 냉동보관 시는 매우 오랜 기간을 저장할 수 있으므로 효과적이다. 따라서 최근에는 데쳐서 말린 묵나물보다는 데친 후 말리지 않고 밀폐하여 저온에서 저장하는 신선편의 상품도 상대적으로 많이 이용되고 있다.

5 예술적 이용

(1) 박 공예(gourd art)

박 공예는 동서고금을 막론하고 인기 있는 원예작물의 독특한 예술분야이다. 여기에는 물론 식용박을 비롯하여 매우 다양한 박을 이용할 수 있다. 한국에서는 전통적 박공예 강습 및 실습 외에도 지난 1998년 창립된 한국박과채소연구회를 주축으로 매년 박과작물 전시회 및 학술발표회가 개최되어 많은 호응을 얻고 있다(그림 11-15).

(2) 채소 조각(vegetable curving)

주로 식용하는 채소를 이용하여 다양한 조각물을 만들어서 감상도 하고, 행사 등을 장식하는데 중요하게 이용할 뿐더러, 또한 일단 감상 후 식용으로도 이용하는 다목적의 원예활동이다. 주로 이용되는 작물은 채소인데 수박, 호박, 무, 배추, 당근, 오이 등 크기가 큰 작물이 선호되고 있다(그림 11-16).

(3) 샐러드 장식(salad decoration)

최근의 샐러드는 색깔이 진하게 발현되는 채소류를 이용하여 우선 서빙을 받을 때 화려하고 매력적인 외관으로 관심을 끌면서 희소성과 기능성을 강조하고, 일면으로는 소식(小食)을 장려하는 메뉴로서 젊은 사람들에게 인기있는 고정메뉴로 성장하고 있다.

▲ 그림 11-15. 다양한 박 공예

▲ 그림 11-16. 다양한 채소 조각

6 교육적 이용

- 발아실험 : 채소 종자를 싹을 틔워보면서 종자의 모양과 싹 트는 과정 등을 익히는 것으로 추후 새싹채소로 먹을 수도 있다는 즐거움이 따른다.
- 분석실험 : 채소류에 풍부하게 들어 있는 영양성분을 분석하고 그 가치를 비교 평가하면서 아울러 식용에도 이용한다. 최근에는 꽃을 먹는 채소류도 크게 증가하였으므로 이에 관하여서도 익힌다.

11.5 가정 채소

11.5.1 가정 채소의 정의

국민의 생활수준이나 식생활에 대한 인식이 새로워지면서 채소를 이용하는 의식구조도 많이 달라졌다. 근본적으로 쌀을 주식으로 식단이 조성될 때 밑반찬으로 이용하기 위하여 가정 채소를 재배하였는데 근래에는 다음과 같은 이유로 신선한 가정 채소가 선호되고 있다.

첫째, 신선하고 청결한 채소에 대한 욕구이다. 즉, 날로 증가되는 농산물의 오염에 대비해 무공해채소를 이용한다는 보건적 측면도 생각할 수 있으며, 신선한 음식공급에 대한 만족감도 매우 중요하다.

둘째, 화초 재배와 함께 채소도 같이 길러 이용함으로써 정신적 및 보건적 효과를 얻는 것에 대한 욕구가 생활의 여유와 함께 증가하고 있는데, 특히 핵가족화에 따른 가족 당 어린이들의 감소는 주부들의 여가선용 기회를 증가시켰고 이에 따라 취미생활의 다양화도 큰 역할을 한 것으로 추측된다. 즉, 가정 채소 가꾸기의 급속한 확산에는 무공해 채소의 취미적인 자가생산과 생활수준의 향상에 따른 취미의 다양화가 큰 영향을 미치고 있다.

셋째, 곡식에서 취할 수 없는 각종 비타민의 급원으로서, 고급 섬유의 급원으로서, 그리고 최근에는 기능성 강화 식품으로서 채소를 먹는 것이다. 즉, 탄수화물이나 지방 등만을 섭취해서는 충분히 공급되지 않는 섬유질, 철, 칼슘, 마그네슘, 칼륨 등 다양한 광물질을 채소를 통해 섭취함으로써 신체의 건강과 균형을 유지하는 것이다. 또한 채소는 지방과 칼로리 함량이 낮아 비만, 고혈압, 심장병 및 암 등과 같은 성인병을 예방할 수 있다. 이는 육류나 곡류에는 들어있지 않은 충분한 비타민과 기타 특수한 영양분이 이들 성인병을 예방하기 때문이다.

11.5.2 가정 채소밭을 시작하기 전에

암을 비롯한 성인병 예방으로 채식이 가장 좋다고 하여 근래에 채소의 중요성이 재평가되

▶ 표 11-3. 연작에 강한 채소와 약한 채소

항 목	채소명
연작에 강한 채소	배추, 양배추, 당근, 고구마, 파, 양파, 마늘, 호박 등
연작에 약한 채소	고추, 단고추, 토마토, 가지, 오이, 수박, 멜론, 완두 등

고 있다. 또 최근의 대도시 주변에 주말농장붐에 따라서 가족끼리 각종 채소를 키우는 등 신선 채소에 대한 사람들의 관심이 높아졌다. 사계절이 뚜렷한 우리나라에는 꽃만이 아니라 채소에도 계절성이 있다. 즉, 제철의 채소가 맛이나 영양적으로 가장 우수하므로 계절감 있는 맛 좋은 채소재배에의 도전을 권하고, 가정에서 쉽게 키울 수 있는 채소를 소개하고자 한다. 조금 모양이 나쁘더라도, 약간 벌레가 먹은 후라도 가족과 함께 스스로 재배하여 얻은 신선한 채소를 식탁에 올릴 수 있다면 수확의 만족감은 물론, 이것이 화제가 되어 가족간의 우애를 돈독히 하고 따뜻한 분위기가 흘러 가정이 원만해진다. 그러나 채소를 재배하려면 기본적인 상식이 필요하며 이것을 아는 것이 중요하다.

1 같은 채소를 같은 장소에는 계속해서 심지 않는다

채소 중에는 같은 장소에서 같은 채소를 계속해서 재배하면 잘 크지 않는 것이 있다. 이것을 연작장해(連作障害)라고 한다. 표 11-3은 연작을 싫어하는 채소와 강한 채소를 보여주고 있다. 이것을 참고로 가정 채소밭을 만든다면 재배장소를 서로 바꾼다든지, 상자나 화분이면 다른 것을 사용한다든지 하여 같은 장소에서 같은 채소는 물론, 같은 종류의 것을 계속해서 재배하지 않도록 한다. 또 연작을 그다지 싫어하지 않는 채소라도 몇 번이라도 계속해서 같은 밭에서 재배하지 말고, 고르게 돌아가면서 여러 가지 채소를 재배하는 편이 생육이 좋고, 다수확의 즐거움도 누릴 수 있다.

2 흙의 특성을 안다

일반 가정에서는 채소를 흙에 심어서 재배하므로 흙을 개량하거나 그 흙의 특성을 아는 것이 중요하다. 흙의 특성에는 물리적 특성과 화학적 특성이 있다. 물리적 특성이란 흙 안에 모래, 점토 등이 어느 정도 비율로 포함되어 있는가 하는 것이다. 채소 재배에는 유기질 공급원으로서

▶ 표 11-4. 강산성 토양에 대한 채소의 반응 및 권장 석회시용량

항 목	채소작물명	석회시용량(m^2당 시비량 g)
약한 채소	시금치, 잠두, 완두, 강낭콩, 양파, 파	400
약간 약한 채소	양배추류, 상추, 배추, 부추, 셀러리 등	300
약간 강한 채소	토마토, 오이, 가지, 호박, 당근, 무 등	200
강한 채소	감자, 고구마, 수박, 토란 등	100

부엽토를 혼합하면 대체로 무난하다. 문제는 화학적으로 산성인가 알칼리성인가 하는 것인데, 우리나라 대부분의 지역은 흙이 강산성(强酸性)이고 상당수의 채소는 강산성 토양에 약하므로, 흙을 어느 정도 중화할 필요가 있다. 이를 위해 석회나 고토석회를 시용한다. 표 11-4는 산성토양에 대한 채소의 반응으로 산성에 강한 채소의 예와, 흙을 중화하기 위해 필요한 고토석회의 양을 보여 준다. 채소를 재배하려고 생각하는 밭에 우산이끼나 질경이, 쇠뜨기 등이 자라고 있으면 강산성 흙이라고 생각해도 좋다. 그러한 밭에는 고토석회를 넉넉하게 넣되 식물을 심기 2주일쯤 전에 흙과 골고루 잘 섞는 것이 중요하다.

3 채소의 특성을 안다

채소는 선호하는 온도요구조건에 따라서, 그리고 일조량에 따라서 분류할 수 있다(표 11-5, 표 11-6). 한정된 밭에서 1년 내내 채소를 재배하기 위해서는 이 같은 채소의 특성을 충분히 이해한 뒤에 밭이나 용기 등에 구별하여 기르는 것이 중요하다.

4 용기재배 및 배양토의 조건

용기(상자)재배에서는 좁은 공간에서 채소를 기르게 되므로 각각의 채소종류에 맞는 배양토를 준비해야 한다. 배양토는 병균이 없고 통기성과 배수성, 보수성이 있으며 유기물이 풍부한 비옥한 것이 좋다. 배양토에는 보통 비료분이 포함되어 있지 않으므로 기비(밑거름)를 넣고 보수성과 지력을 높이기 위해 퇴비와 추비도 주어 기르기 좋은 배양토로 만들어 준다. 근래에는 이미 혼합된 배양토가 판매되고 있으므로 가정에서 용기재배나 베란다재배에서는 시판되는 배양토 또는 상토를 구입하여 이용하는 것이 권장된다.

▶ **표 11-5.** 재배적온에 따르는 채소의 분류

항 목	채소명
고온에 강한 채소	고추, 가지, 수박, 멜론, 단옥수수, 고구마, 토란(주로 과채류)
저온에 강한 채소	배추, 양배추, 상추, 시금치, 파, 무, 순무, 딸기 등(주로 엽근채류)

▶ **표 11-6.** 광선요구도에 따르는 채소의 분류

항 목	채소명
강한 광선을 좋아하는 채소	박과, 가지과, 콩과, 고구마, 감자, 무, 당근, 옥수수 등
반그늘에서도 견디는 채소	딸기, 토란, 파, 열무, 들깨(깻잎) 등
약한 광선에서 잘 자라는 채소	미나리, 머위 등

5 묘 고르기

가정에서의 소규모 재배는 무, 열무, 당근, 시금치, 콩류 등을 제외하고는 대부분의 경우 묘를 구입하여 심는다. 묘를 구입할 때는 다음의 사항에 특히 유의한다.

- 길게 자란 묘보다는 탄탄하게 마디 사이가 짧게 자란 것으로 고추묘는 20 cm 전후, 오이묘는 15 cm 전후, 토마토묘는 20~25 cm 정도의 것
- 줄기가 굵고 잎이 쭉쭉 뻗어있으며 색택이 좋은 것
- 고추와 토마토는 잎이 위축되거나 가장자리가 말리지 않은 것
- 잎에 색의 얼룩이 없는 것
- 오이는 담녹색병반이 없고 잎 표면에 흰 가루가 붙어 있지 않은 것
- 포트밑으로 흰 뿌리가 많이 보이는 것과 뿌리가 구멍 밑으로 길게 자라나온 것은 피함
- 포트를 만져보아 탄력이 있는 것, 포트를 잡았을 때 흙이 움푹 꺼질 정도로 부드러운 것은 뿌리생육이 덜 되었다는 증거이고, 반대로 너무 단단한 것은 뿌리가 너무 자라 꽉 차 있다는 증거이므로 이런 것도 피한다.

11.5.3 가정 채소의 계절별 관리

늦서리의 염려가 없어지면(중부지방 4월 하순 이후) 봄 채소의 준비를 하는데 이때 어느 채소를 어느 장소에 어느 정도 재배할 것인가 하는 계획을 세우는 것이 좋다. 채소밭 장소를 확보하고 재배하고 싶은 채소가 결정되었다면 씨를 뿌리거나 모종을 기른다. 4월이 되면 원예전문점에서는 고추, 토마토, 오이, 상추, 가지 등 채소의 모종을 판매한다. 직접 씨를 뿌려 모종을 키우는 것도 즐거움의 하나이지만, 기술적으로 어려운 것이나 심는 숫자가 적은 것은 역시 전문점에서 좋은 모종을 구입해 심는 쪽이 좋다. 흔히 "묘농사가 반 농사"라고 말하는데, "모종의 좋고 나쁨에 따라 수확의 절반이 이미 정해져 있다"라는 의미이다. 즉, 좋은 모종을 심는 것이 많은 수확을 얻는 기초가 된다. 특히 과채류는 모종의 좋고 나쁨에 따라 작황이 더욱 크게 달라질 수 있다. 좋은 모종의 구별은 떡잎(子葉)이 붙어 있고, 줄기가 굵고 잎이 두터워야 하며, 잎의 색이 엷거나 병충해의 피해가 있는 것, 그리고 너무 크거나 너무 작은 것은 좋지 않다. 가격이 조금 비싸더라도 좋은 모종을 전문점에서 구입할 것을 권한다.

좋은 모종을 적기에 심는 것이 중요하며 서둘러 심는 것은 실패의 원인이 될 수 있다. 특히 고추, 가지, 고구마 등은 고온이 되지 않으면 생육하기 어려운 채소이므로 가능하면 5월 중순 이후, 바람이 없는 따뜻한 날의 오전을 택하여 심는다.

무, 배추, 양배추, 꽃양배추는 적기에 씨뿌리기 하는 것에 유의해야 한다. 봄 파종도 하지만 가을보다는 다소 까다로운 편이다. 8월에 파종한 무, 배추와 같은 가을채소는 10월에서 수확까지 보살핌의 시기이므로 솎아내기, 추가비료, 북주기, 병충해 방제 등 채소를 잘 관찰하여 생육에 적합한 환경만들기를 힘쓴다. 당근, 우엉, 무 등의 뿌리채소류나 꽃양배추, 양배추, 배추 등 잎채소류, 서리에 맞아 풍미가 있는 시금치, 파 등을 수확할 준비를 갖춘다. 또 10월 하순 이후에는 서리가 내리기 시작하므로 가을채소인 무, 배추, 양파 등은 왕겨나 볏짚을 깔고 묶어서 서리나 찬바람으로부터 지켜준다.

11.5.4 주요 가정 채소의 재배

1 배추(*Brassica campestris* ssp. *pekinensis*)

배추는 무와 함께 널리 이용되고 있는 김치재료의 중요한 채소이다. 신선한 모양과 담백한 맛이 한국인의 주식인 쌀밥에 잘 맞는 부식채소로서 즐길 수 있다. 배추는 다양한 품종을 이용하면 연중 언제라도 파종 · 재배할 수 있다. 가을배추는 보통 8월 초중순경에 씨를 뿌리거나 묘를 정식하여 기른다. 배추, 양배추를 비롯한 배추과 채소에는 비타민이나 고급 식이성 섬유 외에도 뛰어난 항암성 성분이 있음이 널리 인정되어 이들 채소의 다량 섭취가 세계적으로 권장되고 있다(꽃양배추의 sulforaphane 등).

배추가 가장 맛있는 계절은 역시 늦가을~겨울이다. 늦가을에 재배되면 섬유도 짧고 부드러우며 단맛과 풍미가 증가한다. 비타민 C가 매우 많고 칼슘, 철분, 카로틴도 상대적으로 더 많이 들어 있다. 배추는 요리응용범위도 넓고, 특히 담그고 나서 바로 먹는 겉절이는 한국의 명물의 하나이다. 배추는 가정저장도 용이한데, 겨울에는 그대로 신문지에 쌓아서 바람이 잘 통하는 응달에 세워 놓으면 1~2개월간은 충분히 저장할 수 있다(그림 11-17, 그림 2-12 참조).

▲ 그림 11-17. 얼갈이배추

김장용으로는 통배추(결구배추)를 많이 재배하지만 통배추는 파종에서 수확할 때까지 70~80일이 소요되므로 비록 재배가 매우 쉽다고 해도 시기적으로 적합하지 않을 경우도 많다. 따라서 가정재배용으로는 얼갈이배추 또는 솎음배추가 더 인기가 있다. 이들 솎음배추는 파종 후 30~40일이면 수확할 수 있으므로 이른 봄~늦가을에 걸쳐서 어느 시기에라도 재배할 수 있다. 물론 사용하는 품종이 달라야 한다. 봄에 통배추를 기르고자 할 때에는 봄재배 전용 품종을 사용하여야 한다. 가을재배용 배추를 봄에 뿌리면 대부분 통이 안기도 전에 꽃대가 자라 올라 전혀 수확을 하지 못하는 경우도 종종 발생한다.

2 시금치(*Spinacia oleracea* L.)

시금치라 하면 뽀빠이 힘의 원천으로 알려져 있는 대표적 녹황색 채소로써 비타민 A, B_1, B_2, C, E, 그리고 지혈활동을 하는 비타민 K, 조혈작용을 가진 엽산이나 철, 그 외에 칼슘, 칼륨, 요드, 구리, 마그네슘, 망간 등을 풍부하게 함유하고 있다(그림 11-18). 지금은 채소의 계절감이 완전히 없어졌지만 채소의 기능과 효능을 가장 잘 발휘하는 것은 역시 녹황색 채소이다. 특히 시금치는 가을부터 겨울에 걸쳐 채소가 부족

▲ 그림 11-18. 동양종 시금치

한 시기에 얻을 수 있는 좋은 잎채소로 병해충에도 강하다.

가정 채소밭에서 가을에 뿌려 늦가을부터 다음 해 봄까지 수확 · 이용하기에 적합한 것은 동양종이 좋은데, 동양종(東洋種)은 잎의 갈라짐이 깊고 뿌리 부근이 예쁜 홍색으로 착색되며, 영양과 풍미도 우수하다. 서양종은 잎이 둥글고 잎의 갈라짐이 적은 품종으로, 꽃대가 늦게 자라 오르기 때문에 주년재배에 적합하다. 최근에는 생장이 빠르고 병에 강하며 수량이 우수한 교배종이 많이 시판되고 있다. 출하용 시금치는 다수확을 위해 밀식재배하지만, 자가 채소밭에서는 적당히 솎아내어 포기사이를 조금 넓게 해야 맛있는 것을 기를 수 있다. 가을재배는 씨 뿌린 후 50일 정도, 봄재배는 40~50일에 수확할 수 있다. 봄 재배시는 꽃대가 너무 자라오르기 전에 수확해야 한다.

3 근대(*Beta vulgaris* var. *flavescence*)

근대는 벌레가 별로 안 생기고 병에도 잘 걸리지 않는 특별한 장점이 있으며 여름의 더위나 건조에도 강하고 더구나 추위에도 강하므로 1년 내내 재배할 수 있다. 이런 이유로 근대(부단초, 不斷草)라는 이름이 붙여졌다(그림 11-19). 근대는 특히 다른 잎채소가 부족한 여름철의 채소로서 중요하므로 여름부터 초가을에 수확하도록 재배하면 좋다. 토질을 가리지 않으므로 상자 등의 용기재배도 간단히 할 수 있다. 재배는 봄부터 가을에 걸쳐 언제라도 파종하며, 큰 식물에서는 포기 아래의 잎을 2매 정도씩 뜯어내어가며 수확하면 오랜 기간 즐길 수 있다.

▲ 그림 11-19. 적경 근대

4 상추(*Lactuca sativa* L.)

서늘한 기후를 좋아하고, 건조를 싫어하므로 재배하기 쉬운 시기는 가을이지만, 가을은 여러 가지 채소가 풍부한 시기이므로, 이른 봄에 파종해서 5~7월에 수확해도 좋다. 봄에 씨를 뿌릴 때에는 가급적 일찍 파종하고, 구입묘를 정식하는 시기도 빠를수록 쌈용 겉잎을 많이 딸 수 있다. 샐러드용으로도 추운 계절보다 더울 때에 즐길 수 있는 채소이다. 잎상추는 여름철 고온기만 제외하면 기르기 쉽지만(그림 11-20) 결구상추는 조금 어렵다. 가정채소밭에서 길러 수확한 윤이 나고 싱싱한 잎상추를 식탁에 놓는 것은 큰 즐거움이다.

▲ 그림 11-20. 상추양액(수경)재배

5 양파(*Allium cepa* L.)

백합과에 속하는 양파는 자극적인 냄새 성분을 가지고 있다. 파 종류는 어느 것이나 강장, 강정의 효과가 있으며 오랜 역사를 가진 정평 있는 건강채소이다. 저장이 잘 되고, 여러 가지 요리에 사용할 수 있다. 특히 서양식 요리의 토대가 된 채소로 '채소의 왕' 이라고 불릴 정도로 매일 식탁에 빠지지 않는 채소이다(그림 11-21).

▲ 그림 11-21. 자색 양파

양파는 당질이 조금 많고, 비타민 B_1이 풍부하다. 그 외의 비타민이나 광물질은 적지만, 육류요리의 냄새를 없애는 성분과 독특한 매운 맛이 있는 것이 특징이고, 가열하면 유화(유황과 다른 물질이 화합) 알릴이 변화하여 당질과 서로 어울려 단맛을 낸다. 양파의 영양가는 다른 파류와 같고 단독효과보다는 다른 식품의 영양효과를 높인다든지, 다른 소재의 맛을 돋보이게 하는 면에서 중요한 채소이다.

양파는 백, 황, 적보라색 3종으로 나눌 수 있는데 백색종은 조생종으로 매운 맛이 적고 부드럽지만, 저장을 할 수 없다. 황색종은 양파의 살이 단단하고 충실해서 저장할 수 있다. 적색종은 크고 편평한데, 껍질만이 아니고 내피도 적보라색이어서 고리모양으로 자르면 예쁜 장식이 된다. 매운 맛도 적어 샐러드에 적합한 품종이다.

양파는 보통 가을에 모종을 정식해서 다음 해 초여름에 수확한다. 6월 들어 포기전체의 50% 정도의 잎줄기가 쓰러지면 날씨 좋은 날을 정해 수확한다. 반나절 정도 햇볕에 말리고 나서 5~6개씩 묶어 바람이 잘 통하는 장소에 저장하면 11월경까지 이용할 수 있다.

6 토마토(*Lycopersicum esculentum*)

유럽에서는 '토마토가 빨갛게 되면 의사가 파랗게 된다' 라는 속담이 있을 정도로 토마토는 우수한 건강채소로 세계적으로 알려져 있다(그림 11-22). 완숙토마토는 리코핀, 베타카로틴, 비타민 B_1, B_2, B_6, 나이아신, 비타민 C, E 등 비타민군을 골고루 함유하고 있다. 또 토마토에는 특유의 신맛 성분인 구연산이나 글루타민산 등 피로회복을 촉진하는 성분도 포함되어 있다. 최근에는 완숙토마토가 다양하게 포장되어 판매가 증가하고 있는데 이는 매우 바람직한 현상으로 풍미, 영양, 신선도를 강조한다면 역시 가정에서 재배된 완숙토마토를 수확해서 바로 먹는 것이 가장 효과적이다.

토마토는 햇볕이 좋고, 배수 좋은 장소가 적합한데, 3~4년 가지과의 채소(감자, 가지, 토마토, 고추)를 재배하지 않은 곳에 심는다. 5월 상순에 시판모종을 90 cm 폭의 밭이랑에 50 cm 간격으로 심은 후 그루마다 2 m 정도의 지주를 세우고, 최초

▲ 그림 11-22. 방울토마토

의 꽃봉오리가 외측으로 향하도록 심되 깊게 심지 않도록 주의해야 한다. 줄기 하나만을 자라게 하고, 잎이 붙은 자리에서 나온 곁가지는 작을 때에 잘라 준다.

생식을 주로 하는 채소는 될 수 있는 한 무농약으로 재배하고 싶겠지만 토마토는 병해충의 종류도 많고, 무농약재배가 어려운 채소이므로 농약의 사용을 최소한으로 한정시키려고 한다면 다이센과 스미티온의 혼합액 등을 병 발생 전에 예방으로 살포하는 것이 좋다. 개화 후 45일 정도에 과실을 수확할 수 있는데 충분히 익은 후 수확하여 토마토의 본래 맛을 즐긴다. 잘 익은 방울토마토는 살짝 데쳐서 껍질을 벗기고 랩에 쌓아 냉동하면 훌륭한 디저트가 된다.

7 고추(*Capsicum annuum* L.)

한국에서 선호되는 매운고추(hot peppers) 외에도 과실이 크고 매운 맛이 없는 단고추(sweet peppers)가 있는데, 일명 '피망' 또는 '파프리카(paprika)' 라고도 부르나 옳은 표현은 아니다. 비타민 A와 C가 풍부한 건강 채소로서, 광택이 있는 녹색과실은 요리의 배색으로도 중요시된다. 10여 포기만 있어도 대개 충분하므로 가정채소밭에 가장 적합한 채소의 하나이다(그림 11-23). 고온을 좋아하는 채소로 저온, 건조, 과습 어느 쪽에도 약한 특성이 있다. 채광과 배수가 좋은 장소에서 재배하고, 가지과 채소이므로 연작(連作)을 피한다. 가정채소밭에서는 시판 모종을 심으면 손쉽다.

▲ 그림 11-23. 꽈리풋고추(상) 및 다양한 고추(하)

5월중 바람 없는 맑은 날을 택하여 오전 중에 모종을 심는다. 가정용 풋고추로는 '꽈리풋고추' 가 적합하나 재배가 다소 어렵고 수량도 적은 단점이 있다. 매운 맛을 선호하면 '청양' 고추가 좋으나 이 역시 재배가 다소 까다로운 편이다. 일반적으로는 풋고추 전용품종을 시중에서 구입하여 사용하는 것이 유리하다. 첫 번째 꽃이 개화하기 직전이 모종으로는 좋은 상태이다. 일조부족이나 건조는 낙화의 원인이 되므로 건조할 때는 바로 물을 주고, 장마가 갠 후는 볏짚이나 자른 풀을 깔아 준다. 개화 후 15~20 일경 풋고추를 수확한다. 초세(草勢)를 저하시키지 않기 위해서도, 그 후 열매열리기를 좋게 하기 위해서도 첫 번 과실은 어릴 때 제거하는 것에 유의해야 한다.

8 오이(*Cucumis sativus* L.)

최근에는 많은 종류의 신선한 채소를 연중 구입할 수 있다. 오이는 특히 우수한 영양가가 있는 것은 아니지만 선명한 녹색, 담백하고 싱싱한 맛은 여름 채소의 대표라고 할 수 있다. 여름에 고랭지에서 재배된 것이 역시 최고의 품질을 보인다. 오이는 대개 시판모종을 구입해 심는다. 밭은 미리 고토석회로 중화하고, 밑거름으로는 퇴비와 화학비료를 넣고 잘 간다. 가능한 한 유기질 비료를 많이 넣어 비료분이 끊이지 않게 하는 것이 중요하다(그림 11-24).

오이는 폭 90 cm의 이랑에 60 cm 간격으로 2줄로 심고, 합장식으로 지주를 세운다. 받침에 따라 지주에 끈으로 덩굴을 매고, 지주의 높이까지 뻗을 때 줄기선단을 적심한다. 각 마디부터 나온 아들덩굴, 손자덩굴은 가까운 잎과 서로 포개지지 않도록 2~4마디에서 적심한다. 월 2회 정도 포기 주변에 비료를 준다. 포기가 어릴 때는 될 수 있는 한 어린 과실을 수확해야 후에 열매가 좋게 된다. 황색으로 익어버린 오이도 버리지 말고 꼭 먹는데(녹각이라고 함) 껍질을 벗기고 씨를 빼고 얇게 채 친 오이를 초고추장에 무친 것은 다른 데에서는 찾아볼 수 없는 독특한 맛을 즐길 수 있는 자가 채소밭의 장점이다. 오이재배에서 가장 주의할 점은 충분한 수분공급이 지속적으로 주어져야 쓰지 않고, 좋은 모양의 오이를 다수확 할 수 있다. 노균병에 특히 약하여 유의할 필요가 있다.

▲ 그림 11-24. 오이 및 피클

9 고구마(*Ipomoea batatas* L.)

구황작물로도 알려진 고구마는 수확 시의 즐거움이 각별하다. 아이들에게는 스스로 파헤쳐 발견하는 보물이듯이 자연과 접촉하는 기쁨을 실감할 수 있는 채소도 되므로 아이들이 있는 가정채원에 특히 적합하다. 고구마는 더위나 건조에 강하고, 병해충도 적고, 산성 토양에도 잘 자란다. 질소비료를 아주 적게 주는 것이 포인트이며, 맛있는 고구마를 재배하기에는 모래땅이 적합한데 지나치게 일찍 내 심는 것을 피하고, 토양온도가 충분히 오른 5월이 되면 시판모종을 사와 정식한다. 줄기가 굵고 잎이 5~6매, 마디사이가 짧은 모종을 선택해야 한다.

모종(순)은 30 cm 간격으로 같은 방향으로 심는다. 5~6 cm의 깊이로 3마디 정도를 수평으로 하여 흙속에 묻는다. 정식 후 새 덩굴에서 새로운 잎이 5~6 cm 되었을 때 줄기의 생장점을 따 주고, 밭이랑의 어깨부분에 비료를 주고 포기부근에 가볍게 흙을 북돋아 준다. 추가비료는 1개월에 1회 정도 주지만 질소비료를 주면 덩굴만 뻗쳐서 고구마가 굵어지지 않으므로 질소질 비료는 시비하지 않는다. 10~11월이 수확의 적기이므로 덩굴을 제거한 후 고구마가 상처입지 않도록 수확한다(그림 11-25). 고구마순을 재배하는 것이 목적일 때에는 밀식하고 질소비료도 많이 주어 잎을 크게, 그리고 잎자루를 길게 재배하여 수확하도록 한다.

▲ 그림 11-25. 고구마 수확 체험

10 쑥갓(*Chrysanthemum coronarium* L.)

냄비에 끓여 먹는 요리나 쌈장에는 빠지지 않는 푸성귀 채소이지만, 유럽에서는 관상용이고 식용으로 하는 것은 동양인 뿐이다. 잎의 크기에 따라 소엽종, 중엽종, 대엽종으로 구분한다. 일본에서는 국채(菊菜)라고도 불리고, 비타민이나 무기질을 많이 포함한 특유한 향을 가진 녹황색 채소이다(그림 11-26).

씨앗은 3월 하순부터 5월 상순, 가을에는 8월 중순에서 10월 하순에 뿌린다. 어떤 흙이라도 잘 큰다. 모종은 밭이랑 폭 50 cm에 15 cm 간격으로 3줄로 심는다. 파종할 때는 씨를 5~6시간 물에 불려서 파종하면 발아가 일정하다. 씨 뿌린 후 7~8일에 발아한다. 잎이 2매 나오면 적당한 간격으로 서로 닿지 않을 정도로 솎아내고, 잎이 5~6매 시에 10 cm 간격으로 한다. 씨 뿌린 후 40일 정도부터 수확하기 시작한다.

▲ 그림 11-26. 향이 뛰어난 쑥갓

11 호박(*Cucurbita* spp.)

호박은 고구마와 함께 대표적인 건강채소로 평가받는데 '동지에 호박을 먹으면 중풍 들지 않는다' 라든가, '동지에 호박을 먹으면 감기에 걸리지 않는다' 라고 전해지고 있다. 호박은 많은 녹황색채소 중에서도 장기보존이 잘 되는 점에서 우수하고 뛰어나다. 또한 대부분의 숙과용 호박에는 농약을 거의 뿌리지 않으므로 무공해채소의 대표주자로도 손꼽힌다. 비타민 A가 풍부하고, 비타민 B_1, B_2, C도 포함되어 있다. 잎채소가 부족한 겨울에 비타민을 보충할 수 있는 귀중한 녹황색채소이다. 호박의 황색은 카로틴이라고 하는 비타민 A 효과를 가진 색소이다(비타민 A 전구물질). 비타민 A는 시력에 좋을 뿐만 아니라 피부점막을 강화하고 피부를 보호하며 감기 예방의 효과도 있다(그림 11-27).

호박은 동양계 호박과 서양계 호박으로 크게 구분되며, 그밖에 주키니 등 페포계도 있다. 동양계는 서양계에 비하면 작은 것이 많고, 모양이 조금 납작하고 깊은 주름이 있다. 점질에 있어서는 삶기에 적당한 것이 동양계 호박으로, 서양계 호박은 밤같이 바스러지고 단맛이 강하여 과자제조에 이용할 수 있다. 과실 외에도 유럽에서는 호박의 꽃을 애식하나 한국에서는 앞서 언급된 익은 호박(熟果)보다는 애호박이나 풋호박을 즐기며 잎과 순도 일미로 쳐 준다.

호박은 덩굴 뻗는 범위가 넓기 때문에 어느 정도 면적이 필요하다. 서양계 호박은 더위에 약해서 한 여름에는 빨리 약해진다. 동양계 호박은 비교적 더위에 강하고 여름부터 가을에 걸쳐 재배하기에 적합하다. 저온에 비교적 강하므로 4월 상순에 비닐고깔 모자를 만들어 그 속에 직접 뿌리거나 4월 중순에 시판 모종을 심는다. 가정채소밭에는 2~3그루만 있으면 충분하므로 4월 중순, 잎이 4~5매 달린 모종을 구입하여 150 cm 간격으로 심는다. 밑거름으로 포기당 과인산석회 5줌 정도를 전면에 주고, 그 외의 비료는 주지 않는다. 이식 후는 비닐

▲ 그림 11-27. 건강의 상징 호박

핫캡으로 덮어 주면 생육이 빨라진다. 직접 뿌릴 때에는 1개소에 3알씩 뿌리고 핫캡으로 덮어 준다.

호박은 비료를 흡수하는 힘이 강하므로 메마른 토양에서도 잘 자라고, 앞 작물에 비료한 밭은 원래의 비료만으로도 잘 자란다. 비료를 많이 주지 않는 편이 맛있는 호박이 달리고 흰가루병에도 강하게 된다. 덩굴의 정지는 필요 없지만 잎 5~6매에 적심하고, 4가지를 길러서 재배하며, 볏짚이나 비닐을 깔아준다.

호박은 암수 다른 꽃이므로, 특히 장마철이나 기온이 낮을 때에는 인공수분이 필요하다. 아침 일찍 수꽃을 따서 암꽃의 주두에 화분을 묻혀 준다. 미숙과는 개화 후 7~10일, 완숙과는 서양계는 개화 후 40~50일, 동양계 호박은 30일 전후에서 수확한다. 완숙하면 과육의 수분이 급격히 줄고 단맛이 증가하므로 과실이 붙어있는 덩굴(과병)이 갈라져서 과실의 표면에서 백분을 내뿜을 때까지 충분히 익히고 나서 수확해야 한다.

12 무(*Raphanus sativus*)

무는 가을재배가 보통이지만 열무로 재배하여 무청(무잎)을 이용하는 경우는 연중 어느 때라도 재배할 수 있어서 가장 기르기 쉬운 가정 채소로 손꼽힌다. 보통 가정용으로는 큰 무보다는 재배기간이 짧고 재배도 쉬운 알타리무, 소형무, 빨간무, 열무 등이 더 선호된다(그림 11-28). 무는 뿌리를 이용하는 경우가 대부분이어서 모를 키워 옮겨 심으면 뿌리의 모양이 대부분 기형으로 되고 상품성이 없어지므로 당근이나 우엉 등 다른 뿌리 채소와 마찬가지로 파종한 곳에 그대로 키우면서(직파재배) 솎아내면서 재배하여야 한다. 무의 품질은 배추에서와 마찬가지로 늦가을에 수확한 것이 가장 맛이 좋고 달며, 품질도 월등히 좋다. 같은 무 품종이라도 여름 고온기에 재배하면 무의 모양이 짧고 통통해지면서 매운 맛이 강하게 나타나기도 하고 아삭아삭한 맛이 줄어든다. 이러한 현상은 무잎(무청)에서도 마찬가지이다.

▲ 그림 11-28. 무와 열무

가정채원에서 무를 기르고자 할 때는 열무는 씨 뿌린 후 늦어도 35일까지는 수확을 마쳐야 하므로 열무전용품종의 종자를 종묘상에서 구입하여 밭에 40~50 cm 간격으로 골을 내고 종자를 1~2 cm 간격으로 줄뿌림(그림 11-29)한 뒤, 싹이 트는 것을 보아서 적당한 간격으로 솎는다. 샐러드용으로 사용하는 빨간무도 역시 씨 뿌린 후 30일 정도에서 또는 더 일찍 수확하여야 하므로 시기를 놓치지 말고 수확하도록 한다. 알타리무는 파종 후 45~55일이면 수확할 수 있다. 이러한 종류들은 종자를 여러 차례에 나누어서 파종하면 신선한 열무나 작은 샐러드용 무를 수시로 수확하여 이용할 수 있다.

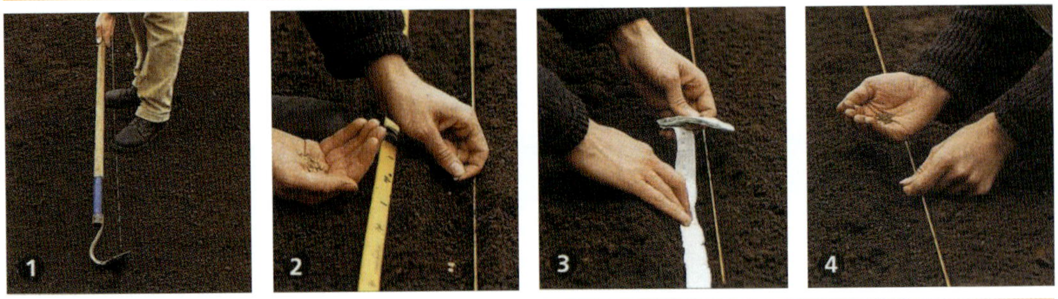

▲ 그림 11-29. 씨뿌리기

다만 열무로 이용하고자 할 때는 양지 바른 곳에서 계속 재배하면 무잎이 억세져서 오히려 품질이 나빠지므로, 키가 큰 옥수수나 콩 등의 다른 작물사이에 심어 다소의 그늘을 주도록 하여 기르는 것이 좋은 품질을 얻기 위한 재배 요령이다. 가을 김장용으로 재배할 때는 품종에 따라서 다르지만 큰무는 9월 5일 이전에 파종을 마쳐야 좋은 품질의 무를 기대할 수 있다. 무는 대부분의 다른 채소와는 달리 매년 같은 장소에서 연작을 하여도 연작장해가 거의 나타나지 않는 특성이 있다. 용기재배하여 파종 10일 전후로 싹을 이용하는 새싹채소로도 인기가 있다.

13 깻잎(들깨, *Perilla frutescence*)

상추와 마찬가지로 가정 채소로 가장 인기가 있는 것이 들깨이다. 흔히 깻잎이라고 부르나 참깨가 아닌 들깨의 잎을 이용하는 것이다. 들깻잎은 전세계적인 것으로 어느 나라 사람이든 즐겨 먹지만 선호하는 품종 등이 다소 다르다. 일본에서는 잎이 다소 작고 결각이 심하고 적색이 나는 품종을 선호하며 일명 자소 또는 차즈기라고 부르기도 한다(그림 11-30).

가정채원의 가장자리에 몇 포기 정도 심어 놓고 필요에 따라 수확해서 이용하면 편리하다. 시중 원예점에서 묘를 구입하여 고추에 준해서 기르되, 다소 그늘이 져도 잎이 오히려 부드러워지므로 무방하다.

▲ 그림 11-30. 들깨잎

14 기타 채소류

파, 부추, 갓, 청경채 등도 재배가 용이하고, 재배기간도 짧다.

11.5.5 주요 가정 채소의 실내재배 및 베란다 재배

▲ 그림 11-31. 베란다 채소재배

도시의 주거환경에서 아파트 거주인구가 증가함에 따라 가정채원의 유지는 사실상 근교지대가 아니면 불가능한 경우가 많다. 이에 대한 대책으로 채광이 좋은 실내나, 아파트의 베란다를 이용한 가정채소의 실내재배 또는 베란다 재배가 급증하고 있다.

환경조건 중 가장 중요한 것은 광선인데 하루에 최소한 직사광선을 3~4시간 정도는 받을 수 있어야 하므로 남향 또는 동남향인 경우가 가장 이상적이다. 공간이 좁아서 많은 식물을 놓지 못하고 대개는 분재화초류나 관엽식물로 장식하지만 손쉽게 기를 수 있는 채소류를 재배해서 재미를 느끼는 경우도 흔하다. 실내채소의 또 다른 종류는 싹기름 재배이다. 대표적인 경우가 콩나물과 숙주나물인데 직사광선이 필요 없고 재배기간도 짧아서 가정재배가 흔하다(그림 11-31).

최근에는 이외에도 다양한 새싹채소를 베란다에서 재배하고 있다. 즉 고추, 메밀, 순무, 무, 들깨(차즈기 또는 자소), 쑥갓, 해바라기, 수박, 호박 씨 등을 싹을 틔워 떡잎이 벌어진 단계나 새잎이 2~3매 벌어진 시기에 잘라서 생식한다(어린 채소). 전통채소와 향신채(herb)를 기르기도 하고 마늘주아를 이용해서 마늘 싹을 키워 식용하면 일미중의 일미이다. 식용으로 뿐만 아니라 먹고 남은 채소를 이용해서 순을 길러 감상하기도 한다. 배추 고갱이, 파잎, 무, 당근, 우엉, 양파, 고구마, 미나리의 먹고 남은 부위를 이용한 싹기름 등이 그것이다. 건물의 옥상에 정원을 조성하여 재배하는 옥상재배도 급증하고 있다. 최근에는 차세대 식물광원으로 유망시되고 있고 전력비가 저렴한 LED를 이용한 식물공장재배가 보급되고 있다.

참고문헌

1. 조재선. 2000. 김치의 연구. 유림문화사. p. 79-98.
2. 윤동혁. 2004. 색, 색을 먹자. 기획출판 거름.
3. 농우바이오. 2000~2008. 채소품종상보.
4. 아시아 종묘. 2007. 아시아종묘 안내.
5. 제일종묘농산. 2004. 제일채소종자 2004년편.
6. 이병일 외. 2000. 삼고 채소원예총론. 향문사.
7. 이정명 외. 2003. 신고 채소원예각론. 향문사.
8. 유경오. 이상수 역. 1999. 새로운 채소도감. 도서출판 허브월드.
9. 한국조리연구학회. 1997. Herb & Salad. 형설출판사.
10. 이케다 히로시. 2003(오희옥 역, 2004). 채소, 약이 되게 먹는 방법 40. 동도원.
11. S. J. Yoon. 2005. Good Morning, Kimchi! Hollym.
12. Pollock, M. 2002. Fruit & Vegetable Gardening. The Royal Horticultural Society. Dorling Kindersley Book, England.
13. Hongwiwat, N. 1999. Vegetable and Fruit Carving. Sangdad Pub. Co., Thailand.
14. 농촌진흥청, 2009. 싹채소와 어린잎. 표준영농교본. p. 173. 175

12 가정 과수

12.1 과수의 뜻

줄기 또는 가지가 목질화 된 여러 해 살이 식물체를 나무라 하며, 이 중 과실을 생산할 수 있는 나무를 유실수(有實樹)라 하여 별도로 구분한다. 과수(果樹, fruit tree)는 유실수 중에서 과실의 생산과정을 보다 효율적으로 적용·관리하는 수목류를 말한다.

인류 역사에서 과수재배가 언제부터 시작되었는지 정확히 알 수 없으나 구약성서를 비롯한 많은 고대 기록에서 다수의 자료가 발견되는 것으로 보아 문화발생과 밀접한 관계를 가지고 있는 것으로 생각된다. 또한 과수가 원산지로부터 다른 지역으로 이동되는 경로 역시 문화의 전파와 같이 하였을 것으로 추측된다. 우리나라에서의 과수재배는 삼국시대에 사과, 복숭아, 살구의 재배가 보편화되었다는 기록이 발견됨에 따라 그 이전에 이미 시작되었다고 판단된다.

과수는 채소(菜蔬, vegetables)나 화훼(花卉, ornamental plants)와 비교하여 아래와 같은 몇 가지 고유한 특성을 가지고 있다.

- 온도와 빛 등을 포함한 주변 환경에 따라 관리가 쉬운 종류가 있다. 따라서 재배할 과수를 선택할 때 재배할 장소의 환경과 재배자의 관리능력에 따라 과수의 종류와 품종을 신중히 고려하여야 한다.

- 재배기간 중 가지치기, 열매솎기, 수확하기 등 꼭 필요한 시기에 해야 할 작업이 있다.
- 과수는 다년생 식물로서 뿌리가 토양 속으로 깊이 자라므로 토양의 물리적 특성이 매우 중요하다. 공기 흐름과 물 빠짐이 나쁠 경우에는 원활한 생장을 하지 못하게 된다.

과수는 심겨진 후 꽃이 펴서 과실을 처음 생산하기까지 3~4년 정도가 소요된다. 또한 과수는 1년 중 과실을 생산하는 시기가 한정되어 있다. 이런 과수의 특성은 과실에 대한 저장 · 수송 및 가공에 대한 많은 연구를 촉진시켰다. 현재 과실은 농산물 중 저장과 수송이 활발한 작물에 속한다. 또한 과실은 신선한 상태로서 뿐만 아니라 주스, 건과, 통조림, 스낵, 술 등 다양한 가공 형태로 유통되기도 한다.

원예학(園藝學, horticultural science) 중 과수의 특성을 구명(究明)하여 그 번식 · 재배 · 육종 등에 관한 이론과 기술을 연구하고 그 생산물인 과실에 대한 관리 · 판매 · 이용법 등을 연구하는 학문을 과수원예학(果樹園藝學, fruit science, pomology)이라 한다.

과수원예학을 구체적으로 연구하기 위해서는 식물생리학(植物生理學, plant physiology)을 포함하여 지리학 · 기상학 · 토양학 · 화학 · 물리학 · 유전학 · 병리학 · 곤충학 등 다양한 분야의 전문화된 지식을 필요로 하며, 구체적인 연구 분야는 과실의 구조, 조직의 발달 등을 비교 · 연구하는 과수형태학(果樹形態學, fruit morphology), 과수와 과실의 기재 · 명명 · 분류 등을 연구하는 과수품종분류학(果樹品種分類學, systematic pomology), 과수의 품종개량에 대한 이론 및 기술을 연구하는 과수육종학(果樹育種學, breeding of fruit tree), 재배기술을 구체적으로 연구하는 과수재배학(果樹栽培學, fruit culture), 수확한 과실에 대한 저장 · 유통 및 가공을 연구하는 과수저장유통학(果樹貯藏流通學, post-harvest management) 등으로 구분된다.

12.2 과수의 분류

과수의 분류방법에는 식물학적 유연관계에 기초를 둔 자연분류법(自然分類法), 과수의 원생지에 따른 분류법, 그리고 인간의 필요성과 용도에 의존하는 실용 또는 인위분류법(人爲分類法)이 있다. 인위분류법 중 가장 일반적인 방법은 유래된 원산지에 따라 아열대과수, 열대과수로 구분한 후 각각의 특성에 따라 다시 세분하는 방법이다.

우리나라에서는 대부분의 온대과수가 전 지역에서 재배되고 있다. 반면 아열대과수는 주로 제주지역에서만 재배되어왔지만 온도 상승에 따른 기후변화와 꾸준한 품종개량 및 재배기술의 발달을 통하여 1990년대 중반 이후 재배지역을 한반도 남부지역까지 확장시켰다.

12.2.1 과수의 원생지에 따른 분류

1 서부원생종군(Group of occidental native-species)

과수의 원생지가 유럽 동남부 및 아시아 서부 일대의 지역에 분포하는 것으로 그 종류는 아래와 같다.

사과나무(*Malus domestica* Borkh.), 서양배나무(*Pyrus communis* Linn.), 앵두나무의 단양앵두(*Prunus avium* Linn.)와 신양앵두(*P. cerasus* Linn.), 유럽자두나무(*P. domestica* Linn.), 유럽밤나무(*Castanea sativa* Mill.), 아몬드(*Prunus amygdalus* Batsch.), 유럽포도나무(*Vitis vinifera* Linn.), 무화과나무(*Ficus carica* Linn.), 서양모과(*Cydonia oblonga* Mill.), 호두나무(*Juglans regia* Linn.) 등

2 동부원생종군(Group of oriental native-species)

동부원생종군의 과수는 원생지가 아시아 동부와 중국을 중심지대로 하여 한국과 일본까지 분포되어 있으며, 그 종류는 아래와 같다.

중국배나무(*Pyrus ussuriensis* Maxim.), 일본배나무(*Pyrus pyrifolia* Nakai), 복숭아나무(*Prunus persica* Sieb. et Zucc.), 일본자두나무(*Prunus salicina* Lindley), 매실나무(*Prunus mume* Batsch), 살구나무(*Prunus armeriaca* Linn.), 중국밤나무(*Castanea mollissima* Blume), 일본밤나무(*Castanea crenata* Sieb. et Zucc.), 감나무(*Diospyros kaki* Thunb.), 대추나무(*Zizyphus jujuba* Mill.), 감귤류(*Citrus* spp.) 등

12.2.2 과수의 실용적 분류법

18세기 무렵부터 유럽지역에서는 온대과수를 인과류(仁果類), 핵과류(核果類), 장과류(漿果類), 각과류(殼果類) 4군으로 분류하여 왔으나, 이 분류방식에는 감귤류, 무화과나무, 석류나무 등이 포함되지 않는다. 따라서 우리나라에서는 준인과류(準仁果類)를 추가하여 5군으로 분류하고 있다. 이 분류법은 과실의 특성을 기준으로 하고, 자연분류법의 특징도 포함하고 있으므로 과수의 특성을 이해하는데 상당한 도움이 된다. 하지만 이 분류법에는 재배적 특성이 고려되지 않고 있어 과실의 특성과 비교할 때 불합리하게 분류된 경우도 발견되었다. 따라서 현재 세계 각국에서는 과수의 재배분포 · 재배특성 · 과실특성 등을 고려한 보다 실용적인 분류법이 시도되고 있다. 우리나라에서 소비되고 있는 과실에 대하여 보다 실용적인 방법으로 분류하면 아래와 같다.

1 온대과수(落葉性)

(1) 교목성(喬木性) 과수

- **인과류** : 사과나무, 배나무, 모과나무 등
- **핵과류** : 복숭아나무, 자두나무, 살구나무, 양앵두나무, 매실나무 등

- **각과류** : 밤나무, 호두나무, 개암나무, 피칸, 아몬드 등
- **기타** : 감나무, 대추나무, 석류나무, 무화과나무 등

(2) 관목성(灌木性) 과수

- **소과류** : 나무딸기, 블랙베리, 구즈베리, 엘더베리, 블루베리, 크랜베리, 듀베리 등
- **기타** : 보리수나무

(3) 덩굴성 과수

포도나무, 머루, 키위, 다래나무, 으름덩굴 등

2 아열대과수(常綠性)

- **감귤류** : 온주밀감, 레몬, 라임, 그레이프프루트, 유자나무, 탱자나무, 귤나무, 금감류 등
- **기타** : 비파나무, 올리브 등

3 열대과수(常綠性)

- 바나나, 파인애플, 망고, 아보카도, 파파야, 두리안 등

12.3 과실의 영양적 가치

인류의 중요한 사건마다 과실이 종종 등장한다. 이는 과실이 인류역사 발전과 밀접한 관련이 있음을 보여주는 좋은 증거라 할 수 있다. 과실과 인류 발전과의 밀접한 관계에는 과실이 고른 영양소를 포함하고 있는 식품으로서의 높은 가치가 크게 작용하였을 것으로 추측된다.

과실의 식용 부분을 분석해 보면, 각과류를 제외한 대부분의 과실은 생체중의 85% 정도가 수분이고 10% 정도는 탄수화물로 조성되어 있다. 그 밖의 부분은 단백질, 지방, 무기염류, 비타민 등으로 조성되어 있다. 즉, 과실은 열량보급원이라기보다는 채소류와 같이 비타민과 무기염류의 보급이 주 목적인 보건성식품이라 할 수 있다.

과실은 일반적으로 열량(熱量, calorie)은 적지만 비타민이 풍부하다. 특히 파인애플과 감귤류는 비타민 C를, 살구와 감은 비타민 A를 풍부하게 함유하고 있으며, 밤과 호두와 같은 각과류(殼果類)는 다량의 비타민 B를 함유하고 있다. 또한 각과류는 종자를 이용하기 때문에 적당량의 탄수화물 외에 높은 단백질을 함유한 고에너지식품으로서 가치가 크다.

과실에 함유되어있는 탄수화물 중 당성분의 구성은 환원당(還元糖; reducing sugar)인 포도당(glucose)과 과당(fructose), 그리고 비환원당(非還元糖, non-reducing sugar)인 자당(sucrose)으로 이루어지며 조성비율은 과실의 종류에 따라 다양하다. 일반적으로 과실 내 당의 전류형은 대부분이 자당이지만 자당이 전혀 없는 것 또는 극히 적은 것도 있다.

칼륨, 칼슘, 나트륨 등의 금속(광물질) 성분이 과실 내 무기염류의 80% 이상을 차지하는 반면 인산, 황산 등의 비금속 성분은 20%만을 차지하고 있다. 이는 과실이 알칼리성 식품이라는 중요한 의미를 준다.

곡류나 육류는 유기산(有機酸) 함량이 적어 흔히 알칼리성 식품으로 알고 있다. 하지만 곡류와 육류에는 인(燐)과 황(黃)의 함량이 상당히 많기 때문에 체내에서 다량의 인산과 황산을 형성하게 되어 산성식품의 역할을 한다. 반면 과실류는 많은 유기산을 함유하고 있어 산미(酸味)를 나타내지만, 무기질(無機質)이 체내에서 알칼리성을 나타내므로 알칼리성 식품이라 할 수 있다. 따라서 체질을 중성으로 유지시키기 위해서는 육류와 곡류 등의 산성식품을 섭취할 때는 알칼리성 식품인 과실이나 채소를 같이 먹는 것이 중요하다.

12.4 과수의 이용

과실은 특유의 단맛, 신맛, 그리고 향기를 가지고 있어 예로부터 기호식품으로서 가치가 높았다. 하지만 저장과 수송 기술이 부족한 과거에는 주로 생식으로 이용하였고, 극히 일부 가공식품으로 통조림 또는 건과(乾果, dry fruit)를 만들었다. 하지만 저장과 수송에 대한 새로운 기술 발견과 함께 과실 가공기술의 발달은 과실 이용의 다양성을 가져왔다.

그러나 과거 우리나라의 과실 소비는 생식이 대부분을 차지하고 있었고 가공품으로서의 소비는 극히 제한적이었다. 우리나라 종래의 과실 가공품으로는 곶감, 말린 밤 등이 있었을 뿐이었다.

현재 과실은 과실주의 원료로서 가장 많이 가공되고 있다. 예를 들면 포도주(wine), 배술(梨酒, perry), 사과주(cider), 양앵두주(maraschino), 밀감주(curacao) 등이 있다. 더불어 청량음료수를 만드는 데에는 포도, 사과, 귤, 복숭아, 나무딸기 등이 이용되고, 건과 제조를 위해서는 포도, 무화과, 자두, 살구, 감, 밤 등이 이용된다. 이외에도 잼, 젤리의 제조에도 이용된다.

유럽과 미국에서는 과실 가공공정이 발달하여 막대한 양의 과실이 가공 이용되고 있으며, 과실 가공업이 중요한 산업으로 정착되었다. 우리나라도 최근 국민경제의 향상과 더불어 과실 가공 산업도 점차 활발해지고 있으며, 그 종류도 과실주, 통조림, 청량음료수 등 다양해지고 있다. 따라서 앞으로 문화 발달 및 국민 식생활의 개선과 함께 과실 가공업이 더욱 발전할 것으로 생각된다.

12.5 가정 과수 재배

12.5.1 가정 과수 재배의 의의

농촌중심의 생활환경이 도시중심으로 빠르게 변화되면서 현대인들의 일상생활은 보다 편리하게 바뀌었다. 이러한 편리함은 현대인들의 생활공간을 자연으로부터 급속히 멀어지게 하였다. 특히 아파트를 비롯한 공동주택 생활이 증가됨에 따라 현대인들은 가정 내에서 밭이나 정원을 가꾸는 일에서 점차 멀어지게 되었다. 최근 들어 생활수준이 높아짐에 따라 현대인들은 생활의 풍요로움을 찾게 되었고, 이러한 방법으로 식물을 이용한 생활공간의 배치가 두드러지게 증가하였다. 하지만 과수는 일반적인 초본식물과 달리 재배를 위한 기본적 공간과 기술 요구도가 크기 때문에 일반인들이 재배하기에는 여간 부담스러운 일이 아니다. 과수를 연구하는 사람들은 보다 효율적으로 재배하는 방법을 꾸준히 연구하여 왔으며, 그 결과 과수재배를 위한 기본적인 공간 요구도를 크게 낮추었으며 재배기술의 습득 역시 손쉽게 하였다(그림 12-1).

농촌지역의 가정은 대부분이 개인주택인 반면, 도시의 가정은 개인주택과 공동주택이 공존하고 있다. 현재는 과수재배기술이 과거에 비하여 크게 발달하였기 때문에 농촌뿐만 아니라 도시지역에서도 가정 내 과수재배는 그리 어려운 일이 아니다. 하지만 공동주택의 경우 과수재배를 위한 기본적인 요건들(토양, 수분, 신선한 공기 등)이 충족되지 않고 있다. 그럼에도 불구하고 요즘 도시인들 중에는 과수재배를 즐기고 싶어 하는 경우가 지속적으로 증가하고 있다. 이러한 욕구를 충족시키기 위하여 개발된 방법이 바로 용기재배(容器栽培, container growing)이다. 비록 좁은 공간이라 하더라도 화분을 놓을 수 있는 공간은 있다. 또한 아파트를 비롯한 공동주택의 경우 베란다를 이용하면 몇 개의 화분을 배치하는 것 역시 가능하다. 따라서 가정 내 작은 공간을 이용하여 용기를 이용한 과수재배를 시도한다면 가정 내 분위기를 살릴 수 있고, 먹을 수 있는 과실을 가정 내에서 관찰할 수 있으므로 교육적 효과도 기대할 수 있으며, 가족 구성원들의 정서함양에도 긍정적인 도움을 줄 수 있다(그림 12-1).

▲ 그림 12-1. 용기재배를 위한 과수의 생산 및 재배 실제 모습

12.5.2 가정 과수 재배 시 고려사항

1 과수 종류의 선택

일반인들에게 과수는 주로 키가 큰 나무(喬木)로서 알려져 있다. 그러나 이런 나무의 모습은 과거 재배기술이 발달하지 못하였던 시기의 모습이다. 오늘날의 과수학자들은 식물생리학에 기초하여 왜성대목을 개발하여 놓았으며, 이에 적합한 손쉬운 재배방법도 확립하여 놓았다. 그 결과 현재의 대부분의 과수류는 키가 작고 폭이 좁아 차지하는 공간이 적으면서도 어린 나이에 많은 과실을 생산할 수 있게 되었다. 따라서 도시인들이 주변 환경을 잘 고려하여 적합한 수종을 선택한다면 가정 내에서 과수를 재배하는 일이 그다지 어려운 작업은 아닐 것이다.

도시인들이 가정 내에서 과수재배에 대한 많은 지식 없이 재배할 수 있는 종류들은 대부분이 온대지역 과수들이다. 특히 사과나무와 배나무는 일반인들에게도 친숙한 수종이다. 이외에도 포도나무 또한 재배가 가능하다. 복숭아를 포함한 핵과류 나무를 재배할 경우에는 나무에서 진한 수지가 나와 각종 해충의 번식장소가 되므로 이에 대한 각별한 주의가 필요하다. 또한 이러한 나무들은 온대지역의 낙엽성 과수로서 봄, 여름, 가을 동안에는 계절별로 고유의 관상가치를 가지고 있지만 겨울철에는 잎도 떨어지고 과실도 수확한 후이기 때문에 관상가치가 현저히 떨어지게 된다. 또한 열대과수는 우리나라에서 여름철을 제외하고는 생장에 적당한 온도를 유지하는 것이 무척 힘든 일이다. 설령 생장에 적당한 온도를 유지한다 하더라도 나무의 키가 상당히 높기 때문에 가정 내에서 재배한다는 것은 거의 불가능하다 할 수 있다. 그러나 온대성 과수는 생장을 위한 온도가 지나치게 높지 않고 나무의 키도 그다지 크지 않기 때문에 조금만 주의를 한다면 가정 내에서 재배하는 것이 가능하다. 뿐만 아니라 실내 온도만 적절하게 유지한다면 사계절 잎이 있으므로 일정한 관상가치를 계속 유지할 수 있다. 하지만 무엇보다 중요한 것은 가정 과수를 재배할 장소에 대한 정확한 인식과 가정 과수 자체에 대한 기본적 지식을 사전에 풍부하게 습득하여 때때로 발생하는 각종 재배적 문제에 대하여 적절히 대처하는 것이라 할 수 있다.

2 재배 장소의 선택

식물은 햇볕을 충분히 받고, 광합성을 하여야만 양분을 만들어 낼 수 있다. 태양에너지에 의하여 합성된 양분은 호흡과정을 통하여 산화되어 에너지와 물, 이산화탄소 등으로 전환된다. 이렇게 발생된 에너지와 양분을 통하여 과수가 생장하고 과실이 비대한다. 따라서 가정 내에서 햇볕이 강하고 오래 동안 비치는 장소를 선택하는 것이 성공적인 과수재배를 위하여 중요하다. 즉, 낮 시간의 절반 이상 정도는 햇볕이 드는 장소를 선택하여야 한다.

12.5.3 가정 과수 재배방법

1 용기 및 용토의 관리

실내에서 용기를 이용한 과수재배를 할 경우 용기는 재질이나 모양에 상관없이 크기가 충분히

▲ 그림 12-2. 다양한 용기를 이용한 과수재배

큰 플라스틱 화분을 사용하는 것이 일반적이다. 용기가 작을 경우 과수의 관리가 어렵고, 열매 맺음 역시 나쁘다. 반대로 큰 용기를 사용하는 것은 운반이 어렵고 장소를 너무 많이 차지하는 단점이 있으나, 용기가 클수록 토양관리가 쉬워 나무의 생육이 일반 토양재배와 비교하여 뒤지지 않게 된다(그림 12-2).

한편, 용기재배를 할 경우 뿌리가 용기 내에 가득 퍼지게 되면 뿌리로의 산소 공급이 불량하게 되어 뿌리가 쉽게 썩게 된다. 따라서 1~2년마다 용기 내의 흙을 교체해주는 것을 잊지 말아야 한다.

과수는 뿌리 발달이 불량할 경우 가지의 생육이나 꽃의 착생이 좋지 않다. 점토 같은 미세한 입자의 토양에서는 배수와 통기가 불량해져서 뿌리가 잘 썩는다. 반대로 모래같이 거친 입자의 토양에서는 배수와 통기는 양호하지만 쉽게 건조해져서 나무의 수분이 쉽게 부족해진다. 때문에 단립구조의 배양토보다는 두 가지 이상의 입자 종류가 혼합된 토양을 선정하는 것이 적당하다. 전용 배양토 또는 버미큘라이트(vermiculite)와 같은 인공토양의 선정도 추천할만하다.

용기를 채우기 위하여 사용되는 흙은 배수, 통기, 보수가 좋은 흙으로서 병해충의 우려가 없는 것이 적합하다. 흔히 붉은 산흙과 모래, 그리고 부엽토를 일정한 비율로 혼합하여 사용한다. 만일 병해충의 염려가 없다면 일반 정원의 흙이나 밭흙이라도 체로 쳐서 흙의 미립점토나 돌, 그 밖의 이물질을 제거하여 사용하는 것도 가능하다.

주의할 점은 흙의 입자가 작을수록 배수나 통기가 나빠진다는 것이다. 그러므로 경우에 따라서는 용기를 채우기 전에 용토를 체로 쳐서 미립점토를 제거하는 것이 좋다(그림 12-2).

2 과수 묘목의 심기

좋은 묘목을 선택하는 것이 성공적인 가정 과수 재배의 첫걸음이다. 좋은 묘목이란 마디와 마디사이가 짧고 가지가 단단하고 눈이 크고 충실하며, 가지에 윤기가 있고, 병해충의 피해가 없는 것을 말한다. 또한 뿌리가 잘 발달하고, 특히 가는 뿌리가 많이 붙어 있으며 품종명이 확실해야 한다. 용기재배를 위한 묘목으로는 길게 자란 것보다는 조금 짧더라도 튼튼한 느낌이 드는 것을 선택하는 것이 차후 생육을 위해서 유리하다.

▲ 그림 12-3. 몇 가지 과수의 용기재배

3 분갈이 방법

2년째 이후 분갈이를 하는 경우, 시기나 방법은 처음 과수 묘목을 용기에 심는 방법과 같다. 단지 주의할 점은 분갈이 과정에서 뿌리와 함께 엉켜있는 흙에 대해서는 절반 정도 털어버리고, 뿌리는 적당히 솎아내어야 한다. 이는 새로운 뿌리의 발생을 촉진시켜 과수 전체의 생육을 촉진시키기도 한다. 이후 뿌리의 발육이 왕성하여 용기 내부 공간을 뿌리가 가득 메우게 되면 보다 더 큰 용기로 분갈이 하여야 한다(그림 12-3).

12.5.4 재식 후 관리방법

1 물주기(灌水, Irrigation)

과수재배에서 충분한 수분의 공급은 나무의 생육을 정상화 시킬 뿐만 아니라 과실의 발달도 촉진시킨다. 토양 내에 수분이 부족하게 되면 과수는 급속한 위조현상이 진행되어 잎이 시들고 과실의 비대가 정지되며, 심한 경우 과실이 떨어지기도 한다. 따라서 용기 내 토양이 항상 충분한 수분을 가지고 있는 것이 중요하다.

토양 중에 많은 수분이 있다 하더라도 모두가 식물에 이용될 수 있는 것은 아니다. 토양 내에서 수분이 입자와 입자 사이의 작은 공간 사이를 이동하는 현상을 모관현상이라 하며, 이렇게 이동하는 수분을 모관수라 한다. 식물이 이용할 수 있는 토양 내의 수분이 바로 이 모관수이다.

과수가 토양 내에 있는 수분을 소비하는 양은 용기의 종류와 크기 · 용토의 특성 · 과수의 종류와 크기 · 생육시기 · 뿌리의 발달정도 · 재배장소의 환경에 따라 다르다. 따라서 각 과수마다 물을 주는 간격은 물론 한 번에 주는 물의 양도 달라야 한다. 즉, 아래와 같은 방법을 기본으로 하여 각 과수의 상태에 따라 관리자가 다소의 조절을 해야 한다.

① 봄 · 가을에는 아침에 1회 충분히 준다.

② 여름에는 아침, 저녁으로 듬뿍 준다. 대낮에는 물을 여러 번 나무 전체에 분무해서 생기를 북돋아 준다.

③ 겨울에는 흙 표면이 마를 때 기다려서 한낮 따뜻할 때에 소량(여름의 절반 정도)을 준다. 단, 난방이 잘 된 방의 경우는 식물이 자라고 있다면 매일 물을 준다.

2 비료주기(施肥, Fertilization)

(1) 비료의 종류

과수재배용 비료는 크게 유기질비료와 무기질비료로 나눌 수 있다. 유기질비료는 동물성 유기질비료(어박, 골분 등)와 식물성 유기질비료(깻묵, 쌀겨, 나뭇재 등), 그리고 가공 유기질비료(아미노산 발효 부산비료 등)를 들 수 있다. 무기질비료에는 질소, 인산, 칼륨, 산화마그네슘, 석회, 붕사 등의 단비(單肥)와 이들 요소를 적당한 비율로 혼합한 복합비료(複合肥料)가 있다.

유기질비료는 무기질비료에 비하여 내용성분의 분해과정이 완만하고 토양 내에서 변화가 적으므로 전 생육기간에 걸쳐 효과가 지속적으로 유지된다. 무기질비료는 한번에 많은 양을 사용하면 토양 내 염류농도가 급격히 높아지게 되어 뿌리의 발달에 장해를 줄 우려가 있으며, 사용된 비료의 종류에 따라 토양에 남아있으면서 다른 비료요소와 반응하여 나무의 생육을 방해하기도 한다.

이와 같이 무기질비료에 비하여 유기질비료가 안전하고 여러 가지 점에서 좋아 보이지만, 비료성분의 함량이 낮아 과수를 효과적으로 생육시키기에는 부족하다. 따라서 무난하게 과수를 재배하기 위해서는 유기질비료와 무기질비료를 같이 사용하는 것이 좋다. 무기질비료만을 사용하는 경우에는 재배를 시작하기 이전에 각 무기질비료요소의 특성에 대한 충분한 지식을 습득한 후에 꼭 필요한 양만큼을 공급해야 할 것이다. 시비량의 결정 또한 성공적인 과수재배를 위하여 꼭 습득해야 할 지식이다. 특히 실내에서 용기를 이용한 과수재배를 할 경우, 용기 내 유기질비료가 발효열과 유해가스를 발생시킬 수 있으므로 주의하여야 한다.

(2) 시비 방법과 시기

식물체의 각 기관은 생육단계에 따라 비료에 대한 요구도가 다르다. 하지만 이들 비료요소를 일시에 모두 주게 될 경우 관수 등 외부적인 영향에 의하여 일부 비료요소가 씻겨 내려가 실제로 식물체가 필요한 시기에 부족하게 될 우려가 있다. 그러므로 용토의 조성을 식물체의 생육에 적합하게 한 후 각 생육단계별로 필요한 요소를 추가로 공급하는 것이 중요하다.

과수를 용기 내에서 재배할 경우 비료를 공급하는 방법은 두 가지로 대분될 수 있다. 분갈이 할 때 용토에 공급하는 비료를 밑거름이라 하며, 생육기간 중에 공급하는 비료를 덧거름이라 한다. 시비시기와 각 비료요소의 비율은 과수의 종류와 크기, 재배 장소의 환경에 따라 달라진다.

과수를 용기 재배를 위한 추비 방법으로는 유박이나 쌀겨, 뼛가루를 섞어 물로 반죽한 후 발효시켜 도토리 알 크기로 건조시킨 것(알비료)을 화분에 3개 정도 주는 것을 표준으로 하여 한 여름을 제외한 생육기간(4~10월) 중에 월 1회 정도 공급하는 방법이 있다. 이와 별도로 용기 내에서 재배되는 과수에 대하여 효율적으로 비료를 공급해주는 방법으로 액비공급 방법도 있다. 즉, 과수가 필요로 하는 비료요소를 화공약품으로 구입한 후 필요한 양만큼을 계산하여 이를 물에 녹여 공급하는 방법이다. 이런 시비방법이 기존의 비료 공급 방법에 비하여 비용과 노력면에서 보다 효율적일 수 있다. 그러나 화학물질에 대한 기본적인 지식이 없는 재배자가 이러한 방법을 적용한다는 것은 여간 어려운 일이 아닐 것이다. 이러한 재배자들은 과수의 생장에 필요한 다량원소와 미량원소를 고농도로 물에 녹인 액비를 원예자재상으로부터 구입하여 일정한 간격으로 조금씩 물에 녹여 사용하는 것도 실용적인 방법이다.

겨울철은 과수가 생장을 멈추는 휴면기에 해당하므로 비료성분을 거의 흡수하지 않기 때문에 비료를 공급하는 것은 의미가 없다. 또한 여름철에는 높은 실내온도가 용기 내 토양온도를 높인다. 이는 뿌리의 호흡작용을 활발하게 만들어 토양 내 많은 산소를 소비하게 한다. 이때 비료를 공급하면 뿌리의 호흡이 과도하게 높아져 용토 내 산소가 결핍되어 뿌리가 죽게 될 우려가 있다.

3 주요 비료요소의 결핍증상과 과잉증상 및 대책

과수의 생육에서 요구되는 각 원소에 대한 결핍과 과잉에 대한 증상은 아래와 같다. 각 증상 별로 결핍 또는 과잉되는 원소를 적절한 시기에 공급한다면 보다 효율적인 과수관리가 가능할 것으로 기대된다.

(1) 질소(N)

질소가 결핍되면 가지와 잎의 생육이 불량해져서 가지는 가늘어지고 잎은 작고 담황색으로 변한다. 질소결핍이 더욱 진행되면 가지 아래 부분의 잎부터 노랗게 되면서 부분적으로 죽기 시작하여, 이후 잎이 떨어진다. 과실은 작아지고 성숙은 빨라지며, 꽃눈의 분화가 감소되어 다음 해 과실 수가 적어진다.

질소가 과다하게 공급되면 새 가지와 잎의 신장이 지나치게 촉진되고, 잎은 짙은 녹색으로 변한다. 질소의 과다공급은 과실발달에 나쁜 영향을 주어 수확시기를 늦추게 한다.

질소는 과수 내의 흡수와 이동이 아주 쉽게 되는 원소이므로 부족증상이 나타나면 질소질 비료를 추가로 공급해 줌으로써 쉽게 회복시킬 수 있다. 과수 종류에 따라 약간의 차이는 있지만 0.4~0.5%의 요소 액비를 엽면살포하는 것이 효과적이다.

(2) 인(P)

인의 결핍증상은 과수의 생육이 왕성한 시기에 발생하고 생육이 정지되는 시기에는 완화되기 때문에, 과수재배에 경험이 많은 사람이라고 하더라도 인의 결핍 또는 과잉증상을 발견하기가 쉽지 않다.

인이 결핍되면 줄기와 잎에 광택이 없어지고 심하면 잎 가장자리가 말라 들어간다. 반면에 인의 과잉증상은 특정한 증상 없이 다른 금속원소의 부족증상이 발생하기 때문에 보다 구체적인 지식이 필요하다. 인 결핍이 발견되면 1%의 제일인산칼륨(KH_2PO_4) 용액을 0.5% 생석회 용액과 섞어서 4회 이상 살포하면 된다.

(3) 칼륨(K)

성숙한 잎의 가장자리가 말라 들어가는 것이 칼륨 결핍의 전형적 증상이다. 이 증상은 나중에 잎 전체로 퍼진다. 부족한 칼륨의 공급방법은 인 공급방법과 같다.

(4) 칼슘(Ca)

과수에서 과실을 제외한 모든 부분에서 칼슘결핍은 거의 발견되지 않는다. 과실에서 칼슘이 부족하게 될 경우 각종 생리장해 현상이 발생한다. 칼슘은 수체 내에서는 재이동이 거의 되지 않는 원소이다. 따라서 과수가 생리장해를 일으킬 염려가 있는 경우에만 과실을 중심으로 살포해야 한다. 엽면살포용 칼슘 용액(염화칼슘, 질산칼슘) 0.5%를 과실 생육 후반기에 5~7회 정도 살포하면 효과적이다.

4 수분(受粉, Pollination)

꽃이 피어 꽃가루가 암술머리에 묻어서, 이후 밑씨와 결합하면 수정이 된다. 수정이 되어 종자가 생기면 자방벽이 비대하여 과실이 된다. 대부분의 과수는 곤충에 의한 타가수분(他家受粉, cross pollination) 특성을 가지고 있지만 가정 내에서 재배할 경우 곤충의 활동을 기대하기 어렵다. 따라서 안전한 결실을 위하여 인공수분(人工受粉, artificial pollination)을 실시하여야만 한다. 즉, 다른 품종의 꽃가루를 붓 끝에 묻혀 암술머리에 묻히는 작업이 필요하다. 타가수분이란 자기 꽃 또는 같은 품종 꽃의 꽃가루가 그 암술머리에 묻어도 수정이 되지 않는 특성을 말한다. 따라서 같은 종류의 과수를 재배할 때 다른 품종의 개체도 함께 관리하는 것이 효과적이다. 밀감류나 '부유' 단감같이 꽃가루가 없어도 과실이 커가는 것도 있는데 이와 같은 특성을 단위결과성(單爲結果性, parthenocarpy)이라 한다. 이때 종자는 생기지 않으므로 먹기는 오히려 더 좋을 수 있다.

5 적과(摘果, Thinning)

과수는 생장정도에 비해 지나치게 많은 과실을 생산할 경우 그 이듬해 생산할 수 있는 과실의 양이 감소된다. 반대로 지나치게 소량의 과실을 생산하면 나무의 영양생장이 과다해져 그 정도를 조절하기가 힘들어진다. 따라서 각 과수에 대하여 생장정도에 알맞은 정도로 솎아내어 결실량을 조절해 주어야 하며, 이러한 작업을 적과라고 한다. 즉, 적과는 수세에 따라 결실량을 조절함으로써 해거리를 방지할 뿐만 아니라 남아있는 과실에 대하여서도 품질을 높일 수 있다.

적과는 과수에 꽃봉오리가 맺힐 때부터 과실의 크기가 동전만한 크기일 때까지 다양하게 시행될 수 있다. 하지만 그 이후에 시행하는 것은 해거리를 방지하지 못할 뿐만 아니라 과실의 품질도 향상시키지 못한다.

하나의 과실이 좋은 품질로 충분히 생장하기 위해서는 필요한 최소한의 잎 수가 있다. 예를 들면 사과는 45매 정도, 온주감귤은 20~25매, 감은 15매, 포도는 8~10매 정도의 잎이 필요하다. 하지만 재배자가 한 나무에 발생한 잎을 일일이 센 후 그 잎 수만큼 결실량을 조절한다는 것은 여간 어려운 일이 아니다. 뿐만 아니라 한 과수 내에서 잎과 과실이 골고루 분포 되어 있을 때보다 효과적이므로 이 또한 조절하기 힘들다. 따라서 최근에는 일정한 거리를 두고 과실을 남기는 방법을 쓴다. 즉, 대부분 과수에서 10~15 cm 간격마다 하나의 과실을 남기는 방법을 쓴다.

6 가지치기(整枝剪定, Pruning)

과수는 자연상태(自然狀態) 그대로 재배하더라도 과실을 생산할 수 있지만, 과실의 생산량 · 품질 · 해거리를 생각한다면 과수별 생장특성에 적합한 가지치기를 시행할 필요가 있다.

과수는 묘목을 재식한 후 가지치기를 하지 않은 채 키우면 과수의 종류와 품종에 따라 고유한 모습으로 자라게 되지만, 불필요한 많은 수의 가지가 생기게 되어 나무 내부가 복잡하게 된다. 이럴 경우 나무 내부에 대한 관리가 힘들어져 병충해 발생이 심해질 뿐만 아니라 꽃눈 발생도 불량해져서 열매가 맺는 부분이 적어지게 된다.

가지치기 기술의 발달은 나무의 크기를 작게 만들어 좁은 공간에서 많은 양의 과실을 생산하는 것을 가능하게 하였다. 따라서 각 과수에 대한 특성을 이해하고 이에 적절한 가지치기를 시행한다면 가정 내의 좁은 공간에서도 많은 양의 과실을 생산할 수 있을 것이다. 각 과수마다 이러한 조건을 만족시키기 위한 별도의 나무 모습과 가지치기 기술이 있다. 하지만 가정에서 이러한 구체적인 재배기술을 습득하는 것보다는 아래와 같은 나무의 습성을 이해하는 것이 보다 효과적이다.

(1) 정부우세성(頂部優勢性, Apical dominance)

일반적으로 가지의 끝에 있는 눈이 가장 왕성하게 생장하고, 끝에서 멀어질수록 생장이 약해진다. 또 가지를 수평 또는 그 이하로 휘었을 때는 높은 위치에 있는 눈이 강하게 자란다. 이와 같은 성질을 정부우세성 또는 정아우세성이라 한다. 가지를 중간에서 자른 경우에도 윗끝부분에 남은 눈이 강하게 자란다.

(2) C/N 율

한 나무에서 영양생장과 결실생장은 서로 경쟁관계에 있다. 즉, 영양생장이 강한 나무에서는 열매 맺음이나 발달이 나쁘다. 반대로 결실량이 지나치게 많은 나무에서는 나무의 생장이 위축되어 심한 경우 나무가 죽게 된다. 따라서 C/N율 조절이라 함은 한 나무에 있어서 영양생장과 열매 맺음간의 균형을 맞추는 작업이라 하겠다. 여기서 C는 탄수화물(carbohydrate)를 말하는 것으로 나무의 결실과 관련이 깊고, N은 질소(nitrogen)를 칭하는 것으로 나무의 영양생장을 조절하는 것으로 알려져 있다.

(3) T/R 율

식물체가 건전한 생장을 유지하기 위해서는 땅 위에 보이는 나무의 생장량(top)과 땅 아래

뿌리의 생장량(root)이 같아야 된다. 즉, top-root 비율이 같아야 한다. 이러한 나무의 습성은 지상부의 생장이 건전해지려면 뿌리의 생장이 중요함을 말하는 것으로 가정 내 과수재배에서 용기의 크기가 어느 정도 중요한 지를 나타낸다.

7 그 밖의 재배기술

(1) 순지르기(摘心, Pinching)

새 가지의 끝이 목질화되기 전에 끝을 잘라주면 새 가지의 생장이 일시적으로 멈추고 측면에 곁가지가 발생하는 현상을 말한다. 이 작업은 결실량을 증가시키고 과실의 크기도 크게 할 수 있다. 또한 이 작업은 과수가 너무 커지는 것을 방지하는 데도 유용하게 쓰인다.

(2) 휘기(偃曲, Bending)

가지를 수평 또는 그 보다 더 아래로 휘어 가지의 과잉 생장을 억제하고, 정부우세성을 이동시켜 아래 부분에서 새 가지가 발생하도록 하는 것을 말한다.

(3) 환상박피(環狀剝皮, Ringing, girdling)

나무의 생장이 지나쳐서 열매 맺음이 불량한 나무에 대하여 원줄기 아래 부분의 나무껍질을 3~10 mm의 넓이로 환상으로 벗기는 것을 말한다.

이것은 환상박피 상부에서 생성된 동화양분이 껍질부를 통하여 내려가지 못하게 함으로써 과실의 발달과 성숙을 촉진시킬 수 있다. 하지만 뿌리로의 양분공급이 억제되므로 지나치게 해서는 안 된다.

(4) 단근(斷根, Root pruning)

가정과수 용기재배에서 용기를 바꾸거나 분갈이를 할 때, 인위적으로 뿌리의 부피를 줄여줌으로써 토양 내 양 · 수분의 흡수를 제한시킨다. 단근처리를 받은 과수는 영양생장이 억제됨으로써 꽃눈발달이 촉진되어 결실량이 증가된다. 따라서 이 방법은 생장이 왕성한 어린 나무에서 열매 맺음을 촉진시키고 나무의 크기를 제한하기 위하여 가끔씩 사용된다.

8 병충해 대책

병충해로부터 안전한 과수를 재배하기 위해서는 예방을 위주로 대처하여야 한다. 이를 위해서는 아래의 사항을 염두에 두어야 한다.

- 병이나 해충의 피해가 없는 묘목을 선택할 것
- 일광에 많이 쪼이고, 비료나 물을 적당하게 주어 강건하게 키울 것
- 일조나 통풍을 좋게 하고 강한 바람에 쐬지 않게 하는 동시에, 화분 놓는 장소의 배수도 좋게 할 것

하지만 이러한 예방법만으로는 자연적으로 발생하는 모든 병충해에 대하여 완벽하게 대처할 수 없다. 따라서 예방 이후에 발생하는 병충해에 대해서는 직접 방제를 하여야 한다. 가정 내에

서는 물리적 방제와 화학적 방제 모두 가능하다.

최근 합성유기농약의 발달로 인하여 가정원예의 관리에 있어서 병충해의 방제의 대부분을 화학적 방법에 의존하는 경우가 많다. 하지만 이는 실내 환경의 오염을 비롯한 다양한 부작용을 일으킨다. 따라서 가급적 물리적인 구제방법을 우선으로 하여야 할 것이다. 즉, 해충은 핀셋이나 젓가락 또는 오래된 칫솔 등으로 제거한다. 또한 바이러스 병은 진딧물을 통하여 전염되므로 한냉사 등으로 용기마다 전체를 푹 덮으면 안전하다. 병에 걸린 잎이나 과실 그리고 벌레가 침입한 가지 등은 그대로 두지 말고, 반드시 태워버리거나 흙 속에 깊이 파묻는다.

12.5.5 과실의 수확과 저장

1 과실의 수확

과실이 익으면 수확을 하는데, 적당한 수확시기를 육안으로 판정하기에는 어려운 점이 많다. 과실은 익으면서 산함량(신맛)이 감소하는 반면 과즙과 당분이 증가한다. 따라서 과실을 너무 일찍 따면 맛이 없고 쉽게 시들며, 너무 늦게 따면 과실이 쉽게 물러지고 각종 생리장해가 발생하기 쉽다. 과수를 전문적으로 재배하는 대부분의 사람들은 대부분 과실 표면의 색깔 변화를 살펴보거나 꽃이 핀 시기를 기록하고 일정한 시간이 지난 후에 수확하는 방법을 사용한다.

2 과실의 저장

과실은 수확한 후에도 산소를 흡수하고 이산화탄소를 배출하는 호흡과정을 계속한다. 과실은 호흡과정을 통하여 과실 내 당분과 산 그리고 기타 영양분을 소비한다. 이 호흡작용은 온도가 높을수록 왕성해지고 이는 곧 과실의 품질을 낮추는 원인이 된다. 따라서 과실을 저장할 때는 온도를 낮추어 과실의 호흡과정을 억제시키는 것이 유리하다.

최근, 과실을 저장할 때 온도를 낮추는 것 뿐만 아니라 과실 주변의 공기조성을 바꿈으로써 과실의 저장력을 크게 향상시키는 기술이 개발되었다. 현재 우리나라에서는 과실을 저장할 때 저장온도를 낮추는 방법과 과실 주변의 공기조성을 바꾸는 방법을 같이 사용하고 있다.

(1) 저온저장(Low temperature storage)

단순히 저장온도만을 낮추어 저장하는 방법으로써 이때 온도는 0~1°C, 상태습도는 90% 전후로 한다.

(2) CA 저장(Controlled atmosphere storage)

일반 저온저장은 밀폐된 환경으로 인하여 병 발생이 쉬운 문제점이 있다. 따라서 저온저장 시 저장고 내 산소의 함량을 낮추고 탄산가스의 함량을 높이게 되면 과실의 신선도를 획기적으로 연장시킬 수 있다. 대체로 산소 2.5%, 탄산가스 2%, 온도 0°C, 그리고 상대습도는 90% 전후로 하여 대기조성을 한다.

(3) MA 저장(Modified atmosphere storage)

현재 국내에서 가장 널리 쓰이는 방법으로 저온저장과 CA 저장의 장점만을 취한 방법이라 할 수 있다. 수확한 과실을 밀폐된 용기 또는 포장지에 담아 저온저장하게 되면 과실의 호흡과정을 통하여 자연히 용기 내 산소 함량이 낮아지고 탄산가스의 함량이 높아지게 된다. 따라서 비교적 효율적인 방법으로 과실의 저장력을 연장시킬 수 있다.

MA 저장에서는 어떤 용기를 사용하느냐에 따라 저장력에 큰 차이가 발생한다. 최근 들어 이러한 밀폐 용기의 종류와 통기성에 대한 획기적인 발전이 있었다. 즉, 외부 공기에 대하여 선택적으로 투과를 허용하는 것에서부터 노화촉진물질인 에틸렌 가스 흡착물질을 혼입한 것을 포함하여 다양한 용기가 개발되었다. 아울러 1-MCP라는 에틸렌 발생 및 작용억제 물질이 등록되어 과일 및 원예작물의 신선저장이 더 용이해졌다.

12.6 주요 과수의 특징

1 사과(沙果, 苹果, Apple)

우리나라의 기후조건은 별도의 시설 없이도 품질이 좋은 사과를 생산하기에 적합하다. 하지만 사과재배는 다른 과종에 비하여 많은 노동력을 필요로 한다. 사과는 풍부한 탄수화물을 함유한 반면 단백질과 지방의 함량은 적다. 비타민 C와 무기물 함량은 다른 식품에 비하여 특히 많다. 생식용으로 많이 이용되고 각종 음료와 양조의 원료로도 이용된다. 잼, 건과, 분말, 통조림 등의 가공품과 일부 약품에도 이용될 뿐만 아니라 상당한 열량을 가지고 있어 보조식량으로도 이용이 가능하다.

도입품종으로는 '후지'와 '쓰가루'가 대표적이고 국내 육종품종으로는 '새나라', '서광', '선홍', '홍로', '추광', '감홍', '화홍' 등이 있다(그림 12-4).

국내에서의 재배역사는 오래 전부터 있어 왔지만 현대적 의미의 사과재배는 1900년대 이후 부터이다. 특히 1970년대에 이르러 외국으로부터 왜성대목이 도입되면서 키가 작고 공간도 적게 차지하면서 많은 과실을 생산하는 재배법이 보급되었다.

▲ 그림 12-4. 사과(후지)

사과나무는 3년 결과습성의 과수이다. 즉, 사과나무는 새 가지가 자란 이후 다음 해에 그 가지에서 2~3개의 새로운 가지가 다시 자라 나오고, 그 밑 부분에서 발생한 짧은 가지 끝에 꽃눈이 형성된다. 그 꽃눈은 다음 해에 개화하여 열매를 맺는다. 그러므로 새 가지가 나오면 그 가지가 나온지 3년째부터 과실을 맺게 된다.

2 배(梨, Pears, Asian pears : 동양배)

배는 크게 서양배(*Pyrus communis* Linn.)와 동양배로 구분되며, 동양배는 다시 북방계(*Pyrus ussuriensis* Maxim.)와 남방계(*Pyrus pyrifolia* Nakai)로 나뉜다.

현재 우리나라에서 흔히 볼 수 있는 배는 남방계 동양배이다.

배나무는 열매가 빨리 맺히고, 비교적 재배도 쉬워 국내에서는 대량생산이 가능한 과수 중의 하나이다. 지금까지는 배 소비가 국내에 국한되었지만 최근 독일을 비롯한 유럽지역과 미주지역에서 한국산 배의 우수성이 인정되면서 수출량도 증가되는 추세이다. 하지만 고품질의 과실을 생산하기 위해서는 꼭 봉지를 씌워야 하기 때문에 생산비가 높은 것이 단점이다.

▲ 그림 12-5. 배(신고)

동양배는 당분과 수분 함량이 많아 시원한 과즙 때문에 주로 생과로 많이 이용된다. 이 밖에 통조림, 잼 등으로 이용되고 식초, 술, 조림 등으로도 이용된다.

주요 도입종으로는 '신고', '장십랑', '만삼길'이 있으며 국내 육성 종에는 '신천', '감로', '미니배', '선황', '원황', '조생황금', '신일', '황금배', '수황배', '영산배', '화산', '감천배', '만풍', '추황배', '미황', '만수' 등이 있다(그림 12-5).

대부분의 배나무는 1년생 가지에 몇 개의 새 가지가 자란 다음, 아래 쪽에 짧은 가지가 생기고 3년째 꽃이 피고 열매가 맺는다. 배나무는 열매가 맺히고 난 이듬 해 몇 개의 짧은 가지가 나오며, 그것이 다음 해 꽃눈으로 분화되어 열매가 맺히는 가지로 생장한다. 이것이 반복되므로 몇 년 후에는 단가지 무리를 형성한다.

3 복숭아(桃, Peach)

우리나라에서 복숭아나무는 예로부터 재배되었지만, 주로 크기가 작은 야생종이었고 현재와 같은 품질의 복숭아가 재배되기 시작한 것은 1900년대 이후였다. 복숭아는 고온다습한 시기에 수확되고, 과실 자체의 저장력이 거의 없기 때문에 소비할 수 있는 시기가 무척 제한되어 있다. 꾸준한 품종개발로 인하여 이러한 단점은 많이 해결된 상태이다. 대표적인 도입품종으로는 '창방조생', '대구보', '백도'가 있으며 '백미조생', '천홍', '진미', '유명'은 대표적인 국내 육성품종이다(그림 12-6).

복숭아는 과육이 연하고 단맛과 과즙이 많아 생과로 좋을 뿐만 아니라 가공식품의 재료로도 많이 이용된다.

복숭아에는 꽃가루가 불완전한 품종이 상당히 있으므로 가정 내에서 재배할 때는 반드시 수분수를 함께 심어야 한다. 복숭아나무는 그해 자란 가지의 잎겨드랑이에 꽃눈이 형성되고, 그 다음 해 꽃이 피고 열매가 맺는데, 꽃눈 형성도 아주 잘 된다.

▲ 그림 12-6. 복숭아(좌로부터 청홍, 창방조생, 유명, 백도)

4 포도(葡萄, Grape)

우리나라에서의 포도재배는 고려시대 이전부터 행하여진 것으로 보인다. 특히 조선시대의 백자에 포도그림이 많이 나오는 것으로 보아 상당히 많은 재배가 이루어진 것으로 추측할 수 있다. '거봉'과 '캠벨얼리(Campbell's Early)'가 대표적인 도입품종이며, 국내 육종품종으로는 '홍단', '홍이슬', '탐나라', '청수', '흑구슬'이 있다(그림 12-7).

포도는 생식용으로 계절적 소비량이 상당히 많을 뿐만 아니라 포도주, 주스, 통조림 등에도 많이 이용된다. 특히 정부에서도 포도주 개발을 위하여 많은 연구를 지원하고 있고 또한 지방자치단체에서도 포도주를 지역특산물로 육성하는 곳이 많이 있다.

포도의 과즙은 건위와 이뇨에 효과적이고 기관지염, 빈혈에도 효과가 있다. 포도주의 종류에는 적포도주, 백포도주, 감미포도주 등이 있으며 브랜디, 베르부트, 코냑 등의 증류주와 샴페인도 포도를 원료로 만든 술이다.

포도나무는 잘 발육된 1년생 가지 위에 마디마다 눈이 형성되고, 그 다음해 그 눈에서 새 가지가 생장하면서 그 새 가지에 열매가 맺힌다. 포도가 달리는 새 가지를 열매가지(結果枝, bearing shoot)라 하며, 새 가지가 나온 지난해의 가지를 결과모지(結果母枝, fruiting cane)라 한다. 앞

▲ 그림 12-7. 포도(좌로부터 탐나라, 캠벨얼리, 청수, 거봉)

서 말한 바와 같이 포도는 심은 지 2년째부터 결실이 가능하다. 하지만 포도나무는 덩굴성이기 때문에 재배를 위해서는 지주를 설치하여야만 하는 부담이 있다.

5 감귤(柑橘, Citrus)

우리나라에서 감귤이 재배되기 시작한 것은 상당히 오래된 듯하지만, 그 기록이 분명치 않아 재래종의 도입경위조차 알려져 있지 않다. 현재의 재배종 역시 그 도입경위와 시기가 분명치 않다. 단지 현재와 같은 대규모의 상업적 과수원이 확장되기 시작한 것은 1960년대 초 일본으로부터 많은 묘목이 도입되기 시작하면서부터이다.

▲ 그림 12-8. 감귤

우리나라에서 생산되는 감귤의 대부분을 점유하는 온주밀감은 전체 과실에서 껍질이 차지하는 비율이 23~26%에 이른다(그림 12-8). 가식부(可食部)의 약 88%가 수분이며, 10% 정도가 탄수화물이다. 다른 과실에 비하여 비타민 A, C가 특히 많으며 칼슘, 나트륨, 칼륨 등의 함량도 많다. 알칼리성 과실로 보건식품으로서 뿐만 아니라 껍질이 쉽게 제거되고 수분 함량이 많아 기호식품으로서도 가치가 높다.

감귤류는 열대 또는 아열대지방이 원생지이므로 기온이 높은 곳에서 품질이 좋은 감귤이 생산된다. 따라서 우리나라 대부분의 지역에서는 겨울철 기온이 낮으므로 이 시기에 과수 주변의 온도를 높여주는 관리가 필요하다. 만일 겨울철에 온도가 낮아지게 되면 잎이 떨어지게 되어 관상가치도 감소할 뿐만 아니라 과실의 품질도 떨어진다. 하지만 온도를 높여주면 곧 회복된다.

감귤나무는 상록성이고 잎수가 많으며 가지의 발생수도 많다. 따라서 적절한 관리가 이루어지지 않는다면 과수 내부에 잔가지들이 말라죽게 되어 과실이 열리는 부분이 감소하게 된다. 감귤류는 비교적 나무의 수명이 길고 일반적으로 초기 생장이 느리다. 새로운 가지는 1년에 3회 정도(春枝, 夏枝, 秋枝) 발생한다. 가지는 결과모지(結果母枝), 결과지(結果枝), 과경지(果梗枝)로 구분하며, 결과모지에서 발생하여 열매가 맺는 가지를 결과지라 하며 과일이 맺혔던 가지를 과경지라 한다.

6 감(柿, Persimmon)

감은 생식용으로 가장 많이 이용되며, 그 밖에 건시 등 가공용으로 이용되기도 한다.

감나무는 생장이 왕성하고 병충해도 적어 비교적 재배가 손쉽다. 4월 하순경에 꽃눈이 맹아하여 5월 하순경에 꽃이 피며, 새 가지는 대개 6월 하순까지 자라고 그 이후에는 생장이 정지된다.

감나무는 암꽃과 수꽃이 매우 복잡한 양상을 나타내고 있다. 즉, ① 완전한 암꽃만을 착생시키는 품종, ② 작은 모양을 한 수꽃과 크게 생긴 암꽃을 한 나무에서 착생시키는 암수 한그루인 품종, 그리고 ③ 한 꽃 속에 암술과 수술을 완전히 갖춘 완전화 또는 암꽃과 수꽃이 섞여서 피는 품종이 있다. 따라서 각 품종의 특성을 먼저 이해한 후 암꽃만을 가진 품종이라면 수분수를 같이 심어야 한다.

감나무는 가지치기를 하지 않으면 가지가 복잡해지고 높이도 10 m 이상 자란다. 이럴 경우 해거리 현상이 생기고 나무의 수명도 짧아진다. 따라서 매년 나무의 높이를 낮추는 가지치기 작업이 필요하다(그림 12-9).

▲ 그림 12-9. 감

12.7 열대 과수

1 바나나(Banana)

열대 아시아 원산의 여러해살이풀로 높이가 3~10 m에 이른다. 기원전 5,000년경부터 말레이 반도 부근을 중심으로 재배가 시작되어 현재 국제적인 과수가 되었다. 한국에서는 1980년대부터 제주도 등지에서 재배가 시작되었다.

바나나는 열대식물이므로 최저 기온이 10°C 이상은 되어야 한다. 땅이 깊고 부드러워야 하며, 배수가 잘 되어야 한다. 어린 싹을 심은 후 1년이 지나면 꽃이 피고 열매를 맺기 시작한다. 한 번 수확한 후 밑동을 잘라내면 6개월 후 땅속에서 새로운 어린 줄기가 나와 자란다. 열매는 장과(漿果)에 속하며, 과방(果房)이 계단모양으로 달린다. 널리 보급된 품종에는 생과용(banana)과 요리용(plantain)이 있다. 생과용 품종은 길이가 6~20 cm, 지름이 3.5~5 cm이며, 요리용 품종은 길이 30 cm, 지름이 7 cm에 이른다(그림 12-10).

▲ 그림 12-10. 바나나

2 두리안(Durian)

원산지와 재배기원에 대하여 알려진 바는 거의 없다. 과실에서 풍기는 시궁창 냄새는 그다지 좋지 못하지만 생산된 과실은 과일의 왕이라 할 정도로 크고 맛있다(그림 12-11).

나무와 과실이 모두 유용하게 쓰이는 열대과수로서 나무는 가지가 굵고 20~30 m까지 높이 자라므로 건축재 또는 합판의 자재로도 유용하다. 또한 과실은 매우 달기 때문에 식용 또는 잼으로 만든다. 종자 역시 약용으로 사용된다.

▲ 그림 12-11. 두리안

3 용안(龍眼, Longan)

중국 남부 또는 인도가 원산이며, 동남아시아와 열대 아메리카에서 널리 재배하는 열대과수로서 높이는 10 m까지 자란다. 열대과일로서 갈색 껍질 내부에 즙이 많고 반투명하며, 단맛이 강한 과육(果肉)이 있다.

4 리치(Lychee, Litchi)

중국 남부가 원산인 열대과수로서 키는 10~15 m 정도이다. 과일은 지름 3 cm정도이며 둥글고 겉에 돌기가 있다. 과일은 생과용으로 많이 소비되는데 시고 달며 독특한 향기가 있다. 중국 남부와 동남아시아에서는 두리안을 과일의 왕, 그리고 리치를 과일의 왕자라고 부르기도 한다.

5 망고(Mango)

말레이반도, 미얀마, 인도 북부가 원산이고 열대과수 중 보급률이 월등히 높으며 품종도 다양하다. 현재 아프리카, 브라질, 멕시코, 플로리다, 캘리포니아, 하와이 등에서 재배되고, 제주도에서는 온실 내에서 재배된다. 암수가 다른 나무(雌雄異株, dioecious plant)이며 높이 10~30 m까지 자란다.

열매는 핵과에 속하며 넓은 달걀모양이다. 과육은 익으면 노란색, 노란색을 띤 녹색 또는 붉은색을 띤다. 과일은 생과로 소비되거나 과자의 재료 또는 샐러드의 드레싱 소스, 수프 등의 원료로 사용된다. 과육뿐만 아니라 종자도 식용 또는 약용으로 쓰인다(그림 12-12).

▲ 그림 12-12. 망고(좌), 애플망고(우)

6 망고스틴(Mangosteen)

말레이시아 원산의 열대과수로서 예로부터 재배가 비교적 어려워 현재는 인도네시아, 말레이시아, 타이완, 필리핀, 인도, 스리랑카에서만 재배된다.

열매는 납작한 공 모양으로 크기가 4~7 cm 정도이다. 향기가 있고 새콤달콤하며 과일의 여왕이라고도 불린다(그림 12-13).

▲ 그림 12-13. 망고스틴

7 파파야(Papaya)

파파야 열대 아메리카 원산의 과수로서 전 세계 열대 지역에서 고루 재배된다. 현재 국내에서는 일부 온실 재배가 시도되고 있다.

배수가 잘되는 양토(壤土)에서 잘 자라며 번식은 종자로 한다. 한 나무에서 수확할 수 있는 과실은 대략 1년에 20~30개 정도이다(그림 12-14).

과일은 보통 긴 달걀모양을 하고, 껍질은 녹색을 띤 노란색 또는 붉은색을 띤 노란색이다. 과육은 짙은 노란색 또는 자줏빛을 띤 빨간색이며 과육 내부에는 젤에 싸인 종자가 있다. 과일은 생과로 소비되거나 과자 등으로 가공된다.

▲ 그림 12-14. 파파야

8 람부탄(Rambutan)

말레이시아가 원산인 열대지방의 주요 과수로서 열매는 식용으로 소비되는 한편, 뿌리와 나무껍질은 양치 약으로 사용된다(그림 12-15).

열매는 작은 달걀 크기의 타원 모양이며 10~12개씩 모여 열린다. 7~8월에 붉은색으로 익고 돌기로 덮여있다. 람부탄이란 이름은 말레이시아어로 털이 있는 열매란 뜻으로 과일의 외형 때문에 붙여진 이름이다.

▲ 그림 12-15. 람부탄

참고문헌

1. 고광출 외 7인. 1999. 과수전정생리. 도서출판 서원.
2. 고광출, 김선규, 유영산 역. 1999. 온대과수원예. 도서출판 서원.
3. 김정호. 1994. 가정과수. 오성출판사.
4. 농촌진흥청. 1997. 표준영농교본 – 과수병해충. 농촌진흥청.
5. 이광연 외 6인. 1992. 삼정 과수원예각론. 향문사.
6. 임명순 외 2인. 2002. 토양관리와 비료. 세명출판사.
7. 전원문화사. 1997. 과수재배 12개월. 전원문화사.
8. Thailand Dept. Agriculture. 2006. Amazing Thai Fruits.

13 원예치료

13.1 원예치료(Horticultural therapy)의 정의

식물 또는 식물과 관계되는 여러 가지 원예활동을 통하여 신체와 정신생활의 향상을 촉진시켜 사회적, 교육적, 심리적 혹은 신체적 적응력을 기르는 행위이다. 이 치료방법은 신체장애인, 정신발달 장애인, 고령자, 범죄자 등에게 특히 유효하며, 정신적 측면뿐만 아니라 신체적 측면에서도 다양하게 적용되고 그 응용범위도 넓다.

13.2 원예치료의 역사

원예치료는 고대 이집트에서 정원 산책을 통하여 정신병 환자의 치료를 시도한 바가 있다고 하지만, 구체적으로는 17세기 이후부터 유럽과 미국을 중심으로 정신질환자의 치료 효과에 관한 문헌상의 기록들에서 찾아볼 수 있다. 초창기의 원예치료는 주로 정신질환자를 대상으로 이루어졌으나, 2차 세계대전 후 미국에서 많은 상이군인들을 대상으로 육체적인 재활뿐만 아니라 직업훈련을 위한 목적으로 이용되기 시작하여 원예치료를 광범위한 분야로 적용하게 되는 계기가 마련되었다.

1950년 미국의 미시간 주립대학에서 처음으로 원예치료사 강좌를 개설하여 1955년에 원예치료 학사학위를 수여하였고, 1960년대에는 미국의 많은 대학들이 원예치료강좌를 개설하였다. 이어서 1971년에는 Kansas 주립대학에서 대학원 과정을 신설하였다. 1973년에 '원예치료 및 재활을 위한 전국 협의회'(National Council for Therapy and Rehabilitation through Horticulture)가 결성된 후 1987년 미국원예치료협회(American Horticultural Therapy Association ; AHTA)로 개편되어 활발한 활동을 하고 있다.

우리나라 원예치료사 양성과정은 1999년에 건국대학교에 국내 최초로 '원예치료사 과정'이 개설되고, 2000년에 고려대학교에 개설되어 운영하게 되었다. 2001년에는 한국식물인간환경학회와 한국원예치료협회 간에 상호교류협약이 체결되면서 원예치료사 양성과정의 모든 교과과정이 일원화 되었다. 2002년도부터는 여러 대학에서도 원예치료사 양성과정을 개설하기 시작하였고 곧 전국적으로 급속히 확산되었는데, 2005년에는 경희대학교의 평생교육원에도 과정을 개설하였으며, 2010년 원예치료사 양성을 위한 교육기관은 16개 대학에 이르게 되었다.

13.3 원예치료의 효과와 대상

13.3.1 원예치료의 효과

초창기의 원예치료는 정신치료의 목적에서 비롯되었으나 오늘날에는 유치원에서부터 각급 학교, 병원, 각종 공장, 교도소, 양로원 등 사회 전반에 걸쳐서 광범위하게 적용할 수 있기 때문에 그 효과도 다양해지고 있다. 원예치료의 효과를 몇 가지로 요약하면 아래와 같다.

1 지적발달에 기여한다.

식물의 생장에 관한 새로운 지식이나 기술을 배움으로써 사물에 대한 호기심과 관찰력을 기르게 하며, 그것의 활용을 통해 의사소통이 용이해지고 자신감을 갖게 한다.

2 정서적 안정에 기여한다.

원예활동 과정 중에 식물의 생육습성을 익히면서 인내력, 생명의 귀중함과 그에 대한 책임감, 일의 성취에 대한 기쁨과 자신감이 생기는 등의 정서적 안정에 효과가 있다.

3 신체적 발달에 기여한다.

대부분의 원예활동이 몸을 많이 움직여야 하며, 또한 평소에 많이 사용하지 않는 근육을 원예활동을 통하여 고르게 발달시키므로 균형유지 및 체력증진 등의 효과가 있다.

4 사회적인 효과

원예활동은 혼자서 할 수 있는 것도 있지만 동일한 목적을 향해서 여러 명이 함께 하지 않으면 안 되는 것도 있다. 그럴 때 각자 자기가 맡은 역할이 무엇인가 배우게 된다. 또 그 일을 수행하기 위해서는 서로의 권리를 존중하고 협력해야 하며 책임을 분담하는 것이 효과적이라는 것도 깨닫게 되어 대인관계가 향상됨은 물론, 자기의 존재가치를 일깨워 주고 삶의 가치와 보람을 갖게 하는 수단이 된다.

13.3.2 원예치료의 대상

근대적인 원예치료는 2차 세계대전으로 많은 상이군인들이 발생하여 이들에 대한 육체적인 재활 및 직업훈련을 위하여 이용되었다. 그러나 오늘날에는 정신적 · 신체적 장애인뿐만 아니라 정상인이라 할지라도 사회적인 환경으로부터 각종 스트레스를 받게 되는 사람들도 원예치료의 대상에 포함시킨다. 이처럼 원예치료의 대상은 현대를 살아가는 모든 사람들이 될 수도

▶ 표 13-1. 대상자에 따른 원예치료의 목표(손 등, 1997)

대 상	원예치료의 목표
정신장애자	① 기능의 회복 및 재활 ② 고통, 자신감, 자기평가, 사회적 상호교류의 증진 ③ 자극전달, 공격적 태도 완화, 창조성, 책임감, 현실 인식 ④ 일하는 습관 확립 또는 새로운 흥미 촉진
지적장애자	① 교제, 계산, 자각, 집중력, 인내력, 결단능력 함양 ② 자신감, 책임감, 사회적 상호교류, 성취감, 현실인식, 창조성, 공격적 태도 완화 등 개인적, 사회적 능력 함양 ③ 직업 또는 취미로서 원예활동을 활용
고령자	① 노쇠한 근육 및 뇌졸중 후의 기능 재활이나 회복 ② 흥미, 사회적 교류, 존재가치 부여, 책임감 부여 ③ 취미생활로 활용할 수 있는 기술 습득
시각장애자	① 일 또는 휴양으로서 원예훈련 ② 일반적인 교육프로그램의 일환 ③ 사회적 교류, 자신감, 신뢰감, 고독감 감소, 해석능력 증진
휠체어 장애자	① 사고나 수술 등의 기능재활이나 회복 ② 일이나 휴양으로 활용할 수 있는 능력 함양 ③ 흥미, 사회적 교류, 존재가치 부여, 책임감 부여 ④ 취미생활로 활용할 수 있는 기술 습득
지체 부자유자	① 놀이나 리크리에이션 제공 ② 공격적 태도나 욕구불만의 해소 ③ 교육과 훈련 및 흥미유발과 촉진수단
아동이나 운동력이 반감된 자	① 기능재활이나 회복 ② 환자의 범위 내에서 능력을 향상 ③ 훈련 및 교육

있지만, 원예치료의 효과는 대상자의 원예활동에 대한 인식이나 수용 자세에 따라 달라질 수도 있다. 대상자에 따른 원예치료의 목표는 표 13-1에서 보는 바와 같다.

1 신체장애인

한번에 한 가지씩 끝까지 완성할 수 있는 작업을 부여하는 것이 중요하다. 독촉하지 말고 끝까지 혼자 완성하도록 유도하며 작업대, 도구 등은 개인의 장애 정도에 맞게 고안하는 것이 필수이다.

2

▶ 표 13-2. 원예치료 대상자별 특성과 프로그램의 유의점(손기철, 1997)

대상자	특 성	프로그램상의 유의점
정신장애자	• 다양한 연령층에 존재하며 단기, 중기, 장기환자가 있고 정신착란, 우울증, 집중력저하, 공격적, 편집광 등 다양한 증세	• 개인 작업과 그룹작업 제공이 필요 • 레크레이션이나 휴양의 기회가 필요 • 파괴행동이 허락되는 공간이 필요
지적장애자	• 전달능력이 떨어지는 사람 • 이해력과 집중력이 떨어지는 사람 • 다른 사람에 대한 의존력이 높음 • 심한 신체장애를 동반하는 경우가 많음	• 체력을 요하는 활동이 필요 • 참가자의 능력에 맞는 단계적 작업이 필요 • 신체적 장애자를 위한 시설과 장비가 필요 • 최대한의 자극재료와 안전대책이 필요
시각장애자	• 시각장애에는 전혀 안 보이는 경우, 약간 보이는 경우, 시력에 결함이 있는 경우가 있다. • 다른 장애를 동반하는 경우가 있다. • 다른 감각기관이 발달해 있다. • 일반적으로 우호적이며 관심과 호기심이 많다.	• 안전대책이 필요하며, 접근 및 활동이 양호하고 복잡하지 않아야 함 • 환경에 대한 인식과 판단이 용이하도록 하는 대책이 필요(점자정보, 촉감, 향기 등) • 시각을 발달시키거나 다른 감각의 자극이 필요
고령자	• 원예활동에 대한 지식이 비교적 많다. • 오랫동안 서 있지 못하는 등 신체가 허약하다. • 건망증이나 치매현상을 보이는 사람 • 고령자의 비율이 증가하고 있다. • 경쟁이나 대화를 좋아한다.	• 기존의 원예활동을 지속적으로 하게 함 • 특별한 재활프로그램으로 몸을 이용하는 활동이 필요하고, 향기, 감촉, 소리측면에서 흥미를 유발하는 식물이 필요, 아울러 그룹 활동 및 가정에서도 쉽게 할 수 있는 활동이 필요
휠체어 이용자	• 사고나 수술 후 등 일시적으로 휠체어를 이용하는 사람이 있다. • 노약자나 팔에 장애가 있는 사람은 휠체어를 밀어 주는 사람이 필요하다. • 전동식 휠체어가 늘어나 활동 범위가 넓어졌다.	• 접근이 용이하거나 쉽게 이용할 수 있는 시설 필요 • 재배활동이 용이한 높은 화단이나 컨테이너가 필요 • 앉아서도 할 수 있는 장비와 설비가 필요
지체 부자유자	• 이동보조기구를 사용하는 경우가 많다. • 사회적 소외감을 많이 느낀다. • 복수의 장애를 지니고 있는 경우가 많다.	• 놀이, 표현, 흥미, 사회적 상호교류를 자극하는 시설과 장비가 필요 • 파괴적 행위가 허용되는 공간이 필요 • 난폭한 대우나 놀이에 견딜 수 있는 튼튼한 식물 식재 • 폭 넓은 표현이나 자극을 가능케 하는 식물, 물, 모래 등의 소재의 도입이 필요 • 사생활이 지켜지는 공간이 필요
아동이나 운동능력이 반감된 자	• 사고 등으로 일시적으로 장애가 된 사람도 있다. • 병의 진행과 함께 장애가 심해지는 사람도 있다. • 보행기와 휠체어를 이용한다. • 균형감각이 결여되고 무릎 꿇기가 어려운 사람도 있다. • 스테미너가 제한적이다.	• 재활프로그램의 일환으로 신체적 작업이 필요 • 이동성 솜씨 몸의 움직임 조절 및 균형 신뢰를 향상시키는 원예작업과 설비가 필요 • 가정에서도 쉽게 할 수 있는 설비와 장비 필요

지적장애인

작업 전 당일의 활동을 단계별로 시범을 보여주고, 일주일 정도 반복 작업을 통하여 자신감을 부여한다. 수확물을 친지들에게 나누어 줄 수 있는 기회를 제공하여 자신의 노력에 희망을 준다.

3 건망증, 치매환자

각종 사진 및 그림 제공하여 기억력을 회복할 수 있는 기회를 수시로 제공한다. 단순작업을 반복하여 실시하는 것이 효과적이고, 자극적인 식물을 선택하여 촉각, 미각, 청각 등의 회복을 도모한다.

4 감정적 장애인(수형자, 정신질환자)

자극적인 것보다 정적인 식물을 선택하고, 종자를 파종하여 발아 및 성장을 통한 개화 결실과정을 관찰시켜 생명의 신비성과 소중함을 인지할 수 있도록 유도하며, 흥미유발을 위한 대화를 유도한다.

표 13-2는 대상자별 특성과 프로그램의 유의점을 요약한 것이다.

13.4 원예치료사 자격 제도 및 양성과정

13.4.1 원예치료사란?

원예치료사는 원예치료를 수행할 수 있는 자격을 갖춘 사람으로 원예 분야 외에 정신의학, 재활의학, 사회학, 간호학, 심리상담학 등 다양한 분야를 이해하며, 이를 적용할 수 있는 능력이 있어야 한다. 원예치료는 식물과 치료대상자 그리고 치료사의 조화에 의하여 이루어지는데, 특히 원예치료사는 외면적으로는 대상자의 협력을 최대한 이끌어내지만 내면적으로는 치료사의 의도대로 이끌고 가야 하기 때문에 자질과 능력이 무엇보다도 중요하다. 그러기 위해서는 다음과 같은 자질을 갖추어야 한다.

- 원예학, 의학, 심리학 등 관련 학문에 대한 깊은 지식과 인격
- 자신의 일에 대한 자신감과 확신
- 남을 도울 수 있는 봉사정신과 인내심
- 원예에 대한 이론적 지식과 기술, 그리고 그것을 사람들에게 전달할 수 있는 능력
- 일에 대한 전문성과 대상자에 대한 따뜻함을 유지하는 태도
- 대상자의 회복(재활)이라는 공통된 목표를 함께 일할 수 있는 협동심

13.4.2 국내 원예치료사 양성과정

원예치료란 훈련된 원예치료사가 전문적인 지식과 기술을 바탕으로 의학적 혹은 사회적 문제를 지니고 있는 대상자들의 정신적, 신체적 증상을 의학적으로 개선하기 위하여 행하는 일련의 활동이라고 정의할 수 있다. 표 13-3은 원예치료사와 원예복지사의 자격요건을 비교한 표이다.

따라서 유능한 원예치료사의 양성의 중요성은 아무리 강조해도 지나치지 않는데, 우리나라 원예치료사 양성과정은 1999년에 건국대학교 사회교육원에 국내 최초로 '원예치료사 과정'이 개설되어 전문가를 양성하기 시작하였고, 이듬해인 2000년도에는 고려대학교에 과정이 개설되어 운영하게 되었는데 교육기간이 서로 다르고 자격도 두 대학에서 각각 수여하였다.

그러나 2001년에 한국 식물인간 환경학회와 한국원예치료협회 간에 상호교류협약이 체결되면서 원예치료사 양성과정의 모든 교과과정을 협회의 평생교육원 원예치료사 과정 운영 규정에 따르기로 합의하였고, 자격증도 협회 회장 명의의 자격으로 일원화 되었다.

2002년도부터는 여러 대학에서도 원예치료사 양성과정을 개설하기 시작하였고, 2003년도부터는 전국적으로 급속히 확산되었다. 2005년에는 경희대학교의 평생교육원에서 과정을 개설하여 원예치료사 양성을 위한 교육기관은 16개 대학에 이르게 되었다.

몇몇 대학의 학부에 원예치료연계 과정이 개설되었고, 대학원에도 원예치료학과가 개설되었다. 그 밖에 각 대학 원예학과에 도시원예, 사회원예, 원예치료 등의 과목이 개설되었고, 농업계 고등학교 교과서에도 원예치료가 소개되었다.

13.4.3 원예치료사 자격 제도

현재 우리나라의 원예치료사의 자격은 한국원예치료협회에서 수여하는 민간자격으로서 원예복지사, 원예치료사 2급, 원예치료사 1급, 고등원예치료사로 나누어져 있다. 원예치료사가 되

▶ 표 13-3. 원예치료사와 원예복지사의 자격요건 비교

원예치료사 2급	원예복지사
- 2년제 초급대학 이상의 전문학력 - 평생(사회)교육원 수료 또는 대학원 원예치료 전공 1년 수료 - 원예치료사 2급 자격시험 합격 - 워크샵 20시간 참석 원예학과 졸업생은 20시간 인정) - 임상실습 1000시간 이상 (주진행자 : 24시간/회, 보조자 : 16시간/회) - 학회 논문 발표 1건 이상 - 임상활동보고서 - 지도교수 추천서	- 농촌진흥청 산하 연구직 및 지도직 공무원 또는 원예복지 관심자 - 평생(사회)교육원 수료 - 원예치료사 2급 자격시험 합격 - 농촌진흥청 원예치료 단기 연수 수료 또는 협회 워크샵 40시간 참석 - 학회 논문 발표 1건 이상 - 지도교수 또는 기관장 추천서 (원예치료사 2급과 동등 자격 인정)

는 길은 취득하고자 하는 원예치료사의 등급에 따라 기본 학력조건과 갖추어야 할 조건에 있어 커다란 차이가 있다. 우선 원예치료사 2급이 되기 위해서는 한국원예치료협회에서 인정하는 각 대학의 평생(사회)교육원의 원예치료사과정을 이수하거나 대학원에서 원예치료전공으로 15학점 이상을 이수한 후 원예치료사 2급 소정의 자격시험에 합격하여야 한다. 그러나 자격시험에 합격하였다고 해서 바로 원예치료사 자격을 취득할 수 있는 것이 아니라 20시간 이상의 워크샵 참석과 1000시간 이상의 임상실습, 그리고 논문발표 1건 이상 등의 조건을 요구하고 있는데 이러한 구비 조건을 충족하였을 때 협회 직능심사위원회에 자격을 신청할 수 있다.

13.4.4 미국 원예치료사

원예치료가 가장 잘 발달되어 있는 미국 원예치료협회에 따른 원예치료사의 종류 및 자격 인정조건은 아래와 같다.

1 정원예치료사(Horticultural Therapist Registered ; HTR)

원예치료사 학위, 1,000시간 이상 실습 및 1년간(2,000시간) 원예치료분야의 유급 근무를 요한다.

2 고등원예치료사(Master of Horticultural Therapist ; MHT)

원예치료 석사학위, 4년간의 유급 근무 혹은 8,000시간의 경험이 필요하다.

3 준원예치료사(Horticultural Therapist Registered Provisional ; HTR-Prov.)

원예치료학사학위와 1년(2,000시간) 미만의 유급근무 경험이 필요하다.

▶ 표 13-4. 미국의 원예치료 교육기관의 과정

교육 과정	과정 내용
캔자스 주립대학	학사, 석사과정, 통신강좌
뉴욕주립대학 로드아일랜드 대학 텍사스 A & M	대학학부과목에서 과목선택
에드몬드 커뮤니티 칼리지 미시간 대학	전문대학(단기대학 과정)
렐플대학, 버지니아 주립공대 메사추세츠 베어 커뮤니티 칼리지 메사추세츠 대학 (야간부) 록렌드 커뮤니티 칼리지 델사 주니어 칼리지, 테네시공과대학	지적장애자
뉴욕식물원	원예치료법 인정 강습(179시간)(주)
이 밖의 기관에서도 실시하고 있는 곳이 많다.	

4 원예치료기사(Horticultural Therapist Technician ; HTT)

미국원예치료협회에서 정한 자격기준에 따른 자격점수 2점과 2,000시간의 유급근무 경험 혹은 4,000시간의 관련분야 유급근무나 원예치료분야의 봉사활동을 요한다.

미국의 원예치료 교육기관의 과정은 표 13-4에서 보는 바와 같다.

13.5 원예치료사의 활동분야

원예치료사의 대표적인 분야의 활동내용은 표 13-5에서와 같다. 또한 주요 활동분야는 표 13-6에 나열되어 있다.

1 직업훈련소, 사회교육센터

숙박시설이 없는 곳에서 신체장애인의 치료목적 또는 일반인의 직업교육을 목적으로 활동한다.

2 병원

정신적, 신체적 장애인을 대상으로 전담치료사가 전문적인 치료프로그램에 따라서 치료를 하거나 또는 치료사의 재량에 따라 적절히 변형된 상태로 치료를 실시하는 2가지 형태가 있다(그림 13-1).

3 각급학교

일반 학교에서 정상적인 학생들을 대상으로 전문치료사를 배치하여 원예교육을 실시하여 정서적인 순화를 돕는다(그림 13-2).

▶ **표 13-5.** 원예치료를 적용할 수 있는 시설 및 단체(손기철 등, 1997)

치료시설 · 단체	치료 장소
병원	물리치료실, 청소년 만성질환 병동, 정신병동 · 외래병동, 보양원, 작업 치료과, 노인 병내 · 외래병동, 정신장애자 병동 등
입소시설	노인복지시설, 신체장애자시설, 지적장애자실설, 지적장애자를 위한 커뮤니티 그룹시설, 정신병자를 위한 커뮤니티 그룹시설, 교도소 등
교육시설	특수양호학교, 보통학교내 양호학급, 장애자를 위한 성인교육센터, 대학내 교육 관련 실습센터 등
지적장애자센터	성인훈련센터, 보호 작업장 및 취업 장 등
공공시설	국 · 도립공원, 근린공원 등
개인정원	장애자의 상태에 맞게 개조된 정원, 가족공원, 관광농원, 주말농장 등
종교단체	종교단체에서 실시하는 다양한 시설 및 프로그램

▲ 그림 13-1. 병원에서의 원예치료

▲ 그림 13-2. 학교에서의 원예치료

4 특수학교

신체장애인 또는 정신박약 인들을 대상으로 원예치료사가 전문적인 프로그램을 적용하여 신체발달 또는 정신발달을 돕는다.

5 양로원, 고아원

양로원 수용자는 육체적, 정신적으로 사회에 대한 소외감을 느끼게 되고, 고아원생은 부모와 사회의 사랑에 굶주린 상태로 정서적으로 대단히 불안한 심리상태가 된다. 따라서 전문 원예치료사의 교육에 따라 꽃이나 채소재배 등을 통한 원예활동이 큰 효과를 가져올 수 있다(그림 13-3).

▲ 그림 13-3. 양로원에서의 원예치료

6 보훈원

상이용사를 대상으로 전문원예치료사가 정서 안정 교육은 물론 자영을 위한 원예작물생산에 대한 기술습득 교육을 실시한다.

7 형무소, 소년원

전문치료사를 배치하여 원예활동을 통한 정서적인 순화는 물론, 출소 후 취업기술 습득 교육을 실시한다.

13.6 원예치료 정원의 종류 및 특성

13.6.1 학습정원

모든 장애인을 대상으로 하며, 치료사 양성, 장애인의 직업훈련, 원예기능 취득, 원예활동의 교류 등을 목적으로 공원, 식물원, 수목원, 요양원, 관광농원 등에 설치한다(그림 13-4).

▲ 그림 13-4. 학습정원(한국원예치료협회. 2000)

13.6.2 감촉정원

시각장애인을 대상으로 하며 식물의 향기, 형태, 소리, 촉감 등을 통한 정보 교류 및 심신 단련을 목적으로 공원, 식물원, 수목원, 관광농원 등에 설치할 수 있고, 특히 보행에 지장을 주는 요인이나 언덕 같은 위험한 것을 제거하는 것이 중요하다(그림 13-5).

13.6.3 신체장애인 및 고령자 정원

신체장애인 및 고령자를 대상으로 하며, 능력 범위 내에서 자신의 정원을 조성하여 이용할 수도 있고, 양로원 같은 공공장소를 이용한 원예활동이 가능하다(그림 13-6).

▲ 그림 13-5. 시각장애인을 위한 감촉정원(좌)과 후각자극을 위한 허브정원(우)

▲ 그림 13-6. 신체장애인정원(한국원예치료협회. 2000)

▲ 그림 13-7. 요양원정원(한국원예치료협회. 2000)

13.6.4 요양정원

치료 및 회복이 가능한 운동기능장애인을 대상으로 하며, 원예활동을 운동기능 회복수단으로 활용하기 위하여 병원, 후생기관, 갱생기관, 대학의 원예학과 등에 설치한다(그림 13-7).

13.6.5 아동 및 청소년 정원

장기간 요양중인 아동이나 청소년을 대상으로 하며, 식물을 통한 정서함양, 생명의 존엄성 교육, 심신단련을 위한 놀이터 등의 목적으로 병원, 요양원 또는 보호소 등에 설치한다(그림 13-8).

▲ 그림 13-8. 옥상의 원예치료정원(삼성노블카운티)

13.7 원예치료 프로그램의 유형

원예치료를 수행함에 있어서 프로그램 개발 및 적용이 적절하게 이루어져야 대상자들의 목표달성에 도달할 수 있다. 단기 프로그램(표 13-6)과 장기 프로그램(표 13-7)으로 나누어 프로그램을 구성하여 대상자에게 알맞은 프로그램을 적용한다. 또한 감각기관을 자극하는 프로그램(표 13-8)도 적용할 수 있다.

▶ 표 13-6. 원예치료 단기프로그램

순 서	실내작업	실외작업
1	종자발아 실험	채소종자 파종(상추, 배추, 고추, 열무, 갓, 감자, 고구마, 등)
2	새싹 키우기	초화류 심기
3	새싹 샐러드 만들기	화단 잡초제거
4	향낭 만들기	정원산책
5	향초 만들기	식물원 견학
6	잔디 인형 만들기	화훼류 번식실습(국화, 바이올렛, 아이비 등)
7	꽃 바구니 만들기	채소작물 지주세우기
8	압화 책갈피 만들기	삽목 묘 이식하기
9	봉숭아 물들이기	구근류 심기
10	접시정원 만들기	채소작물 수확

▶ 표 13-7. 월별 가능한 원예활동 계획(홍영표, 1996)

월	실내작업	실외작업
1월	• 새해의 작업계획수립 • 라벨만들기 및 라벨의 기록작성 • 새해의 종묘도입 계획작성 • 원예치료 관계비디오 감상 • 분화류의 액비주기 • 꽃이 진 분화의 휴면처리 • 파종한 유묘의 이식	• 낙엽수집 및 퇴적 • 화목류의 전지, 전정 • 과수의 전지, 전정 • 화목 및 과수의 약제살포 • 겨울의 자연관찰 • 식물원의 온실관찰
2월	• 추파 1년초의 보온 및 가공 • 촉성용의 구근류의 입실 • 꽃장식의 기초강습 • 추파 1년초의 파종 및 가식 • 봄화단 설계 및 도색 • 반촉성 구근류 입실 • 분화류의 채종(시클라멘, 프리뮬러등) • 온실의 식물관찰 • 꽃 누르미(압화) 만들기와 자료수집 • 테라리움의 제조 실습 • 온실채소 파종(상추, 쑥갓)	• 정원수의 전지, 전정, 약제살포 • 삽수 및 접수의 채취 저장 • 낙엽 수집 및 퇴적 • 겨울의 온실견학 • 겨울의 자연관찰 • 가지치기의 실습 및 촉성법 실습
3월	• 추파 1년초의 파종 및 이식 • 숙근류의 분주 및 이식 • 춘식구근의 최아 및 분구 • 온대관엽 식물의 분주 및 이식 • 국화의 모본분주, 이식 및 묘 삽목 • 채소류의 파종 • 꽃 누르미(압화) 자료수집 및 제작 • 분화류의 웃거름 주기 • 꽃꽂이, 꽃장식 실습 • 온실작품 사진 수집 및 정리	• 밑거름 넣기 및 경운 • 화목 및 과수의 정식 • 화목 및 과수의 삽목 및 접목 • 채소류의 터널정식 • 고구마의 최아 • 옥잠화, 원추리 등의 분주 및 이식 • 화단화초의 육묘온실 및 꽃시장 견학 • 묘목시장 견학 및 수종관찰 • 산과 들에 피는 화목의 관찰 기록

▶ 표 13-7. 월별 가능한 원예활동 계획(계속)

월	실내작업	실외작업
4월	• 배합토 만들기와 소독 • 꽃 진 분화류 정리 • 온대관엽식물 및 분화류 분갈이 • 온실식물의 삽목과 분주 • 꽃 누르미(압화) 만들기 • 다알리아의 분구 및 삽목 • 꽃꽂이 및 꽃장식 실습 • 봄채소의 포트 파종 • 봄꽃의 용기 재배	• 초화류의 화단 만들기 • 숙근류의 분주 및 이식 • 감자증식 및 최아, 고구마 삽목 • 구근류 정식 • 화목과 과수의 삽목, 접목 • 정원수의 전정, 잔디밭 흙넣기 • 마른 잎 · 가지정리 및 정원 청소 • 정원, 공원, 공판장, 직판장 견학 • 추식 구근류, 노지 화훼 개화조사
5월	• 봄꽃 축제 개최 • 열대 화훼류 분주, 삽목, 분갈이 • 어버이날 선물용 꽃 만들기 • 고온성 초화류 파종 • 꽃 누르미(압화) 꽃 재료 건조 및 만들기 • 병충해 관찰 • 꽃꽂이 및 꽃장식 실습 • 각종 작물 사진 수집 및 정리	• 야생화의 개화조사를 위한 야외조사 • 감자, 고구마 정식 • 과채류 정식 및 파종(가지, 고추, 오이) • 꽃이 진 화목 정리 • 추식구근 수확 • 과수의 적과 • 재배한 화초를 이용한 꽃장식 • 정원 및 온실 견학
6월	• 5월 작업 계속 • 대국의 삽목 및 화분이식 • 프리뮬러류 파종 • 테라리움용 소품 삽목 • 정원의 수확물을 이용한 요리실습 • 온실 차광망 피복	• 채소유인(오이, 토마토, 가지 등) • 개화 후의 화목정리 및 조기전정 • 상록수의 삽목 • 추식구근 수확 저장 • 과수의 적과와 봉지 씌우기 • 숙근류의 분주 및 이식 • 자생화의 개화조사
7월	• 입국의 이식 및 적심 • 왜성재배국의 B-9 처리 및 삽목 • 추파 1년초 파종(색동양배추 등) • 삽목한 소품류 이식 • 수확채소 이용 요리 실습 • 꽃장식 및 프레스 플라워 실습 • 관엽류의 삽목 • 꽃장식 실습 • 각종 실습 사진촬영	• 창포, 붓꽃의 분주 이식 • 1년초의 채종 • 정원수의 삽목, 접목, 취목, 정지 • 과수 깍지벌레 약제살포 • 채소 및 과수의 수확 및 시식 • 꽃 누르미(압화) 소재 채집 건조 저장 • 여름 야생화 관찰
8월	• 열대 관엽류의 번식 • 대국의 병충해 방제 • 꽃장식 실습 • 수확작물의 요리 및 시식 • 무궁화 축제 개최 • 분화풍경 조경(소품이용)	• 달리아 전지 및 엽아삽 • 가을화단 준비 • 겨울의 화훼이용 실습자료 수집 • 채소, 화훼, 과수의 수확 및 직판 • 퇴비 및 상토 만들기 • 화목 및 화단 꽃 웃거름 주기 • 잔디 예초(6월부터 10~15일 1회) • 무, 배추 파종 및 정식
9월	• 온실화훼 파종 및 삽목(시클라멘) • 밖에 둔 열대식물 입실 • 관엽류 삽목(베고니아, 디펜바키아) • 각종 원예작물 사진자료 수집	• 색동양배추 정식 • 가을구근 정식(수선, 튤립, 나리 등) • 모란, 함박 이식 및 모란 접목 • 정원수의 이식 • 압화, 건조화 등의 자료수집 및 건조 • 관광농원 견학

▶ 표 13-7. 월별 가능한 원예활동 계획(계속)

월	실내작업	실외작업
10월	• 국화축제 개최 • 분화류의 삽목(후크시아, 제라니움) • 온실차광망 제거 • 압화용 꽃자료 수집, 건조 저장 • 각종 원예작물 사진자료 수집 • 분화풍경 조성(소품이용)	• 가을구근 정식 계속 • 1년초 채종 • 오색고추 정식 • 모란, 함박이식 • 정원수 종자채종 저장 • 화목 및 과수 이식 • 봄 구근류 수확저장 (다알리아, 칸나, 글라디올러스) • 과실의 수확, 저장
11월	• 온실이 보온 및 가온 준비 • 프레스 플라워 장식 및 실습 • 꽃장식 실습 • 슬라이드 시사	• 봄 구근류 수확 및 저장 • 정원수의 월동준비 • 과수의 가을 추비 • 부엽토의 수거, 퇴비 • 무, 배추, 파 등 수확 • 김장실습
12월	• 온실 최저온도 8°C 유지 • 꽃 누르미(압화), 꽃장식 실습 • 비디오 시청 • 크리스마스트리 만들기 • 꽃 누르미(압화) 이용 크리스마스 카드 만들기	• 꽃시장 견학 • 꽃 누르미(압화)용 단풍잎 수집

▶ 표 13-8. 오관을 사용하는 원예치료 프로그램의 특성(손기철, 1997)

감각기관 특성	실내외에 있어서의 예
시각 [원예치료 중 가장 많은 영향을 미치는 요소임. 특히 녹색식물 자체와 주위 환경 및 그 변화]	**실외 :** 시각에 영향을 미치는 다양한 화색의 식물을 심는다. 옥외에서 일정한 일광욕을 하며 환경을 수동적으로 감상할 수 있는 간단한 시설을 만든다. **실내 :** 직접조명보다 간접조명을 하며, 따뜻한 색과 차가운 색이 주는 심리적 효과를 고려하여 식물과 함께 배치한다. 식물의 사진이나 포스터로 꾸밀 경우는 계절에 따라 정기적으로 바꾼다.
청각 [시각과 청각은 동시에 상승작용을 하는 효과를 지님. 따라서, 시각자극과 동시에 적절한 청각자극이 필수적이며 자연스러운 소리의 조화가 중요함]	**실외 :** 식물이 서로 부딪히거나 혹은 식물사이로 지나가는 바람소리를 들을 수 있는 식물을 심는다(예: 대나무, 소나무). 물의 존재와 흐름, 낙수 등을 느낄 수 있는 간단한 시설을 만든다. **실내 :** 자연에 존재하는 생물체의 소리를 통하여 시간과 계절을 느낄 수 있도록 녹음된 소리를 이용한다(예: 새소리, 개구리, 귀뚜라미 등).
촉각 [촉각은 시각이 정상적으로 작용할 때 감지하는 것과 그렇지 않을 때 차이가 있음을 인식해야 함. 또한 인간신체의 부위에 따라 민감정도가 다르다는 것을 염두에 두어야 함]	**실내외 :** 만져서 서로 차이가 나며, 심리적으로 편안한 식물을 심는다(예: 부드럽고 침이 없는 다육식물). 신체부위별 감촉을 경험할 수 있는 시설을 꾸민다(예: 통로-풀, 모래, 솔잎, 등 다양한 식물을 밀집해 지나가며 다양한 감촉을 느낄 수 있도록 함). 식물종에 따라 서로 다른 부위별 촉감을 느끼게 한다(예: 관엽식물과 적은 수목 등).
후각 [현대의 삶은 자연향이 배제된 합성향 속에서 생활하고 있음. 자연에서 느끼는 자연스런 향은 하나의 대상에서 방출 되는 것이 아니라 복합적으로 발생]	**실외 :** 방향성이 있는 초본류와 목본류를 같이 심는다. **실내 :** 실내에서는 허브가 든 작은 주머니나 포푸리를 사용한다. 너무 지나치지 않는다면 합성된 상품향을 사용해도 될 것이다. 의식주에서 흔히 느낄 수 있는 향과 자연향을 복합하는 방법을 고안한다(예: 숲속향과 동시에 진한 커피향). 음식이나 식탁에 허브식물을 이용한다.

13.8 국내의 원예치료 추진을 위한 가능성 모색

병원, 식물원, 개인농장, 삼림공원, 자연공원 등으로 원예활동을 위한 기반시설 및 실내 활동을 위한 비품이 필수적이다. 원예치료대상자별 특성과 프로그램의 유의점은 표 13-9에서 보는바와 같다. 이러한 내용의 개괄은 2006년 서울 COEX에서 열린 국제원예학대회에서 특강으로 세계 여러 참가자들에게 소개된 바 있다(그림 13-9).

▶ **표 13-9.** 우리나라에서 앞으로 가능한 원예치료의 예

장 소	적용 방법	활 동
병원	병원 내 식물원의 도입, 텃밭 조성	전문적인 원예치료의 체계화 작업 및 전문원예치료사가 담당 전문의와 공동으로 환자의 재활 및 회복을 돌보며, 병원 내외의 녹색환경을 돌봄
학교	기존의 유치원 및 초등학교 내의 정원 가꾸기 활동 외에 사회교육원, 평생교육원내의 원예치료 프로그램 개설	원예치료 프로그램을 수료한 학생들에게 관공서나 관련기관에서 유료봉사자 혹은 자원봉사자로 활용
공장	공장 내 실내식물의 도입 및 공장외 원예치료용 정원 도입	공장 내 원예에 관심 있는 사람들은 일정기간 훈련시키고, 원예치료 모임을 만들어 운영함으로써 생산성 증대, 스트레스 감소, 자연친화적 생활을 유도할 수 있음
원예관련 연구소	연구소 내에 원예치료 자문실의 운영	연구기관에 원예치료 자문 실을 두고 식물종류 및 관리요령, 치료효과, 관련시설 등에 대한 자문을 함
시민공원	개인 혹은 관련단체에서 주기적인 원예치료 프로그램의 개설	유료 혹은 자원봉사자를 통하여 프로그램을 수행함으로써 원예치료의 확산뿐만 아니라 사람들을 개인주의적 삶에서 공동체(community)의 견제장소로 이끌어냄. 특히 고령자들에게는 즐거운 활동거리를 제공하여 긍정적으로 받아들일 수 있게 함
주말농장	주기적인 원예치료 프로그램의 개설	원예활동을 통한 가족 내 유대감을 확인하며, 공동체 작업을 배우고, 식물에 각자의 인생을 투영시킴으로써 서로를 이해하게 됨
양로원	텃밭이나 정원을 만들고 원예치료 프로그램을 실시	원예활동을 통한 적절한 운동과 지적활동을 함으로써 건강유지 및 치매를 막을 수 있으며, 식물의 생활사를 통하여 삶에 대한 순응을 배움
플라워 디자인 학원	꽃꽂이 및 플라워 디자인 등을 통한 원예치료 프로그램을 개발	꽃꽂이 사범에 대한 원예치료 교육과정을 설치하여 원예치료사 자격증을 취득케 함. 꽃꽂이 활동을 단순한 취미나 교양으로써가 아니라 정신 생리적, 물리적 치료수단으로 활용케 함

▲ 그림 13-9. 서울 COEX에서 개최된 원예치료 특강(2006 IHC)

참고문헌

1. 산림치유 포럼 역. 2006. 산림치유. 전나무숲.
2. 손기철 외 6인. 1997. 원예치료. 도서출판 서원.
3. 손기철. 2004. 실내식물이 사람을 살린다. 중앙생활사.
4. 손기철 외 4인. 2006. 전문적 원예치료의 실제. 쿠북.
5. 손기철 외 4인. 2006. 전문적 원예치료를 위한 평가도구 및 프로그램. 쿠북.
6. 심우경 외 2인. 1997. 원예요법. 도서출판 서원.
7. 한국원예치료연구회. 1999. 원예치료의 적용과 실제. 한국원예치료 심포지움.
8. 홍영표. 1996. 원예를 이용한 치료법. 화훼협회보 1-10호.
9. Shoemaker, C.A. (ed.) 2008. Horticultural Practices and Therapy for Human well-being. Acta Hort. 775. ISHS Press. 160 pages. 한국에서 IHS 2006 발표하여 작성된 논문집(17편의 논문이 있음)

14 허브의 이용과 아로마테라피

14.1 허브의 정의

허브는 국내에서는 그대로 부르기도 하며 일명 향신채(香辛菜)라고도 칭한다. 허브는 넓은 의미로는 초본성(草本性)식물을 총칭하는 용어로서, 즉 수목이 아니고 봄철에 땅속에서 싹이 트거나 자라나와서 늦가을에 죽는 식물들을 말한다. 이들 중 많은 종류는 지상부만 죽고 뿌리는 살아남아 이듬해 봄에 새싹을 틔우는 이른바 영년생 숙근초(宿根草)이다. 즉, 허브는 "초본성식물로서 식용, 약용, 조리용, 향기용 및 기타 특수한 용도로 사용되는 식물을 총칭한다"고 할 수 있다. 그러나 그 개념은 서구적이고, 우리가 부르는 약초나 특용작물 등과 많이 중복된다.

학자에 따라서는 유럽에서 많이 호칭되는 특수한 의미로 HERB를 풀이하여 Health(건강, 또는 약용), Edible(식용), Refreshness(향신용), 그리고 Beauty(미용용)로 그 기능을 요약하기도 한다. 국내에서는 향신채(香辛菜)라고 흔히 부르는데 향기나 독특한 자극성이 강한 맛(辛味)을 보이는 초본성식물 또는 채소류를 의미하는 것이다. 한국에서 조미채소로 구분하고 있는 고추, 생강, 마늘 등도 중요 허브로 취급되기도 한다.

14.2 허브의 재배역사

지구상에 있는 허브(herbs)는 2500 여종이 넘는 것으로 알려지고 있으며 Herb에 관한 문헌도 국내외적으로 대단히 많이 출판되어 있다. 동양권에서의 역사를 보면 5000년 전 중국의 신농씨 염제(BC 3000~2000년)가 약용허브에 관한 연구를 하였고, 당시 그 실체를 연구한 사람은 편작(扁鵲)이었는데, 그는 365가지 식물의 의학적 처방을 제시했으며 그 중 51가지가 허브종류이였다.

이것이 오랫동안 이 분야에 관심이 많은 사람들에 의해 구전되어 오다가 도홍경(AD 452~536년)에 의해 '신농본초경'으로 집대성되었다. 이 서적은 16세기까지 이용되다가 이시진에 의해 1596년 '본초강목'(本草綱目)으로 수정 출판되었다.

국내에서의 최초의 기록은 '단군신화'에 쑥과 마늘에 관한 기록이 있고, 허준의 동의보감(東醫寶鑑)이 유명하다.

인도의 경우는 '생명의 과학'이라고 알려진 Ayurveda로부터 시작되었다. 신화에 의하면 Ayurveda의 과학은 신의 왕국으로부터 왔다고 한다. 이 사람이 생명의 과학에 대해 타인들에게 이야기했고 이것이 인도 고대에게로 확산되어 구전되고 사용된 것으로, Ayurveda는 힌두 문화와 종교에 기본을 둔 고대성서인 vedas의 대부분 교재와 관련이 있다고 추측된다. 이것은 BC 10000년 경부터 존재했다고 한다. 또한 BC 1000년까지 상당히 발전했을 것으로 생각되나 남겨진 기록은 없다. 'Rig Veda'는 힌두교의 오래된 성서 중의 하나인데 BC 10세기에 쓰여졌으며 많은 약용식물의 이름이 기재되어 있다. 이와 같은 고대의 학자들은 상처 치료, 버섯을 이용한 마취, 뜸과 외과적 기구를 이용한 방광폐색수술 등을 언급하고 있다. 'Charaka Sambia'는 인도의 유명한 의학서 중에 하나로 기원 전부터 구전되어 이용되다가 1세기경에 정리하여 출판되었는데 이 책에는 500종의 허브약제가 체계적으로 수록되어 있다.

고대 이집트에서는 신앙적인 모임에서 각종 향료가 사용되었으며, 마술이나 종교인들과 결합된 의술도 상당한 수준에 있었던 것 같다. 의술은 파피루스에 기록되어 전해졌는데 BC 1000~2000년경에 이미 전통의술이 구전되어 왔다고 한다. 이집트인들은 고도의 방부기술을 발전시켰다. 사후에 시체의 복부를 제거하고 향기 나는 각종 스파이스, 즉 쿠민, 아니스, 마조람, 카시아 그리고 계피 등을 채워 미이라를 만들었다.

이집트와 인도 등에서 수천 년 전부터 발달했던 허브는 알렉산더 대왕(BC 356~323)의 지중해와 아시아 일부 지역 평정에 따라 그리스에 전파되었다. 그 후 로마제국의 아시아와 아프리카 정벌에 따라 많은 향료와 허브식물이 유럽에 소개되었다. 따라서 유럽식의 전통적인 허브와 동양권의 약용, 식용식물을 합하면 그 종류가 대단히 많으나 본 장에서는 우리 주변에서 비교적 흔히 발견되고 또한 이용 빈도가 높은 허브만을 발췌하여 기술하고자 한다.

14.3 허브의 분류

14.3.1 생육습성에 따른 분류

- 1년생 : 고수, 베이질, 캐모마일, 딜, 처빌 등
- 2년생 : 파슬리, 카라웨이
- 다년생 : 백리향, 박하, 러베지, 오레가노 등으로 분류한다.

14.3.2 맛과 향의 구성성분에 따른 분류

- Cineole 함유 허브 : 월계수, 로즈마리, 스페인세이지 등
- Thymol 및 Carvacol 함유 : 백리향, 오레가노, 마조람, 멕시칸세이지
- Sweet alcohol : 베이질, 마조람, 타라곤
- Thujone : 달마티안세이지, 그리스세이지, 영국세이지
- Menthol : 박하, 스페어민트, 가든민트, 혼민트

14.3.3 이용목적에 따른 실용적 분류

- 신경안정용 : 박하, 캐모마일, 라벤더
- 불면증치료용 : 서양 야생박하, 마조람, 호프, 아니스
- 긴장완화용 : 박하, 베르가모트
- 진정용 : 베이질, 베르가모트, 캐모마일, 백리향, 아니스
- (엽)차 제조용 : 캐모마일, 레몬밤, 세이지, 라벤더, 박하류, 로즈마리
- 목욕 및 화장실용 : 캐모마일, 세이지, 장미, 박하, 로즈마리, 레몬밤, 마조람, 백리향, 컴프리
- 소스용 : 러베지, 고수, 처빌, 세이지, 히솝, 백리향, 타라곤, 레몬그래스
- 커리원료용 : 카라웨이, 고수
- 피자용 : 마조람
- 콩요리용 : 사보리
- 정유성분이용 : 베이질유, 페널유, 박하유
- 샐러드용 : 안젤리카, 고수, 딜, 러비지, 베이질, 히솝, 마조람, 로즈마리, 세이지, 사보리, 백리향, 처빌, 워터크레스, 크레스, 파슬리, 박하, 타라곤, 수영
- 김치용(피클용) : 고추, 부추, 파, 마늘, 겨자 등
- 찌개용(해물탕용 등) : 미나리, 쑥갓, 냉이, 쑥 등

14.4 허브의 이용

후추, 계피, 정향, 육두구의 4가지를 유럽의 4대 허브라고 한다. 그만큼 많이 보편적으로 사용되고 있다는 의미이다. 후추는 한국에서도 많이 이용되고 있고, 계피는 한약의 필수성분임과 동시에 곶감과 함께 수정과의 필수 재료이다. 정향은 정향나무 꽃봉오리를 말린 것으로 뛰어난 향기에 살균력도 갖추었으며, 육두구는 종자에서 추출해 낸 추출물에 강한 살균력이 있어서 가정상비약 대용으로는 물론 천연추출물로 약물을 제조하여 널리 판매하고 있다(표 14-1).

또한 그 용도에 있어서도 생약용, 식용, 다용(茶用), 향기용, 장식용, 그리고 정서적인 용도까지 포함한다. 향기로 잘 알려진 라벤더, 치약이나 껌의 주성분의 하나로 친숙한 민트(페퍼민트 및 스페어민트 등)도 친근한 작물이고, 한국인의 김치의 주성분인 매운 고추는 유명한 자극성 식물로 분류되어 있음도 참고할 만하다. 최근 허브에 관한 다양한 국내 서적이 발간되어 있으므로 상세한 내용은 이들 도서를 참고하기 바라지만 과용이나 오용에 주의할 필요가 있다. 표 14-2는 생장습성 등에 따른 허브의 분류이다.

최근 우리 주변에도 허브의 보급이 활발해지고 허브전문 재배자나, 허브공원, 허브전시회 등이 종종 개최되고 웬만한 공원에서는 허브 화단의 조성이 급격하게 증가하는 추세이다. 또한 도시 근교보다는 상당한 거리를 두고 있는 제주도, 평창, 태백 등지의 지방에도 허브공원이 조성되어 허브상품의 홍보와 판매를 담당하고 관광까지도 담당하고 있다. 도시에서의 허브공원도 나름대로 의미가 있지만(그림 14-1) 멀리 외지에서 맑은 공기를 마시며 자연과 접하면서 이름 모르는 허브의 이름과 특성을 익혀보는 것도 최선의 여가선용임에 틀림없다. 허브의 종류가 워낙 다양하여 사진을 많이 싣지 못하는 것이 아쉽지만 몇 가지 잘 알려진 허브의 형태는 그림 14-2A에 보이고 있다.

허브의 용도는 전술한 바와 같이 매우 다양하다. 앞에서 언급된 허브정원 외에도 이용면에서는 향료용, 요리용(차, 드링크, 젤리, 샐러드, 쿠키, 피클, 카나페, 오믈렛 등) 허브는 그림 14-2B에서 보는 바와 같이 화려한 꽃이 피는 종류들이다. 그리고 허브공예품(드라이플라워, 드라이허브, 포푸리, 향주머니, 허브양초, 압화, 허브비누, 허브 염색 등), 허브용품(허브목욕용, 허브미용, 허브건강) 등으로 매우 다양하다. 생식을 권장하고 있는 최근의 경향에 따라 허브를 식용으로 하되 신선한 상태인 샐러드형의 식용으로도 이용되고 있다. 칼로리는 낮지만 모든 영양을 골고루 갖추고, 특히 아름다운 색상을 지녀서 식탁에 마주 앉았을 때 즐거움을 느낄 수 있는 이러한 허브샐러드도 빠르게 보급될 것으로 예상된다.

▶ 표 14-1. 허브의 종류, 특성 및 주요 용도

작물명(영명)	학 명	특 성	용 도
후추 (Black pepper)	*Piper nigrum*	알렉산더 대왕이 BC 327년에 인도를 공격하고 후추를 발견한 뒤 이것 때문에 수없는 전쟁과 희생이 뒤따랐다. 금값이나 마찬가지로 비쌌다.	위와 장속의 gas를 줄이고 심장과 신장활동을 촉진함. 다양한 음식 특히 육류나 생선 등에 뿌려서 향을 낸다. 한국에서는 soup에 넣기도 하는데 고춧가루가 압도적으로 많이 쓰인다.
계피 (Cinnamon)	*Cinnamomum* spp.	4000년 이상의 이용역사가 있는 계수나무의 껍질로 상쾌하고 청량하고 달콤한 맛에 고상한 향이 있다.	한약에는 감초와 더불어 필수적으로 조제되고 있으며 수정과를 만들 때 주재료이다.
정향 (Clove tree)	*Syzygium aromaticum*	정향나무에 달린 꽃봉오리를 햇볕에 말린 것으로 향기가 으뜸이며 살균력도 있다.	한때 유럽국가간의 독점자들로 분쟁이 컸었던 식물. 민간 가정약으로 치통에도 효과. 메스꺼움, 소화불량에도 좋다.
육두구 (Nutmeg)	*Myristica fragrans*	복숭아와 비슷한 열매의 씨로서 달콤하고 특이한 향이 있다(salicylic acid). 살균작용	추출된 안식향산(salicylic acid)으로는 살균제(통일연고)를 만든다.
샤프란 (Saffron)	*Crocus sativus*	세계에서 가장 비싼 향신료로서 꽃의 암술을 말린 것이다. 순하고 씁쓸한 맛.	착색제로도 쓰이고, 특히 생선요리에서 비린 맛을 제거하는데 특효이다.
민들레 (Dandelion)	*Taraxacum officinale*	상쾌한 쓴맛이 있어서 채소로도 많이 이용된다.	꽃술은 우울증에, 뿌리는 커피대용으로 사용한다. 뿌리 생즙은 간장 보호와 변비에 좋다.
꽃상추 (Endive)	*Cichorium endivia*	국화과식물로 유럽원산이다.다양한 종류가 있고 상추대용으로 많이 쓰인다. 쓴맛이 강하며 모양도 다양하다.	결구상추보다 아삭아삭한 씹는 맛과 특유의 쓴맛을 즐긴다. 데쳐서 설탕을 넣으면 쓴맛을 줄일 수 있다. 베이컨 등과 볶아서도 이용한다.
딜 (Dill)	*Anethum graveolens*	미나리과에 속하지만 잎이 얇고 가늘며, 특히 종자는 특이한 향기를 지닌다.	5000년 이상의 사용역사를 가진 허브로 소화, 구토, 지정, 채변의 효과가 있으며 향은 비누향으로 이용하고 pickle 제조시 첨가물로 쓰인다.
세이지 (Sage)	*Salvia* spp.	남부 유럽원산으로 온대지역에 널리 자란다. 우리 주변에 깨꽃(salvia)와 동일한 식물이다.	유럽 가정에서는 만병통치용취급, 입안의 염증치료, 구강청정제, 진통, 소독에도 효과가 있다.
쳐빌 (Chervil)	*Anthriscus cerefolium*	향미나리(parsley)와 유사	로마 시대부터 약초로 이용한 향미료로서 흥분작용이 있다.
라벤더 (Lavender)	*Lavandula officinalis chaix*	특유의 향기가 있어 소화불량 구강청정제로 이용	진정 및 긴장완화 작용 향수로 써 이용이 독특하다

▶ 표 14-1. 허브의 종류, 특성 및 주요 용도(계속)

작물명(영명)	학 명	특 성	용 도
민트류 (Mint)	*Mentha* spp.	꿀풀과에 속하며 유럽과 아시아 원산으로 반음지에서 잘 자란다. 짜릿한 청량감이나(peppermint) 청량감과 단맛이 특징이다(spearmint). 양고기 요리에 필수품이다.	함유된 menthol은 다양한 약품첨가제로 쓰리고 호흡곤란, 근육통증환화 등에도 쓰인다. 차도 유성하고 과자류 껌의 좋은 재료이다.
로즈마리 (Rosemary)	*Rosemary officinalis*	지중해 지역의 꿀풀과에 속하는 식물로 온대지역에서 화단용이나 약초용으로 재배된다.	기억력 조장, 화장실 공기 정화, 화장실용품에 향료로 이용한다. 항발작성 효과가 있다.
베이질 (Basil)	*Ocimum basilicum*	열대아시아 원산으로 신선한 것은 향이 강하고 마른 것은 달콤해서 거의 만능으로 쓰인다.	한때 위험한 식물로 간주되기도 하였으나 양념, 약용 등 다방면으로 이용한다.
타임 (Thyme)	*Thymus vulgaris*	꿀풀과에 속하며 강하고 특된 다유의 향이 있어 육류나 소스, 스프에서 샐러드에 이르기까지 용도가 매우 다양하다.	밤에 악몽을 꾸지 않게 하고 요정이나 천사들을 만나게 된다는 일화가 있다. 우울증을 치료하고 항발작성 성분이 있으며 추출된 기름은 강력한 살균작용이 있어 무좀이나 습진 등에 효과를 보인다.
치커리 (Chicory)	*Cichorium intybus* L.	매우 다양한 종류가 있는데, 채소나 샐러드용으로 사용되는 것 외에도 하늘색 꽃이 피는 치커리가 허브로 많이 사용된다.	옛 로마인들은 간질환 치료용으로 사용해 왔고 종기나 상처치료에 이용한다. 샐러드용으로도 많이 쓰이고 뿌리는 말려서 가루를 내어 커피대용으로 쓴다(카페인은 없다). 상쾌한 쓴맛이 일품이다.
삼엽채 (Mitsuba)	*Cryptotaenia japonica*	미나리과에 속하는 식물로 미나리와도 흡사한 모양과 맛을 지닌다.	일본인들이 매우 선호하여 많이 이용하는데 특히 생선과 함께 이용하는 경우가 많다.
고수 (Coriander)	*Coriander sativum*	미나리과 식물로 강한 향. 광동식 중국요리에 많이 이용되는데 처음 먹는 사람은 심한 거부감을 느낄 정도, 해독 및 건위 작용, 중국의 광동식 요리에 필수적으로 첨가된다.	음식물(육류 포함)에 적당량 이상을 첨가하면 방부제의 효과가 커서 음식이 쉽게 상하지 않는다.
고추 (Hot pepper, Chilli pepper)	*Capsicum* spp.	미대륙이 발견된 이후 유럽과 아시아 등으로 소개된 작물. 자극성이 강해서 우려하는 학자도 있으나 건강채소로서의 위치는 확고부동하다. 타액(침)의 분비를 촉진하는 물론 창자내 기생충 구제에도 효과적이다.	매운맛은 Capsaicin이란 휘발성 성분에 기인하는데 위나 창자 등과 같은 점액성 내벽에 자극을 주기 쉬우므로 과용은 금물이다. 습관성 과용 시 간암발생과 관계가 있을 수 있다.

▶ 표 14-2. 생장 습성 등에 따르는 허브의 분류

특성 또는 습성	허브 작물명
1년생허브	Anise, Basil, Borage, Chamomile, German Chervil, Coriander, Dill, Fennel, Marigold(pot), Marjoram(sweet), Savoy(summer)
2년생허브	Borage, Caraway, Chervil, Parsley, Sage(clary)
다년생허브	Angelica, Agrimony, Artemisia, Bergamimot, Catnip, Chamomile(roman), Chives, Comfrey, Costmary, Fennel, Feverfew, Germander, Horehound, Hyssop, Lavender, Lemon Balm, Lovage, Marjoram, Mints, Oregano, Rosemary, Rue, Sage, Savoy(winter), Sorrel, Southernwood, Sweet Cicely, Tansy, Tarragon, Thyme, Wormwood, Yarrow
화려한 꽃	Bee Balm, Borage, Carnation, Feverfew, Foxglove, Iris, Nasturtium, Soapwort, Yarrow
회색정원	Crete Dittany, Germander, Germander(shrub), Horehound, Lamb's-Ear, Lavender, Lavender Cotton, Licorice, Mugwort, Rue, Sage, Santolina, Society Garlic, Southernwood, Thyme('Silver Posie'), Thyme(woolly), Wormwood, Yallow(wolly)
음지에 견딤	Angelica, Chervil, Comfrey, Costmary, Lemon Balm, Mints, Parsley, Penny Royal, Sweet Cicely, Sweet Woodruff, Tarragon(French), Thyme(lemon)
상록성(常綠性)	Brunet(salad), Germander, Horehound, Hyssop, Lavender, Marjoram(winter), Rue, Sage, Santolina, Savory(winter), Southernwood, Thyme(common)
화단뒷장식용	Angelica, Bay Laurel, Fennel, Hollyhock, Lovage, Sage(calry), Sunflower
생울타리용	Basil(tree), Lavender, Rosemary, Sage, Santolina, Southernwood, Wormwood
낮은 경계선용	Artemisial('Silver Mound'), Boxwood, Catnip, Chives, English ivy, Garlic, Germander, Hyssop, Parsley, Santolina, Thyme(common), Savory(winter)
지의류(地衣類)	Catnip, Chamomile(Roman), Gemander(dwarf), Lamb's Ear, Lavender, Cotton, Lavender(English), Mint(Corsican), Rosemary(prostrate), Sweet Woodruff, Thyme(woolly), Yarrow
습지에 견딤	Angelica, Bergamot, Comfrey, Lady's Mantle, Lovage, Mints, Parsley, Penny Royal, Sweet Flag, Valerian, Violets
건조에 강함	Borage, Burnet, Chamomile, Chives, Crete Dittany, Fennel, Feverfew, Geranium, Germander, Lady's Bedstraw, Lavender, Pennyroyal, Rosemary, Sage, Santolina, Savory, Soapwort, Southernwood, Thyme, Wormwood, Yarrow
벌을 유혹	Basil, Borage, Catnip, Chamomile, Fennel, Germander, Hyssop, Lavender, Lemon Balm, Marjoram, Rosemary, Sage, Savory(winter), Sweet Cicely
벌새들 유혹	Campanula, Catnip, Foxglove, Larkspur, Sage(Mexican), Monarda, Pineapple Sage, Salvia, Soapwort

▲ 그림 14-1. 도시 내의 허브가든(좌)과 자연스럽게 나무로 만든 일본의 허브정원(우) (조태동, 1998)

A. 디기탈리스

B. 세이지

C. 휀넬

D. 딜

E. 한련화

F. 제라니움

▲ 그림 14-2A. 다양한 허브의 형태

A. 케모마일 저먼

B. 로즈제라늄

C. 보레이지

D. 라벤더 군락

E. 금잔화

F. 오레가노

▲ 그림 14-2B. 꽃이 화려한 허브

14.5 허브 가든 조성

1년생 종자로 파종하는 것보다는(베이질, 쳐빌, 고수, 딜, 겨자) 다년생이 선호되고 있다(쳐빌, 히숍, 러비지, 마조람, 오레가노, 세이지, 수영, 백리향, 박하류).

14.5.1 가든의 규모와 식물 조성

원하는 규모와 식물의 종류를 고려해야 한다. 즉 설계의 목적이 대단위 전시포 또는 수도원 정원 같은 것을 설계할 것인가, 소형의 가정 허브 가든으로 규모를 마당에 한정될 것인가에 따라 다르다. 또한 원하는 식물을 한꺼번에 재식할 것인지 분산해서 심을 것인가에 따라 다를 수 있다.

14.5.2 기본설계(광선에 특히 유의할 것)

장소를 선택하고 기본설계를 해야 한다. 이때 건물의 위치에 따라 장소 선택이 제한적이 되겠지만 반드시 충분한 햇빛이 드는 곳이 허브에 적합하다는 점을 고려한다. 지피식물로 가능한 식물, 음지식물, 양지식물, 꽃의 색깔과 개화시기에 따라 식물을 배치한다. 이 때 식물간의 간격은 번식력이 왕성한 것들은 충분한 간격을 두고 식재하도록 설계해야 한다.

14.5.3 주요 구성물의 배치(고정)

기본 건물 설계도를 여러 장 복사하고 나서 그 위에 영구 구조물인 집, 차고, 이외 정원전용 소형 창고, 물탱크 등을 포함해서 각종 통로, 재식 할 장소 및 크기, 담장, 울타리, 잔디 등을 대략적으로 설계한다. 세부적인 것보다 대체적인 윤곽을 그리므로 다양한 형태로 설계자의 생각에 따라 그려본다.

14.5.4 적합한 식물의 배치

정원수나 생울타리, 통로 등을 그려 넣고 그 사이에 향신료를 안배하는데, 지피식물로 가능한 식물, 약간 그늘진 곳에서 자랄 수 있는 식물, 양지가 필요한 식물, 꽃의 색깔과 피는 시기가 다른 식물에 따라 장소를 정하고, 식물과 식물과의 간격은 번식력이 왕성한 것들은 충분한 간격을 주어 심도록 설계한다. 생육이 너무 왕성한 식물 곁에 너무 연약하고 키 작은 식물의 배치는 피해야 한다.

재배지의 조건과 관리는 우선 광선을 가장 중요하게 고려해야 하는데, 남향이면 허브재배에 좋은 방위이지만 북향일 경우 최소한 8~10시간 이상 형광등을 켜줘야 된다. 그늘에 견딜 수 있는 허브는 안젤리카, 쳐빌, 인삼, 생강, 스위트시스리 등이 있고, 겨울철 햇볕이 없는 실내에서는 식물 30cm 위에 2줄 형광등 설치하여 1일 14~16시간씩 조사하면 잘 자라는 종류는 파슬리, 베이질, 딜, 챠이브, 오레가노, 박하 등이 있다. 토양산도는 pH 6.0~7.0 정도가 알맞지만 스위트 우드러프는 pH 5.0, 인삼은 pH 5.0~6.5, 라벤더는 pH 7.1이 알맞은 토양산도이다. 산성 토양에는 석회를 10a 당 90~100 kg(1평당 280~330 g)을 시용한다.

▲ 그림 14-3. 일본 가와구치코의 라벤더(좌), 베르샤의 궁의 허브가든(우) (조태동, 1998)

토양은 배수성, 통기성, 양분보유력이 높은 토양을 사용하고, 유기질 비료를 공급하고 관수는 완전히 건조된 후 실시하는데 가끔 관수하는 종류는 월계수, 마조람, 오레가노, 세이지, 백리향 등이고, 비교적 자주 관수하는 종류는 박하, 레몬밤, 생강, 제라늄 등이 있다. 특히 건조에 약하여 마르기 전에 관수해야 되는 허브로는 로즈마리가 있다.

14.5.5 허브의 수확과 저장

허브 수확은 잎이나 줄기는 샐러드용으로 수시 수확이 가능하다. 꽃, 과실, 종자는 특정시기까지 기다려서 수확해야 된다. 수확방법은 잎은 손으로 따며 잔가지는 잘 드는 칼과 가위 등을 이용해서 조심스럽게 잘라서 즉시 사용한다. 가정에서는 수확 전날 호스 등을 이용해서 잎에 묻은 먼지를 깨끗이 씻어 준 다음 수확하는 것이 좋다.

우리나라의 경우 6월초에 한 번 수확한 다음, 다시 2~3회 더 수확을 할 경우에는 식물의 상태를 보아 수확 후 수일 내로 액비를 주는 것이 좋다.

꽃을 수확할 때는 건조한 날 한낮에 실시한다. 꽃은 활짝 핀 것을 수확해야 아름답다. 수확한 꽃은 상하지 않게 조심해서 겹치지 않은 상태에서 건조한다.

종자를 수확하는 카라웨이, 고수, 쿠민, 딜 그리고 페널의 경우에는 종자가 달린 꽃대가 갈색으로 되자마자 잘라서 말린다. 매달아 건조해 두고 싶으면 망사로 꽃봉오리 전체를 싸 주어야 종자가 땅에 떨어지는 손실을 막을 수가 있다.

뿌리를 이용하는 허브는 가을이 되어 지상부의 잎이 시들기 시작하면 캐는데, 이 때가 향이 가장 좋다. 캘 때는 뿌리가 상하지 않게 조심하여 캔다.

허브 저장에는 건조저장, 냉동저장, 가공저장(pickle, jelly, butter 등) 등이 있다.

건조저장의 목적은 연중 이용하기 위함이다. 로즈마리, 백리향, 오레가노, 마조람, 러비지, 월계수잎, 레몬밤, 사보리, 박하는 건조가 잘 된다. 세이지는 잘 건조되지만 곰팡이가 생긴다.

▶ 표 14-3. 허브가든 설계시 참고해야 할 특성별 허브의 분류

특성	식물의 종류
레몬향기 나는 식물	레몬밤, 레몬백리향, 레몬박하, 레몬그래스
회색잎	캐트닙, 라벤더류, 세이지
황금색잎	애플민트, 골든마조람, 세이지(황금색), 황금반엽백리향
자주색잎	베이질, 페널, 세이지
백색꽃	베이질, 카라웨이, 케모마일, 쳐빌
자주색꽃	챠이브, 히숍
청색꽃	보레이지, 치커리, 히숍, 로즈마리

딜, 챠이브, 파슬리, 처빌, 페널, 베이질도 잘 건조되지만 천연향이 없어지므로 냉동시키는 것이 좋다. 냉동저장은 −32℃ 정도로 냉동시키면 색과 맛이 신선한 것 같이 유지된다. 냉동품은 소스, 수프, 스튜, 샐러드드레싱에 이용할 수 있다. 냉동방법은 수확해서 깨끗한 것은 그대로 냉동시키고, 변색된 잎은 제거한 다음 플라스틱 백(bag)에 넣고 잘 봉한다. 베이질, 백리향, 딜은 냉동 전에 물에 살짝 데치면 색깔과 향이 좋다. 데친 후에는 꺼내서 물을 타월로 제거한 다음 플라스틱 백에 넣고 식물명, 채취시기 등을 기록해 둔다. 냉동된 허브는 6개월 이상 저장이 가능하다. 그 외의 저장 방법에는 유액보존법, 가공품 저장 등의 방법이 있다.

14.6 아로마테라피(Aromatherapy)

14.6.1 아로마테라피의 정의

▲ 그림 14-4. 허브양초

아로마테라피(향기요법)란 향기를 뿜어내는 허브에서 추출한 100% 천연 오일을 생활 속에서 건강에 활용하는 자연 치료법의 한 분야로, 아로마테라피는 향 또는 향기를 의미하는 "아로마(aroma)"와 치료를 의미하는 "테라피(therapy)"의 합성어로 이는 각종 식물의 꽃, 줄기, 잎, 뿌리, 열매 등에서 추출한 향기 물질을 호흡기 또는 피부를 통해 체내에 흡수시킴으로써 몸과 마음을 건강하게 하는 대체요법의 하나이다.

14.6.2 아로마테라피의 역사

아로마테라피의 역사는 석기시대나 청동기시대와 같은 선사시대 이전까지로 볼 수 있다. 이러한 사실은 당시에 그려진 벽화나 유물 등을 통해 추정이 가능하다. 원시인들은 특정 식물들이 상처를 낫게 하거나 질병의 치유에 도움이 된다는 사실을 알게 되었다. 또한 사람들은 질병에 걸렸을 때 병을 마귀가 가져다준 것이라 생각하여 "병마(病魔)"라고 했으며, 이 병마는 신비한 향기를 두려워한다고 믿어 질병을 치료하기 위해 향기가 나는 식물을 사용하였던 것이다. 따라서 전염병이 유행하는 지역에 마귀를 쫓아내기 위한 주술적인 용도로 향기가 있는 식물을 채집해 뿌리기도 하였다. 고대 사람들은 종교의식이나 시신의 부패를 방지하기 위해 사용하였고 고대 그리스 시대에는 히포크라테스(BC 460~370)에 이르러 체계적인 기틀이 마련되었다. 기원전 고대 중국의 황제내경에도 그 내용이 실려 있다. 중세에는 Avicenna의 증류법, 페스트나 콜레라의 살균 등에 이용되었으며, 근대에 와서는 1937년 프랑스의 화장품 화학자 Rene Maurice Gattefoss가 아로마테라피에 관한 책을 저술하면서 아로마테라피에 대한 관심이 새롭게 떠오르게 되었다. 그 뒤, 프랑스 외과의사 Dr. Jean Valnet가 제2차 세계대전 때 부상당한 병사들을 클로브, 백리향, 케모마일 등의 에센셜 오일로 상처를 치료하여 효과를 봄으로써 그 효능이 임상적으로 입증되기 시작하였다. 프랑스 화학자 Margaret Maury 여사는 에센셜 오일을 이용한 마사지방법을 개발하였다. 최근에는 병원, 의과대학에서 교과목으로 채택하고 있으며 medical aromatherapy를 적용하고 있다.

14.6.3 아로마테라피의 작용기전

1 후각을 통한 흡수

코-후각신경-후각구-변연계-뇌피질, 기억력, 학습능력, 감정조절, 시상하부 뇌하수체 호르몬-자율신경계

2 호흡을 통한 흡수

코-부비강동-인두-후두-기관지-폐포-혈관-온몸

3 피부를 통한 흡수

표피-진피-체액-림프계-혈액-온몸

14.6.4 의학적 아로마테라피

- 아로마향 오일들은 공기 중에서 자연스럽게 발향이 되어 그 향 입자가 우리의 코 끝에 분포되어 있는 후각신경에 접촉이 되어 대뇌에 연결이 되고, 엔돌핀, 세로토닌과 같은 뇌신경 화학 전달물의 분비를 조절하여 불안증, 우울증, 불면증과 같은 신경정신과적 질병을 치료

(예) 자스민향, 네놀리향 : 우울증 개선
마조람향 : 불안증 해소
박하향 : 정신집중력 향상

- 아로마향 오일을 피부에 발라주면 화학작용과 호르몬 분비작용에 의해 여드름, 습진과 같은 피부과 질환과 여성질환, 갱년기 장애에 이르기까지 다양한 치료효과
- 양국화 향과 유칼리 향은 박테리아나 바이러스 또는 곰팡이에 대한 살균력이 아주 강하여 감기, 인플루엔자, 기관지염, 무좀 등 감염증 질환에 사용
- 아로마테라피는 최근에 항암치료, 신장투석, 방사선치료 중에 발생하는 부작용을 줄여 주는 데도 사용하고 산모의 분만 시 통증완화와 분만시간단축에 이용하고 있다. 성의학 분야에서도 아로마향이 페로몬이라는 성욕유발 호르몬의 분비와 촉진을 유도하는 기능이 알려져 성기능 장애의 치료

14.6.5 아로마테라피 연구

국내 실험논문에서 향기요법 치료 전후의 인체생리를 조사한 결과 혈압과 맥박이 안정되고 뇌파검사에서 안정된 알파파가 증가되며, 체열검사에서 순환기능이 향상되고 혈청검사에서 스트레스 호르몬인 아드레날린 등 혈액 중 카테콜아민 수치가 정상치로 떨어져 항 불안, 항 스트레스 효과가 있음이 확인되었다. 외국에서도 각 질환별, 증상별 치료효과에 대한 다양한 연구논문이 발표되었다.

14.6.6 에센셜 오일

1 정의

방향성 식물의 꽃, 잎, 줄기, 뿌리, 열매에서 추출한 100% 천연 물질로 식물에서 추출한 식물의 호르몬 성분, 인체 사용 가능한 향유는 약 70여 종이고, single oil 또는 2~4 종류를 혼합해서 사용한다. 각각의 향유의 추출부위가 다른데, 예를 들면 레몬(껍질), 주니퍼(열매), 로즈마리(꽃잎), 몰(수지) 등에서 추출한다. 이들은 소독 및 방부효과가 뛰어나다. 전체 식물의 양에 비해 추출되는 양은 극히 소량이며 대부분의 오일의 가격은 그 추출량에 반비례한다. 추출방법, 추출시기에 따라 품질이 다르다. 원액의 피부접촉을 피해야 한다. 캐리어 오일에 희석하여 사용한다(예외 : 라벤더와 티트리는 소량의 원액사용 가능함).

2 에센셜 오일의 품질을 구분하는 요인

생태학적 요인(즉, 토양, 기후, 화학비료 사용 유무 등), 수확시기, 유전적 요소, 화학구조 등에 따라 오일의 품질이 달라진다.

3 에센셜 오일의 작용

에센셜 오일의 작용은 신체의 balancing, 세포성장촉진, 최음효과, 소염, 진통효과 진정, 이완 효과, 면역 기능 항진 등의 작용을 한다.

▶ 표 14-4. 에센셜 오일의 종류와 추출부위 및 효능

오일의 종류	추출 부위	효 능
쟈스민, 네놀리, 일랑일랑, 로즈	꽃	성욕증가, 항 우울성
로즈마리, 라벤더, 페퍼민트, 베이질	꽃, 잎	해독작용
티트리, 패출리, 페팃그레인, 유칼립투스	잎	호흡기 질환
오렌지, 만다린, 레몬	감귤류의 껍질	기분전환, 토닉효과
펜넬, 블랙페퍼	열매	해독작용
주니퍼	말린 종자	이뇨작용
프랑킨센스, 미르	수지	진정작용, 호흡기질환, 소독 살균
시다우드, 로즈우드, 샌달우드	나무	비뇨기, 생식기감염 시
베티버, 생강, 엔젤리카	뿌리	신경계통, 진정 효과

▶ 표 14-5. 에센셜 오일의 의학적 특성

의학적 특성	에센셜 오일의 종류
일반적인 방부성	유칼립투스, 라벤더, 네놀리, 파인, 로즈마리, 타임
류마티스 억제	블랙페퍼, 캐모마일 저먼, 유칼립투스, 주니퍼, 라벤더, 레몬, 마조람, 솔잎, 로즈마리, 타임
통증 해소	블랙페퍼, 유칼립투스, 라벤더, 마조람, 로즈마리, 타임
혈액순환 개선	사이프러스, 제라늄, 라벤더, 레몬, 로즈마리, 타임
림프흐름 개선	휀넬, 그레이프후르트, 주니퍼, 레몬, 오렌지, 로즈마리
정신 강화	베이질, 페퍼민트, 로즈마리, 타임
소화기문제	블랙페퍼, 캐모마일 로먼, 휀넬, 페퍼민트, 로즈마리
생리문제 해소	캐모마일로만, 클라리세이지, 제라늄, 라벤더, 로즈, 마조람
항 스트레스	버가못, 캐모마일로만, 라벤더, 네놀리, 오렌지, 샌달우드, 일랑일랑
습진, 피부염	캐모마일로먼, 라벤더, 네놀리, 티트리, 미르
박테리아, 바이러스, 곰팡이균 억제	티트리, 미르, 시다우드, 유칼립투스, 라벤더, 패출리
상처, 염증 해소	유칼립투스, 라벤더, 레몬, 프랑킨센스, 미르, 티트리
기침, 호흡기	유칼립투스, 휀넬, 프랑킨센스, 페퍼민트, 미르, 파인, 로즈마리, 타임
해독	사이프러스, 휀넬, 그레이프후르트, 주니퍼, 레몬, 오렌지, 로즈마리
항 우울증	베이질, 버가못, 제라늄, 쟈스민, 라벤더, 네놀리, 로즈, 일랑일랑
해충박멸	베이질, 시다우드, 유칼립투스, 제라늄, 라벤더, 페퍼민트, 타임
모발, 비듬, 두피	일랑일랑, 시다우드, 캐모마일, 유칼립투스, 주니퍼베리, 라벤더, 로즈마리, 티트리 등

4 에센셜 오일의 추출부위

아로마테라피에 흔히 이용되는 에센셜 오일의 종류와 추출부위, 효능은 표 14-4와 같다.

5 에센셜 오일의 의학적 특성

의학적 특성에 따른 에센셜 오일의 효능은 표 14-5에서 보는 바와 같다.

14.6.7 캐리어 오일의 종류와 효과

에센셜 오일은 매우 농축된 상태라서 원액이 피부에 직접 닿으면 자극을 강하게 받으므로 사용 시 캐리어 오일에 희석하여 사용하는 것이 바람직하다. 캐리어 오일은 에센셜 오일을 신체 내로 운반하는 매개체 역할을 한다. 비타민 A, E, F가 풍부하고 진정효과, 피부연화제, 피부에 영양분 공급역할을 한다(그림 14-5)(표 14-6).

A. 허브차

B. 허브캔디

C. 발향기

D. 향초

▲ 그림 14-5. 다양한 아로마 용품(출처 : Jo Richardson, 2001)

E. 포부리

F. 가습기

G. 수족관

H. 드라이 허브와 각종 기구

▲ 그림 14-5. 다양한 아로마 용품(계속)

▶ 표 14-6. 캐리어 오일의 종류와 효과

캐리어 오일	효 과
Grapeseed oil(포도씨 오일) (*Vitis vinifera*)	가볍고 잘 스며들어 마사지 오일에 많이 사용한다. 색이 없거나 옅은 녹색이고, 모든 종류의 피부에 사용 가능하다. 기름기가 적으며, 피부연화제와 마사지 오일이나 목욕 오일을 만들 때 좋다.
Almond oil(아몬드 오일) (*Prunus amygdalis*)	Vitamin A, B_2, B_6, E 그리고 올레인산, 리놀산으로 이루어진 트리글리세리드를 함유하고 있다. 대부분의 피부에 사용 가능하며, 가려움증, 건성피부에 효과적이고, 유연작용이 좋아 각종 크림, 마사지 오일로 사용한다.
Avocado oil(아보카도 오일) (*Persea americana*)	"밀림의 버터"라는 별명을 갖고 있다. 주요 구성성분으로는 올레인산, 리놀산, 리놀렌산의 triglyceride, vitamin A를 함유하고 있다. 피부 유연 효과가 우수하며 마사지 오일로 효과적이다. 고급 영양 크림 등에 많이 사용된다. 민감한 피부를 진정시켜주고 피부가 비늘처럼 일어나는 건성피부를 치유한다.
Calendula oil(칼렌듈라 오일) (*Calendula officinalis*)	원산지 남유럽. 약용 herb로 셰익스피어는 A winter's tale에서 태양의 허브(Herb of the sun)라고 극찬한 바 있다. Calendula (라틴어 : calend)는 매달 첫 번째 날에 꽃이 핀다고 믿기 때문에 붙여진 것이다. 어린 싹은 샐러드용으로 이용하고, 상처나 염증 난 곳에 연고, 입욕, 바르는 약제로도 쓰이며 피부 조합제나 방향치유법에 사용한다.

▶ **표 14-6.** 캐리어 오일의 종류와 효과(계속)

캐리어 오일	효 과
Wheat germ oil(밀배아 오일) (*Triticum vulgare*)	천연 황산화제인 vitamin E의 함량이 높아 다른 캐리어 오일에 첨가되어 보존제 역할을 한다. 항산화 효과가 우수하다(다른 식물유에 10% 첨가하면 그 캐리어 오일을 오래 가게 할 수 있다). 고가이고 혈액순환, 혈중 콜레스테롤 감소, 정맥류, 습진, 주름살, 세포재생의 효능이 있다.
Apricot kernel oil(살구씨 오일) (*Prunus armeniaca*)	주성분은 올레인산과 리놀산의 triglyceride, 포화지방산의 비율이 적기 때문에 저온에서도 투명한 액체 상태를 유지한다. 추운지역에서 사용되는 목욕 오일 등에 적합하다. 노화피부와 민감성 피부에 적합하고, 끈적임이 적고 유연성이 좋다. Mineral 오일을 대신 할 수 있는 식물성 오일로 알려져 있다.
Borage seed oil (보레이지 종자 오일) (*Borage officinalis*)	피부염 치유와 노화억제에 효과적이다. 쉽게 산화되므로 밀봉, 냉장해야 한다. 피부재생, 세포활성증가, 신진대사 향상 기능 우수, 월경 전 긴장증과 가슴의 통증 해소, 민감성과 알러지 피부에도 효과가 있다. 피부를 통해 증발되는 수분 손실을 현저히 감소할 수 있으며, 피부에 가소성을 유지하는데 특히 효과적이다.
Evening primrose oil (달맞이 꽃 오일) (*Oenethera biennis*)	무색 또는 노란색의 액체, 약간의 사향 냄새가 난다. 감마-리놀렌산은 항알러지 효과가 있어 atopy피부염에 좋다. 항혈전 작용, 항염증 작용 등 체중증가, 혈액순환이 잘 되지 않아 몸이 퉁퉁 붓는 질병, 여드름, 습진 등의 치료에 효과적이다.
Jojoba oil(호호바 오일) (*Simmondsia chinensis*)	비누, 샴푸, 헤어컨디셔너, 크림 등과 같은 화장품 원료로 사용한다. 일반적인 식물성 오일과는 감촉 등이 다르다. 액체 wax에 속하며, 피부의 피지와 지방산의 조성이 유사하므로 피부친화성이 좋고 잘 흡수된다. 끈적이지 않아 마사지 오일 또는 aromatherapy용 캐리어 오일로 널리 사용된다.
Olive oil(올리브 오일) (*Olea europaea*)	"감람유"라고도 한다. 자외선을 20% 정도 차단하므로 피부에 물집이 생기지 않고 suntan 효과가 있다. 피부를 골고루 갈색으로 태울 수 있다. 에몰리언트 효과가 우수하다.
Rosehip seed oil (로즈힙 씨드 오일) (*Rosa canina & Mosguetta*)	Orange의 약 20배의 vitamin C가 들어 있고, vitamin A도 많이 포함되어 있다. 수분공급에 효과적이고, pH 벨런스를 조절해준다. 상처, 화상, 습진, 흉터, 주름에 효과적이다.
Sesame seed oil (참깨 오일) (*Sesamum indicum*)	산화방지작용이 있고, 저장수명이 길어진다. 해독작용, 재생작용, 기본적인 캐리어 오일에 참깨 오일을 20% 내외로 섞어 쓰면 좋은 마사지 오일이 된다. 냉압착으로 얻기 때문에 냄새가 거의 없다. 가벼운 느낌과 함께 피부 수렴제 성질이 있으며, 가장 강력한 UV 차단 오일이다. 상처, 염증, 탁한 피부, atopy 피부에 효과적이다.

14.6.8 에센셜 오일의 분류

가장 중요하고 많이 사용하는 에센셜 오일은 표 14-7에서 보는 바와 같다.

▶ 표 14-7. 10가지의 가장 중요하고 많이 사용하는 에센셜 오일

에센셜 오일	오일의 효과
케모마일(양국화향)	생리전 증후군, 소화장애, 알레르기 증상(비염 등), 여드름, 습진, 기타 피부질환
유칼립투스	방부효과, 생리전 증후군, 소화불량, 알레르기 증상, 피부 증상
제라니움	수렴효과, 상처 나고 멍든 데, 곰팡이균 감염(무좀 등), 벌레물린데, 피부 진정효과, 습진, 이뇨작용, 우울증, 부종
라벤더	진통효과, 두통, 상처, 기타 통증, 벌레물린데, 방부, 지방성 피부, 여드름, 불면증, 우울증, 부종
로즈(장미향)	방부효과, 목감기, 부비강염, 충혈, 눈 부은데, 얼굴 부은데, 불면증, 혈액순환장애, 모세혈관 확장증, 진정효과, 생리전 증후군, 우울증, 폐경기장애, 성기능장애, 식욕부진
로즈마리	자극효과, 심신피로, 기억력장애, 호흡기질환, 류머티스 관절염, 운동 후 통증, 기타 통증, 지방성 모발에 대한 수렴효과
샌달우드(삼나무향)	건조하고 갈라진 피부, 여드름, 이완진정작용, 명상유도, 성기능 강화마조람진통제, 목감기, 안정효과, 불면증, 혈액순환, 무좀, 여드름
자스민	우울증(특히 산후 우울증), 성기능 개선, 출산 시 수축작용강화
네롤리	불면증, 불안증, 우울증, 혈액순환, 여드름, 진통효과

14.6.9 블렌딩(Blending)

1 상향(Top Note)

3시간 이내에 증발한다. 맨 처음 맡을 수 있는 향이고, 찌를 듯이 날카로우며 강한 휘발성이 있어 다소 자극적으로 느껴진다. 블랜딩 시 전체 비율에서 20~40%를 차지한다. 주로 알데하이드 계열이나 에스터 계열이 많고, 추출부위는 꽃, 잎, 과일의 껍질이다. 버가못, 페티드그레인, 레몬, 오렌지, 레몬그라스, 페퍼민트 등이 있다.

2 중향(Middle Note)

6시간 이내에 증발한다. 배합의 몸체에 해당하고 상향과 하향의 조화로운 배합을 위해 쓰여지며, 예민한 모서리를 부드럽게 해주고 각진 것을 둥글게 해 주는 역할을 한다. 따뜻하고 부드럽고 둥근 느낌이 들고, 전체 비율에 40~80%의 많은 비율을 차지한 모노테르펜, 알코올 계열이 대부분이며, 추출 부위는 주로 꽃과 잎이다. 로즈우드, 제라늄, 라벤더, 캐모마일, 마조람 등이 있다.

3 하향(Base Note)

2일 이내에 증발한다. 배합을 안정시키고 깊게 해주는 역할을 한다. 피부에 잘 고정되고 지속성을 지니게 향을 오랫동안 유지시켜주고, 따뜻하고 풍부한 향으로 고대로부터 종교 의식에 많이 쓰여 왔던 오일로서 인간의 정신과 밀접한 관계가 있다. 뚜껑을 열면 그 향이 약하지만 피부에 바르면 강하게 작용한다. 전체 비율의 5~15%를 차지한다. 블랜딩에는 휘발도가 낮고 입자가

무거워 권장하지 않고 피부에 사용되는 경우는 거의 필수적이다. 샌달우드, 프랑킨센스, 벤조인, 시다우드 등으로 나무나 진액에서 추출한다.

14.6.10 에센셜 오일 사용시 주의사항

1 피부에 원액 그대로는 사용하지 않는다.

예외 : 라벤더, 티트리 → 화상, 벌레물린 데, 여드름, 피부발진에 소량 사용 가능(극히 민감성 피부가 아닌 경우)

2 민감성에 대한 테스트를 한다.

합성향에 민감한 사람도 순수 오일에는 괜찮고, 캐모마일 티에 민감한 사람이라도 오일에는 괜찮을 수 있다. 민감성이 의심되면 목뒤나 팔 안쪽에 2% 희석 오일로 패치테스트를 하여 12시간 뒤 붉어지거나 가려우면 더 희석해서 사용 또는 다른 오일로 대치한다.

3 감광성에 주의한다.

감귤향의 오일은 색소침착의 우려가 있다. 버가못이 가장 감광성에 주의해야 하는 오일이고, 그 다음으로는 라임, 오렌지, 레몬, 그레이프후르츠 순이다. 감광성 오일은 주로 밤에 사용하고 4시간 이상 지난 후에 자외선에 노출되는 것이 바람직하다.

4 에센셜 오일을 사용할 때는 정확한 용량을 지켜야 한다.

사용량보다 더 많은 양을 사용하면 피부염증, 두통, 메스꺼움, 감정 변화 같은 심리적 현상이 나타날 수도 있다.

5 에센셜 오일은 모두 피부와 점막을 자극하므로 주의해야 한다.

사용전 민감성 테스트를 한다.

6 임신 중이나 고혈압, 간질병 환자에게는 금지된 특정한 에센셜 오일을 사용하지 않는다.

임신초기 3개월간은 유산의 우려가 있으니 주의한다. 사용 시 2배로 희석하여 사용한다.
임신기간에 사용 가능 오일에는(3개월 이후) 로즈, 네놀리, 라벤더, 일랑일랑, 캐모마일로만, 자스민, 제라늄, 프랑킨센스, 그레이프후르트, 버가못, 레몬, 코리안더, 블랙페퍼, 진저 등이 있다.

7 어린이에게 사용 시 주의한다.

어린아이 사용 시 1/3~1/2로 낮게 희석하여 독성이 없는 오일로만 사용해야 한다. 어린이가 사용해도 괜찮은 오일에는 라벤더, 네놀리, 프랑킨센스, 페티그레인, 캐모마일로만 등이 있다.

8 오일을 다양하게 사용한다.

2주 이상 같은 오일의 사용을 피한다. 매 2주마다 다른 성분의 다른 혼합 오일로 바꾸고, 여의치 않으면 1주 이상 휴지기를 갖는다. 이는 간이나 신장에 독성이 축척되는 가능성을 막기 위함이다.

9 오일은 반드시 차광병에 보관한다.

태양광선이 투과되지 않는 차광병에 보관해야 변질될 우려가 없고 안전하다.

14.6.11 아로마테라피 종류 및 방법

1 마사지법

아로마 에센셜 오일은 농축된 물질이어서 반드시 캐리어 오일에 희석하여 사용(그림 14-6)한다.

- 캐리어 오일에 3%의 에센셜 오일 희석을 기본(face관리는 1.5%)으로 한다.
- 1 mL 캐리어 오일은 20방울이므로 5mL의 캐리어 오일에 3방울의 에센셜 오일을 희석한다.
- 어린이에 대한 에센셜 오일 사용요령은 다음과 같다.
  3개월 미만 : 에센셜 오일 사용금지
  3개월~만 7세 : 라벤더, 프랑킨센스 사용가능
  만 7세~만 16세 : 어른의 1/2을 사용한다.
  유아, 12세 이하의 어린아이, 노약자 : 1% 미만으로 희석하여 사용한다.

2 흡입법

3~4 방울의 에센셜 오일을 손수건이나 거즈에 떨어뜨려 수분 동안 흡입한다. 컵에 더운물을 담고 1~2방울의 에센셜 오일을 떨어뜨린 후 눈을 감고 흡입한다. 아로마 램프를 이용하여 열을 매개로 휘발 확산시킨다. 램프 접시에 뜨거운 물을 담고 4~8 방울의 에센셜 오일을 떨어뜨려 증발시켜 흡입한다.

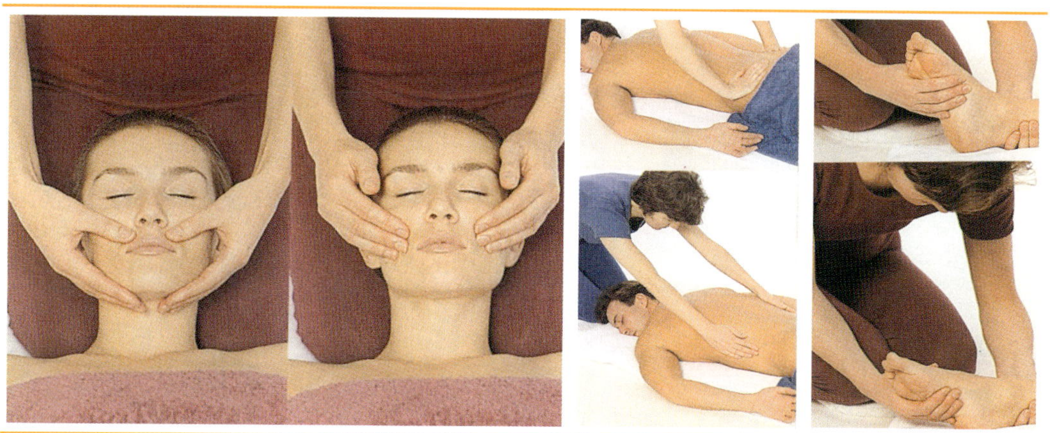

▲ 그림 14-6. 아로마 마사지(좌 : 얼굴, 중앙 : 등, 우 : 발) (Jo Richardson, 2001).

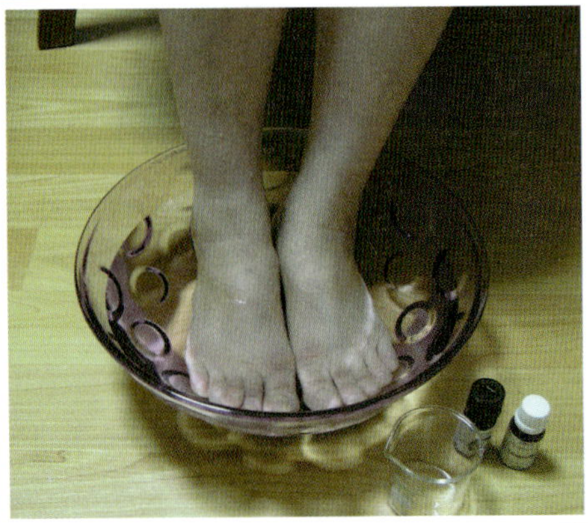

▲ 그림 14-7. 손담금(좌)과 족욕(우)

3 목욕법

전신욕, 족욕, 좌욕이 있는데 전신욕은 욕조에 따뜻한 물을 가득 받아 놓고 아로마 에센셜 오일을 8~15방울 떨어뜨려 잘 섞은 후 15~20분 정도 목욕한다. 족욕은 아로마 에센셜 오일 5~6방울이 첨가된 따뜻한 물에 10~15분 정도 발목욕을 한다. 좌욕은 불임증, 치질, 방광염, 신장염 및 불순한 생리와 같은 질환을 치유하기 위한 방법이다. 5~6방울의 에센셜 오일을 떨어뜨려 5~10분 정도 좌욕한다(그림 14-7).

4 습포법

습포법은 근육통이나 멍든데, 급 만성 질환 시 통증제거, 응급처치 등 외용으로 사용하는 효과적인 방법으로 온습포법과 냉습포법이 있다. 5~6방울의 에센셜 오일을 200 mL 물에 떨어뜨려 아픈 부위에 15분 동안 감싼다.

온습포법은 만성통증(근육통, 류머티스 등), 종기, 부스럼, 귀통증, 생리통 등에 사용하고, 냉습포법은 뼈에 부상이 있거나 편두통, 두통, 열날 때 사용하는 방법이다. 근육이나 인대가 긴장했을 때는 온,냉 습포법을 함께 사용하는데, 마지막은 냉습포로 끝낸다(그림 14-8).

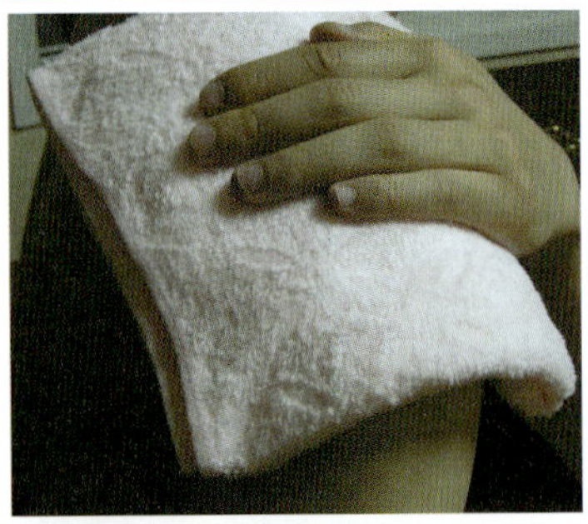

▲ 그림 14-8. 습포법

5 스팀법

600mL 정도의 뜨거운 물에 에센셜 오일 2~3방울을 첨가하고, 머리를 정돈한 뒤 목욕 타월 등으로 텐트처럼 만든 후 스팀을 쐰다. 너무 뜨겁지 않게 거리를 조절하고 눈을 감은 상태에서 3~5분간 실시한다(그림 14-9).

▲ 그림 14-9. 스팀법

참고문헌

1. 나구모 교우코(김연희 역). 1995. 허브컬렉션. 하서출판사.
2. 박권우. 2007. 개정판 허브 및 아로마테라피. 선진문화사.
3. 오홍근. 2002. 아로마테라피 핸드북.
4. 조태동. 1998. Dr. 조 허브가든. 전원문화사.
5. 하병조. 2000. 아로마테라피. 수문사.
6. 한국아로마테라피 협회. 2005. 아로마테라피의 이론과 실제.
7. Reader's Digest. 1994. Magic and Medicine of Plants. The Reader' s Digest Association, Inc.
8. 생활의 향기. www. aromainlife.com
9. 허브 아일랜드. www.herbisland.net
10. Bown, D. 2002. New encyclopedia of herbs and their uses. Dorling Kindersley Limited. 448 pages.
11. 나구모 교우코. 1998. 허브컬렉션. 하서출판사.
12. 곽병화. 2001. 꽃 · 나무 · 허브 키우기. 주부생활.
13. Titmus, D. 2000. The book of herbs. Libero Pub.

15 민속채소(산채류), 약용식물, 버섯

15.1 민속채소류(民俗菜蔬類)

15.1.1 민속채소의 의미 및 중요성

우리나라의 산과 들에 자생하여 흔히 산나물 또는 들나물로 불리는 민속채소는 한국인이 특히 즐겨 이용하였다. 그러나 최근에는 산과 들에서 채취하는 것보다는 오히려 농가 포장이나 비닐하우스 등을 이용하여 재배하는 것이 더 경제적이라고 밝혀지면서 그 재배도 성행하게 되었다. 아울러 이들 산나물 들나물을 취급하는 생산자 협회도 조성 · 운영되고(한국민속채소생산자협회, 서울 가락동 시장 내) 거래규모도 확대되면서 과거의 산나물, 들나물에서 민속채소라는 용어로 바뀌어 불리고 있다. 따라서 민속채소의 범위는 비교적 대면적으로 인공재배되는 것만을 일컬으므로 산채나 들나물의 수에 비하여 매우 적다. 최근에는 많은 종류의 산채류가 재배됨과 함께 그 이용도 폭발적으로 증가하였는데, 이의 주요 원인으로는 다음과 같은 것을 들 수 있다. 즉, 인건비 상승에 따른 자생산채류 채취 노동력의 절대 부족, 산이나 들에의 자유로운 출입의 규제, 남획에 따른 천연자원의 부족, 채식 및 기능성 식품에 대한 관심 증대, 유기농산물에 대한 관심 및 이용 증대, 산채의 가공판매 증대에 따는 이용량 급증 등을 들 수 있다. 아울러

▶ 표 15-1. 우리나라 자생식물 중 산채로 이용 가능한 식물(홍정기 등, 2000)

총계	이용부위별				이용방법별	
	줄기 + 잎	뿌리	종자 및 과실	기타	식용	약용 + 식용
480	353	32	90	5	200	280

상당수의 산채는 단순한 일반 포장에서의 재배에 추가하여 비가림이나 시설을 이용하는 고도의 집약재배(集約栽培)까지 보편화되기에 이르러, 비록 그 규모는 작다고 할지라도 상당수의 산채류가 채소의 범위 내에 속하게 되었다.

그러나 산채의 종류가 너무 많고 이들 중 상당수는 채소라기보다는 한약재로 구분되는 경우도 많기 때문에 상당히 중첩되는 면도 있으나(표 15-1), 한약재로는 주로 신선 산채보다는 가공, 특히 건조된 것이 많이 이용되고 이들은 쉽게 중국 등지에서 수입되어 이용되기도 하므로 신토불이(身土不二)를 강조하는 산채와 구분을 짓기가 비교적 용이하다.

따라서 본 장에서는 다양한 산채 중 현재 그 주요 공급원이 재배산채에 의존하고 있는 20여종의 산채류 만을 간략하게 소개하고자 한다. 산채류에 관하여는 최근 비교적 상세한 참고서적이 많이 발간된 편이므로 더 자세한 내용에 관하여는 이들 참고문헌을 참고하여 주기 바란다.

15.1.2 민속채소의 재배 및 이용

1 민속채소의 재배

산채 또는 민속채소류의 재배면적은 1988년 이후 최근까지 폭발적인 증가세를 보여 주고 있어서 1998년까지 10년 동안 2.5배의 재배면적의 증가를 보여 왔다. 특히 최근 들어 다시 급격한 재배면적 상승추세가 이어지는데, 특정산채에 한정되지 않고 비교적 고른 증가세를 보이고 있다. 아울러 산채의 시설재배와 비가림재배 면적도 급증하면서 산채류의 품질이 대폭 개선되고 연중 신선한 산채를 찾는 소비자들의 요구도 지속적으로 늘어나서 몇몇 산채류에서는 일반포장재배보다 오히려 시설재배(비닐하우스 및 비가림재배) 면적이 상대적으로 더 많아지는 변화를 보이고 있다.

표 15-2는 2006년 현재 국내에서 재배되는 민속채소의 종류, 재배면적, 소득, 유통과정 및 이용부위를 보이고 있다. 이를 간단히 요약하면 재배면적의 순위에 따라서는 더덕이 압도적으로 가장 넓으며 도라지, 참취, 두릅, 고사리 등이 전체의 80% 정도를 차지하고 있고, 달래와 고들빼기도 상당한 재배면적을 보이고 있다. 나머지의 민속채소는 재배면적에서는 크게 돋보이지 않고 있다. 유통과정에서는 직거래와 중간상인에 의한 유통이 대부분이고 잎이나 순을 이용하는 산채가 압도적으로 많다. 이용방법으로는 생채와 묵나물(말려서 저장 이용하는 나물류)이 주를 이루고 있지만 기타의 이용방법도 꾸준히 증가하고 있음을 주목할 필요가 있다. 민속채소는 대

▶ **표 15-2.** 민속채소류(산채류) 종류, 재배면적(ha, 2006), 소득(10a당 천원), 유통 및 이용부위

산채명	학 명	1998 (ha)	2006 (ha)	소득	직거래	중간상	도매시장	전초	순	잎	뿌리	생채	묵나물	기타
고들빼기	*Youngia monanthum*	258	225	1,833	○	○		●						○
고사리	*Pteridium aquilinum*	462	473	1,579	○	○	○		●				○	
고려엉겅퀴	*Cirsium* spp.		19	1,949	○	○	○		●	●			○	○
곤달비 (곰취류)	*Ligularia fischeri*		108	1,175	○	○	○			●		○	○	○
곰취	*Ligularia fischeri*	_*	42	2,220	○	○	○			●		○	○	○
한대리곰취	*L. fischeri* var. *spiciformis*				○					●		○	○	○
냉이	*Capsella bursapastoris*	78	67	1,193	○	○		●						○
누룩치	*Pleurospermum kamtschaticum*		2	1,500	○					●				○
눈개승마	*Aruncus americanus*		31	1,250	○	○			●			○		
달래	*Allium monanthum*	178	378	1,749	○	○		●				○		
참당귀	*Angelica gigas*		1	1,327	○					●		○		○
더덕	*Codonopsis lanceolata*	1,256	3,045	1,737	○	○	○				●	○		○
도라지	*Platycodon gradiflorum*	1,302	740	825	○	○	○				●	○		○
돌나물	*Sedum sarmentosum*	8	51	1,989	○	○	○		●			○	○	
두릅	*Aralia elata*	186	557	1,373	○	○			●					○
머위	*Petasites japonicus*	5	49	–	○	○				●			○	
미역취	*Solidago vigro-qurea*		1	–	○	○			●	●			○	○
쑥부쟁이	*Aster yomena*		1	2,900	○	○			●	●		○		○
산마늘	*Allium virolialis*		9	–	○	○	○			●		○		
어수리	*Heracleum lanatum*		4	–	○	○				●			○	
엉겅퀴	*Cirsium japonicum*		1		○	○				●		○		
영아자 (염아자)	*Asyneuma japonicum*		1	1,354	○	○				●				○
음나무	*Kalopanax ricinifolium*		75	1,867	○	○	○		●					○
원추리	*Hemerocallis aurantiaca*		18	1,109	○	○	○			●		○		
잔대	*Adenophora triphylla*		10	2,471	○	○				●		○	○	○
참취	*Aster scaber*	602	721	4,973	○	○	○			●			○	○
독활	*Aralia continentalis*	376	179	2,367	○	○			●					○
쑥	*Artemisia* spp.	30	106	2,489	○	○	○			●		○		○
씀바귀	*Ixeris dentata*	96	17		○	○	○				●	○		○
고들빼기	*Yongia sonchifolia*	258												
부지갱이	*Erysimum aurantiacum*	52												
삼엽채	*Spriopimpinella brachycarpa*	1												
삼나물	*Aruncus disoicus*	40												
고비	*Osmunda japonica*	10												

부분이 노지재배(露地栽培)되지만 최근에는 시설재배와 비가림재배의 면적이 꾸준한 증가세를 보여 각각 10% 정도의 면적을 점하고 있는 것으로 추정된다. 특히 취나물류, 미나리, 땅두릅, 달래, 삽엽채 등에서는 상당 비율이 시설재배 되면서 집약적으로 재배되고 있어서 비록 그 재배규모는 작다고 할지라도 중요 민속채소로서의 위치를 굳히고 있다.

2 민속채소의 이용

산채류의 이용이 급증한 데에는 전술한 바와 같이 다양한 원인이 있지만, 신선한 채소의 선호도의 급증 및 모듬산채 소포장 상품의 개발과 이의 이용확대가 매우 중요한 요인으로 작용하였다. 즉, 4~5 종류의 데친 산채류를 스티로폼 접시의 소포장에 넣어 비빔밥이나 나물용으로 판매하면서 도시인을 중심으로 본격적인 소비상승세가 이어지고 있어 김치산업의 발전과도 유사한 변화양상을 보이고 있다. 많이 이용되는 산채는 도라지, 고사리, 취나물 등이지만 차후로는 더욱 다양하게 변화를 거칠 것으로 예상된다. 연화달래, 시설재배 겨울고들빼기, 다양한 시설재배 순나물 등은 이제는 겨울철에도 부담없이 이용하는 산채류로서의 위치가 확립된 바 있다. 아울러 다양한 가공산물까지 개발되면서 그 이용도 차후 더 빠른 속도도 증가할 것으로 예상된다. 한국의 명절인 정월대보름에 먹는 대보름나물(묵나물–가공 건조하여 말려서 저장해 둔 산채류를 뜻함)은 잊지 못할 우리의 전래 식단의 하나이다.

3 민속채소의 효능

(1) 식품적 특성

일상 생활에서 다량 이용하는 채소류에 비하여 산채류 또는 민속채소의 특성이 항상 좋다고만은 표현할 수 없다. 왜냐하면 산채류의 성분함량은 대개의 경우 매우 높기 때문에 취나물이나 도라지 등에서는 쓴맛을 장시간 우려 낸 후에 식용하는 것이 보통이어서 산채류의 과식 및 편식에 따른 문제점도 발생할 수 있음을 충분히 고려하여야 한다. 다음은 민속채소에 찾을 수 있는 특성들이다.

- 맛과 향과 모양새(미적 조화)에서 음식의 다양성을 제공한다.
- 특수한 영양분을 조절하여 공급할 수 있다.
- 무공해 천연건강식품이거나 저공해 산물이 대부분이다.
- 혼합식으로서의 효과가 크다.
- 식품첨가제로서의 효능이 있다.
- 제품의 다양화가 용이하다.
- 구황식물의 성격을 지닌다.

(2) 경영상의 특성

산채류의 재배는 그 면적이 최근 급증하였다고 하더라도 일반 채소재배면적의 2%에도 못 미치고 있으므로 소비량도 제한되어 있어서 재배기술의 문제점과 아울러 항상 과잉생산에

▶ 표 15-3. 주요 산채류의 종류, 학명, 주요 성분 및 이용

작물명 한명	학 명	습 성	주요 성분	용 도
도라지 桔梗	*Platycodon gradiflorum*	다년생 숙근초 직근성(直根性) 종자번식	saponin, 광물질	식용 한방(거담, 진해, 배농, 기침), 항암효과, 절화
취나물류 참취 東風菜根	*Aster scaber*	국화과 다년생 숙근성, 종자 및 분주번식	단백질, 식이섬유	나물, 쌈, 생채무침, 건엽튀김 등 한방(진통, 현기증, 해독)
취나물류 곰취 葫蘆七	*Ligularia fischeri*	다년생 숙근성, 종자 및 분주번식	상동 + 혈소판 응집억제물질	어린순 식용 한방(이뇨, 해열, 진통, 건위)
취나물류 미역취 滿山黃	*Solidago virgoqurea* var. *ascisaci*	다년생 숙근성, 종자번식	상동	어린 순, 묵나물(쓴맛을 우려낸 후) 한방(이뇨, 해열, 진통, 건위, 신장염, 방광염, 감기, 두통, 황달)
취나물류 개미취 白紫	*Aster tatarius*	다년생 숙근초, 종자번식	미역취와 동일	이뇨제 및 만성 기관지염 치료
취나물류 마타리 牌將	*Patrinia scabiosaefolia*	다년생초본, 양지성, 종자번식	뿌리에 saponin, shionone acid 등	참취나 곰취와 동일하게 이용 한방(감염, 간기능보호, 진통, 해독, 배농, 정혈, 위통, 위궤양, 산후복통, 피부질환, 자궁염)
더덕 沙蔘, 洋乳	*Codonopsis lanceolata*	다년생 숙근성 직근성, 종자번식	saponin, flavonoid	구이, 찌개, 절임, 무침 한방(혈관확장, 혈압강하)
땅두릅 土當歸	*Aralia continentalis*	다년생 숙근 주로 분주번식	asparagine, pentosan, guanin	나물 또는 국거리 한방(해열, 건위, 조혈, 소화불량, 타박상)
달래 小蒜	*Allium monanthum* MAX	백합과 다년생 인경류로 인경 또는 주아번식	비타민 C, 유화알릴, 알리신	이른 봄의 고급채소 한방(불면증, 강장, 건위)
고들빼기 苦菜	*Youngia sonchifolia*	일년생으로 종자번식	이눌린	입맛을 돋우는 채소 한방(해열, 건위, 조혈, 소화불량, 타박상 등)
두릅 水龍芽	*Aralia elaeta*	낙엽성 관목 종자 및 근삽번식	비타민, 고급식이섬유, 향	맛과 향이 뛰어난 고급채소 한방(해열, 강장, 건위, 수렴, 거담)
씀바귀 山苦菜	*Ixeris dentata*	다년생 숙근초, 주로 종자번식	휘발성 풍미정유 flavonoid	무침이나 김치 및 건강주 한방(진정, 해열, 조혈, 건위, 폐염, 간염, 타박상, 종기)
냉이 淸明菜	*Capsella bursa-pastoris*	배추과의 2년생 초본, 종자번식 충남에 집단재배	아세칠콜린, 콜린, palmitic acid 등	무침, 냉이국, 건강주, 한방(위궤양, 치질, 폐결핵, 혈압강하, 지사제, 건위, 소화제, 지혈, 자궁출혈 및 월경과다)

▶ 표 15-3. 주요 산채류의 종류, 학명, 주요 성분 및 이용(계속)

작물명 한명	학 명	습 성	주요 성분	용 도
고사리 蕨菜	*Pteridium aquilinum* var. *latiusculum*	다년생 숙근초, 지하경번식	asparagine glutaic acid Astragalin (flavonoids)	나물, 제사상의 필수품 한방(해열, 이뇨, 설사, 황달)
돌나물 佛甲草, 石菜	*Sedum sarmentosum*	다년생 숙근초, 다육식물	비타민 함량다 고급섬유	물김치, 겉절이, 돌나물김치 한방(해열, 해독,타박상, 간경변, 뱀에 물린데) (항암성)
참나물 野斤菜	*Spuriopimpinella bracycarpa*	미나리과 다년생 숙근, 종자 및 분주 번식, 촉성 및 연화재배	일본의 미쓰바(三葉菜)와 유사	어린 순을 나물로 이용 한방(간염, 고혈압)
머위 穀冬	*Petasites janponicus*	국화과의 다년생 숙근, 습지에 적합	봉우리에 페챠시틴, 캠페롤 등 함유	잎줄기를 식용; 꽃은 튀겨서 식용, 녹즙이용, 한방(현기증, 기관지천식, 인후염, 편도선, 축농증, 진통, 벌레-뱀 물린데, 다래끼)
고비 紫蕨	*Osmunda japonica*	고비과의 다년생 초본, 지하경 번식	단백질, 비타민류, 펜토산 등	어린 순을 나물로 이용 한방(신경통, 부종, 복통)
잔대 沙蔘	*Adenophora triphylla*	초롱꽃과의 다년생 숙근	비타민 A, 비타민 C saponin	무침, 장아찌, 구이, 튀김, 부침 한방(沙蔘; 진해, 거담, 강장, 복통, 유산시 출혈)
참비름 野見, 白見	*Amaranthus triphylla* var. *japonica*	초롱꽃과의 다년생 숙근 종자번식	고단백 라이신 함량다	인기 있는 전통산채 복통, 유산시 출혈
산마늘 茖葱, 山葱	*Allium virotialis* var. *platyphyllum*	백합과 다년생 인경-종자 및 인경번식	독특한 향과 맛 항균성, 비타민 흡수촉진	날것, 무침, 초절임, 튀김, 볶음, 염장, 장아찌, 묵나물 자양 강장효과
누룩치 藥回香	*Pleurospermum kamtschaticum*	미나리과 다년생 초본, 종자번식	소화촉진 비타민 및 고급섬유	날것, 데쳐서 무침 한방(복통치료, 산모 수유)

따르는 문제점도 공존하고 있다고 보아야 한다. 긍정적인 견지에서 경영상의 특성을 나열하면 아래와 같다.

A. 재배기술의 개발과 함께 고수익을 기대할 수 있다.
B. 지역성과 계절성이 강하다.
C. 환경적응성이 강하다.
D. 지역특산화 및 주산단지 조성이 바람직하다.

E. 관광지 특산물으로 관광수입원이 된다(허브, 자연식물원).

F. 환금적(換金的) 성격이 강하다.

G. 수입농산물의 대체효과를 갖는다.

H. 농업경영의 합리화를 도모할 수 있다.

I. 가공산물보다는 신선 또는 최소가공산물로의 공급이 유리하다.

4 주요 민속채소류

다양한 민속채소채류를 일일이 소개할 수는 없으므로 편의상 우리나라에서 많이 재배되고 이용되는 주요 산채류 만을 골라서 표 15-3에 그 주요 특성과 이용만을 요약하였고, 가급적 사진으로 대치하였다(그림 15-1). 부족한 내용은 인용문헌 등을 참고 바란다.

▲ 그림 15-1. 다양한 민속채소류

15.2 약용식물(藥用植物, Medicinal plants)

15.2.1 약용식물의 종류 및 약효

넓은 의미로는 주변의 대부분의 식물을 약용식물로도 간주할 수 있지만 본 장에서는 이미 많은 산채류, herbs 등에서 약리적인 효과가 상당히 언급되었으므로 몇 종류의 중요한 약용식물과 이들의 약리적인 기작을 표를 이용하여서 함축적으로 설명하고자 한다(표 15-4). 많은 산채류가 식용 뿐만 아니라 약용으로도 사용되는데, 예로 도라지는 진해, 거담의 효과가 뛰어나 용각산과 같은 기침가래약으로 가공되지만 식용 시는 박피하여 찧은 도라지를 하루밤 물에 담궈 쓴맛을 우려낸 후에 사용하며, 허브류의 주요 작물인 꿀풀도 소량으로는 향신채로 쓰이나 해독제와 같은 약용으로도 제품화된다(그림 15-2).

▶ 표 15-4. 주요 약용식물의 종류 및 약효

종 류	약 효	종 류	약 효
감초	해독, 동맥경화예방	오갈피나무	신경통
강활	신경통, 두통, 사지통	음양곽	보정, 강장, 불임증, 무력 등
구릿대	발한, 두통, 치통	이질풀	지사제, 변비, 만성위장병
꿀풀	강력한 항균	익모초	생리불순, 부종, 안질
달개비	이뇨, 항균, 인후통, 당뇨	인삼	불로장생, 강장, 강정
도라지	진해, 거담	작약	빈혈, 보음, 식욕부진
독활	해열, 진통, 풍습	지황	빈혈, 강장, 강정, 빈혈, 월경불순
맥문동	폐병, 원기회복, 기침, 가래	질경이	이뇨, 진정, 신경쇠약
반하	입덧, 구토	천궁	활혈, 빈혈, 정혈, 티눈, 사마귀
복령	배뇨조절, 심신안정	택사	이뇨제, 신장염, 방광염
사상자	수렴성 소염제	패모	진해, 거담, 감기, 임파선염, 기관지염
승마	해독제	하수오	강정(흑말)
시호	발한, 진통, 해독	현삼	해독, 결핵성 질환, 인후염, 고혈압
쑥	해독, 냉복통	형개	발한, 해열(감기), 숙취
알로에	위장병, 소화불량, 만성변비	황기	발한조절, 혈압강하작용

▲ **그림 15-2.** 다양한 약용식물(자료 일부 : 김태정 2000. 쉽게 찾는 우리 약초-한방편)

15.3 버섯(Mushrooms)

15.3.1 버섯의 중요성

버섯은 고대로부터 인류의 중요한 식량자원의 하나였다. 그리고 아주 중요한 약용작물로도 손꼽혀 왔다. 버섯은 농업부분에서는 중요한 원예작물로 분류된다. 그러나 아직까지 야생상태로 채집이 되고, 원목(原木)에 구성을 뚫어 접종하여 재배하는 경우에는 원예작물의 범위를 벗어나게 된다. 그러나 최근에는 시설 내에서 병과 같은 각종 용기나 자루를 이용하여 주로 재배하기 때문에 시설이나 재배형태, 관리 방법이나 출하 방법, 그리고 판매에 이르기까지 대부분의 채소작물과 거의 동등하게 취급하고 있다. 버섯의 이러한 원예작물로의 구분은 선진국에서도 마찬가지여서 중요한 채소의 하나로 늘 강조되고 있다.

15.3.2 버섯의 영양가

버섯은 단백질이 풍부해서 단백질의 조성과 함량에 따라서 식품적 가치가 좌우된다. 최근에는 각종 버섯류의 성인병 예방 및 항암효과가 널리 인정되면서 고급 식품 또는 건강식품으로서의 가치도 매우 높아졌다. 버섯은 탄수화물, 조지방, 섬유소 등을 포함한 균형 잡힌 식품인데 조단백질 함량이 현저히 높음은 물론 아미노산의 조성에서도 매우 이상적이다(표 15-5). 즉, 아미노산 중에는 인체 내 생합성이 불가능하여 외부 섭취물에서 공급되지 않으면 결핍증상을 보이게 되는 것이 많은데, 버섯 중에 트립토팬과 글루타민의 함량이 특히 높으며, 그 외의 아미노산은 버섯의 종류에 따라 다소간의 차이가 있다. 전질소 중 6.9~9.4%가 아미노태 질소이며 유리 아미노산 중 글루타민산, 프로린, 알라닌, 아스파라긴산, 라이신, 오니신 그리고 세린이 80%를 차지한다. 버섯 중에는 53개의 아민화합물이 있는데 이 중 10개가 필수아미노산이다. 버섯은 일반 식량작물이나 식용원예작물에 비해서 영양가가 매우 높은데, 특히 양질의 단백질의 절대 함량이 매우 높은 특징이 있다. 또한 버섯에 함유된 단백질을 조성하는 아미노산의 종류에는 쇠고기나 달걀 등에 비교해도 뒤지지 않는 다양한 필수아미노산이 풍부하게 함유되어 있다(표 15-5 및 15-6).

▶ 표 15-5. 버섯의 일반성분조성(단, 수분과 열량 외에는 건물중 당 백분율임)

버섯종류	수분 (%)	조단백 (%)	조지방 (%)	탄수화물 (%)	섬유소 (%)	회분 (%)	열량 (kcal)
양송이	89.5	26.3	1.8	59.9	10.4	12.0	328
느타리	92.2	17.5	1.0	59.2	12.0	9.1	261
표고	90.0	17.5	8.0	67.5	8.0	7.0	38

▶ 표 15-6. 버섯류 및 식품의 아미노산 조성 비교

종 류	아미노산(g/100g 단백질)						
	양송이	느타리	표고	쇠고기	달걀	감자	우유
이소레오신*	4.0	2.7	2.2	5.1	5.8	4.5	6.2
레오신*	6.6	6.1	3.5	7.8	9.0	4.6	9.9
라이신*	8.0	2.9	1.7	8.2	9.0	5.0	4.8
메티오닌*	0.8	1.0	0.9	2.4	3.0	1.6	2.4
시스틴*	1.0	0.3	–	1.3	2.1	1.3	0.8
페닐알라닌*	3.7	2.3	2.6	4.2	5.3	4.2	5.1
티로신	3.5	1.9	1.7	3.4	4.3	2.9	5.6
스레오닌*	4.9	2.9	2.6	4.5	5.3	3.7	4.6
트립토판*	1.8	0.9	–	1.3	1.8	1.3	1.4
바린	4.6	3.3	2.6	5.3	7.2	5.1	7.0
아기닌	10.6	3.3	3.5	6.6	5.8	5.3	3.7
히스티딘*	2.4	1.1	0.9	3.2	2.1	1.4	2.7
알라닌	8.3	4.0	3.1	6.2	–	4.2	3.7
아스파르틱산	8.1	5.7	3.9	9.1	10.7	17.1	8.2
글루타민산	12.7	10.4	13.5	15.4	12.3	23.8	22.2
글라이신	4.6	2.8	2.2	4.5	6.1	1.9	1.9
프로린	9.2	2.9	2.2	4.2	5.9	2.6	9.8
세린	4.1	3.1	2.6	4.2	7.7	2.7	5.8

* 필수아미노산(차동열 외, 1993)

15.3.3 버섯의 종류 및 생산량

1 식용버섯

국내에서 가장 많이 생산되는 재배버섯은 느타리버섯, 양송이버섯, 표고버섯이 주를 이루고 야생버섯으로는 송이버섯이 대표적으로 손꼽혀 왔다. 그러나 최근 원목을 이용하지 않고 톱밥이나 폐면 및 이들의 혼합물 등을 이용한 병버섯 재배 및 기타 용기재배방식이 널리 보급되면서 팽이버섯, 애느타리버섯, 새송이버섯, 맛타리버섯, 황금맛버섯 등의 실내재배가 급증하고 다양한 병재배 가능 버섯이 개발 및 생산되기에 이르렀다.

현재 재배되고 있는 몇 가지 버섯의 종류 및 학명은 표 15-7에 보이고 있다. 느타리과에서는 애느타리버섯이, 그리고 송이과에서는 양송이, 표고, 팽이버섯 등이 대표적이고, 이 밖에도 여러 버섯류가 재배되고 있는데 자연발생하는 자연산을 채취하는 양은 급격히 줄고 있으며, 일부 버섯들은 한동안은 원목재배 등을 하다가 최근에는 대부분의 버섯류에서 톱밥 등을 이용한 병버

▶ **표 15-7.** 인공재배 식용버섯의 특징

종 류	주요재배재료	재배 형태	용 도
느타리	볏짚, 폐면, 원목, 톱밥	균상, 상자, 병재배	국내에서는 다목적, 가장 널리 재배됨
양송이	볏짚(퇴비)	균상, 상자	세계적으로 가장 많이 재배, 다목적, 통조림이 용이(스프, 가공 술), 여름양송이는 생식용으로 적합
팽이	톱밥	병재배	맛과 모양이 좋아서 찌개용으로 최적
표고	원목, 톱밥	원목, 병재배, 자루재배	독특한 맛과 향이 높이 평가됨
만가닥	톱밥	병재배	육질이 두텁고 치밀
맛	원목, 톱밥	병재배	맛과 향이 좋고 일본인이 선호
버들송이	톱밥	원목, 병재배	통조림도 가능
털목이	원목, 톱밥	원목, 병재배	중국요리에 많이 이용(지혈, 진통작용), 쫄깃쫄깃함
흰목이	원목, 톱밥	원목, 병재배	중국요리에 많이 이용(지혈, 진통작용), 쫄깃쫄깃함
잎새	원목, 톱밥	원목, 병재배	식용 및 약용으로 고르게 이용, 인공재배 버섯 중 가장 고가(항균, 이뇨, 강장, 진정, 폐결핵)
노루궁뎅이	원목(고사목), 톱밥	원목, 병재배	인기 있는 식용버섯이나 약간 쓴맛 항암, 소화불량, 위궤양
풀	풀이나 볏짚	균상	통조림, 절임, 건조 등의 가공용품이 발달
애느타리	톱밥, 원목	원목, 병재배	느타리와 유사

▲ **그림 15-3.** 버섯류. 상좌로부터 느타리버섯, 맛타리버섯, 새송이버섯, 양송이버섯, 표고버섯, 황금맛버섯(이상 식용)

▲ 그림 15-3. 버섯류(계속). 영지, 신령, 동충하초(이상 약용), 흰가시광대, 갈색미치광이, 화경(이상 독버섯)

섯재배 또는 자루재배가 급증하면서 재배방법도 온실에서 채소나 화초를 키우듯이 더욱 더 원예화 되어가고 있으며, 송이버섯의 인공재배도 구체화되고 있는 실정이다(그림 15-3).

2 약용버섯과 독버섯

버섯은 식용 외에도 예로부터 지금까지 매우 중요한 약재로도 이용되어져 왔다. 표 15-8은 약용버섯의 종류와 그 기능을 보여주고 있는데, 공통적인 약리효과가 인정되면 생리활성물질을 추출하여 직접 생약으로 조제하기도 하고 농축물로 이용하기도 한다.

버섯의 약리적 기능에 추가해서 반드시 지적하여야 할 것은, 독버섯으로 산이나 들에서 이름 모를 버섯을 채취해서 식용하였다가 생명을 잃거나 식물인간이나 폐인이 되는 경우가 끊임없이 발생하고 있는데 불행하게도 이에 대한 대책이 거의 없다는 점이다. 즉, 버섯마다 독성성분이 다르고 식중독 시에 해독제를 이용하여야 하는데, 어떠한 버섯을 식용하였는지도 모르고 이에 대한 해독제도 구하기가 어렵거나 아예 구할 수가 없다는 점이다.

따라서 이름을 모르는 야생버섯의 식용은 어떠한 경우라도 극도의 주의를 기울이지 않으면 안 된다. 일반적으로 화려한 버섯에 독이 많다고 하지만 아주 무늬도 없이 단순하게 생긴 버섯에도 맹독성이 있는 것들도 상당수 있다. 주변에서 흔히 식중독의 주범이 되는 독버섯에는 노란다발버섯이 가장 문제시되고, 이외에 화경버섯이나 광대버섯도 종종 피해를 유발한다.

▶ 표 15-8. 약용버섯의 종류 및 효능

종 류	재배방법	효 능
영지	원목 및 톱밥(참나무)	불로초라고도 불리며 만병통치(?), 정혈, 면역, 이뇨, 해독
동충하초	죽은 곤충 몸에서 기생	강심, 항균, 항암효과, 요통, 빈혈, 위장염, 신경통
구름	원목 및 톱밥	항암, 간염치료
복령	원목	이뇨, 설사, 진정작용, 피부미용(주근깨)
상황	원목 및 톱밥	항암, 강정
천마	뽕나무초 버섯과 공생하는 난과의 다년생초본	신경질환, 강장, 두통, 간질, 고혈압, 중풍, 감기
신령	원목, 기타	당뇨병, 고혈압, 암, 간염
목질진흙*	원목, 기타	소화기암, 간암, 해독
느타리*	원목, 폐면, 볏짚, 톱밥	요통, 항종양, 항바이러스
팽이*	톱밥	항종양, 항바이러스, 피부미용
표고*	원목 및 톱밥	항암, 고혈압, 동맥경화, 폐렴, 위장질환

* 약용 및 식용 겸용임

참고문헌

1. 농촌진흥청. 1989. 한국의 자생식물. 농진회.
2. 박석근, 정경진. 1995. 한국민속채소의 효능과 이용. 서원(245쪽).
3. 산채시험장. Web Page. www.kangwon.rda.go.kr/kw8/pc
4. 심상우. 1997. 신비의 버섯(경기도농업기술원). 화홍문화사.
5. 이영로. 1996. 한국의 식물도감. 교학사(1236쪽).
6. 이정명 외. 2003. 신고채소원예각론. 향문사 610쪽.
7. 이창복. 대한식물도감. 향문사.
8. 윤국병, 장준근. 1989. 몸에 좋은 산야초. 석오출판사(832쪽).
9. 전원문화사 편집부. 1989. 취미의 산야초.
10. 조진태, 이두원. 1990. 산채류재배. 농촌진흥청 표준영농교본 60(186쪽).
11. 홍정기, 함승시, 박철호, 장광진, 김원배. 1999. 산채생산이용학. 도서출판 진솔.
12. 한국약용식물학연구회. 2000. 종합약용식물학. 학창사(360쪽).
12. Park, K.W. 2006. Chronica Horticulturae 46(3).
13. Lee, J.M. 2007. Horticulture in Korea. CIR Communication Co., Korea.

16 원예작물의 육종과 생명공학

16.1 원예작물의 육종

16.1.1 식물 육종의 개요

1 식물 육종의 정의 및 중요성

고대로부터 인류는 식물, 동물, 미생물 집단으로부터 의 · 식 · 주를 풍요롭고 윤택하게 해줄 수 있는 재료들을 공급 받아 왔으며, 보다 더 이용도가 높은 것을 구하려는 노력을 끊임없이 하여 왔다. 인간은 자연에서 유용한 식물들을 골라 재배하기 시작하여 근래에 들어 기존의 것보다 재배를 쉽게 하고 이용가치를 높이기 위해 식물들이 지닌 능력을 개량하는 기술을 확립하게 되었고, 이를 이용하여 시대에 따라 변하는 인간의 욕구를 충족시키기 위해 지속적으로 식물에 대한 개량을 시도하고 있다. 즉, 인류의 농경문화가 시작되면서 야생식물로부터 작물의 분화가 이루어졌으며, 이후 인간의 의지에 따라 이들의 유전적 성질에 대한 조절이나 개량이 행해졌는데 이를 식물 육종이라 한다. 식물 육종은 기존의 것보다 실용가치가 더 높은 우량한 품종을 육성, 증식, 보급하는 일련의 과정을 말하는데, 현재는 육종의 범위가 품종을 개량하는데 국한되지 않고 새로운 작물을 창성(創成)하는 경우까지 포함하고 있다.

인구증가 및 인류문명의 발달과 더불어 인류의 삶도 변화되어 왔고 그에 따른 농산물에 대한 수요나 기호경향이 바뀌어져 왔으며 농업생산 환경 및 기술도 변천하게 되어 작물의 종류나 특성도 개선될 수밖에 없었다. 즉, 인류 번영의 기본적 토대인 안정된 식량 수급과 기호 충족을 위해 작물의 수량을 증대시키고 품질을 향상시키며, 병충해 및 불량환경에 대한 저항성을 높여 생산의 안정성을 이루는 것들이 요구되었는데, 이들이 모두 식물 육종을 통해 이루어져 왔다.

2 우리나라의 원예작물 육종

농업생산에 있어 품종이 차지하는 비중이 매우 크기 때문에 세계 각국은 대부분 정부가 직접 또는 간접으로 품종개량 사업을 수행하고 있다. 우리나라에서는 1906년 수원에 권업모범장이 설치되면서 근대적인 품종개량사업이 시작되었다. 원예작물의 품종개량은 1929년에 개편된 농사시험장 종예부 원예과에서 채소와 과수작물에 관한 연구가 이루어졌으며, 1962년 농촌진흥청 산하에 원예시험장이 설립되면서부터 육종과 재배에 관한 현대적인 연구가 이루어지기 시작하여 오늘날의 국립원예특작과학원에 이르고 있다.

▲ 그림 16-1. 우장춘(1898~1959) 박사

국내 채소분야의 육종은 과수나 화훼분야보다 훨씬 앞서 있는데 이는 일본 동경대학에서 『Brassica 속에 있어서 유채의 실험적 합성 및 수정양식과 관련한 게놈분석』이라는 논문으로 박사학위를 받고 1950년 8월에 귀국한 우장춘(1898.4.~1959.8) 박사(그림 16-1)가 국립원예특작과학원의 전신인 농업과학연구소의 초대 소장으로 부임하면서 무, 배추 등의 배추과 작물을 중심으로 한 채소종자의 채종체계 확립과 제1대 잡종 종자생산의 기틀을 마련했기 때문이다. 1960년대 후반부터는 민간종묘회사들이 육종사업에 참여하여 교배종을 생산하여 보급하기 시작하였고, 1970년대와 1980년대에는 급속한 발전과 함께 현대적인 기업화가 이루어졌다. 그러나 1989년부터 종자 수입이 자유화되기 시작하면서 외국종자회사들의 국내 진출이 이루어졌고, 1997년부터는 다국적 종자회사들이 국내종자회사들을 인수합병하여 현재에는 명실상부한 개방화와 국제화가 이루어져 있다.

외국으로부터의 도입품종에 대한 의존도가 높았던 과수나 화훼의 경우는 1988년 이후의 증가된 소비와 수입품종에 대한 로열티 문제의 부상으로 국내 품종육성의 필요성이 강력히 제기되었으며, 이를 위한 지속적인 투자와 노력의 결과로 1990년부터 본격적인 국내 품종들이 육성, 보급되고 있다.

16.1.2 작물과 품종의 의미 및 중요성

1 작물의 기원

인간이 재배하는 식물을 작물이라 하는데 현재 세계적으로 재배되고 있는 작물의 종류는 약 2,500여종으로 알려져 있다. 이들은 인간이 오랜 세월에 걸쳐 야생식물을 조금씩 개량시킨 것으로 재배되고 있는 작물의 야생의 원형식물을 그 작물의 야생종 또는 원종이라 하고, 어느 작물이 최초로 발생된 지역을 그 작물의 원산지라고 한다. 스위스의 식물학자 De Candolle은 1883년에 『재배식물의 기원』이라는 책을 통해 249종의 기원을 밝혔고, 그 후 Vavilov가 전 세계를 대상으로 채집한 작물과 그 근연식물에 대한 기원 및 지리적 분포를 연구하여 식물종의 원시적 우성 유전자들의 분포가 많은 중심지를 원산지로 추정하는 유전자중심지설(gene center theory)을 제창하며 주요 작물의 기원 중심지를 8개 지역으로 나눈 바 있다(그림 16-2). 그에 따르면 토란, 무, 오이, 호박, 가지, 상추, 복숭아, 살구, 배, 감, 감귤 등의 주요 원예작물들은 중국지구, 가지, 무, 오렌지, 감귤 등은 인도와 미얀마를 포함하는 힌두스탄지구, 부추, 시금치, 포도, 호두, 올리브, 살구, 복숭아 등은 아프카니스탄, 파키스탄, 우즈베키스탄을 포함하는 중앙아시아지구, 배추과 작물, 배, 사과, 양앵두 등은 터키와 이란을 포함하는 근동지구, 배추과 작물과 유료작물들은 지중해연안지구, 해바라기와 콩 종류들은 아비시니아지구, 옥수수, 고구마, 후추, 콩 종류, 미국계 과수종류는 멕시코를 포함하는 중앙아메리카지구, 감자, 담배, 바나나 등은 페루, 볼리비아, 에쿠아도르를 포함하는 남아메리카지구를 각각 기원 중심지로 하였다.

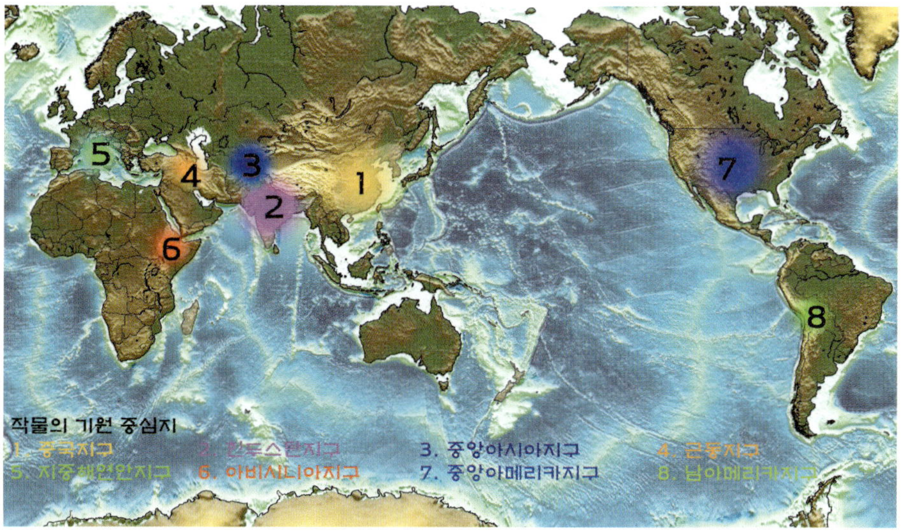

▲ 그림 16-2. 작물의 기원 중심지(Vavilov, 1926, 1951)

1 : 중국지구	2 : 힌두스탄지구	3 : 중앙아시아지구	4 : 근동지구
5 : 지중해연안지구	6 : 아비시니아지구	7 : 중앙아메리카지구	8 : 남아프리카지구

2 종과 품종의 개념

종(species)이란 식물분류학상의 기본단위로 동일한 유전형질을 갖는 개체군의 포괄적인 집단을 지칭하는데 종이 모여 속(genus)을 이루고, 아종(sub-species)이나 변종(variety)으로 세분되기도 한다. 식물에 대한 학명(scientific name) 표시는 Linne(1707~1778)가 제창한 이명법(binominal nomenclature)을 쓰는데, 이는 속명(generic name)을 먼저 쓰고 종명(species name)을 쓰며 뒤에 명명자의 이름을 넣는 방법이다. 예를 들면 고추의 학명은 *Capsicum annuum* Linne이고, 사과는 *Malus pumila* Miller 이다. 변종이나 아종인 경우에는 속명, 종명, 변종명, 명명자를 기입하는 삼명법(trinominal nomenclature)을 사용하기도 하는데, 벼를 예로 들면 일본형 벼는 학명이 *Oryza sativa* var. *japonica* Kato이고, 인도형 벼는 *Oryza sativa* var. *indica* Kato이다.

동일종이나 변종 내에서도 타 개체들과는 조금씩 다른 유전적 특성을 갖는 개체군들이 있을 수 있으며, 이들 중 재배나 이용 상 같은 특성을 나타내어 동일한 단위로 취급하는 것이 편리한 개체군을 품종(variety 또는 cultivar)이라고 한다. 작물의 분류는 재배상 또는 이용상 특성에 따라 나누어지고 있고 작물내의 품종도 실용형질에 따라 구분하는 경우가 많기 때문에 식물의 형태 등을 기준으로 자연분류하는 식물분류학상의 분류단위인 종과 반드시 일치하지는 않는다. 유전적으로 품종이란 자가수정작물에서는 한 개의 순계, 즉 동일한 유전조성의 동형접합(homozygous) 개체의 집단을 말하며, 타가수정작물에서는 실용형질에 대해서만 유전적으로 순수하고 전체적인 유전조성은 어느 정도 잡다한 것이 보통인 개체군으로서 유전자형이 타 집단과 구별되는 것을 말한다. 한편 1대 잡종은 유전조성이 완전히 이형접합(heterozygous) 상태이지만 균일한 특성을 영속적으로 유지할 수 있으므로 농학 상 품종으로 취급하고 있다. 작물의 품종은 그 유래에 따라 재래종, 육성종, 도입종으로 구분되고, 유전적 조성에 따라 고정종(固定種)과 1대 잡종으로 구분된다.

3 품종의 특성과 형질

작물의 품종들은 고유한 내적 및 외적 특징들을 갖게 되는데 이를 특성(characteristics)이라 한다. 품종의 특성은 근본적으로 유전적 조성에 따른 각 관련 형질(character)의 표현 여하에 따라 결정된다. 여기서 형질이라 함은 그 품종을 이루는 모든 생물학적 특징들을 말하는데, 예를 들면 수형, 초장, 수량, 중량, 화색, 과형, 숙기, 개화기, 광합성능력, 내병성, 내한성 등과 같은 것들이 있다. 이들 형질에는 각기 관여하는 유전자(gene)가 존재하며, 어떤 품종이 어떠한 유전자 조성 혹은 유전자형(genotype)을 갖느냐에 따라서 그 형질의 표현형(phenotype)이 결정되어 고유한 특성을 나타나게 된다(그림 16-3).

형질에는 형태의 대소, 화색 등과 같이 외견상으로 인식할 수 있는 형태적 형질과 출수기, 품질, 광합성 능력, 내병성이나 내한성과 같은 생리적 형질이 있다. 또한, 색깔의 변화와 같이 확실히 식별할 수 있는 질적 형질과 초장, 수량과 같이 개체간의 변화가 연속적이어서 계량, 계측할 수 있는 양적 형질이 있는데, 전자는 비교적 표현력이 큰 소수의 주동유전자(major gene)에 의하여 지배되어 환경의 영향을 적게 받고, 후자는 흔히 표현력이 작은 다수의 미동유전자(minor

접목선인장 무 글라디오러스 고추

▲ 그림 16-3. 다양한 특성을 보여주는 원예작물들

genes)들에 의하여 지배되기 때문에 환경에 의하여 표현정도가 변화하기 쉽다. 농업적으로 중요한 여러 형질들은 그 발현에 있어 유전적 조성에 의해 우선적으로 지배를 받지만 환경에 의해서도 크게 영향을 받는다.

4 품종육성의 필요성

품종을 개량할 필요성은 작물의 특성에 대한 요구가 시대에 따라 끊임없이 변하기 때문에 발생한다. 생활수준 향상에 따른 식생활의 변화는 품종의 양적인 향상보다는 질적인 개선을 추구하게 했고 사회, 경제적 여건의 변화는 농작업의 생력화나 기계화에 적합한 품종의 등장을 요구했으며, 새로운 농업기술이나 생산양식의 개발은 그에 맞는 품종의 출현을 이끌었다. 또한 기상재해나 병충해 발생과 같은 생산환경의 변화도 품종교체를 필요하게 하여 내병성, 내충성, 내냉성, 내습성 등과 같은 특성을 갖는 새로운 저항성품종들이 육성되어 보급되고 있다.

16.1.3 식물 육종의 과정 및 방법

1 식물 육종의 개략적 과정

육종은 작물의 재배, 유통, 가공 등에 이르는 농업의 전 과정에서의 문제점을 인식하는 데서 출발하는데, 현재의 문제점뿐만 아니라 미래의 변화에 대한 예측도 이에 포함될 수 있다. 대상작물에 있어 문제점이 인식되면 문제점 해결을 위한 목표 형질을 결정해야 하는데, 이는 아주 구체적이면서도 실현 가능한 것이 되도록 한다. 품종개량의 방법은 대상작물의 번식방법, 목표형질의 종류, 육성하고자 하는 품종의 종류 및 가용예산이나 인력의 규모를 고려하여 결정하여야 하며, 그에 따른 변이의 탐색 및 수집이 이루어진다. 품종을 개량한다는 것은 다양한 변이체로부터 목적하는 특성을 갖는 우량개체를 선발, 고정하는 것을 의미하기 때문에 다양한 변이의 확보가 무엇보다 중요한 의미를 갖는다. 다양한 변이의 확보를 위해서는 유전자원을 수집 · 보존하는 작업은 물론이고 교잡, 인공돌연변이, 염색체 조작, 또는 유전공학적 기법을 동원하여 변이의 창성과 확대를 꾀할 수 있다.

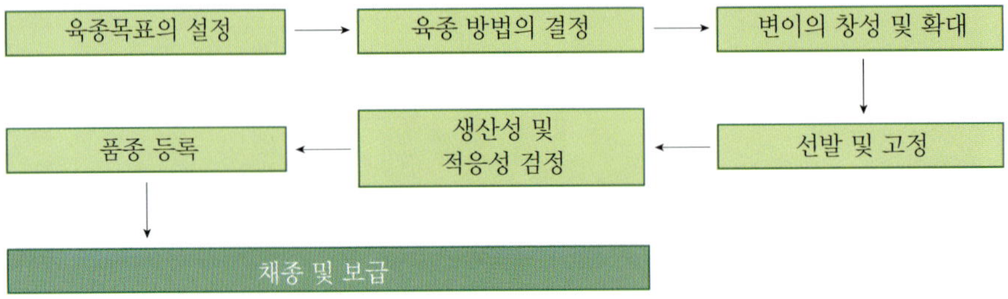

▲ 그림 16-4. 식물 육종의 개략적 과정

이렇게 하여 마련된 변이집단으로부터 선발에 의해 자식성작물에서는 순계를, 타식성작물에서는 유전자형이 같은 개체군을 고르게 되며, 이들 선발된 계통이나 집단들은 적절한 조건 하에서 생산력검정을 거친 후 우수성이 인정된 소수의 계통이나 집단들을 대상으로 지역적응시험을 실시하게 된다. 생산력검정 및 지역적응시험을 거쳐서 최종적으로 선발된 계통이나 집단들은 국립종자원의 심의를 거쳐 신품종으로 등록하게 된다. 등록된 신품종은 몇 단계의 종자증식 과정을 통해 종자를 증식하게 되며, 이 증식된 종자를 농가에 보급하게 된다(그림 16-4).

2 품종육성방법

(1) 도입육종법(導入育種法)

품종개량을 목적으로 육성재료를 국외나 타 지역에서 구해 오는 것을 도입육종이라고 하는데, 국내에 없는 병해충이 전파될 염려가 있으므로 식물검역을 철저히 실시하고, 일정기간 격리재배하여 무병임이 확인된 후에 이용한다.

(2) 분리육종법(分離育種法)

재래종을 포함하는 수집된 유전자원들을 대상으로 실용성이 높은 어떤 특정형질을 지닌 개체나 계통을 선발하는 방법을 분리육종법이라고 한다.

(3) 교잡육종법(交雜育種法)

작물의 계통이나 품종을 서로 교잡시킴으로써 양친에 없던 변이를 만들어 새로운 형질을 가진 신품종을 육성해내는 방법을 교잡육종법이라고 한다. 인공교배를 통해 타 품종 간, 타 종간(그림 16-5), 또는 타 속간교잡 등을 실시하여 변이의 폭을 넓히고 있다.

▲ 그림 16-5. 고추 종간교잡 선발시험 온실

(4) 잡종강세육종법(雜種强勢育種法)

잡종후대가 양친보다 왕성한 생육을 보이는 현상을 잡종강세(heterosis)라고 하는데, 이와 같이 잡종강세가 나타나는 1대 잡종 그 자체를 직접 품종으로 이용하는 육종법을 잡종강세 육종법이라 한다. 이 방법에서는 유전적으로 순수하게 고정되어 있고 교배 시 잡종강세정도가 크게 나타나는 양친조합(우량교배조합)을 선정해야 매년 동일한 특성을 가지는 1대 잡종을 생산할 수 있다.

(5) 배수성육종법(倍數性育種法)

자연적으로 발생한 배수체의 발견을 통해 이것이 2배체와는 다른 형질을 발현한다는 점에 착안하여 인위적인 배수체를 만들어 이것을 품종개량에 이용하는 방법을 배수성육종법이라 한다. 배수체는 대체로 유전물질의 증대로 인해 거대성을 많이 나타내거나 환경적응성이 증진되는 등의 특성을 갖기 때문에 인위적으로 염색체를 배가시키는 colchicine처리를 하여 배수체를 작성, 이용한다. 3배체나 4배체를 이용한 씨 없는 수박(3n) 또는 씨 적은 수박(4n)이 배수성 육종의 산물이다.

(6) 돌연변이육종법(突然變異育種法)

인위적인 돌연변이를 유기하여 품종을 개량하는 방법을 돌연변이육종법이라고 한다. 방사선이나 화학물질처리를 하여 인위적으로 돌연변이를 유기하여 유용한 변이체를 선발, 활용하는 방법인데 인위돌연변이의 출현율은 높으나, 대부분은 기형화되거나 실용성이 없는 변이가 나타나고 우량형질의 출현율이 낮아서 교잡육종보다 효과는 낮다.

(7) 생명공학의 이용

급속도로 발전하고 있는 분자유전학의 발달과 더불어 육종분야에서도 새로운 전기를 맞고 있다. 최근에는 조직배양기술과 함께 유전자재조합 및 유전자전이(轉移) 기술이 발달하여 직접 유용유전자를 목표 식물체에 전이하는 것이 가능하게 되어 유용변이의 확대를 손쉽게 이룰 수 있으며, 선발이나 채종에서의 효율을 증대시켜 육종연한을 단축시키는 효과를 가져왔다.

16.1.4 신품종의 증식과 보급

1 신품종의 증식 및 채종

육종가들에 의하여 육성된 우수품종은 국립종자원에 품종보호 출원을 하여 종자산업법에 따른 소정의 심사를 거친 후 신품종으로 등록하게 되면 일정한 종자증식체계에 따라 신속히 증식하여 농가에 보급하게 된다. 기본적인 종자 증식 체계는 기본식물 양성포 → 원원종포 → 원종포 → 채종포 → 농가로 이어지는 것이다. 기본식물 양성포는 육종가에 의해 육성된 소수의 우량종자인 기본식물을 증식하는 포장으로, 품종특성유지를 위한 선발작업이 지속적으로 이루어지며 이곳에서 증식된 종자가 원원종포로 분배된다. 원원종포에서는 기본식물을 1본식(一本植) 재배하여 면밀한 관찰 하에 종자를 증식하는데 이곳에서 채종된 종자를 원원종이라 한다. 원원종은 원종포로 넘겨져 원종생산에 쓰이며, 원종은 다시 채종포로 넘겨져 농가에 보급될 종자인 보급종의 증식에 쓰인다.

농가보급용 종자를 생산할 목적으로 작물을 재배하는 것을 채종재배라 하는데, 채종재배를 위한 증식용 종자는 유전적으로 순수해야 하고, 타품종의 종자가 섞여있지 않아야 하며, 충실해서 발아력이 왕성해야 하고, 병해충의 피해가 없어야 하며, 협잡물이 없어야 한다. 농가에서 수량증산을 목적으로 하는 보통재배와는 달리 채종재배의 목적은 순수하고 충실한 우량종자를 생산하는 것이기 때문에 채종포는 교잡의 위험이 적고, 개화기나 결실기에 강우가 적은 곳을 선정해야 한다. 또한 한 장소에서 전년도와 동일한 작물을 채종하는 것은 품종 혼입의 원인이 될 수 있기 때문에 피해야 한다.

2 주요 원예작물의 채종

(1) 고추

가지과 작물인 고추는 학명이 *Capsicum annuum* L.이며 원산지는 중 · 남아메리카로 우리나라에는 임진왜란 전후 또는 그 이전에 호박, 담배와 함께 도입된 것으로 추정된다. 국내에서 주로 재배되는 고추는 노지건고추와 시설풋고추로 나눌 수 있고 시설풋고추는 다시 일반풋고추, 꽈리풋고추, 청양형 풋고추, 피망형 고추, 그리고 파프리카형 고추 등으로 구분된다. 고추는 잎이 10~13매 정도 형성될 때 화기가 형성되는데 꽃은 오전에 가장 활짝 피며 이 때 꽃가루 주머니도 터진다. 자가수분율이 70% 정도로 약 30% 정도의 종자는 타가수분에 의해 맺힌다. 따라서 특정한 양친들 간의 교배를 위해서는 인공교배 및 원치 않는 꽃가루 수분을 막기 위한 격리조치가 필요하지만, 국내의 대부분 교배종의 채종은 수술이 형성되지 않거나 기능을 하지 못하는 현상인 웅성불임성을 이용하여 채종함으로써 종자생산비를 줄이고 있다. 인공교배를 통한 채종 시에는 모계의 꽃이 개화하기 하루 전에 수술을 제거하고 봉지를 씌워 다른 화분에 의한 수분을 방지한 후 원하는 부계의 화분을 채취하여 모계의 암술머리에 수분하고 다시 봉지를 씌우는 등의 여러 작업이 필요하나(그림 16-6) 웅성불임인 모계를 이용하는 경우에는 모계의 수술이 형성되지 않거나 기능을 하지 못하기 때문에 모계의 수술을 제거할 필요가 없어 모계와 부계를 일정 비율로 혼식하여 자연 수분이 발생하도록 한다. 종자의 수확은 열매에서 종자를 분리하여 말린 후 정제 및 살균제 처리 과정을 거쳐 종자 전염 바이러스를 불활성화 시킨 후 저장한다. 채종을 위한 재배는 일반 재배방법과 크게 다르지 않으며, 수분 후 60일 정도 되어 착색된 완숙과를 따서 그늘에서 충분히 후숙시킨 후 종자를 수확한다.

▲ 그림 16-6. 고추인공수분

(2) 토마토

재배되는 토마토의 학명은 *Lycopersicon esculentum* Mill이며 원산지는 페루와 에콰도르 일대이다. 우리나라에는 1600년대 초 중국으로부터 처음 도입된 것으로 추정되나 본격적인 도입은 1900년대 초 일본을 통해 들여온 것으로 알려진다. 웰빙채소로 각광 받는 토마토는 완숙형, 미숙형, 송이토마토, 방울토마토 등으로 구분될 수 있고 용도에 따라 생식용과 가공용 품종으로 나뉜다.

토마토의 꽃은 8~9번째 마디에 처음 생기는데 품종에 따라 암술대가 긴 꽃(장화주화)과 짧은꽃(단화주화)이 있으며 꽃의 형태에 따라 자연교잡율이 달라 장화주화는 5%, 단화주화는 0.5%에 이른다.

채종은 주로 인공수분을 통해 이루어지고 있고 제 2~4 화방을 대상으로 실시하는데, 개화 전 모계에 봉지를 씌워 놓았다가 개화 후 오전에 봉지를 벗기고 부계의 꽃가루를 붓으로 묻혀주고 다시 봉지를 씌운다. 종자를 채취하게 될 종과는 수분 후 40일 이상 정도면 완숙하게 되는데(그림 16-7), 이를 수확하여 반으로 잘라 하루 정도 발효시키면 종자를 감싸고 있는 젤상의 물질로부터 종자가 쉽게 분리된다. 체를 이용하여 종자를 물로 씻어서 분리한 후 잘 말려 저장한다.

▲ 그림 16-7. 토마토 채종과

(3) 가지

가지의 학명은 *Solanum melongena* L.로 인도가 원산지이다. 우리나라에 도입된 연대는 불명확하나 문헌상의 기록으로 미루어 신라시대부터 재배가 이루어진 것으로 추정된다. 가지는 매우 다양한 변종들이 있으나 우리나라에서는 주로 긴 모양의 자주색 열매를 맺는 가지를 재배한다.

가지의 꽃은 줄기와 가지 사이의 마디에 착생하고, 주로 오전에 개화하여 자가수분이 일어난다(그림 16-8). 자연교잡율은 3% 정도이며 수분 후 50~60일 정도 후숙시킨 후 칼로 절단하여 물속에서 손으로 비벼 가라앉는 종자들을 수집하여 말린다.

▲ 그림 16-8. 가지의 화기

(4) 호박

박과에 속하는 호박은 *Cucurbita* 속 11종으로 분류되는데 그 중 식용으로 이용되는 것은 동양계호박인 *Cucurbita moschata* Duchesne과 서양계호박인 *Cucurbita maxima* Duchesne, 그리고 페포계호박인 *Cucurbita pepo* L. 3종이다. 호박의 기원지는 멕시코를 중심으로 하는 중남미

지역이며 국내에는 임진왜란 후에 도입된 것으로 추정된다. 우리나라에서 주로 재배되는 동양계호박은 덩굴성으로, 애호박으로 이용하거나 완숙시켜 약용이나 호박고지로 이용한다. 우리나라에서 쪄먹는 밤호박 또는 단호박이라 부르는 것은 서양계호박이며, 페포계호박은 애호박으로 이용하는 직립성 쥬키니 호박을 말한다. 이들 세 종간에는 상호교잡이 잘 일어나지 않아 채종에는 문제를 일으키지 않는다. 자웅동주이화인 호박의 암꽃은 저온단일 조건에서 더 잘 형성되는데 개화시각은 주로 새벽에 개화하여 오후가 되면 진다. 자웅동주로 타가수정을 원칙으로 하지만 자식을 시켜도 종자를 잘 맺는 특성이 있으며 주로 인공수분을 통해 채종을 한다. 인공수분은 개화전날 대상 암꽃과 수꽃의 꽃봉오리 끝을 침핀 또는 가는 철사나 끈으로 가볍게 묶어놓고 다음 날 아침 일찍 이를 풀어 수꽃의 꽃잎을 제거 한 후 암꽃의 암술머리에 수분시킨 후 다시 암꽃의 꽃잎을 묶어주면 된다. 대개 수꽃 하나로 암꽃 하나를 수분해 주지만 수꽃이 모자라면 2개까지도 가능하다. 채종은 수분 45~50일 후에 종과를 수확하여 비교적 따뜻한 온도에서 1~2주간 충분히 후숙시킨 후 종자를 꺼내어 종피를 둘러싸고 있는 미끌거리는 교질물질을 물로 충분히 씻어 건조한 후 저장한다(그림 16-9).

▲ 그림 16-9. 호박 채종포

(5) 오이

인도 서북부 고산지대가 원산지인 오이의 학명은 *Cucumis sativus* L.이며 국내에 전파된 시기는 1500년 전인 통일신라시대인 것으로 추정된다. 오이 품종에는 온실용, 슬라이스용, 피클용, 북중국형, 남중국형, 네팔오이, 야생오이 등이 있으며 국내 재래종은 대부분 남중국형인 남지형 오이에 속한다.

타가수분 작물인 오이는 품종에 따라 개화 습성이 다양하여 암꽃과 수꽃이 한 개체에 각각 피는 자웅동주형이 일반적이나 한 개체에 수꽃과 암술, 수술을 모두 갖는 양성화가 함께 있는 경우도 있다. 꽃은 주로 줄기와 잎 사이에 피며 이른 아침에 개화가 이루어져 저녁에는 꽃이 진다. 인공수분은 암꽃과 수꽃 모두 봉오리 때에 봉지를 씌워 두었다가 꽃이 피는 날 아침에 수분을 실시하고 다시 봉지를 씌우던지 암꽃의 봉오리를 핀셋으로 벌려 수꽃으로 수분시키고 봉지를 씌우는 봉오리 수분을 실시하기도 한다. 인공수분 후 45일 정도 되면 종과가 성숙하게

▲ 그림 16-10. 오이 채종과의 착과상태

되며(그림 16-10) 이를 수확하여 탈종한 후 건조, 저장한다. 오이 종자는 함수량을 5~6%로 낮게 유지하면 10년 이상 장기 저장이 가능하다.

(6) 수박

남아프리카가 원산지인 수박의 학명은 *Citrullus lanatus* Thunb.이며 국내에 도입된 시기는 고려 때인 것으로 추정된다. 수박의 형태는 구형, 고구형, 타원형, 장타원형 등 다양하며, 과육의 색도 붉은색과 노란색 등이 있는데 국내에서 주로 재배되는 품종들의 과형은 구형 또는 고구형이고 과육은 붉은 색이 선호된다.

▲ 그림 16-11. 수박 채종과

자웅동주로써 암꽃은 1차 덩굴에서는 12번째 마디에 처음 착생하고 그 후로는 7~9마디마다, 2차 덩굴에서는 7~9마디마다 달린다. 다른 박과 작물처럼 개화가 이른 아침에 시작되어 정오 경에 꽃이 진다. 인공교배로 채종을 할 경우에는 암, 수꽃을 개화 전일에 봉지를 씌워놓고 개화 당일 인공수분 후 암꽃에 다시 봉지를 씌운다. 주당 2~3개의 종과를 착과시켜 수분 40~60일 후에 수확한다. 수확한 종과는 4~5일 후숙시킨 후 과실을 절단하여 체로 받치며 물로 씻어 종자를 분리하여 말린 후 저장한다(그림 16-11). 3배체인 씨 없는 수박은 정상적인 2배체 수박에 염색체를 배가 시키는 콜히친을 처리하여 4배체를 작성한 후, 4배체의 암꽃에 정상 2배체의 꽃가루를 인공수분하여 3배체 수박의 종자를 획득하게 된다. 3배체 수박의 경우 종피 두께가 정상 2배체 수박에 비해 두껍고 불충실한 종자도 많아 발아속도가 느리고 발아율이 낮아 종피 절단 등의 발아촉진처리가 필요하다.

(7) 배추

Brassica campestris L. spp. *pekinensis*(Lour.) Rupr.의 복잡한 학명을 갖는 배추는 원산지가 중국북부(반결구 또는 결구배추) 또는 지중해 부근이며 국내에는 13세기경 중국으로부터 도입된 것으로 알려진다. 배추는 속이 차는 결구형과 속이 차지 않는 불결구형, 그리고 그 중간형태인 반결구형이 있으며 봄배추, 여름 고랭지배추, 추석배추, 김장배추, 월동배추, 하우스배추 등으로 세분된다(그림 16-12).

▲ 그림 16-12. 결구 배추

배추는 12℃ 이하의 저온조건에 감응하여 화아가 분화되고 고온장일 조건에서 꽃대가 올라와 개화되는 습성을 보이는 타가수분 작물로 소규모 채종을 위해서는 인공교배를 실시하고, 종자회사들의 대규모 채종 시에는 암, 수 화기가 정상적임에도 자가수분이 되지 않는 현상인 자가불화합성을 주로 이용한다. 웅성불임성과 유사하게 자가불화합성을 이용하면 제웅이나 봉지 씌우기 등과 같은 인공교배 시 필요한 작업들을 생략할 수 있어 종자생산비를 크게 줄이게 된다. 자가불화합성을 갖는 모계와 꽃가루를 제공하는 부계를 2 : 1 정도의 비율로 심어 방임수분을 실시한 후 모계로부터 종자를 수확하게 된다. 수정이 끝나고 꼬투리가 성숙하여 황색으로 변하고 종자의 색이 황갈색으로 변하게 되면 수확을 하는데, 꼬투리가 터지는 현상이 빈번하여 수확시기를 늦게 하면 종자의 손실이 많게 되고, 너무 일찍 수확하면 충실치 못한 종자를 생산하게 된다. 채취한 종자는 함수량 7% 이하로 건조하여 풍선기를 이용하여 정선 후 저장한다.

(8) 무

무는 원산지가 이집트이며 학명은 *Raphanus sativus* L.이다. 국내에 도입된 시기는 기원 전 일 것으로 추정되는 재배역사가 아주 오래된 배추과의 중요 채소이다.

현재 주로 재배되는 무는 중국 북부지방에서 주로 재배되던 북지형 무와 중앙아시아 및 중국 서남 지역에서 토착화된 남지형 무인데 우리나라에서 품종은 매우 다양하게 분화되어 재배시기에 따라 봄무와 가을무, 그리고 뿌리 특성에 따라 대형무, 소형무, 알타리무 등으로 세분된다.

무는 5~7°C의 저온에 10일 정도 감응기간을 가지면 꽃눈이 분화하게 되는 타가수정작물로 꽃눈 분화 후 꽃대가 형성되어 개화한다. 배추와 마찬가지로 무도 자가불화합 현상이 흔하나 채종에는 주로 웅성불임성을 이용한다. 웅성불임친을 모계로 하고 꽃가루를 제공하는 부계를 적절한 비율로 재식하여 방임수분으로 채종한다. 무는 꼬투리가 성숙하여도 잘 터지지 않아 탈곡기를 이용하여 기계적으로 종자를 탈종 할 수 있으며, 종자의 함수량 7% 이하로 건조시켜 저장한다(그림 16-13).

▲ 그림 16-13. 인공수분 후 형성된 꼬투리

(9) 당근

Daucus carota L.가 학명인 당근은 아프카니스탄 산악지대가 원산지이며 국내에는 중국 당나라에서 전해진 것으로 알려진다. 당근 품종들은 다양하게 분화되어 있는데 서양에서 발달한 유럽계 품종에는 삼촌군, 오촌군, Danvers군, Long Orange군이 속하며 중국화북지방과 일본을 중심으로 발달한 동양계 품종에는 금시군, 당진군, 농야천대장군 등이 속한다.

산형화서인 당근의 꽃은 유식불이 4~15°C 저온에서 25~60일 정도 경과하면 꽃눈이 분화하고, 그 후 장일조건에서 꽃대가 자라오른다(그림 16-14). 타가수분 작물로 1대 잡종 채종에 웅성불임성을 이용하고 있다. 모계와 부계의 비율은 3 : 1~5 : 1로 심어 채종하는데 개화 후 40~50일 정도 지나 종자의 색이 엷은 갈색이 되면 화서를 잘라 널어 말린 다음 탈종하여 제모기로 털을 제거하고 풍선기나 체를 사용하여 정선한 후 저장한다.

▲ 그림 16-14. 당근의 화기

(10) 상추

국화과 작물인 상추의 학명은 *Lactuca sativa* L.로 유럽, 아프리카 북부 및 아시아 서부지역이 원산지이다. 국내에는 14세기 이전에 중국으로부터 줄기상추가 도입되었으며 잎상추는 1890년경 일본을 통해 들어왔고 결구상추는 1960년경부터 도입되었다. 품종분화가 다양하게 된 상추는 결구상추, 잎상추, 배추상추, 줄기상추의 4가지 형으로 세분된다.

꽃눈분화는 고온조건에서 이루어지며 고온장일 하에서 추대가 이루어져 개화한다. 상추는 화기구조상 자가수분을 하게 되어 있어 일반적으로 2~3% 이하의 낮은 자연교잡율을 나타내나 5~6% 타가수분이 일어나기도 한다. 우리나라에서의 상추 채종시기는 장마기와 겹쳐 채종에 불리한 여건을 갖기 때문에 해외채종이 주로 이루어지고 있다. 수분 후 12~21일 정도 지나면 등숙이 이루어지는데, 화서의 절반 정도가 등숙되면 꽃대를 잘라 5일 정도 말린 후 탈종한다. 상추 종자는 작고 가늘어 수확 후 체나 풍선기를 이용하여 정선하고 그래도 남아있는 식물체 찌꺼기들은 분리기를 이용하여 제거한다(그림 16-15).

▲ 그림 16-15. 추대 결실한 상추 포장

(11) 쑥갓

지중해연안 또는 중국이 원산지인 것으로 알려진 쑥갓은 국화과로 학명이 *Chrysanthemum coronarium* L.이며 국내에는 조선 초에 도입된 것으로 추정된다. 품종은 다양하게 분화되어 있지 않고 잎의 크기에 따라 대, 중, 소엽종으로 구분된다.

꽃눈 분화는 장일조건에서 이루어지고, 화서는 황색의 두상화서로 외부에는 수술이 없는 암꽃이 위치하고 내부에는 수술과 암술을 다 갖는 양성화가 위치한다(그

▲ 그림 16-16. 쑥갓의 화기

▲ 그림 16-17. 각종 원예작물의 종자와 홍보용 종자 카탈로그

림 16-16). 자가 수정을 하는 쑥갓의 종자는 한 화서에서 350~400립의 종자가 채종되는데, 사각뿔 모양의 수과로 각각의 과실에는 하나의 종자가 단단한 과피로 둘러싸여 있어 수확 후 약 2개월의 휴면기를 갖는다. 수분 후 종자가 익는 순서대로 화서를 채취하여 말려서 수확한다.

3 신품종의 보급

우수한 특성을 갖는 신품종의 증식종자들은 농민이 선택하여 재배하도록 여러 가지 방법으로 그 우수성을 알려 보급해야 한다. TV, 라디오 등의 대중전달매체나 인쇄물을 통하여 그 우수성을 농민에게 알리거나 또는 농촌지도사나 종자관리사 종묘회사 직원들이 농민과의 직접적인 접촉을 통해 알릴 수 있다(그림 16-17).

16.2 생명공학

21세기는 생명공학의 시대가 될 전망이다. 생명공학을 이용한 제품들이 수년 내 생활을 변화시킬 것이며, 농산물과 의약품에선 지금까지 보지 못하던 혁명적인 변화가 예상된다. 특히 생명공학은 식량문제의 새로운 해결책으로 등장할 것이다. 잘 상하지 않는 채소가 나올 것이며 벼 수확량도 대폭 늘어날 것이다. 농업분야에서의 생명공학의 최대 활용분야는 유전자조작(遺傳子造作)과 형질전환 방법을 이용하여 새로운 품종을 육성하는 것이다. 실제로 1990년대 이후 유전자 조작으로 형질이 전환된 식품이 하루가 다르게 늘어나고 있으며 이미 일부는 식탁에까지 올랐다. 현재 식물의 유전자를 조작하여 병충해, 제초제 등에 강하거나 보존성이 좋은 식물을 개발하는 등 보다 좋은 품종을 육성하는데 놀라운 성과를 보이고 있고, 성공만 하면 엄청난 시장이 예상된다.

본 장에서는 원예분야에 응용되는 생명공학의 여러 분야 중 유전자조작(遺傳子造作)과 형질전환(形質轉換) 작물에 대하여 간단히 소개하고 실제 이용 가능성, 재배 현황 및 전망에 대하여 설명하고자 한다.

16.2.1 유전공학과 원예작물

1 유전자

인류는 먼 옛날부터 생물의 형태나 색깔, 성질 등이 어버이로부터 자손에게 그리고 자손에서 자손으로 대체로 유사성을 잃지 않고 전해지는 것을 경험적으로 알고 있었다. 이와 같이 경험적으로 얻은 유전에 관한 개념을 하나의 구체적인 법칙으로 요약한 사람이 오스트리아 신부인 멘델(Gregor Mendel)이다. 멘델은 일반 정원의 완두콩(*Pisum sativum*)을 가지고 광범위한 실험을 하여 어버이로부터 자손에게로 유전요소, 즉 유전자의 전달을 관찰하였다.

Mendel의 유전법칙은 모든 사람에게 잘 알려진 바와 같이 부모의 형질은 유전자라는 단위로 자식에게 전달된다는 법칙이다. 또 그 유전자에는 자식에 대해서는 우성과 열성이라는 두 가지 대립의 관계가 있어서 우성(優性)이 발현되고 열성(劣性) 형질은 나타나지 않는다. 그런데 손자대는 자식의 대에서는 없었던 것처럼 보였던 열성형질이 남아 있다가 발현하게 된다. 이것이 분리의 법칙으로 불리는 Mendel의 제1법칙이다.

Mendel의 제2법칙은 독립의 법칙이라고 하며 대립하는 두 가지 형질은 각각 독립하여 형편에 따라 부모로부터 자식에게 전달된다고 하는 것이다. 이와 같이 유전현상이 유전자라는 독립된 단위에 의해 혼합되지 않는 형태로 부모에게서 자식으로 전달된다고 하는 새로운 개념이 Mendel에 의해 처음으로 수립되었다. 실제로 Mendel이 나타나기 전부터 사람들은 인위적 교배로 새로운 품종을 만들고 있었으나 소위 유전이라든가 유전정보를 갖는 유전요소인 유전자라는 개념을 처음 도입한 사람은 Mendel이다. 후세의 연구자들은 Mendel이 구축한 이 유전 개념을 기초로 더 합리적이고 계획적으로 자신이 바라는 형질의 작물을 만들어내게 되었다. 또한 이 중대한 발견은 그 후 분자생물학으로 연결되어 나갔으며 농업에 대한 응용이라는 면에서도 큰 영향을 주고 있다.

2 DNA

유전자는 DNA 화합물인데 4종류의 염기가 수백에서 수천개 연결된 형태의 암호문으로 아미노산의 배열방식을 명령하여 특정의 단백질을 합성하게 하는 정보를 가지고 있다. 또한 분자생물학이라는 학문의 발달에 의해 유전자에는 아미노산 배열을 지령하는 암호가 DNA(deoxyribonucleic acid)에 의해 보존되고 있음이 밝혀졌다.

DNA는 아데닌(adenine ; A), 티민(thymine ; T), 구아닌(guanine ; G), 시토신(cytosin ; C)의 4종류의 염기와 인산기(phosphate group), 5탄당(ribose)으로 구성되어 있다. 하나의 염기, 인산,

5탄당이 같이 연결된 것을 뉴클레오타이드(nucleotide)라 하는데, 이 뉴클레오티드가 여러 가지의 다양한 순서에 의해 긴 사슬을 형성하고 있는 것이 DNA이다. 4종류의 뉴클레오타이드 중 3개가 한 세트가 되어 1개의 아미노산을 지정하는 암호 역할을 하고 있다. 이렇게 4종류의 뉴클레오타이드를 3개씩 짝지워 적당히 배열하게 되면 아미노산 배열을 가진 단백질의 설계도가 만들어진다. 이렇게 하여 수천, 수만 종류의 단백질의 암호문이 길다란 DNA 사슬 위에 쓰여지고, 그 긴 사슬은 적당히 다발로 묶어져 세포 안의 핵 속에 수용되어 있게 된다. 식물 세포 내의 핵은 긴 DNA 사슬을 가지고 있고 단백질 합성기구에 의해 다양한 단백질이 세포안에서 합성되기 시작한다. 이렇게 각각의 세포안에서 모든 종류의 단백질이 합성된다면 모든 세포는 같은 형태를 지니게 되고 같은 작용을 하게 된다.

그러나 실제로는 식물체에는 여러 종류의 세포가 있으며 그 속의 단백질의 종류도 다르다. 그것은 각 세포가 DNA의 일부분만을 선택하여 단백질로 발현시키기 때문이다. 어떤 세포에서는 자기에게 불필요한 단백질은 특정 물질로 덮어 버리는 등의 방법으로 그 부분이 발현되지 못하게 하고 있다. 그러므로 같은 세포로 구성된 식물체의 각 기관이 각각 특성이 다른 잎, 줄기, 뿌리, 꽃 등 다양한 형태로 나타나게 된다. 이러한 세포 내의 기능에 대해서는 자세히 알려지지 않았으며 이를 밝히기 위한 연구가 진행중에 있고, 현재는 이 기능을 관장하는 기구를 'something great' 라는 용어를 사용하여 설명하고 있다.

앞에 설명한 유전 정보 흐름의 과정은 분자생물학의 중심설(central dogma)로 설명할 수 있다. 즉, DNA는 자신의 증식을 위하여 복제(replication)를 하고, RNA(ribonucleic acid)를 만들기 위해서 전사(transcription)되며, RNA는 단백질합성, 즉 번역(translation)을 위한 주형(template)이 된다(그림 16-18).

3 형질전환(transformation)

형질전환(transformation)이란 어떤 세포 A에 다른 세포 B의 유전물질을 집어 넣음으로써 A에 B의 성질을 준다는 것으로 이미 1920년대에 세균에서 발견된 현상이다. 그러나 이 때는 직접 형질전환에 관계하는 물질이 확인되지 않았다. 그 후 1940년대에 Avery 등은 폐렴 쌍구균에서

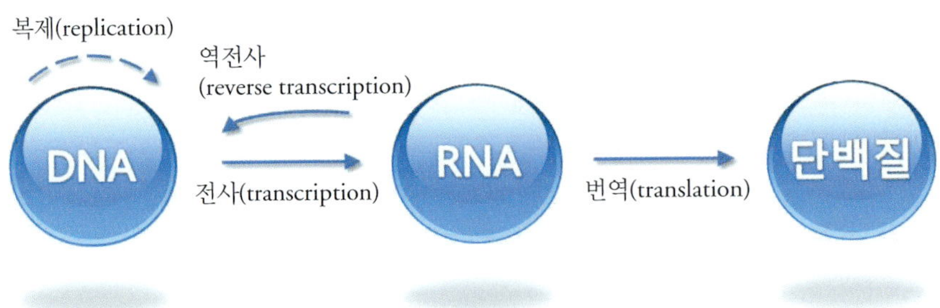

▲ 그림 16-18. 유전정보 흐름

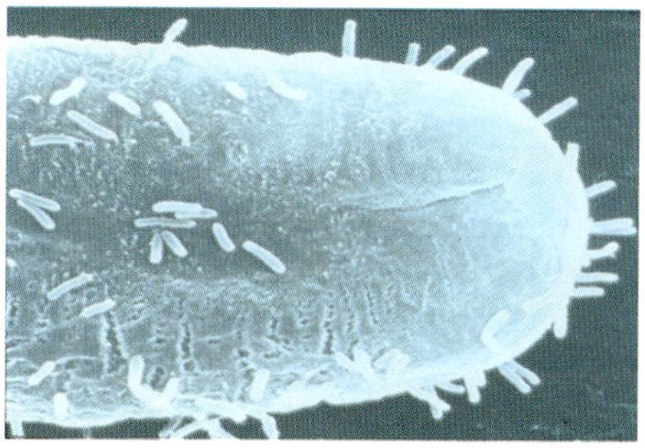

▲ 그림 16-19. Agrobacterium

▲ 그림 16-20. 유전자 변형 배추

DNA를 분리한 뒤 이것을 같은 폐렴 쌍구균의 무독주에 형질전환시키면 무독주에 독성을 나타내게 할 뿐만 아니라 일단 한 번 독성이 생기면 자손 대대로 독성을 잃지 않는다는 것을 알아냈다. 이 발견을 계기로 DNA가 유전물질이라는 주장이 설득력이 있게 되었다.

원예작물을 포함한 식물의 유전자를 변환시켜 유용한 품종을 개발하려면 앞에서 설명한 것과 같이 형질전환을 시켜야 한다. 즉, 유용한 유전자를 식물 세포 내에 주입시켜 목적하는 형질을 나타내게 하여야 한다. 이는 토양세균의 일종인 아그로박테리움(agrobacterium, 그림 16-19)을 운반체로 이용하여 형질전환시킴으로써 가능하다. 이렇게 형질전환된 식물세포는 외부에서 도입된 DNA를 자신의 DNA에 조합하여 그 형질을 안정하게 발현시킬 수 있고, 이 형질은 자손에게 유전이 가능하다(그림 16-20). 아그로박테리움은 쌍자엽식물에 외래 DNA를 도입하는데 효과적이지만 단자엽식물에서는 어렵다. 이러한 문제를 해결하기 위해서 물리적인 방법으로 직접 주입하는데 최근 가장 보편적인 방법으로 유전자 총(gene gun) 방법을 이용한다. 이는 DNA로 코팅된 직경이 약 1 μm인 텅스텐 비드(bead)를 초속 430 m로 직접 세포 내로 쏘아 넣는 방법이다.

4 유전공학이란?

육종학자들은 수백년 동안 식물체에 대해서 실제적인 유전자조작을 성공적으로 수행하여 왔다. 식물을 교배하는 탁월한 방법을 개발하여 유익한 형질을 식물체에 도입하고 이를 유지하였으며 이들의 생산을 꾸준히 증가시켜 왔다. 그러나 고전적인 육종방법은 매우 느리고 불확실하다. 또한 이같은 방법은 유성생식이 가능한 식물체에만 적용되며, 원하는 유전자 이외에 다른 유전자도 도입될 수 있다. 그 외에는 자연히 일어나는 돌연변이를 기다리든가, 방사선처리 등 유전자에 인위적 변이를 일으키는 방법 정도였다. 그러나 이런 우연에 의한 조합이나 돌연변이에 의지하는 방법에도 한계가 있다. 최근 빠르게 변화하는 소비자의 기호성향으로 볼 때 교잡과 선발 그리고 고정으로 이어지는 고전육종방법은 노력과 경비, 그리고 오랜 시일이 소요되기 때문에 불리한 점이 있으며, 더욱이 교잡이 불가능한 다른 종의 유용한 형질은 도입할 수가 없어 한정된 유전자원을 활용해야 하는 한계점이 있다.

이런 문제의 해결에 이용되는 것이 유전공학이다. 유전공학이란 간단히 말해서 시험관 내에서 유전자, 즉 DNA를 끊거나 연결하여 조작하는 기술이다. 다시 말해 유전자 조작기술에 의하여 위와 같은 모든 문제점을 극복할 수 있게 되었고, 해충에 대한 내성과 같은 원하는 형질을 암호하는 유전자를 찾아서 분리하고 이를 유용한 여러 가지 식물체에 도입할 수 있게 되었다. 이 기술은 유성생식 여부와는 상관없게 되었고, 형질전환 식물체를 곧장 선별할 수 있기 때문에 보다 신속성을 가지게 되었다. 유전공학 기법 중에서도 가장 중요한 것으로 생각되는 것은 DNA를 임의로 조작하여 증식시키는 재조합 기술과 DNA 염기서열 결정법이라 할 수 있다. 재조합 기술로 특정 DNA 조각을 클로닝(cloning ; 동일한 염기서열을 많이 늘림)하고 염기서열 결정법으로 DNA 자체를 해석하여 감춰져 있는 유전정보를 완전히 밝혀내게 되었다.

16.2.2 농업적으로 중요한 원예작물의 생산

유전공학 기술은 인류의 건강을 증진시킬 뿐만 아니라 농업 분야에서도 놀라운 발달에 기여해 왔다. 연구자들은 기존의 작물들이 가지지 못했던 해충이나 제초제에 대한 저항성을 가진 작물들을 개발하거나 비타민 등 영양성분을 향상시키고 또는 더위, 추위, 건조 등 불량 환경에서 견딜 수 있는 새로운 작물들의 개발과 상업화를 가능하게 하였으며, 색다른 형태와 색깔을 지닌 꽃들의 개발도 진행하고 있다. 이들 형질전환 작물의 성공 여부는 관련 유전자에 대한 계속적인 연구와 유용하고 안전한 재조합 작물의 개발에 달려 있다. 또한 재조합된 형질전환 작물들은 자연환경에 처해져야 하므로 이 작물들은 안전성을 보장하기 위한 광범위하고 집중적인 검사 후에야 이용이 가능하며, 이를 위한 작물의 유전자 발현에서의 안정성에 대한 연구가 수행되어야 한다.

1 곤충에 내성이 있는 작물

초보적인 정원사도 알고 있는 것처럼 식물체는 곤충에 의한 피해에 민감하며 농장주들은 벌레에게 많은 농작물을 잃는다. 지금까지 벌레를 막는 주된 무기는 화학적 살충제이다. 그러나 우리들은 여러 가지 요인에 의하여 화학적 살충제의 사용이 줄어들기를 원한다. 박테리아의 일종인 *Bacillus thuringiensis*(Bt)는 아포를 형성할 때 수많은 벌레의 유충에 유독한 단백질 결정체를 만든다. 유독한 단백질은 민감하지 않은 벌레에는 해를 주지 않고 척추동물에도 아무런 영향을 주지 않는다. 이런 자연적인 시스템을 이용하여 세포 내에 Bt 독성을 나타내는 작물을 개발하게 되었다.

2 제초제에 내성을 지니는 작물

작물의 재배측면에서 잡초의 존재는 10% 이상의 생산량을 감소시키고 있다. 잡초는 원하지 않는 식물에 불과하지만 작물에 영향을 주지 않고 그들을 제거하는 방법을 발견하기는 쉽지 않았다. 잡초제거제로 사용되는 제초제(herbicide)는 식물에 대하여 선택적이 때문에 실제 사용하기

전에 잡초와 농작물의 정확한 이해나 제초제의 사용법을 숙지하지 않으면 안된다. 연구자들은 특별한 제초제에 대한 표적(target) 효소의 수준을 높이는 방법, 화합물에 의해 영향을 받지 않는 돌연변이 효소를 발현시키는 방법, 그리고 제초제의 독소를 제거하는 효소를 발현하도록 하는 방법 등 세 가지 전략으로 제초제에 내성을 갖는 작물을 만들려고 시도하고 있다(그림 16-21).

▲ 그림 16-21. 제초제 내성 식물

3 다양한 화색과 형태를 갖는 꽃과 수명이 연장된 꽃

화훼산업은 고소득 사업으로서, 새로운 특징을 지닌 꽃을 만드는 방법으로 재조합 DNA를 사용해 연구를 하고 있다. 현재 상당 부분의 장식용 꽃들은 삽목하여 영양번식에 의해 자라게 되고, 동일한 유전적 배경을 지닌 많은 식물들을 만들어낸다. 그러나 이러한 방법에 있어 하나의 문제점은 원하는 형질이 직접적인 방법으로 바뀔 수 없다는 것이다. 유전자를 식물세포로 도입하며 재분화된 식물을 얻는 능력과 함께 새로운 화색(그림 16-22), 모양과 성장특성(그림 16-23)을 가진 꽃들이 만들어질 수 있다. 세계 각국 여러 곳에서 꽃색 합성경로에 관여하는 색소합성계 유전자를 얻으려고 노력하고 있으며, 이를 이용한 형질전환의 범위가 넓어질 것이다.

한편 많은 절화들의 경우, 수확 후 급속도로 일어나는 조기노화(早期老化)는 상품성 유지에 중요한 장애가 된다. 꽃의 수명을 연장하기 위한 많은 연구가 이루어졌으나 대부분의 방법들은 실용화하는데는 한계가 있었다. 절화 중 카네이션에서 꽃의 노화과정과 에틸렌의 관련성에 대한 연구가 활발히 진행되고 있다. 현재 유전공학적으로 만들어진 절화식물 중 유일하게 상업적으로 출하가 허락된 것이 바로 수명 연장 카네이션이다(현재 오스트레일리아에서 출하가 허용되었음). 아울러 네델란드에서 포장실험이, 미국에서는 온실내에서 실험이 정식으로 허가되었다고 한다. 앞으로 다른 중요한 화훼류, 즉 장미, 국화, 튤립, 백합 등에서 이들 노화에 관여하는 유전

▲ 그림 16-22. 다양한 화색을 갖는 꽃

▲ 그림 16-23. 다양한 화색 및 형태를 갖는 꽃과 수명이 연장된 카네이션

자들을 찾아내서 응용함으로써 절화수명을 연장시킨 새로운 품종육성이 가능하리라 예상된다(그림 16-23).

4 꽃 향기의 변화

현재 식물 441종에서 700여 향기 성분이 존재하는 것으로 알려져 있는데, 오래전부터 향기 성분의 추출과 구조 파악에 관한 연구가 활발히 진행되어 왔으나 향기 성분이 합성되는 생합성 경로에 관여하는 효소의 분리에 관한 연구는 매우 미미한 편이었다. 향기 성분은 크게 fatty acid, benzonoids, isoprenoids의 세 그룹으로 나누는데 isoprenoids 그룹에 속하는 monoterpenes라는 물질이 꽃향기에 매우 중요한 성분으로 알려져 있고 향수 제조에도 필수 불가결한 유지로서 상업적으로 매우 높은 가치를 지니고 있다고 한다. 최근 이 monoterpenes를 전구물질로 민트향을 내게 하는 limonene이라는 향기 성분을 만드는 효소(limonene catalase)와 대부분의 중요한 화훼류가 내는 향기의 성분이 되는 linalol을 만드는 효소(linalol synthase)가 순수분리되었고 이들의 유전자의 분리와 특성 파악이 이루어졌다. 향기 성분을 만드는 이들 유전자가 분리됨에 따라 향기가 없는 화훼나 관엽류에 향기 유전자를 도입하여 향기를 가진 화훼류의 육성이 가능해지리라 본다. 뿐만 아니라 산업적으로 시장이 큰 향신료나 천연향수를 대량 생산할 수 있는 연구가 활발히 진행되리라 예측된다.

5 유전자변형작물의 농가 재배 현황

농업분야에서의 유전공학의 최대 활용분야는 형질전환 방법을 이용하여 유전자가 변형된 새로운 품종을 육성하는 것이다. 미국을 중심으로 외국에서는 1994년부터 유전자 변형 품종들이 농가에 보급되기 시작해서 1996년에는 약 170만 ha, 2000년에는 4,420만 ha, 2005년에는 9,000만 ha, 그리고 2009년에는 14,000만 ha로 급격히 증가하였다. 이러한 증가 현상은 선진국은 물론 개발도상국을 포함해 전세계적인 추세이다(그림 16-24).

유전자 변형 품종의 농가보급 상황을 표 16-1에서 살펴보면 미국에서 가장 많이 재배되고 있는 것을 알 수 있다. 2005년 전세계 총 재배 면적 9,000만 ha의 55%인 4,980만 ha가 미국 한 나라에

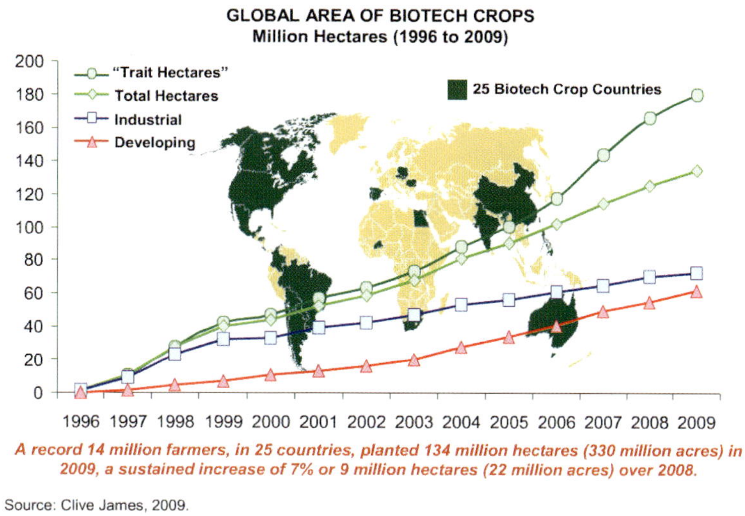

▲ **그림 16-24.** 유전체 변형 작물의 전 세계적인 재배 면적 증가 추세(출처 : ISAAA(International Service for the Acquisition of Agri-biotech Applications)의 2009년도 자료를 인용함)

▶ **표 16-1.** 국가별 유전자변형작물(GMO)의 재배 현황 (단위 : 백만 ha)

구 분	1996	2000	2001	2002	2003	2004	2005
미국	1.5	30.3(69%)	35.7(68%)	39.0(66%)	42.8(63%)	47.7(59%)	49.8(55%)
아르헨티나	0.1	10.0(22)	11.8(22)	13.5(23)	13.9(21)	16.2(20)	17.1(19)
캐나다	0.1	3(7)	3.2(6)	3.5(6)	4.4(6)	5.4(6)	5.8(6)
중국	–	0.5(1)	1.5(3)	2.1(4)	2.8(4)	3.7(5)	3.3(4)
기타(12개국)	–	0.3(1)	0.4(1)	0.6(1)	3.8(6)	8.1(10)	14(16)
합계	1.7	44.2(100)	52.6(100)	58.7(100)	67.7(100)	81.0(100)	90(100)
전년대비 증가율	–	11%	19%	12%	15%	20%	11%

서만 재배된 것이다. 그리고 이는 1996년과 비교해서 33.2배가 급증하였다. 미국 다음으로는 아르헨티나, 캐나다, 중국, 기타 12개국 순이었다. 2005년 현재 유전자 변형 품종을 상업적 차원에서 농가에서 재배하고 있는 국가는 위에서 설명한 16개국이나 실제로 형질전환 품종을 개발한 회사는 Monsanto나 Novartis 등과 같이 미국회사이거나 다국적 거대 기업이 운영하는 회사들이다.

2007년과 2008년에 실제농가에서 재배된 유전자 변형 품종들을 작물별로 분류해 보면 표 16-2과 같다. 2008년에 가장 많이 재배된 작물은 콩으로 전체 면적의 53%인 6,580만 ha에 재배되었다. 다음은 옥수수, 면화, 유채의 순이었다.

▶ **표 16-2.** 2007년과 2008년의 작물별 유전자변형작물(GMO)의 재배 현황 (단위 : 백만 ha)

작물	2007	%	2008	%	+/−	%
대두	58.6	51	65.8	53	7.3	+13
옥수수	35.2	31	37.3	30	2.1	+6
면화	15.0	13	15.5	12	0.5	+3
유채	5.5	5	5.9	5	0.4	+7
기타	< 0.1	< 1	0.4	< 1	2.0	−
합계	114.3	100	125.0	100	+12.3	+9.4

출처 : Clive James, 2008.

▶ **표 16-3.** 2007년과 2008년의 특성별 유전자변형작물(GMO)의 재배 현황 (단위 : 백만 ha)

특성	2007	%	2008	%	+/−	%
내제초제성	72.2	63	79.0	63	6.8	+9
내충성	20.3	18	19.1	15	−1.2	−6
내충성+내제초제성	21.8	19	26.9	22	5.1	+23
내바이러스성/기타	< 0.1	< 1	< 0.1	< 1	< 0.1	< 1
합계	114.3	100	125.0	100	+10.7	+9.4

출처 : Clive James, 2005.

농가에 보급된 유전자 변형 품종들을 특성별로 분류한 것은 표 16-3과 같다. 1997년에 농민들이 가장 많이 선호하여 재배한 유전자 변형 품종의 특성은 내제초제성(제초제저항성)이었으며 2008년 현재도 내제초제성이 전체 면적의 63%인 7,900만 ha에 재배되었다. 다음은 내충성, 내바이러스성 순이었다. 품질을 개선한 품종들의 보급은 아직은 적은 편이며 특이한 점은 2008년도 현재 두 가지 특성이 동시에 개량된, 즉 내충성이면서 내제초제성을 갖춘 품종이 약 2,690만 ha 재배된 점이며 앞으로 이러한 복합개량 품종의 보급이 증가할 것으로 예상된다. 이상의 결과를 볼때 최근에 와서 유전공학적인 방법에 의한 육종의 최종 단계 실험이 급격히 증가되고 있음을 알 수 있으며 앞으로 한층 더 가속화 될 것으로 전망된다. 마지막으로 세계의 유전자 변형작물 시장규모를 예측해 보면 1995년에는 7천5백만 달러에 그쳤으나 2010년에 이르러서는 200억 달러로 급속히 신장할 전망이다.

▲ 그림 16-25. 배추 게놈 프로젝트

16.2.3 유전체(게놈) 연구

유전체(게놈) 연구는 한 생명체가 갖는 유전체의 전체 염기서열 분석을 통하여 그 생명체의 생명활동에 필요한 모든 유전정보를 밝히는 연구이다. 유전체(genome)는 유전자(gene)와 염색체(chromosome)의 합성어로 생명체를 구성하는 한 세포가 갖고 있는 유전정보 전체를 의미한다. 유전체 연구는 현재까지의 생명공학적 지식과 기술이 망라된 분야이며, 다른 첨단 분야와의 융합으로 매우 급속히 발전하는 분야이다. 지금까지 세계의 많은 연구기관에서 280종 이상의 유전체에 대한 연구를 완료하였다. 유전체 구조가 단순한 미생물과 바이러스는 이미 몇 십년 전부터 유전체가 해독되었고, 그 구조가 복잡한 인간과 식물의 경우는 식물에 있어 애기장대와 벼의 유전체가 완전 해독되었다. 현재 우리나라에서는 중요한 경제작물인 배추의 유전체 연구가 진행 중에 있다(그림 16-25).

16.2.4 유전자변형작물의 안전성

유전자변형이란 특정 작물에 없는 유전자를 인위적으로 세포 내로 도입하여 새로운 특성을 가진 품종을 개발하는 유전공학적인 기술을 말한다(그림 16-26). 유전자 변형 작물(GMO)들은 보다 적은 노력으로 생산성을 극대화할 수 있는 장점을 가지고 있지만 기존의 전통 육종방법으로 생산된 작물들과는 다른 새로운 특성을 포함하고 있으므로 절대적으로 안전하다고 할 수 없어 환경에 미칠 수 있는 영향이나 인체 위해성을 평가할 필요가 있다. 현재 우리나라에서는 유전자변형 농산물을 국내에서 재배하기 위해서 농촌진흥청에서 수행하는 환경안전성 심사를, 식품으로 사용하기 위해서는 식품의약품 안전청에서 수행하는 식품안전성 심사를 통과하도록 하고 있다. 환경안전성 평가 항목은 유전자 변형 작물이 자연 환경에 노출되었을 때 국내의 토종 생물에 대한 영향 및 안전성을 평가하며, 국내의 전문가들이 개발한 유전자 변형 작물의 실험데이터 및 자료를 충분히 검토하여 국내의 생태환경에 영향이 없다고 판단되면 승인하게 된

▲ 그림 16-26. 유전자 변형 작물(GMO). 바이러스 저항성 유전자 변형 토마토(좌)와 물고기의 유전자가 삽입된 토마토(우)

다. 조사항목은 분자생물학적 특성, 유전자 이동 가능성, 생태계에 미치는 영향을 평가하는 것으로 매우 광범위하고 많은 실험 자료 및 포장에서의 실험 결과를 요구하기 때문에 보통 3~5년의 기간이 소요된다.

16.2.5 전망과 문제점

현재는 주로 내제초제성, 살충성 및 내병성 등이 개량된 유전자변형 작물들이 보급되고 있으나 머지않은 장래에 저장성, 영양성, 특수품질이 개량된 유전자변형 작물들이 대거 등장할 것으로 예상되고 있다. 제3세계 국가에서 재배되는 중요한 작물에 가뭄을 견디도록 해주는 유전자를 도입시키는 것은 기근을 경감시키는 잠재성을 가지고 있다. 야생에서 원하는 기름을 생산하는데 관여하는 유전자들은 기름을 생산하는 재래의 착유작물로 도입되어 대량의 기름이 생산될 것이다. 그러나 유전자를 이용한 식물의 형질전환에는 안전성 우려나 윤리적 논란이 항상 따라 다닌다. 즉, 구체적인 예로 유전자 조작이 반드시 안전한 방향으로만 진행될 것이라는 확증이나 보장이 없기 때문에 이미 유럽의 대부분 국가와 일본, 그리고 한국에서도 유전자 조작에 의해 생산된 농산물과 그 가공산품에 대해서 표지에 명기하도록 의무화되었거나 금명간 모두 의무화될 것이다. 유전자변형생물(GMO : Genetically Modified Organism)에 대한 찬반 양론이 극도로 첨예하게 대립된 가운데 조심스럽게 그리고 조화있게 활로를 개척하는 것이 특히 중요하다.

참고문헌

1. 과학기술부. 2005. 생명공학백서.
2. 농촌진흥청 농업생명공학연구원. 2006. 배추 제놈 프로젝트.
3. 농촌진흥청 농업생명공학연구원. 2005. 유전자변형작물의 안전성.
4. 박순직 외. 2006. 작물유전육종학. 한국방송통신대학.
5. 안완식. 2007. 내 손으로 받는 우리 종자. 들녘.
6. 박효근 외. 1999. 품종과 종자, 왜 중요한가. 농민신문사.
7. 장권열 외. 2006. 육종학범론. 향문사.
8. 조장환 외. 2006. 최신 식물육종학. 선진문화사.
9. Alexander, R., V. Krol, and N.H. Chua. 1993. Flower development in petunia. The Plant Cell 5:1195-1203.
10. Chuck, G., T. Robbins, C, Nijjar, E. Raiston and N.C. Gutterson. 1993. Tagging and cloning of a Petunia flower color gene with the maize transposable element activator. The Plant Cell 5:371-378.
11. Clive J. 2005. Global status of commercialized biotech/GM crops 2005. International Service for the Acquisitions of Agribiotech Applications.
12. Holton, T.A. and Cornish. 1995. Genetics and biochemistry of anthocyanin biosynthesis. The Plant Cell 7:1071-1083.
13. Savin, K.W., S.C. Baudinette, M.W. Graham, M.Z. Michael, D. Nugent, C.Y. Lu, S.F. Chanddler, and E.C. Cornish. 1995. Antisense Acc oxidase RNA delays carnation petal senescence. HortScience 305:970-972.
14. http://www.isaaa.org. International Service for the Acquisition of Agri-biotech Applications(ISAAA)

17 시설원예와 원예 자재

17.1 시설원예란?

시설원예는 글자 그대로 논이나 야외의 밭을 그대로 이용하는 것이 아니라 특수한 시설 내에서, 또는 이를 이용하여 작물을 기르는 재배양식을 말한다. 우리나라에서의 가장 보편적인 시설원예는 온실재배인데, 온실은 편의상 비닐하우스와 유리온실로 대분할 수 있지만 다양한 구분이 가능하다. 또한 시설재배의 작물 재배방법에 따라서 흙을 이용하는 토양재배와 흙은 전혀 이용하지 않고 흙 이외의 것을 이용하여 재배하는 무토양재배(soilless cultivation)로 나눌 수 있다. 우리나라는 좁은 국토면적에 사계절이 확실하여 재배기간 및 조건이 열악하여 시설재배가 세계적으로 가장 잘 발달된 국가의 하나이다. 다만, 화란 등의 국가에서는 고가의 유리온실 또는 영구적인 자재를 이용하는 시설의 보급 이용이 많으나 한국에서는 저렴하고 설치가 용이한 비닐하우스(plastic film house)가 주종을 이루고 있다는 점이다. 참고로 채소재배면적을 예로 들어 보면(표 17-1) 작물의 종류에 따라서 시설재배 되는 비율이 매우 다른데 무, 배추, 고추, 마늘 등은 노지재배가 시설지배보다 월등히 많은 반면, 상추, 수박, 참외, 멜론, 토마토, 풋고추 등은 노지재배보다 시설재배면적이 월등히 넓음을 볼 수 있고, 몇 가지 채소류에서는 거의 대부분이 시설재배 된다고 하여도 과언이 아닐 정도로 시설재배면적이 상대적으로 더 넓음을 확인할 수 있다(토마토, 딸기, 풋고추, 멜론 등).

▶ 표 17-1. 한국에서의 주요 채소작물의 노지재배와 시설재배면적의 비교(2008년 자료)*

작물	재배면적(1,000ha)			생산량(1,000ton)		
	노지	시설	시설비율(%)	노지	시설	시설비율(%)
무	27,308	3,604	11.7	1,251,862	150,325	10.7
배추	37,285	3,081	7.6	2,433,709	151,118	5.8
시금치	3.507	2,775	44.2	43,049	50,392	53.9
상추	1.062	3,512	76.8	23,757	114,341	82.8
수박	3,516	17,240	83.1	98,697	758,058	88.5
참외	199	6,408	97.0	4,322	216,063	98.0
오이	1,262	4,368	77.6	55,102	328,819	85.6
호박	6,528	2,945	31.1	174,285	153,217	46.8
토마토	136	6,008	97.8	5,247	402,923	98.7
딸기	288	6,106	95.5	4,089	188,207	97.9
고추	48,825	6,060	11.0	123,509	262,254**	–
마늘	28,416	–	0.0	375,463	–	0.00

* 전체 채소재배면적에 대한 백분율임(농림수산식품통계연보 2009).
** 노지 고추는 건고추이고(건조율 15% 내외), 시설고추는 풋고추임.

17.2 시설원예의 구분

17.2.1 시설의 종류에 따른 구분

1 유리온실

주 재료를 유리로만 건축한 온실로서 고가이지만 광 투과율이 높아 고급 표본 또는 전시 온실이나 고가의 초화류 생산 등에 주로 사용된다.

2 플라스틱필름하우스

우리나라에 있는 대부분의 온실로서 플라스틱 필름의 종류에 따라 다시 여러 가지로 구분할 수 있다.

3 특수시설

(1) **공기하우스** : 거대한 풍선텐트 모양으로 어떠한 장소에도 바로 펼쳐 놓고 공기를 주입하고 일정 압력을 유지하면서 조립, 관리할 수 있다.

(2) **이동식하우스** : 조립식 등으로 쉽게 이동할 수 있도록 고안된 시설이다.

(3) **비가림하우스** : 주로 여름철에 성숙하는 과일이나 과채류 재배에서 이용하는 것으로 강우에 의해서 과실에서 나타나는 열과(裂果)나 품질저하 등을 예방할 수 있어 고품질 작물을 재배할 수 있으므로 최근 많이 이용되고 있는데, 특히 포도재배에서 널리 활용된다.

(4) **막덮기재배** : 늦가을의 서리나 이른 봄의 추위의 피해 또는 뜻하지 않은 태풍이나 우박 등의 피해를 일시적으로 피하기 위해 부직포 등으로 작물을 덮어주는 재배양식이다.

(5) **과수재배시설** : 앞서 언급한 비가림하우스에서 축소 조정된 비가림 터널(high tunnels 또는 rain shelters) 등이 널리 이용되고 있다.

(6) **펄라이트재배** : 일반 토양 대신 고압팽창한 무균배지를 이용하여 재배하는 것으로 펄라이트(perlite)는 토양에 비하여 대단히 가볍고, 백색이 두드러져서 정결한 분위기를 조성한다.

(7) **공장식 식물생산시스템** : 멀리는 우주공간에서의 채소 생산, 가까이는 도시근교에서 노동력 이용을 최소화 하면서, 자동 내지는 반자동으로 재배하는 것으로 LED와 같은 효과적인 인공광선이 개발됨에 따라 그 이용범위도 날로 확대되고 있다,

17.2.2 시설원예 사용자재에 따른 구분

1 골격재에 따라서

(1) **목재** : 일반 건축용 목재를 이용하는 것으로 소규모로 일부 건립 이용된다.

(2) **죽재** : 아직까지도 많이 이용되고 있는데, 특히 터널용으로 많이 쓰인다.

(3) **철재** : 부식을 방지하기 위하여 표면을 아연도금처리한 다양한 굵기의 제품들이 가장 많이 쓰이고는 있으나 중량이 무겁고, 부식이 문제시된다.

(4) **경합금재** : 주로 중량이 가벼운 알루미늄을 주성분으로 하는 골재로, 가볍고 작업이 편리하여 최근 고급대형하우스에 많이 쓰이고 있다. 가격이 다소 비싼 것이 흠이다.

17.2.3 재배양식에 따른 구분

1 토양재배

(1) **시설토양의 특성과 관리** : 하우스 내에서 집약적으로 비료를 많이 주면서 재배하기 때문에 발생하는 염류집적현상과, 동일한 작물을 계속 재배하여 발생하는 연작장해(連作障害)가 큰 걸림돌이 되고 있어서 이들에 대한 대책이 필요하다.

(2) **원예용 상토의 특성과 관리** : 시판되는 상토는 대개의 경우 멸균되어 유통되므로 위에서의 두 가지 문제점을 동시에 해결할 수 있다. 그러나 상당히 고가이므로 대면적에 이용할 수는 없고 육묘상에서나 용기재배, 자루재배 등에서 주로 이용된다. 시판되는 다양한 종류의 상토(배합토)가 있으므로 가정용으로 베란다 재배나 화분재배, 용기재배 등을 할 때에는 이

를 구입하여 사용하는 것이 권장된다. 다만 수명이 짧아서 1~2년 사용하면 섬유가 분해되므로 이 점을 유의하여야 한다.

2 무토양재배 또는 양액재배

(1) 양액재배의 의미 및 중요성

양액재배(養液栽培, Nutrient Solution Culture)는 한동안 수경재배(水耕栽培, Hydroponics 또는 Soilless Culture)라고도 불렸다. 초기의 수경재배는 "무기영양분이 녹아 있는 물에 식물의 뿌리를 담근채 재배"하는 것에서부터 시작되었다. 그러나 최근 다양한 종류의 재배 방법이 개발되면서 과거의 수경재배보다는 다른 방법으로 재배하는 것이 재배도 쉽고 수량도 많음이 속속 입증되어 '수경재배' 보다는 '양액재배' 로 일반적으로 통용되고 있다. 초기의 수경재배는 순수한 물과 이에 녹아있는 영양분만을 가지고 재배하였으므로 '순수수경재배' 라고도 불리고 있다.

그러나 최근에는 모래, 자갈, 암면(岩綿, rockwool), 펄라이트(perlite), 피트(peat), 버미큘라이트(vermiculite), 톱밥, 왕겨, 플라스틱깔판(plastic mat) 등을 이용하고 물 대신에 분무(mist)를 이용하는 등 다양한 변화가 있어서 최근의 양액재배는 "토양이 아닌 다른 배지 또는 무배지 상태로 영양액을 이용해서 식물을 기르는 재배양식"으로 정의할 수 있다.

(2) 양액재배의 역사

양액재배(nutriculture라고 부르는 학자도 있음)의 과학적인 근거는 Sachs(1860)와 Knop(1861)이라는 두 독일인에 의해 제시되기는 하였지만, 이를 이용하여 실용적인 양액재배를 시도한 사람은 1921년 미국의 Pember와 Adams가 카네이션을 영양분 없는 모래에서 길렀던 것에서 시작되었다.

이어서 1929년 캘리포니아 농업시험장의 게릭(W. F. Gericke)이 순수수경재배인 물탱크재배를 개발하여 무, 당근, 감자, 화초 등의 원예 산물을 생산하였던 것이 실용상의 효시가 되었다. 게릭은 자신이 개발한 기술을 바로 이용해서 당시 남태평양에서 일본군과 싸우던 병사들에게 바위섬에서 무토양 채소를 공급해 주기도 하였다(1940년대 초). 이후 이 기술은 일본, 유럽 각국, 이스라엘 등에서 실용화되기 시작하였다.

국내의 양액재배는 1954년 수원에 위치한 중앙농업기술원의 10 ha의 온실에 양액재배시설을 갖추고 시험재배를 하였으나 대중화되지는 못하다가 1970년 후반부터 여러 학자들과 연구기관에 의해 연구가 진행되면서 곧 실용화로 연계되기 시작하였다.

즉, 1977년에 경기도 고양에서 훈탄(燻炭)을 이용한 양액육묘가 시작되어 1981년에 한국수경재배연구회가 발족되고 훈탄을 이용한 토마토 억제재배 농가가 출현하면서부터 그 기반이 닦이기 시작하였다. 그 중에서도 경기도 광주에 있는 만나원은 여러 농가가 참여하여 초창기에 실질적, 영리적 경영에 성공한 대표적 사례였다고 할 수 있다.

▶ 표 17-2. 유럽의 시설재배 및 양액재배 면적(1994)

국가	채소재배면적 (ha)			화훼재배면적 (ha)		
	온실	고형배지경	NFT*	온실	고형배지경	NFT*면적
벨기에	1,600	600	30	650	100	100
네덜란드	4,500	3,100	10	5,600	1,700	300
프랑스	1,700	800	80	1000	100	3
영국	2,221	400	49	681	50	5
아일랜드	200	35	3	45	30	–
독일	1,300	100	–	3,500	80	700
덴마크	121	60	–	384	10	310
스페인	25,650	1,000	–	2,700	540	–
노르웨이	70	40	3	80	2	–
스웨덴	156	102	12	179	8	–
유럽 합계	37,518	6,437	187	14,8191		418

* Nutrient Film Technic (박권우, 김영식. 1998)
* 프랑스 : 위 면적 외에 5000 ha의 채소 재배용 비닐하우스가 있고, 그 중 2%는 양액재배이다. 화훼용 비닐하우스는 300 ha가 있다.
* 스페인 : 주로 플라스틱 온실이고 단지 0.5%만이 유리 온실이다.

(3) 양액재배현황

양액재배가 가장 성행하고 있는 유럽에서의 양액재배 현황은 표 17-2에 보이고 있다. 유럽에서는 채소에서는 온실면적의 약 17.6%에서 양액재배가 이루어지고 있으며 화훼류에서는 약 27.2%가 양액재배되고 있어서 총괄적으로 전체 온실면적의 20.4%에서 양액재배되고 있다. 양액재배면적이 가장 넓은 나라는 네덜란드, 프랑스, 벨기에 등이고, 스페인은 불과 4% 미만이 양액재배 시설을 갖추고 있다.

국내에서는 전국에 1,656 농가에서 553.4 ha로서 도별로는 경남, 경기, 전남 등의 순이고 작물별로는 토마토 154.5 ha, 고추 46.6 ha, 상추 35.1 ha의 순이며, 배지별로는 펄라이트(perlite)경이 275.2 ha로서 50% 이상을 차지하고, 다음이 암면, 혼합배지, 기타의 순이었다. 또한 시스템 종류별로는 개방형이 323.1 ha로서 순환식보다 상당히 높은 비율이었다(1999년 자료).

양액재배면적은 1994년 10월에는 불과 2.5 ha에 지나지 않았는데 5년 사이에 110배나 증가하는 경이적 신장세를 보였다. 그러나 이러한 신장은 1997년 12월 IMF 시대로 접어들면서 난방비 문제, 그리고 고급채소에 대한 구매욕 감퇴 등의 결정적인 문제에 봉착해서 답보상태를 경과하였으나 이후 점진적으로 증가되어왔으며, 최근에 개발된 관비재배 등의 복합적인 재배양식도 발달되면서 다양한 형태로의 발전을 보이고 있다.

▶ **표 17-3.** 토양재배와 양액재배의 장단점 비교

항목		토양재배	양액재배
병충해	연작 장해	발생	발생하지 않음
	잡초 방제	잡초가 많아 제초작업이 필요	잡초 제거가 불필요
	병충해	많은 토양 전염성 병원균, 선충, 해충 때문에 윤작함	윤작이 불필요하지만 외부 병원균이 침입하면 급속 만연 용이
관리	재식 밀도	영양분과 광량 때문에 제한	제한 요인이 광량 뿐이어서 밀식이 가능
	배지 소독	완전 소독이 불가능	단기간 소독 완료되며 간단함
	시비	시비량이 많고, 균등시비가 어려우며 이용 효율 불량	시비량이 적고, 균등시비가 가능하며 이용 효율이 좋음
	정식	이식과 정식에 시간이 걸리고 정식장해를 입으며, 정지작업이 곤란함	이식과 정식이 간편하며 이식해 및 정식해가 적고 특별한 정지작업이 불필요
재배환경	위생	비위생적인 경우가 많음	위생적
	자동화	어느 정도 가능	거의 가능
	재배지	한정	덜 한정
	편리성	불편	편함
작물생육	식물 영양	변동이 심하며 국부적인 양분 부족이 일어날 수 있고, 양분의 조절이 어려움	적정량을 균일하게 조절하며 공급할 수 있다. pH나 양분의 조절 용이
	토양 수분	수분스트레스를 받기 쉽고 물 이용 효율이 낮음	수분스트레스가 거의 없음
	과실 품질	부적절한 환경으로 질이 떨어지기 쉬움	품질, 수송성, 저장성을 좋게 할 수 있음
	식물 생육	늦음	빠름
	수확량	보통	많음
	무공해	곤란	용이
기타	시설비	저렴	고가
	지식 수준	낮아도 큰 지장이 없음	높아야 함
	지출 내역	인건비의 비율이 높음	설비비의 비율이 높음

(4) 양액재배와 토양재배의 차이점

양액재배는 식물이 필요로 하는 성분만을 알맞은 농도로 지속적으로 공급해 주어야만 최대의 효과를 볼 수 있으므로 토양재배와는 매우 다르다(표 17-3).

양액재배는 크게 나누어 비고형배지경(非固形培地耕)과 고형배지경(固形培地耕)으로 구분되는데, 넓은 의미로는 양액토경(養液土耕)까지도 포함시키는 경우도 있다. 비고형배지경은 식물의 뿌리가 뻗어나가서 지탱할 수 있는 배지가 전혀 없는 재배형태로서 여기에는 분무경, 분무수경(噴霧水耕), 수경이 있다.

분무경(噴霧耕)은 글자 그대로 양액을 매우 가는 분무상태로 식물의 뿌리에만 주기적으로 분무해줌으로써 식물의 뿌리가 양분과 수분을 적절하게 흡수할 수 있도록 하는 것이다. 식물의 뿌리가 물이나 양액에 잠기는 일이 없으므로 산소부족이나 양액을 따라 전파되는 전

염성 병에 걸릴 우려성이 없는 것이 이 장치의 자랑이다. 그러나 정전되거나 기계고장의 경우 단시간에 모든 식물체가 고사할 염려도 있다.

이에 비해 수경(水耕)은 식물의 뿌리가 대부분의 시간을 물에 잠긴 채로 재배되는 경우를 일컫는다. 물론 장치에 따라 물에 잠기는 정도나 시간의 조정이 가능하다. 초기의 양액재배는 이러한 형태가 주류를 이루었었다.

분무수경은 분무경과 수경의 장점만을 취해서 재배하는 것으로 분무경을 주로 하되 식물의 뿌리의 일부분은 아래의 양액에 일부분 잠기도록 고안한 것으로, 기계고장이나 정전되더라도 상당 시간을 지장이 없이 버틸 수 있다.

고형배지는 뿌리가 배지에 정착되어 일정한 위치에 고정되면서 지상부도 어느 정도 고정할 수 있는 재배형태를 의미하는데, 각각 배지의 종류에 따라서 각각 천연(天然) 배지와 인공(人工) 배지로 나눌 수 있고, 다시 유기물(有機物) 배지와 무기물(無機物) 배지 등으로 구분할 수 있다(그림 17-1).

국내에서 가장 많이 쓰이고 있는 배지는 펄라이트 배지와 암면으로, 양액의 급액은 관수튜브를 이용하여 점적관수(點滴灌水) 또는 점적급액이 주를 이루고 있다. 이러한 양액재배와는 다소 개념이 다르지만 배토경(培土耕)이 있다. 양액재배를 무토양재배라고 정의한다면 배토경은 사실상 양액재배에 속하지 않을 수도 있다. 즉, 관개수에 영양분을 섞어 비료분까지도 공급하는 이른바 관비재배(灌肥栽培)와 유사한 형태로서 때로는 그 구분이 애매한 경우도 많이 있다.

▲ 그림 17-1. 다양한 양액재배 방법
ⓐ 잎상추의 담액수경(한양수경), ⓑ 배추 등의 NFT재배(국립원예특작과학원) ⓒ 토마토의 펄라이트경(용인 남사 전태운 농가), ⓓ 딸기의 다단식 양액재배(일본), ⓔ 순환식 상추양액재배(국립원예특작과학원), ⓕ 물레방아식(회전식) 양액재배장치

(5) 양액의 조성

식물의 생육에는 반드시 필요한 16종류의 필수원소가 있다(표 17-4). 이 중 탄소, 수소, 산소는 물과 대기 중의 탄산가스로 흡수하지만 나머지 무기물은 반드시 시비해 주어야 한다. 여기에는 질소 등의 다량원소(多量元素) 6종류와 철(Fe) 등의 미량원소(微量元素) 7종류가 있는데, 이들 성분이 식물에 이용되기 위해서는 반드시 물속에서 이온화하여 녹아 있어야 한다.

양액에 관한 연구는 예로부터 꾸준히 개발되어 왔다. 시대적으로, 그리고 학자들에 따라서 각각 그 처방이 다르기는 하지만 근본적인 차이는 그다지 크지 않음을 쉽게 알 수 있다. 양액의 조성 중 우리에게 가장 친숙한 처방이 일본의 야마자키(山崎) 처방으로 작물의 종류에

▶ **표 17-4.** 양액재배와 관련된 원소들의 성질

원소	원소명	영명	원자량	원자가	당량	흡수 형태
C	탄소	carbon	12.0	+4	–	CO_2
H	수소	hydrogen	1.0	+1	1	H_2O
O	산소	oxygen	16.0	−2	8	H_2O, O_2 등
N	질소	nitrogen	14.0	+3	–	NO_3^-, NH_4^+
P	인	phosphorus	31.0	+5	–	$H_2PO_4^-$, HPO_4^{2-}
K	칼륨	potassium	39.1	+1	39.10	K^+
Ca	칼슘	calcium	40.1	+2	20.05	Ca^{2+}
Mg	마그네슘	magnesium	24.3	+2	12.15	Mg^{2+}
S	황	sulfur	32.1	+6	–	SO_4^{2-}
Fe	철	iron	55.9	+2, +3	–	Fe^{2+}, Fe^{3+}
Mn	망간	manganese	54.9	+2	27.45	Mn^{2+}
Zn	아연	zinc	65.4	+2	32.70	Zn^{2+}
Cu	구리	copper	63.5	+2	31.75	Cu^{2+}
Mo	몰리브덴	molybdenum	95.9	+6	–	MoO_4^{2+}
B	붕소	boron	10.8	+3	–	BO_3^{3-}
Cl	염소	chlorine	35.5	−1	35.50	Cl^-

▶ **표 17-5.** 한국 원시표준액(園試標準液)의 조성 및 필요한 비료의 농도 및 소요량

비료명	농도 me/L	소요량 g/1000L	흡수이온형태
질산칼륨 KNO_3	6	606	NO_3-N, K^+
질산석회 $Ca(NO_3)_2 \cdot 4H_2O$	8	944	NO^{2+}, NH_3-N,
제1인산암모늄 $NH_4H_2PO_4$	1	117	NH_4-N, PO_4^{3-}
황산마그네슘 $MgSO_4 \cdot 7H_2O$	4	493	Mg^{2+}, SO_4^{2-}

*EC : 2.3 mS/cm, pH : 6.5
**작물의 종류에 따라 조성에 차이가 있음

따라서 첨가 또는 용해되는 비료성분의 양을 각각 다르게 처방한 것이다. 우리나라에는 1987년부터 원예연구소에서 고안한 처방이 '원시액'이란 이름으로 소개되기 시작하였으며, 다양한 원예작물에 대한 독립적 처방이 계속 개발되고 있다(표 17-5).

(6) 양액재배시의 고려사항

A. 수질(水質) : 양액재배에서 용수는 지하수, 하천수, 수돗물 등을 이용할 수 있는데 용수의 수질과 공급량이 특히 중요시된다. 수질이 적합하면 양액재배도 매우 수월해지나 그렇지 못한 경우 여러 가지 장해를 받기 쉽다. 양액재배를 하기를 원하면 지형에서 광선을 먼저 고려해야 하고, 그 다음이 용수로서 특히 수질이 중요하다. 우리나라는 지역별로 지하수의 칼슘이나 염분 등이 과잉으로 존재하는 경우가 많아 양액재배가 거의 불가능한 경우도 흔히 있다. 용수에 Na, Cl, SO_4 등이 높으면 정상적인 흡수가 저해된다. 칼슘(Ca)이나 마그네슘(Mg)이 많은 경우는 대개 탄산염이나 황산염의 형태로 존재하므로 농도가 높을 경우 미량 원소들과 결합하여 이들을 불활성화시킬 수도 있어 주의를 요한다.

수돗물에는 소독용 염소(Cl^-)가 0.4~0.5 mg/L로 존재하는데, 필요한 경우 이들 잔류염소는 티오황산나트륨($Na_2S_2O_3-5H_2O$)을 물 1 ton당 2.5 g을 넣어주면 간단히 없앨 수 있고 또는 물을 받아 하루 정도 방치해두면 제거할 수 있다. 용수로 적합한 기준은 유럽에서는 전기전도도계로 측정하여 EC(electric conductivity)가 0~3 mS/cm 이하이고 pH가 5.0~6.5의 범위이며, 질소를 포함하지 않고 총염류 함량은 450 mg/L 이하가 알맞고 각 원소의 최고 허용 농도는 Ca 100 mg/L, Mg 25 mg/L, SO_4 80 mg/L, Cl 30 mg/L, Na 30 mg/L 이하이다. 일본에서는 이들 기준치가 유럽에 비해 상당히 낮은 편이다.

B. 살균 : 재배되고 있는 식물 중에 전염성이 강한 병에 이병된 개체가 발생하면 토양재배에서 와는 달리 순식간에 모든 개체에 병이 발생하여 폐농하는 사례가 빈번히 발생하므로 특히 유의하여야 한다. 이러한 문제점이 예상되거나 혹은 빈번히 발생하는 경우에는 특히 다음과 같은 종합적인 대책 수립이 필요하다.

- 건전한 묘를 이용할 것
- 특정 병해가 문제시되면 접목묘를 이용할 것
- 재배 전에 모든 시설과 양액의 살균을 철저히 할 것
- 일단 발병한 배지는 효과적인 소독방법이 없다면 재사용하지 말 것
- 재배 도중 발생하면 이병주는 곧 제거하고 양액을 살균할 것

양액의 살균방법에는 급액 전 또는 양액이 순환되는 도중에 다음 중의 하나의 처리 방법을 택하여서 살균하도록 한다.

자외선 살균 : 280 nm 전후의 자외선(UV-C)을 조사하여 살균하는 것으로 아직은 시작

단계이지만 차후 이용이 급증할 것으로 예상된다. 철분을 불활성화시키는 단점이 있다.

오존 살균 : 오존(O_3)의 강력한 환원력을 이용하여 살균하는 것으로 유럽과 일본에서 널리 쓰이고 있다. 오존발생기를 부착하여 750 mV로 20분간 처리한다.

가열 살균 : 순환 또는 급액 과정에 hot coil을 감은 가열관을 통과시켜 95°C에서 30초간 살균하는 것이다. 오존 살균과 함께 많이 쓰인다.

여과 살균 : 모래나 미세여과지 등을 이용해서 병균까지도 걸러내는 방법으로 아직은 검토 중에 있다.

과산화수소 이용 : 오존보다는 과산화수소(H_2O_2)의 살균력을 이용하여 살균하고 산소 공급도 겸하자는 목적이며 역시 검토 중에 있다.

그 밖의 처리 방법으로는 약품처리, 유용미생물 첨가처리, 요오드 처리 등의 실용성이 검토되고 있다.

C. 양액의 순환 : 양액재배의 결정적 단점 중 하나는 재배 후의 양액, 그리고 재배 후의 배지(암면, 펄라이트)나 자재(스티로폼이나 플라스틱 필름이나 튜브 같은 석유화학제품)에 의한 공해유발 및 폐기물 처리 문제이다.

즉, 종래의 대부분의 양액재배는 쓰고 난 양액을 버리는 비순환식(非循環式) 양액재배인데, 재배 후의 양액을 하수처리 하면 양액 내의 풍부한 질소나 인 등의 성분도 함께 하천으로 흘러들어 심각한 수질오염의 주범이 될 수 있다.

따라서 차후의 모든 양액재배는 쓰고 난 양액은 다시 필요한 성분만을 추가로 공급해서 계속 재배하는 순환식(循環式)으로 대치되어야 한다. 순환식 재배에서는 앞서 언급된 양액살균의 중요성이 더욱 높아짐도 유의하여야 한다.

3 식물공장

식물공장은 지구상에서 충분한 일조가 주어지지 않은 지역이나 조건에서 싱싱한 채소 등을 생산하기 위해서 실용화되기 시작하였으며 그 대표적인 예가 덴마크의 Christensen농장이다. 이후 미국, 네덜란드, 캐나다, 일본 등의 국가에서 일부 실용화되기 시작하면서 많은 시제품도 속속 개발되고 있다. 한편으로는 태양광선의 이용을 최대화하는 복합적 방법으로도 개발되고 있으며, LED의 생산 및 보급확대에 따라 우리나라 곳곳에도 식물공장이 설치 · 운영되고 있다.

플러그 묘의 보급 확대로 종묘공장에서의 실용화도 선진국을 중심으로 빠르게 확산되고 있고 우리나라도 역시 인공조명에 의한 플러그 묘의 품질향상에 많은 관심을 기울이고 있다.

식물공장의 주요 제어는 '전자동화 양액재배' 라고도 할 수 있고, 특히 광 환경과 CO_2 환경의 제어 등이 더 중요 시 되고 있다. 식물공장의 가장 큰 문제점은 생산품의 품질(영양가)과 시설-운영비이다. 따라서 우주농업이나 극한 지대에서의 채소생산 등 특수한 경우가 아니면 이 두 가지 문제가 해결되지 않는 한 빠른 시일 내에는 실용화 정도가 급증하지는 못할 것으로 예상된다.

17.3 원예자재(園藝資材)

17.3.1 원예자재산업의 현황과 전망

현재 우리가 접하는 생활문화는 과학기술의 절정기에 정보화가 주도하는 선진국형을 지향하고 있다. 즉, 수많은 인력, 노동력과 광활한 면적을 요하는 재래식 육종보다 유전공학기법을 이용한 직접적 육종이 선호되는 것을 한 예로 들 수 있다. 그러나 지역에 따라서, 개인에 따라서, 그리고 주변 환경에 따라서 그 정도에는 매우 큰 차이가 있다.

선진국의 정도와 원예작물 소비량이 정비례한다고 할 수 있을 정도로 원예산업의 발전은 국가의 발전도와 관계가 깊고 따라서 그 생산양식도 선진국의 정도에 따라 매우 다르다. 즉 선진국인 미국, 네덜란드, 영국 등지에서는 영농 또는 원예에서 힘 드는 일, 즉 씨를 뿌리고, 가꾸고, 거두고, 가공하는 대부분의 일들은 기계가 해결하고, 사람들은 농부라고 할지라도 오히려 기계나 차량, 컴퓨터 등을 조작하는데 더 바빠지고 있다. 비록 아직도 세계 인구의 60% 이상이 밀집해 있는 아시아의 많은 국가에서는 많은 대기노동력이 있어서 위의 내용이 실감나지 않겠지만, 적어도 우리가 접하고 있는 주변 환경에서는 위와 유사한 변화들이 끊임없이 진전되고 있다.

요즈음의 시대를 가리켜 원예자재의 전성시대라고 하는 데는 의심의 여지가 없다. IMF 이전까지만 해도 원예자재산업이 '단군이래의 최대 호황기'를 누리고 있다고들 평가해 왔으나 그러한 열기는 최근 많이 완화되었다. 그러나 타 산업에서와 마찬가지로 많은 중소업계들의 도산과 구조조정을 거치면서 수출주도형을 지향하는 변신을 시도하고 있다. 다행히 중국 등의 아시아 국가들에서 시설원예 붐이 불면서 국산제품의 수출이 급증하고 있어서 상당한 국가경쟁력을 쌓아 가고 있기도 하다.

국내의 가정원예에 관한 자료를 수집하고자 하였으나 체계적으로 수치화한 신빙성 있는 국내 자료를 찾지 못하여서 부득이 일본의 원예자재시장을 조명함으로서 그 중요성을 파악하고 차후의 변화 등을 예측하고자 하였다.

일본의 농업자재, 가정원예자재, 녹화자재를 포함한 원예자재의 전체 시장은 약 10조원으로 추산되고 있다(1994년 기준, 단 1엔 = 10원으로 계산). 이중에서 82%인 약 8.2조원이 농업자재이고, 10%인 1조원이 가정원예자재, 그리고 8%인 8,000억원이 녹화(綠化)자재이다.

일본의 가정원예자재의 시장규모를 구체적으로 보면 먼저, 나열된 가정원예자재 중 가장 중요한 것은 가정원예 용토(用土), 플라스틱 성형품, 가정원예비료, 가정원예농약으로서 이들 4품목을 합하면 전체의 약 80%를 점하고 있다. 일본의 가정원예시장 규모는 매년 5% 정도의 평균신장율을 보이고 있으며, 특히 2000년대 이후의 신장율은 가정원예용토(180%)와 절화품질보존제(180%)가 가장 큰 폭의 성장세를 보일 것으로 예측되고, 가정원예농약, 가정원예비료도 상당한 증가가 예상된다.

그러나 플라스틱 성형품(成形品)은 평균 수준에 머무를 것으로 예측되고 온실이나 비닐하우스 자재와 잔디깍는 기계 등은 오히려 감소세가 예상된다. 국내 시장의 규모는 일본시장 규모의 20% 이하로 추정되겠지만 아마도 유사한 변화추세를 보일 것으로 추정할 수 있는데 이는 다분히 낙관적인 추정이다. 홈센터(home center)를 중심으로 한 가정원예용품 또는 자재의 지속적인 시장확대가 예상되고 주말농장용품도 큰 신장세를 보일 것이다.

최근의 소비성향은 가정원예시장에서는 뚜렷한 증감이 없이 일정하게 유지되어 온 반면, 주말농장이나 관광농원 등을 중심으로 한 소비패턴이 비교적 큰 폭으로 증가하고 있는 실정이다. 그러나 불행하게도 상당수의 원예자재품목들이 수입되어 이용되는 경우가 많아서 유통 및 판매는 증가하더라도 실제 국내 자재산업은 오히려 감소를 보이고 있다.

17.3.2 한국의 원예자재 생산 실태

한국농자재산업협회(02-408-5782)는 매년 컬러판 '농업생산자재총람'을 발간하고 있는데 여기에는 70여개의 회원사의 주소와 취급자재류가 총 망라되어 있다. 이들 중 산업화보다는 생활원예와 직결될 수 있는 원예소품들을 전문으로 하는 업체들은 인터넷 검색창에서 농자재, 원예자재, 원예용품, 종자 등을 검색하면 대부분 쉽게 찾아볼 수 있다. 또한 최근에는 대형 슈퍼마켓에서도 새싹채소 종자나 분식 소화분 등과 함께 쉽게 원예용품들을 구입하여 이용할 수 있다.

조금 구입량이 많을 때에도 가정용이라면 서울에서는 양재동에 있는 화훼도매시장 및 주변의 상점을 이용하는 것이 무난하며, 구파발 화훼단지, 과천난서울꽃집하장, 남대문꽃도매상가, 터미날꽃상가 등 서울의 곳곳의 군소 원예단지별로 이와 유사한 원예자재 전문점들이 운영되고 있다.

연구용이나 최신의 실험용이라면 다양한 원예자재센터를 이용하는 것이 가장 무난하다. 관수자재를 중심으로 다양한 외국제품들도 알선하고 있으며 자체 개발한 상품으로부터 국내 각 회사의 제품에 이르기까지 골고루 갖추고 있다. 농민의 입장에서는 대규모로 농가 실정에 알맞도록 제작하여 판매하고 있는 종묘회사가 운영하는 자재를 이용하는 것도 실용적이다. 전화나 통신주문으로 주로 판매하고 있고 신용이 있으므로 일일이 고를 필요가 없이 주문, 구입해도 무방하다.

원예자재를 전문으로 취급하는 싸이트로는 국제원예종묘, 영풍원예자재, 에덴농원, 서림원예종묘, 가남조경, 신신화분, 서울농자재, 상주농원 등 매우 많은 업소에서 취급하고 있다.

17.3.3 주요 원예자재류의 분류

원예자재들은 다양하게 분류할 수 있으나 우선 그 종류별로 크게 나누어 보면 다음과 같이 분류할 수 있다.

▶ 표 17-6. 국내 주요 종묘회사의 명칭과 주소(한국농자재에서 인용)

종묘회사명	본사 소재지 및 전화번호	연구소 소재지	비 고
농우바이오(주)	수원 031-213-4321~7	경기 여주 가남	농자재 별도
몬산토	서울 02-3393-3801	충북 조치원 외	세미니스코리아*를 인수(2008년)
신젠타종묘(주)	서울 02-398-5650	경기 장호원	Syngenta 계열
동부한농	서울 02-3484-1833	경기 안성	동부한농화학 내
아시아종묘	서울 02-443-4303	경기 광주	새싹채소 및 허브 전문
삼성종묘(주)	경기 031-668-8381	경기 평택	배추과 및 기타

* 과거의 흥농종묘와 중앙종묘를 인수합병한 외국계 회사

1 종자, 모종, 묘목류

원예자재라고 구분하기에는 다소 거리감이 있기는 하지만 여기에서 소개를 하는 것이 타 자재들과의 조화를 이루는데 중요할 것으로 판단되어 소개한다. 국립이 아닌 개인기업체로는 주로 채소종자를 전문적으로 취급하는 종자회사가 50여사가 설립, 운영되고 있으며 개인소유업체는 대단히 많다.

참고적으로 채소종자를 생산, 공급하는 주요 회사만을 간략히 소개하면 표 17-6과 같다. 종자,

▶ 표 17-7. 2006년말 현재 국내 주요 종자회사별 채소품종 보유수(도입종 포함)*

작물	종자회사명									총계
	몬산토	농우	신젠타	아시아	한농	제일	사카다	코레곤	기타	
무	138	115	96	33	62	24	35	28	493	1,025
배추	106	59	72	39	52	16	37	10	377	768
양배추	28	24	21	15	5	2	3	17	119	233
고추	154	107	87	46	82	39	50	43	548	1,156
토마토	29	18	26	26	13	12	25	23	213	385
오이	63	45	40	18	42	3	5	17	134	367
참외	24	16	13	6	21	8	5	3	77	173
수박	60	43	45	6	42	19	6	14	220	455
호박	54	39	41	33	37	23	27	12	192	468
파	23	17	15	6	13	9	8	3	169	263
양파	48	25	21	25	36	12	8	37	453	665
당근	28	16	15	8	29	3	7	6	126	229
상추	27	18	14	59	11	38	18	10	317	512
시금치	43	28	18	8	22	9	27	8	123	286
기타	113	78	63	179	35	104	48	62	1,096	1,778
합계	938	648	587	507	493	321	309	303	4,657	8,763

* 고정종의 경우에는 동일품종을 여러 회사가 보유할 수 있음.

종묘의 구입 시 유의할 것은 역시 좋은 품질의 종자는 이름난 종묘회사의 제품을 구입하여 사용하는 것이 가장 안전하고 확실한 방법이고, 자신이 받은 종자를 사용하는 것은 거의 무용지물이라는 것이다. 왜냐하면 대부분의 채소나 화초종자들은 교배종(交配種) 종자이므로 씨를 받더라도 같은 것이 나오지 않고 열악하고 잡다한 후손들이 나타나기 때문이다.

아울러 종자를 자가용으로 하지 않고 씨를 받아 타인에게 판매하는 경우 종묘관리법에 저촉되는 범법행위가 됨을 주지하여야 한다. 채소종자가 대부분으로 국내시장규모는 도매가 기준 1,000억원, 소매가 기준 2,000억원으로 추정되는데 등록된 품종수를 채소작물별로 보면 표 17-7에서와 같다.

2 원예용 소도구류

가정에서 흔히 원예작물을 재배 관리하는데 소요되는 원예용구들의 명칭과 그 주요 용도는 그림 17-2에 보이고 있다. 편의상 이용방법은 생략한다.

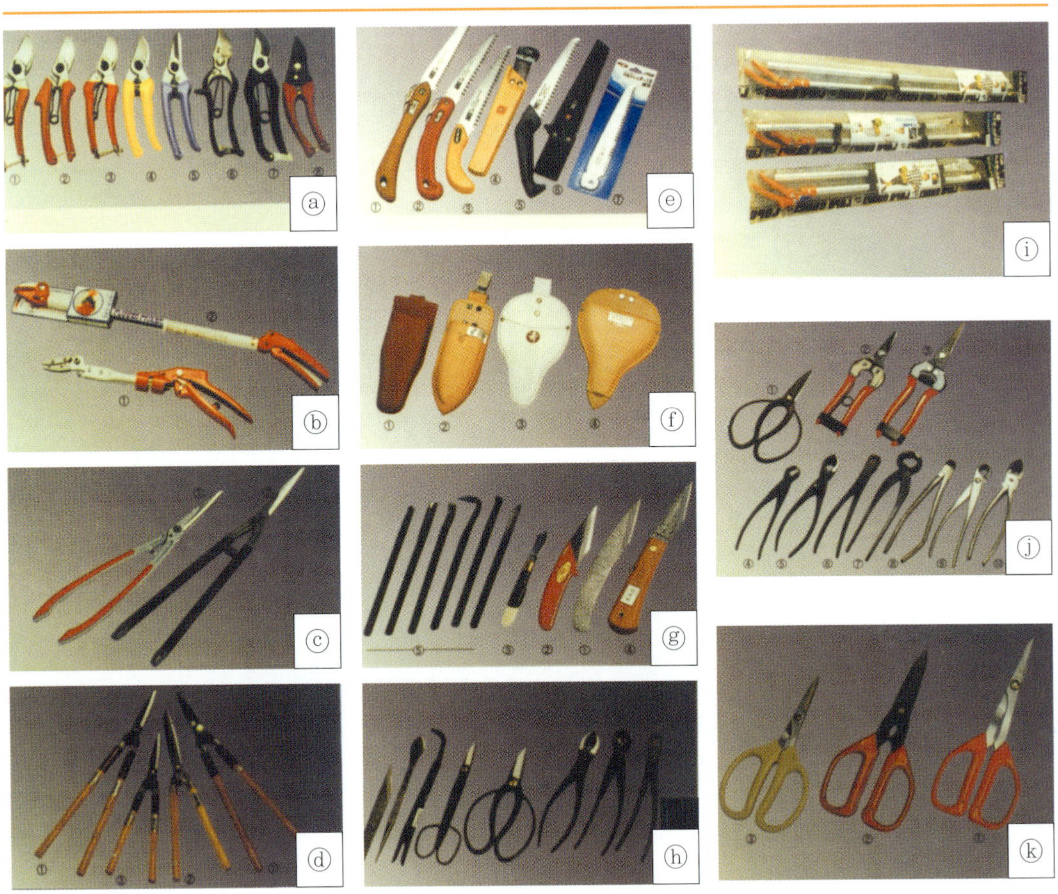

▲ 그림 17-2. 원예용 소도구류('99농업생산자재 총람에서 인용)
ⓐ 전정가위, ⓑ 장미가위, ⓒ,ⓓ 양손가위, ⓔ 톱류, ⓕ 가위집, ⓖ 접도, ⓗ 분재도구세트, ⓘ 고지가위, ⓙ 기타 가위류, ⓚ 세지가위

3 시설자재류

주로 유리온실건립과 이와 관련된 각종 철제 및 금속 부속자재가 주를 이루며 플라스틱하우스도 역시 매우 중요하게 취급된다.

한때 정부의 적극적인 지원을 받아 전국적으로 많은 현대식 온실이 건립되었으나 이 역시 IMF 이후 지원규모나 이용면에서 많이 축소되었다.

4 피복 및 보온자재류

철재나 골재를 제외한 자재류 중 플라스틱필름(비닐)을 주로 한 제품들이 주류를 이루는데 그 두께, 내구성, 광투과 특성들이 각각 다른 제품들이 소개되고 있다.

5 유기질비료, 엽면시비제

화학비료(또는 금비)가 아닌 다양한 천연추출물이나 유기성분을 이용한 영양제들이 "제4종 복비"라는 제품 종류로 공급되고 있다. 특히 친환경산물을 생산하기 위한 각종 제품이 판매되고는 있으나 효과가 공식적으로 증명되지 않은 많은 제품들이 상당수 있어 남용, 오용 등의 문제점이 있지만, 차후 꾸준한 성장을 보일 것으로 예상된다.

6 육묘자재

온실이나 플라스틱하우스 등에서 묘 또는 모종을 키우는데 소요되는 각종 기계 기구류들이 이에 속한다. 즉 파종기계, 파종용토 또는 상토, 다양한 종류와 크기의 분 또는 연결폿트, 육묘용자재(접목기자재, 번식기자재 등), 양액재배용토 들이 포함된다. 과거의 재래식 육묘가 빠른 속도로 성형묘(또는 공정묘) 육묘로 기업화되어 가면서 이 분야에서 향후 빠른 변화와 발전이 기대된다.

7 관수자재(灌水資材)

주로 온실이나 하우스에서 자동 또는 반자동으로 관수할 수 있는 기자재를 다루는데, 최근 특히 괄목할만한 많은 발전과 새 제품들을 개발하여 공급하고 있다.

8 농업용난방기

석유, 경유, 천연가스 및 연탄을 이용하는 난방기가 주를 이루며, 최근에는 태양열 난방이나 지열(지하수 포함)을 이용하는 다양한 제품들이 선을 보이고 있다.

9 방제기기

가정용 소품들도 대단히 많지만 온실이나 하우스 등에서 자동 또는 반자동으로 야간에 작업을 하지 않는 시간 등을 택해서 방제하는 무인방제기 등 다양한 제품들이 개발되어 있다.

10 종합제어장치

전체 온실을 제어하는 종합제어장치에서부터 양액재배 전담제어장치나 각종 간이휴대용 측정장치가 소개되고 있다.

11 온실용 환풍기

환기와 통풍만을 중점적으로 담당하는 장치를 전문적으로 생산 및 공급하고 있는 업계가 분리되어 운영되고 있다. 수출주도형으로 활로를 넓혀 가는 것이 우선적이다.

12 비료

원예용 영양제 외에도 작물생산에 필수적인 비료가 다양하게 작물별, 그리고 용도별로 각각 구분되어 시판되고 있다. 토양용 비료외에도 양액재배용 비료 또는 물에 액체비료를 혼입하여 관수과 시비를 겸하고 있는 관비재배(灌肥栽培)용 비료 등이 개발되어 공급되고 있다. 가정용 소품을 중심으로한 기획상품의 가치가 크게 인정될 것으로 예견된다.

13 농약

일본의 경우와 대비하여 때 제초제와 살충제 시장에서 꾸준한 장세를 지속할 것으로 보인다. 차후 언급되는 '코니도' 의 예에서 볼 수 있는 것과 같이 차후는 기획상품을 어떻게 개발하느냐가 성패를 좌우할 것이다.

17.3.4 원예자재의 이용과 최근 개발 자재류

원예자재의 이용목적에는 여러 가지가 있으나 그 중 가장 중요한 것은 역시 노동력 절감이다. 즉, 아무리 어려운 일이라도 자재를 효율적으로 이용하면 매우 손쉽게 그리고 빠르게 처리할 수 있기 때문이다. 예를 들어, 땅을 파고 밭을 일구고 비료를 주고 모종을 내 심고 관리 및 수확하는 일도 그다지 고가가 아닌 간편한 '관리기' 한 대로 쉽게 해결할 수도 있게 되었기 때문이다. 원예자재를 이용함으로써 얻을 수 있는 추가적인 다양한 장점들은 다음과 같다.

- 좋은 상품을 오래 관상할 수 있다.
- 매일의 정원관리나 일상 생활 속에서의 관리를 손쉽게 할 수 있다.
- 실내 화초를 포함한 원예식물들을 훨씬 돋보이게 할 수 있다.
- 새로운 기술을 지속적으로 익혀 나갈 수 있다.
- 정서적인 이득 외에도 과학적인 사고를 키울 수 있다.
- 규모가 커지는 경우 개인 사업으로 키워 나가기가 수월해진다.
- 자신만의 실험이나 관찰을 하여 기사나 논문을 발표할 수 있다.

그러나 본장에서는 우리 생활 주변에서 대개는 휴대용이면서도 비교적 저렴한 가격으로 사용할 수 있는 간단한 측정자재와 몇 가지 최근 자재류를 간추려서 소개하고자 한다.

1 원예용 간이측정기

(1) 당도계(糖度計)

과실이나 채소, 주로 과채류에 함유된 당분함량(단맛)을 측정하는 것으로 즙(juice)을 한두

방울만 짜서 바로 측정할 수 있어서 휴대용으로는 최적이다. 과실 등의 품질을 비교할 수도 있고 수확 적기를 결정할 때도 중요하게 쓰인다. 대개는 수동식 간이굴절계를 의미하지만 최근에는 비교적 저렴한 digital 당도계도 소개되어 더 정확한 수치를 제공해 주고 있고(그림 17-3a), 아울러 비파괴측정기까지 개발되어 있다.

(2) 전기전도도(電氣傳導度) 측정계(Electric Conductivity meter, EC meter)

물에 녹아 있는 각종 비료성분의 농도를 측정하는 것으로 진단이나 처방에 많이 쓰인다. 특히 양액재배(수경재배)하고 있는 현장에서 양액의 농도를 측정하고 조정하는 데는 필수적이다. 아울러 관비재배에도 요긴하게 이용되고 토양침출액이나 과즙 등에 포함된 각종 이온의 농도를 측정하는 등 그 이용 범위가 대단히 넓다. 위의 당도계와는 달리 물에 녹되 이온화(+ 또는 −)하지 않는 성분은 검출되지 않으므로 그 용도가 매우 다르다. 환경오염 평가 및 수질분석 등에도 이용될 수 있다(그림 17-3b).

(3) 광도계(조도계, 照度計)

태양광선이나 인공조명광선의 광도를 측정하여 작물 특히 실내에서 재배되는 작물에 적절한 광선을 공급해 주기 위한 수단이나 실험용 등으로 많이 쓰인다(그림 17-3e).

(4) 토양수분측정계

식물의 뿌리가 분포되어 있는 토양 부위의 수분함량을 연속적으로 측정함으로써 관수 시기나 관수량을 결정하는데 많이 쓰이고 있다. 최근에는 토양온도 및 수분을 동시 측정하여 장

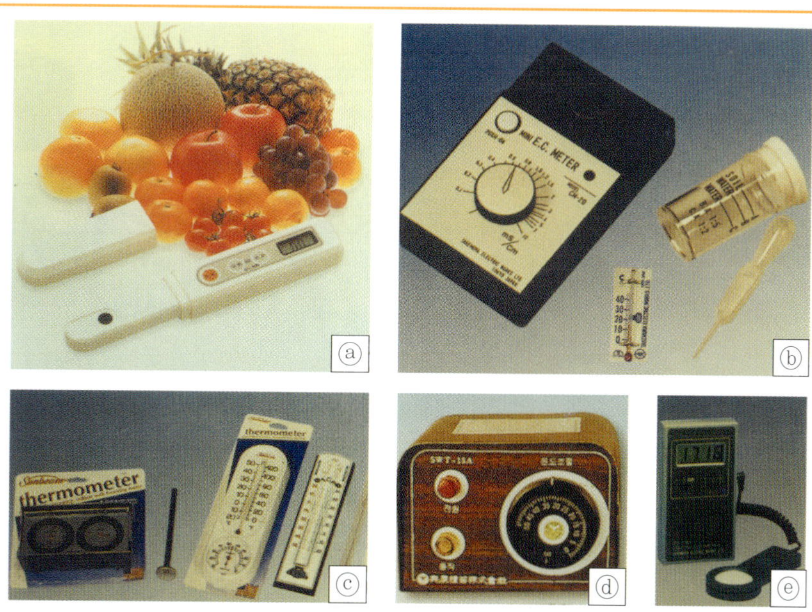

▲ 그림 17-3. 수종의 원예용 간이 자재류
ⓐ 당도계, ⓑ 전기전도도계, ⓒ 온도계, ⓓ 전열선온상온도조절계, ⓔ 조도계

기 저장하거나 컴퓨터에 연결하여 사용하는 휴대용이 개발되어 있어서 매우 유용하게 쓰이고 있다.

(5) 온도계(자동기록형)

다양한 온도계 및 토양온도계가 있으며 저렴한 가격에 정밀도가 뛰어난 것들도 많다. 아주 소형의 휴대형이면서도 몇 달간의 온도 및 습도(토양수분)의 변화를 측정, 기억할 수 있는 온도계 및 온습도계도 시판되고 있다. 가격은 크기에 비하면 다소 비싸기는 하지만 후에 컴퓨터에 접속하여 출력하여 다양한 작업에 활용할 수 있다는 결정적인 장점이 있다(그림 17-3c).

(6) 용존산소(溶存酸素) 측정계

물에 녹아 있는 산소의 양을 측정하는 계측기이다. 실제 재배 시는 양액재배 또는 수경재배 시에 활용도가 높고 수질오염 정도를 비교 평가하는데도 이용이 가능하다. 즉, 수생식물이나 어류 등의 서식환경이나 수질 등을 측정하는 기계로 근래 간이휴대형이 많이 개발되었다(그림 17-3a).

(7) 전열선온상(電熱線溫床)

전기로 전선을 가열하여 이에서 발생되는 열로 싹을 틔우거나 묘를 키우는데 사용한다. 온실이나 비닐하우스에서 한정된 지역만을 가열하므로 우선 비용이 적게 들고, 온도센서를 이용하여 온도를 감지하게 하여 자동온도조절이 가능하므로 온도조절도 비교적 정확하다. 다만 정전시 이용이 불가능하여 대체 수단이 필요하고 대면적이나 키가 높은 작물 등에는 이용할 수 없다. 주어진 면적대로 사용하여야 하며, 면적이 좁다고 전열선을 자르거나 하여서는 안 된다.

2 원예용 비료 및 농약

(1) 코니도

주로 가정용 화초밭이나 가정채소원에서 크게 문제가 되는 것이 진딧물 등의 작은 해충인데, 종래의 진딧물약은 처리를 하더라도 1~2 주일 밖에는 지속되지 못하며, 또한 처리후 일정 기간은 처리된 원예작물을 수확하여 판매하는 것이 금지되어 있어서 많은 불편이 있었다.

'코니도' 는 입제(粒劑)의 경우 토양에 한 번 처리해주면 처리하기도 편리하고 안전하며, 처리효과의 지속기간이 2개월 이상으로 획기적인 방제가 가능하여 가정용으로 선풍적인 인기를 누리며 보급이 확대되고 있다. 양재동 화훼시장에서도 가정용 소포장으로 판매되고 (신신화분 등) 우편구입도 가능하므로 구입은 용이하지만, 타 약제에 비해 단가가 비싸므로 대면적이나 포장 등에는 이용하기 힘든 문제점이 있다.

화분에 처리하는 경우도 화분 표면에 소정량을 뿌려주고 한 번 표면의 흙을 긁어 주면 역시 처리효과가 오래 동안 지속되어 매우 실용적이다. 식용으로 하는 잎채소(엽채류)에는 등록되어 있지 않으므로 약제포장지에 명시된 작물에만 용도를 지켜 이용하도록 한다.

같은 농약이기는 하지만 종자에 처리해서 어릴 때 해충의 피해로부터 어린 식물을 보호하는 제품도 개발되어 있다. '가우초'라고 불리는 이 농약은 종자에 처리하고 그 종자를 뿌리면 1개월 정도 해충으로부터의 피해를 방지할 수 있다. 이 방법은 온실작물보다는 오히려 포장에서 대규모로 밭에 직파하는 많은 작물의 종자에 처리하는 것이 유리하고 실용적이다(작물보호협회, 2008).

(2) 마감프(MaGamp)

하얀 좁쌀~팥알만한 크기로 된 고형비료로서, 화분재배하는 경우 화분의 흙과 섞어 주면 이 비료성분이 시간을 두고 서서히 작물에 이용되므로 2~6개월간을 추비를 주지 않더라도 재배가 가능하다는 장점이 있다.

물론 이와 유사한 다른 제품들도 많이 개발되어 있고 화분용이 아닌 논이나 밭, 그리고 산림용으로도 개발되어 각각 다른 이름으로 시판되고 있는 것들도 있다. 그 밖의 영양제로는 Pokon이라는 상품이 세계적으로 가장 많이 거래되고 있는 것 중의 하나이다.

(3) 크리살(Chrysal)

꽃꽂이 용기의 물속에 섞어 넣으면 절화의 수명을 획기적으로 연장할 수 있는 약제로서 당분 이외에 유황화합물을 포함하고 있다. 일반적으로 절화수명의 2배 정도 연장이 가능하다. 네덜란드에 본부를 두고 있는 Pokon & Chrysal 회사에서 개발 및 시판하고 있는 제품으로서 다양한 작물에 대해서 각각 다른 처방들이 있다.

근래에는 물에 녹이더라도 물의 색깔을 흐리게 하지 않는 clear 제품이 인기가 있어 clear 쪽으로 개발이 집중되고 있다. 절화보존제에는 채화(採花) 직후 처리하는 전처리제와 절화보존용액에 첨가하는 후처리제가 있다.

후처리제의 시장규모가 전처리제에 비하면 3배 정도 크기는 하지만 네덜란드 등지의 전문적인 화훼생산업자들은 100% 전처리제를 사용하고 있으므로 국내에서도 특히 수출용과 같은 긴 수명이 요구되는 상품에는 다양한 처리가 적용되는 것이 바람직하다.

(4) 훈증제

농약을 물에 타서 뿌리거나 토양에 주기보다는 살균제, 살충제를 밀폐된 공간에서 일정량을 태우거나(薰煙劑) 증발시켜(薰蒸劑) 구제효과를 얻는 것으로 야간에 훈연 또는 훈증 처리하고 아침에 환기하면 처리도 용이하고 식물체에 농약이 거의 잔류하지 않아서 최근 빠른 증가 추세를 보이고 있다. 오이나 딸기 같은 식용원예작물은 익는 대로 수시로 수확하므로 일반적인 농약처리방법으로는 잔류량 안전기준을 지키기가 사실상 불가능하다. 그러나 훈연제 또는 훈증제를 사용하면 잔류량을 극소화하여 안전생산이 가능하므로 특히 수확기에 이른 채소 등에 이용이 권장된다. 이것은 물론 가정용으로도 적합하다.

(5) 실리카젤(Silica Gel Blue)

실리카젤은 건조제 또는 공중습기흡수제(吸濕劑)이다. 밀폐된 용기 속에 실리카젤을 넣고 쓰다 남은 종자나 변하기 쉬운 농약 등을 넣고 함께 밀봉하면 용기 내에서 흡습하여 용기 내는 매우 건조하게 된다(상대습도 20% 이하). 이렇게 되면 종자의 수명을 획기적으로 연장시킬 수 있다.

청색 실리카젤을 넣어주고 이 청색이 분홍색으로 변하면 충분히 흡수하였다는 증거이므로 용기에서 실리카젤만 꺼내어서 오븐(oven)에서 말리면 흡착되었던 수분이 증발되고 색깔이 다시 청색으로 변하면서 수분을 재흡수 할 수 있게 된다. 이 물질은 물론 여러 차례 반복해서 사용이 가능하며 폭 넓게 이용될 수 있다.

(6) 조직배양시약(組織培養試藥)

조직배양이 현재 널리 보급되어 있기는 하나 당면한 문제점 중의 하나가 다양한 시약을 녹이고 다루다 보면 시약의 순도나 취급, 정량계산이나 용해방법을 잘 몰라서 소정의 효과를 거두지 못하는 예가 흔히 발생한다. 세계적인 화공약품회사인 Sigma사 등에서는 상기 조직배양시약 등의 제품들을 혼합제로 조제하여 판매함으로써 사용할 때에 그대로 증류수에 녹여서 사용하도록 상품화하여 판매하고 있다. 초보자는 물론 대규모로 배양하더라도 처방제를 이용하는 예가 증가하고 있다(Sigma Chemical Co. 등).

(7) 기타 원예용 자재

재배 및 생산과 관련된 다양한 자재류(지주, 유인끈, 초화분 등)가 소개되고 있다.

(8) 콩나물재배용기

가정에서 싹기름 채소를 재배하고자 할 때 간편하게 이용할 수 있는 장치로서 매우 실용적이다. 콩나물 외에도 숙주나물, 무싹, 고추싹, 들깨싹 등을 길러 낼 수 있다.

(9) 자동접목기

유풍실업에서 고안해 낸 박과채소류 접목기계이다. 한국, 일본, 대만 등의 아시아 국가에서는 수박이나 참외, 오이 등을 박이나 호박에 접목하여 재배하는데 국내에서만도 채소류에서는 연간 약 5억주가 접목되고 있다(Lee, 2007). 숙련된 사람이면 이 기계로 시간당 500개 정도를 접목할 수 있는데, 이는 일반 수접목의 150여개에 비하면 3배 정도 효율적이다. 한국에서 개발되었지만 가격이 적당하고 효율성도 높아서 일본, 중국, 대만 등지로 수출되고 있다(그림 17-4).

▲ 그림 17-4. 유풍접목기(수출용)

(10) 타이머(Timer)

일정시간에 전기의 켜고 끔을 조절하는 기기로 특히 난방이나 전기기구를 사용하는 경우 컴퓨터에 연결하지 않고도 손 쉬운 조절이 가능한 장치이다. 가격이 저렴하므로 몇 개를 연결시켜 이용하면 복잡한 과정까지도 어느 정도 자동화를 꾀할 수 있다.

(11) 무적필름(無滴 film)

비닐 또는 플라스틱하우스의 단점 중의 하나는 외온이 낮은 경우 비닐 안쪽면에 물방울이 많이 생겨서 다습하고 불편하며 광선 투과도 낮아진다는 것이다. 무적필름은 비닐내면에 특수코팅물질을 처리하여 물방울이 생기지 않도록 개발된 제품으로서 4년까지 이용할 수 있으나, 훈증제나 훈연제를 사용하는 경우 코팅물질과의 반응 등이 문제시 될 수도 있다.

(12) 상토(床土)

씨를 뿌리거나 작은 화분 등에 가정용 채소나 화초 등을 기르기 위해서는 과거에는 일일이 상토를 조제하였으나, 최근에는 수입상토를 비롯하여 시판되는 상토의 종류가 상당수 있고 그 판매와 이용도 날로 증가하고 있다. 가정용 소량이라도 가까운 자재상을 방문하여 구입하여 이용하는 것이 여러모로 편리하다(그림 17-5).

(13) 관수호스(灌水 hose)

가정용 수도나 지하 펌프에 연결해서 사용하는 분무호스(직경 4~5 cm의 플라스틱 호스에 뚫은 바늘구멍 사이로 실 같은 물줄기가 나오도록 한 것)가 대중적인 것으로 사용범위가 넓고 값도 저렴하다. 멀칭 밑으로 넣어 줄 수도 있고, 토양표면에 놓거나 아니면 지상 일정 높이에 시설하여 관수효과를 극대화하기도 한다. 적당한 길이로 잘라 쓸 수도 있고 값도 저렴하므로 엽채류 재배 플라스틱하우스에서 가장 흔히 이용된다.

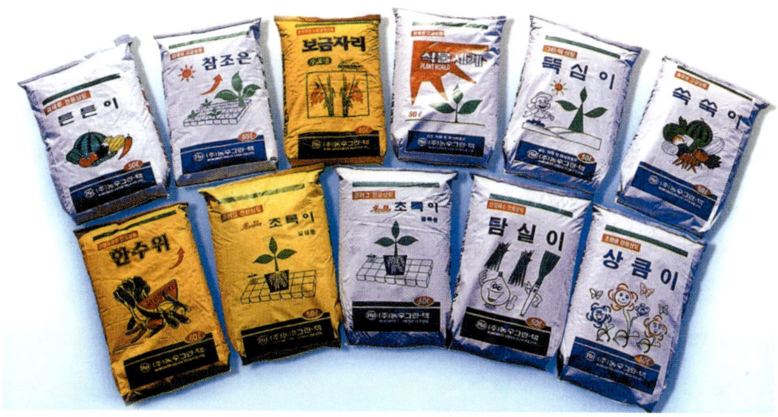

▲ 그림 17-5. 다양한 상토류

(14) 관수장치

위의 관수 이외에도 점적관수(drip or trikle irrigation), sprinkler 관수 등 다양한 관수장치가 개발, 이용되고 있다. 분재화초의 경우 점적관수 또는 저면관수 등을 적용한다.

(15) 생육등(生育燈)

과거에 많이 사용하던 백열전구(白熱電球)에 비해 형광등은 전력이용효율이 높고 식물체가 웃자라지 않으며, 특히 생육등은 광합성 효율이 높아서 인공조명등에 적합하다. 특수한 목적이 아니면 백열등의 이용은 피해야 하는데 그 중요한 이유는 백열등을 비추면 오히려 식물체가 더욱 웃자라게 되기 때문이다. 생육등으로 개발되어 시판되고 있는 특수형광등도 다수 있는데, 효과는 있으나 종류에 따라서는 가격이나 효과면에서 기대한 만큼 충족시키지는 못하고 있어 LED의 이용 등 더 좋은 조명시설의 이용에 관한 연구가 필요하다.

(16) 천적(天敵 ; natural enemy)의 이용

안전농산물에 대한 관심과 수요가 급증함에 따라 종래의 농약살포 대신 천적을 방사하여 무농약 농산물을 생산하는 기술이 폭 넓게 정착되고 있다. 해충의 종류에 따라 다양한 천적이 개발 및 시판되고 있는데, 예를 들어 진딧물만 먹고 사는 무당벌레는 성충이나 애벌레 모두 식성이 좋아 칠성무당벌레는 하루에 399마리의 진딧물을 잡아 먹은 기록도 있다고 한다(그림 17-6).

무당벌레 성충

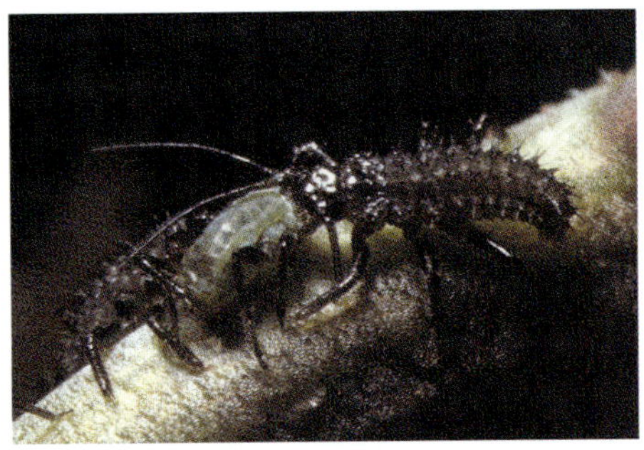

무당벌레 애벌레

▲ 그림 17-6. 친환경 원예작물 생산에 흔히 이용되는 천적류

참고문헌

1. 박권우, 김영식. 1998. 양액재배. 아카데미서적.
2. Resh, H. M. 1993. Hydroponic Food Production. Woodbridge.
3. 안학수 외. 1986. 수경재배기술개요. 일조각.
4. 오일수, 배종향. 1995. 양액재배론. 선진문화사.
5. 작물보호협회. 2008. 농약사용지침서.
6. 武川滿夫. 1987. 水耕栽培百科. 富民協會.
7. 박상근, 김광용. 1992. 수경재배. 오성출판사.
8. 한국농자재산업협회. 농업생산자재총람. 매년 발간.
9. 이정명 외. 2003. 신고채소원예각론. 향문사 610쪽.
10. Park, K.W. 2006. Chronica Horticulturae 46(3). 국제원예학회.
11. Lee, J.M. 2007. Horticulture in Korea. 도서출판 씨아이알.

18 도시인을 위한 주말농장 또는 관광농원

18.1 주말농장의 정의와 기능

"비만은 병이다(Obesity is a disease)"라는 정의가 내려진 뒤로 몇 년이 흐르면서 적절한 운동이나 단련을 통해 체중을 조절하려는 도시인들의 노력은 감탄할만하다. 중년기 이후의 질환(?)으로만 생각했던 비만이 이제는 fast foods 를 즐겨찾는 초등학교 학생에서조차 쉽게 찾아볼 수 있게 되었다. 세계에서 가장 근면하다던 한국인들도 이제는 토요 휴무제, 주5일 근무제 등으로 여유시간이 무척 늘었지만 좁은 마당이나 아파트 내에는 여유를 부리면서 움직일만한 공간도 적다. 생각으로는 보다 넓은 세상과 지식을 접해야 한다고 하면서 컴퓨터의 모니터만 뚫어지게 보면서 손가락과 눈동자 운동만 하는 생활의 반복인 경우도 이젠 남의 일만은 아니게 되었다. 어쩌다가 바깥바람 한번 쏘여본다고 등산복을 걸치고 나들이를 나갔다가도 대부분의 시간을 좁디좁은 차속에 갇혀서 고속도로 상에서 비싼 화석연료만 태우면서 비만의 정도를 더해 가고 있다. 소화 잘되는 음식의 선호, 운동부족, 스트레스 축적에 따르는 과식, 생활환경의 변화 등 다양한 요인에 의해서 현대인의 비만은 악화일로를 달리고 있고, 정신적으로 쌓이는 스트레스는 더 무거워만지는 실정이다. 비만을 예방하기 위해서는 소식(小食), 운동, 그리고 식단조성이 무엇보다 중요하다. 이에 대한 근본적인 대책 중의 하나가 원예작물의 재배와 이용증대이다.

식사 시 신선한 채소를 많이 먹게 되면 첫째, 상대적으로 비만에 직접적으로 관여하는 고지

▲ **그림 18-1.** 가정 정원

방, 고탄수화물 음식물의 섭취를 효과적으로 감소시킬 수 있을 뿐만 아니라 복부에는 필요한 풍만감을 얻을 수 있으므로 소식 습관의 정착이 용이하다. 운동의 경우 주말농장이나 마당 한 구석, 하다못해 베란다에라도 식물을 많이 심어서 이를 효과적으로 관리하자면 매우 부지런해지지 않으면 안 된다. 특히 주말농장의 경우에는 거의 하루 종일 자연과 접하게 되는 경우가 대부분이어서 과도할 정도의 운동이 자연적으로 이루어진다. 게다가 신선한 공기와 맑은 햇살을 접할 수 있어서 더욱 좋다. 둘째, 신선한 채소를 많이 섭취하면 이에 함유되어 있는 풍부한 항산화 성분이 세포와 피부의 노화를 지연시키므로 건강유지에 효과적임은 물론, 많이 함유되어 있는 양질의 식이성(食餌性)섬유가 위장활동을 촉진하고 장 내부를 청결하고 튼튼하게 유지할 수 있을 뿐만 아니라, 원만한 배설을 촉진하여 과잉흡수를 방지하고 숙변(宿便)의 집적을 막아줌으로써 소식과 장청소와 숙변문제를 함께 해결하여 비만 예방에도 결정적으로 기여할 수 있다. 셋째, 직접 기른 채소를 먹는 즐거움은 그 어디에도 비교할 수 없는 영양식단이요 또한 보람이다(그림 18-1).

간접적 효과 : 귀뚜라미, 벌레, 병, 치료 비료 주기 등 자라는 것을 가꾸면서 자연과 생물을 이해하면 돌봄의 지식, 가꾸는 보람, 수확의 즐거움, 안전한 이용 등의 효과에 추가하여 지인과의 대화의 폭과 깊이를 더할 수 있다. 특히 전혀 서로 관련이 없었던 외국인 등을 상대로 할 때는 더욱 적합하다. 이와 관련된 책자도 구입이 용이하다(그림 18-2).

▲ 그림 18-2. 주말농장 관련서적

18.2 주말농장의 현황 및 이용

전국적으로 많은 수의 주말농장이 회원제, 분양제 등으로 운영되고 있다. 일례로 주말농장(www.weeknfarm.co.kr)에서는 경기, 인천, 서울 등지에서 운영되고 있는 170여개소의 주말농장의 명칭과 주소 등을 찾아볼 수 있다(표 18-1, 그림 18-3, 18-4). 따라서 거주지의 주소에 따라서 현재 기거하거나 주소지로부터 가까운 위치에 있는 주말농장을 선택하여 계약 이용할 수 있다. 대개 16 m^2(5평) 기준으로 연간 사용료가 10만원 정도인데 옵션에는 여러 가지가 있다. 적지선정에 유의해야 할 점은 교통문제 외에도 토질을 살피고, 현장에서 채광(採光) 조건이 좋아야하며 건조 시에도 용이하게 관수할 수 있는 수자원이 가까이 있어야 한다. 이외의 조건들은 언제 어떠한 작물을 기르게 되는가에 따라서 차이가 있지만 대체로 주말농장의 규모가 클수록 편리점이 많다.

▶ 표 18-1. 주말농장(www.weeknfarm.co.kr)에 수록되어 있는 경기지역의 농장명(2008년)

지 역	주 말 농 장 명
가평	세인농원, 청명팬션주말농원, 연인농원
고양시	제일주말농장, 설문청정, 자유주말농원, 돌풍부주말농장, 늘푸른주말농장, 청송유기농주말농원
과천	재경주말농장, 우리주말농장, 세곡산천주말농장, 푸른들농원
광명시	남부농장, 소하1동 주말농장, 상준농장
광주시	번천리주말농장, 대림배농원, 다솜주말농장, 퇴촌주말농장
구리시	청송농장, 동사골 주말농장
군포시	정자골 주말농장, 둔데농장, 초원농장, 영진주말농장
김포시	천현영농회, 한아름주말농장, 보람농장, 신김포농협, 고막영농회
남양주	짱아농원, 평양농원, 수성주말농장, 물골주말농장, 양정주말농장, 송촌호반농장, 송촌주말농장, 북한강배나무 주말농장, 세원, 그린농장, 광릉숲주말농장, 명배농장, 호수주말농장
동두천	탑동자연학습체험장
부천시	고강주말농장
성남시	궁내주말농장, 분당서현주말농장, 서현효자주말농장, 고등주말농장, 옛골주말농장
수원시	광교주말농장
안산시	서해농장, 황토주말농장, 동막골주말농장, 남부주말농장, 선학농장
안성시	순만농원, 이솔주말농장, 홍은농장, 미리내(팜스테이), 푸른농장, 망울농장
안양시	청석농장
양주시	낙원농장, 청솔농장, 회만농원, 지도자주말농장, 노고산주말농장, 임자방주말농장, 만남의자리, 돌뫼골주말농장, 방아다리농장
양평군	금요농장, 그린토피아, 이조농원, 양수농원, 용진농원, 테마파크, 소리농원, 용늪농장, 배로농원
여주군	이림농장, 송월주말농장, 금계동농장, 석수공원주말농장, 산촌농원, 참숯자연농원, 임원농장, 석송농장, 외룡농원, 석화촌농장
연천군	새둥지주말농장
용인시	넝쿨주말농장, 한터조랑말농장, 용담농장, 학일농원, 포곡주말농장
의왕시	모락산농장, 오전, 골사그네, 로니파, 고분재, 쉼터
의정부	고산주말농장, 들빛농장, 들꽃마을, 여명
이천시	주말농장, 저수지농장, 미현농장, 윤재농장, 부래미배농장, 삼성농원, 진리배
파주시	쇠꼴마을, 화진농원, 석현농장, 시루골농원, 파평농원
평택시	소연농장
포천시	신기사슴농장, 반디농원
하남시	서하남주말농장, 샘재체험주말농장
화성시	금당농장, 기배농장, 비봉농협산들래농장, 상안농장, 운해산방, 신선농원, 열린농원, 부자농장, 향기농원
서울강남구	자곡주말농장
서울강동구	초록텃밭주말농장, 상일주말농장, 고덕주말농장, 초군농원, 상일주말농장, 대로주말농장, 선사주말농장

▶ **표 18-1.** 주말농장(www.weeknfarm.co.kr)에 수록되어 있는 경기지역의 농장명(계속)

지 역	주말농장명
서울관악구	과천성일주말농장
서울금천구	관악농협주말농장
서울도봉구	초록향기
서울서초구	청계킹스가든, 염곡약수터주말농장, 대원주말농장
인천강화군	동검리농장, 삼랑섬주말농장, 용두레주말농장, 조광농장, 풀향기농원, 마니산주말농장
인천계양구	계양산솔밭주말농장
인천남동구	찬우물농장, 청년부 주말농장, 푸른주말농장, 헤맑음주말농장, 새농민회주말농장, 도림주말농장, 쑥골주말농장, 솔빛주말농장, 진실주말농장
인천부평구	덕인주말농장
인천 서구	간재울농장, 꽃뫼농장
인천연수구	선학주말농장
인천옹진군	성진농원
인천 중구	실미원농장

(a) (b)

▲ **그림 18-3.** 주말농장에서의 작업. (a) 상추 정식, (b) 상추 수확

▲ **그림 18-4.** 주말농장의 홈페이지

18.3 주말농장의 관리

규모가 큰 주말농장이면 현지에서도 주요 관리요령을 배울 수도 있을 뿐만 아니라 다양한 장비, 기계, 소품, 종자, 비료, 농약까지도 현지에서 조달이 가능한 곳이 많다. 그러나 많은 경우 주로 독학이나 과거의 경험에 의존 또는 주변의 조언이나 책이나 인터넷으로 찾아볼 수 있는 정보들을 참고하여 관리한다. 식물도 한창 자랄 때에는 놀랄 정도로 빠르게 자라나면서 각종 변화를 보이므로 자주 찾을수록 유리하다.

농촌진흥청에서도 도시인을 대상으로 하는 다양한 강좌를 개설하고 있는데 인기 있는 강좌 중의 하나가 "도시민을 위한 전원농업교육"으로 수강인원은 매회 50명씩 20회로 연간 1000명의 강습생을 배출한다. 원하는 대로 다 받을 수는 없어서 선착순으로 마감하는데 수강생의 구성이 남녀노소를 불문하고 고르게 신청하는 것이 특징이다. 또한 대학에서나 지방자치단체에서 개설하는 생활원예나 유사과목도 장소에 따라서 수강이 가능하다. 자유로운 질문시간이 주어지고 현장경험이 풍부한 강사진이 돌아가면서 강의하므로 많은 것을 실속 있게 배울 수 있다. 대개 5일간 전일 강의로 40시간을 이수하게 된다(표 18-2 참조).

주말농장의 관리요령으로도 역시 농촌진흥청이나 지자체에서 소개하는 작물별 월별관리요령을 참고로 하면 편리하고, 특수한 작물에 대하여 전문적인 지식이 필요한 경우에는 농진청에서 주로 특정 작물을 집중적으로 다루면서 발간하는 "표준영농교본"을 이용하거나 농진청 홈페이지에서 "농업기술대전"을 이용하면 쉽게 전문적인 정보와 접할 수 있다.

아래에는 아주 기초적인 내용만을 함축적으로 기술하였다.

첫째 주말농장으로 적합한 조건을 보면,

- 위치는 교통이 좋고 남쪽을 향하고 있어서(남향) 햇빛이 많이 드는 곳
- 토질이 모래와 점토가 적당히 섞여있고 부식질이 많을 것
- 보수성 및 배수가 좋은 토양
- 매연이나 도로변 등에서의 흙먼지로부터 안전한 곳일 것
- 주변에 인가가 가까이 있는 곳

밭 만드는 순서는 아래와 같이 한다(간단한 농구는 그림 17-2 및 18-5 참조).

- 땅고르기 : 가급적 깊게 갈아 엎고 잡초와 돌 등은 잘 골라내면서 골라야 한다.
- 밑거름 주기 : 잘 썩은 퇴비가 있으면 땅을 고르기 전에 토양 전면에 고르게 펴 넣어놓고 섞어 가

▲ 그림 18-5. 가정정원용 농기구류

▶ 표 18-2. 서울 근교 주말농장 안내(자료 : 농촌진흥청)

유 형	농장명	농장주	농장주소	연락처	규 모	회원수
텃밭 재배형 (개인)	도봉산주말농장	김종기	도봉구 도봉동 384-1	955-3168 016)406-3168	1400	350
	청산주말농장	권오성	도봉구 도봉1동 307	955-0220 010)9984-8788	800	200
	정의공주주말농장	이광순	도봉구 방학4동 571	3492-6761 017)357-6761	1200	300
	무수골주말농장	이남경	도봉구 도봉1동 469	954-0329 010)3025-0329	5000	1200
	초원농장	이창심	도봉구 도봉1동 380	2245-1829 017)255-1829	1500	신규
	삼하사주말농장	유영양	양천구 상정3동산 166-2	815-2125 011)9046-6804	10000	1000
	신정주말농장	유진봉	양천구 상정3동산 166-2	2864-9260 017)717-7556	1200	200
	옥천주말농장	고유상	강서구 가양동 193	3662-5545 010)7757-5545	2500	300
	대원농장	김대원	서초구 원지동 227	574-9303 011)597-4187	5000	1100
	원지농장	장명완	서초구 원지동 238-36	577-1421 016)438-2074	1000	100
	서초주말농장	이형태	서초구 신원동 221-2	574-9691 017)310-9671	400	100
	옛골주말농장	최천택	서초구 신원동 442-2	486-5501 016)255-5501	400	100
	미래농원	이석붕	서초구 원지동 342-2	706-1900 016)9338-0008	700	100
	청계주말농장	조규철	서초구원지동 384	572-7902 011)221-7902	1500	300
	못골주말농장	김홍식	강남구 자곡동 457-7	451-1121 011)212-2327	1500	200
	못골약수터주말농장	남태웅	강남구 자곡동 542-2	459-6819 011)728-6078	600	150
	대모산주말농장	김용식	강남구 자곡동 515-6	011)9700-0462	1200	200
	저곡주말농장	김민식	강남구 자곡동 440-73	226-0462 011)9700-0462	2500	550
	상일주말농장	강세구	강남구 상일동 468-3	451-6149 011)757-0099	3000	600

▶ 표 18-2. 서울 근교 주말농장 안내(계속)

유 형	농장명	농장주	농장주소	연락처	규 모	회원수
	고덕주말농장	어세경	강남구 고덕동 325	441-4723 011)9724-4723	3000	350
	형제주말농장	주건욱	강남구 상일동 447-2	429-6203 016)293-6203	1100	150
텃밭 재배형 (단체)	초록텃밭주말농장	농기협	강동구 고덕동 325	427-4758	4500	600
	강서구청주말농장	강서구청	강사구 외발산동 198-3	794-7270 011)490-1680	800	450
	상일주말농장	한국자산관리공사	강동구 상일동 145-6	2600-6629	2700	400
	남서울중앙교회	교회	강남구 자곡동 370	3420-4551	500	100
자연 학습 장형	청계주말농장	조규철	서초구 원지동 384	3411-9191	500	300
	홍씨주말농장	홍대석	서초구 내곡동 92-12	572-9309	500	300
	상일주말농장	강세구	강동구 상일동 468	429-2535 011)9724-4723	300	400
	무수골주말농장	이남경	도봉구 도봉1동 469	954-0329 018)380-7036	500	200
	자곡주말농장	김민식	강남구 자곡동 440-73	451-6149 011)757-0099	500	100
배나무 임대형	능말주말농장	임수근	중랑구 신내동 156	432-1304	2000	350
	햇님주말농장	임영택	중랑구 신내동 산34	6221-4243	1000	250

면서 고르면 좋다. 이때 석회를 10 m^2당 1~1.5 kg 정도 주도록 한다.

- 이랑 만들기 : 이랑의 폭은 90 cm 정도가 알맞고, 고랑은 이랑보다 높이가 약 20~30 cm 낮게 만들어 물빠짐이 좋게 한다.
- 이랑위에 줄 간격은 20~25 cm 정도로 하여 씨를 뿌리거나, 모종을 심을 때는 그 종류에 따라서 포기 사이 30 cm 정도로 하여 심도록 하고 필요 시에 지주를 세워 준다.

작물의 배치

봄과 가을에 따라서 그리고 재배하는 밭의 넓이에 따라서 키우려는 작물을 골라 아래의 내용과 표 18-3, 18-4를 참조로 하고, 그림 18-7에서 보이는 순서로 씨를 뿌리거나 심도록 한다(면적이 넓으면 같이 심음).

봄 파종 : 상추, 배추, 쑥갓, 파, 감자(잎들깨, 토마토, 가지)

▶ 표 18-3. 소규모 주말농장에 권장되는 작물의 종류 및 파종 또는 아주심기 시기

<table>
<tr><th rowspan="2">구 획</th><th colspan="12">년중 시기별 파종(정식)기-수확기</th></tr>
<tr><th>1월</th><th>2월</th><th>3월</th><th>4월</th><th>5월</th><th>6월</th><th>7월</th><th>8월</th><th>9월</th><th>10월</th><th>11월</th><th>12월</th></tr>
<tr><td>1</td><td></td><td></td><td></td><td colspan="3">상추 쑥갓 등 쌈채소</td><td colspan="2">열무</td><td colspan="3">갓</td><td></td></tr>
<tr><td>2</td><td></td><td></td><td></td><td colspan="2">완두</td><td colspan="2">솎음배추/근대</td><td colspan="5" rowspan="2">김장배추 또는 무, 쪽파</td></tr>
<tr><td>3</td><td></td><td></td><td></td><td colspan="4">토마토* /오이*/옥수수</td></tr>
<tr><td>4</td><td></td><td></td><td></td><td></td><td colspan="6">고추*/가지*/고구마*</td><td></td><td></td></tr>
<tr><td>5</td><td></td><td></td><td></td><td></td><td colspan="7">콩 또는 호박*</td><td></td></tr>
<tr><td>6</td><td colspan="7">마늘/시금치 수확 및 관리</td><td colspan="2">열무/솎음배추</td><td colspan="3">마늘/시금치 파종</td></tr>
<tr><td>7</td><td colspan="12">울타리 관상수 또는 키 작은 과수류(복분자, 블루베리 등)</td></tr>
<tr><td>8</td><td colspan="12">생울타리 또는 화목류(철쭉, 칸나, 나팔꽃류, 수세미 등)</td></tr>
</table>

단, 위에서 * 표한 것은 모종을 구입하여 심고, 기타는 밭에 직접 파종함을 의미함.
*대부분의 종자 및 모종은 양재동 꽃시장 내 및 근처 원예점에서 구입이 용이함.

가을 파종 : 배추, 무, 갓, 알타리무, 쪽파(시금치)

씨뿌리기

씨뿌리기에는 줄뿌림과 점뿌림이 있는데 작물에 따라서 다소 다르다. 줄뿌림은 씨를 2~3 cm 간격으로 하나씩 떨어지게 하여 뿌린 후 싹이 트고 난 뒤에 다시 일정한 간격으로 솎아 내는 것으로 무, 당근, 쑥갓 등 옮겨 심을 수 없는 작물이나 종자가 작은 경우에 주로 쓰인다(그림 11-29 참조). 점뿌림은 한곳에 씨를 3~5개 뿌리고 2회 정도 솎아 낸 후 나중에 한 포기만 남겨 재배한다.

싹을 틔워 파종하면 재배기간을 많이 단축할 수 있는데 파종 시에 종자 또는 유묘가 상처를 받기 쉬우므로 파종 시에 특별한 주의가 필요하다.

작업에 필요한 원예자재

호미, 삽, 괭이, 물뿌리개, 퇴비, 씨앗, 모종 등(그림 18-5 참조)

주말농장에서의 요령 및 준수사항

호박, 오이, 박, 수세미 등 다른 밭까지 자라나 가거나 그늘을 줄 수 있는 덩굴성식물은 심지 않는다. 사용한 농기구는 사용 후 흙을 잘 털어 낸 후 항상 일정 장소에 보관한다. 남의 밭에는 가급적 손을 대거나 자신이 기르는 식물이 침범하지 않도록 유의한다(그림 18-6).

▲ 그림 18-6. 주말농장 현장 사례

▶ 표 18-4. 소규모 면적에 적합한 채소 종류

10~16m^2 (3~5평)		20m^2 (6평 규모)	
봄	가을	봄	가을
상추 배추 쑥갓 파 감자	배추 무 갓 알타리무 쪽파	상추 배추 쑥갓 파 감자 잎들깨 토마토 가지	시금치 무 갓 알타리무 쪽파 배추

18.4 주말농장을 위한 교육 효과

이론이나 말로만 배우는 것보다는 실제로 경험하면서 배우게 되면 배우는 것도 재미있고, 관리요령도 꾸준히 터득할 수 있으며 여가를 선용할 수 있고 수확의 즐거움을 맛 보는 등 다양한 장점이 있다. 자신을 위한 교육은 물론 자녀나 심지어는 노약자에게도 적합한 경우도 흔하다. 차근한 설계로 현장 사정을 잘 감안하여 설계한다면 최대의 교육효과도 누릴 수 있게 된다(표 18-3, 그림 18-6, 18-7).

18.5 주말농장용으로 적합한 시설, 장치 및 원예식물

18.5.1 부대시설 및 장치

도시근교의 대규모 주말농장이라면 농자재나 간단한 삽이나 호미 등과 같은 기본적인 농기구가 준비되어 있을 것이므로 이를 이용하여도 좋다. 그러나 규모가 작거나 자신에게 적합한 농자재 등이 필요하다면, 가급적 자신의 밭에 사용할 대부분의 농자재들은 자신이 챙기는 것이 원칙이다. 30 m^2 정도의 면적이라면 자신의 농기구를 챙겨두는 것도 즐거움이다. 즉 삽, 손삽, 호미, 레키, 전정가위, 퇴비, 장갑, 지주, 끈 등 기르는 작물의 종류와 시기에 알맞는 것으로 준비한다. 작물의 종류에 따라서 필요한 자재가 매우 다를 수 있다. 전술한 바와 같이 현장에서의 밭의 상태가 우선 가장 중요한 요인임을 유념한다.

▶ 표 18-5. 농촌진흥청에서 권장하는 월별 및 순별 주말농장 관리 지침(www.rda.go.kr)

	상 · 중순(1~15일)	중 · 하순(16~30일)
3월	마늘양파 웃거름 조기파종 채소 묘판관리 및 파종(참외 수박) 과수 밑거름주기 및 묘목 심기 숙근화훼류 번식 조기재배 고구마 묘판관리 단옥수수 파종 준비 조기재배 감자 묘판관리 채소류 묘판관리	밭 작물종자 비료 준비 고구마 냉상 자재 준비 단옥수수 감자 묘판관리 고추 정식포장 준비 봄배추 파종 숙근화훼류 내다 심기 백합 아주 심기 도라지, 더덕, 당귀 등 파종
4월	남부지방 옥수수, 중부 감자 심기 마늘 거름주기 배 복숭아 인공수분 칸나 달리아 등 구근화훼 심기 사과 배 적화	중북부 지방 옥수수 심기 땅콩 파종(비닐멀칭 후) 고추 내다 심기 배 복숭아 인공수분 양란 분갈이 및 실내화훼 분갈이
5월	콩 참깨 옥수수 파종 고추 정식 과채류 아주 심기 마늘 양파 밭 비료관리 포도눈따기	고구마 싹 심기 각종 열매채소 순지르기 열매채소 지주 설치 사과 배 복숭아 열매솎기 배 복숭아 봉지 씌우기 카네이션 거베라 등 아주 심기
6월	콩 고구마 참깨 심기 완두 수확 및 저장 고추 등 열매채소 웃거름 주기 난지형 마늘, 양파 수확 과수 열매솎기 및 봉지 씌우기 포도송이 솎기 및 햇가지 유인 숙근화훼류 아주심기와 관리	봄감자 수확 뒷그루 콩 고구마 참깨 심기 완두콩 수확 및 냉동보관 양배추 파종 마늘 양파 수확하여 간이저장 과수 여름전정과 유인 포도송이 솎기
7월	봄감자 및 여름옥수수 수확 여름당근 파종 붉은 고추 수확 및 말리기 고추 웃거름 주기 및 병충해 방지 장마철 관리(밭이 물에 잠기지 않도록) 포도, 복숭아 등 여름과실 수확 및 가지치기	고구마 및 식용풋옥수수 수확 가을감자 파종 준비 고랭지 채소 파종 파 및 여름양배추 아주심기 과수 병충해 방지 가을배추 등 밭 만들기
8월~	기타의 월별 추가 자료는 농진청 자료(정기간행물)농업기술 참조 요망	

▲ **그림 18-7.** 계절에 따라서 변하는 주말농장의 식물들(인용 : 신응섭, 2005)

18.5.2 채소류

채소류는 재배기간이 매우 짧은 것들이 많고 재배가 용이한 것들도 많아서 이들을 최우선적으로 골라 재배하도록 한다. 전술한 바와 같이 현장에서의 밭의 상태가 우선 가장 중요한 요인임을 상기토록 한다. 열무나 솎음배추, 시금치, 상추, 쑥갓 등은 씨를 뿌리고 이르면 30~40일 후부터는 수확하여 이용할 수 있다. 다른 채소들은 씨를 뿌리기보다는 모종을 시중 원예점에서 구입하여 5월 이후에 준비된 밭에 내다 심도록 한다. 심을 때에는 위치 선정과 동시에 재식거리(포기 및 타 작물과의 거리)에 유의하여야 한다. 각각의 작물에 대한 자세한 설명은 채소편을 참고하도록 한다. 풋고추를 수확하기 위한 고추나 토마토 등도 애호되는 작물이다(그림 18-8). 오이는 노균병이라 불리는 병이 심하게 발생할 경우가 많으므로 이에 대한 경험이 없는 사람은 재배를 피하는 것이 좋다. 호박이나 박은 원래 강하여 농약이나 화학비료를 거의 주지 않아도 잘 자라지만, 키우다 보면 너무 많이 자라나서 다른 작물들을 덮어버리므로 밭의 북쪽편에 지주를 세워 충분한 거리를 띄워 재배토록 한다. 근대(그림 18-9)나 부추도 많이 심는 작물이다. 부추는 처음 시작을 씨를 뿌리기도 하지만 포기를 얻어다가 나누어서 한 번만 심어놓으면 여러 해에 걸쳐서 죽지 않고 자라나면서 번식하므로 계속 이용할 수 있다. 적당한 길이로 자라면 가위로 잘라 수확하여 이용한다. 자주 잘라주어야 옆으로 많이 퍼지게 되므로 이 점에 유의토록 한다.

▲ 그림 18-8. 가정채소류

많은 작물에 대해서는 멀칭재배하는 것이 여러모로 유리하다. 멀칭(mulching)이란 얇은 투명 또는 흑색 비닐로 이랑 전체를 덮어준 후 심을 자리만 구멍을 뚫어 작물을 심어주거나 아니면 고구마 같은 것은 순을 비스듬히 꽂아 주는 것을 말한다. 멀칭을 하면 여러 가지 효과가 있다. 즉, 우선 지온이 올라가서 이름 봄에 심은 작물이 뿌리를 잘 내리고 잘 자라게 되고, 수분보존이 잘 되어 쉽게 땅이 마르지 않고, 비료성분의 보존도 좋고, 또한 가장 중요한 잡초발생억제에 효과가 절대적이라는 점이다. 특히 검은색 비닐로 멀칭하면 잡초를 거의 완벽하게 제어할 수 있으므로 노동력 절감은 물론이려니와 수확의 즐거움도 배로 늘일 수 있다(그림 18-10).

▲ 그림 18-9. 유색근대 초화상자 재배

▲ 그림 18-10. 고구마밭의 멀칭 및 수확의 즐거움

18.5.3 화훼류

화훼류는 주말농장보다는 차라리 정원 한구석의 공터를 효과적으로 이용하는 것이 더 실용적이다. 아름다운 꽃이 피면 그 시기에 맞추어 잘 즐겨야 하는데 외딴 곳에서 피어나는 꽃은 그다지 어울리는 장면이 아니기 때문이다. 또한 많은 관엽식물(觀葉植物)은 적당한 그늘이 주어지는 환경 하에서 더 잘 자라는 것이 많아서 노지의 강한 햇볕은 오히려 지장을 줄 수도 있다. 일반 정원에는 채광조건이 장소에 따라 매우 차이가 크므로 충분히 검토하여 적합한 작물을 선정하여 기르고 장식하는 것이 요긴하다.

18.5.4 과수류

과수류는 주말농장의 경우 울타리나 또는 별도로 준비된 과수원의 나무를 분양 받아 관리하는 양식이 될 것이다(표 18-2 참조). 대개는 이른 봄부터 늦가을까지 거의 일년 내내 관리하여야 하고 관리기술이나 방법도 매우 까다로우므로 일회용 주말농장이나 관광농원 작물로는 적합치 않다. 다만 최근에는 과수류도 분재하는 경향이 증가하고, 분재용으로 알맞은 과종이나 품종, 그리고 재배기술들이 개발되어 있으므로 유경험자라면 충분히 가능한 작물이기도 하다(그림 18-11).

▲ 그림 18-11. 가정과수 재배

18.5.5 화목류

대개는 키가 작은 관목(灌木)이 주로 재배된다. 용도도 단순히 생울타리용으로 심기도 하고 전반적인 조화를 위해서 심기도 한다. 또한 가을에 잘 익어 달려있는 과실(감이나 꽃사과 등)은

풍요로움과 운치를 더해 준다. 생울타리용으로는 회양목이나 쥐똥나무, 개나리, 라일락 등이 쓰이고, 철쭉류도 많이 이용된다. 대표적인 것은 장미인데 다양한 품종들이 있어서 적절한 것을 골라 이용토록 한다. 분에 심은 화목류는 비교적 자유롭게 이동이 가능하므로 적재적소에 배치하고 관상할 수 있다(그림 18-12).

▲ 그림 18-12. 분재 클레마티스

18.6 찾아서 꾸미는 가정 및 가족 농장

18.6.1 옥상정원

토양에 심는 것이 아니라 다양한 용기에 재배하게 되므로 사용하는 토양의 선별이 가장 중요하다. 지나치게 작은 용기는 피하고 보수력(保水力)이 강한 상토를 쓰는 것이 좋다(그림 18-13). 옥상정원은 여름철의 복사열을 흡수하여 건물자체의 냉방효과도 거둘 수 있다.

18.6.2 관광농원 겸 주말농장

전술한 바와 같이 목적하는 대상이 있는지, 그리고 현장에서의 관광지 또는 현장의 상태가 우선 가장 중요한 요인임을 이해하고 그 해의 계획을 세우는 것이 중요하다.

▲ 그림 18-13. (a)·(c) 옥상정원의 예, (b) 상가 옥상에 마련된 옥상정원

18.6.3 쉬고 있는 쉼터나 텃밭

관광농원이나 인근의 개방 공간은 적절한 휴식 겸 배움의 공간이다(그림 18-14). 장소에 따라서 완전 무료인 곳이 있는가 하면, 상당한 입장료 및 이용료를 입장 시에 또는 회원제로 요구하는 곳이 많으므로 모처럼 방문하게 되는 경우에는 반드시 철저한 확인이 선행되어야 한다. 그러나 이에 관하여는 제19장의 한국의 국립공원, 식물원, 그리고 수목원 등을 자세히 참고하기 바란다.

(a)

(b)

▲ 그림 18-14. (a) 서울아산병원(강남구 풍납동) 구내의 국화화단, (b) 경기도 농업기술원의 관광정원

참고문헌

1. 농촌진흥청 한국농업대학. 2005. 도시민을 위한 농업과 전원생활. 대아프로세스. 65-71.
2. 경기도 농업기술원. 2002. 텃밭채소가꾸기. 중부일보사 출판사업부.
3. 신응섭. 2005. 주말농장일기. 진선출판사(주). 월별 사진 전화로 사용 승인 2007. (6-28)
4. 농촌진흥청. 표준영농교본. 1~162권. 작물별 단행본.
5. 농촌진흥청. 2003. 생활원예(표준 영농교본-137).
6. 잘 먹고 잘사는 법. 김영사.
7. 월간 새농사. 월간원예전문지.
8. 농경과 원예. 월간원예전문지.
9. 여명출판사 편집국 편. 1995. 정원 · 가정원예. 여명출판사.
10. 김순경, 강천. 1995. 한국의 관광농원 137선.
11. 주말농장 안내
    www.weeknfarm.com(서울-인천,경기에만 170여곳의 주소 등 수록)
    www.jumalnongjang.com
12. 농협에서 주관하는 경기지역 주말농장(농협지역농업팀 02-397-5622~6)
    www.nonghyup.com/index.html

19 한국의 국립공원, 식물원과 수목원

오늘날과 같이 경제가 고도성장하고 문화수준이 높은 사회로 갈수록 자연에 대한 관심과 자연보호 개념이 뚜렷하게 확립되어 자연공원의 필요성이 그 어느 때보다도 절실해지고 있다.

공원은 초기에 일정한 지역 내의 사람들이 이용하는 광장형태로 조성되었다가 도시의 발전과 함께 기능이 분화되어, 현재는 도시의 중요한 공공적 시설로서 여러 가지 목적에 따라 다양한 형태로 존재하고 있다. 도시가 규모면에서 확대되고 기능면에서 보다 분화되어 가면서 도시 공간구조상 여러 가지 목적에 따라 공공시설로서 조성되었고, 특히 도시화의 증가에 따라 도시 내 인구의 증가, 의식구조, 사회계층, 생활영역의 변화와 분화에 따라 도시민의 욕구가 다양화되어 공원에 대한 사회적인 가치가 인식되면서 종래의 도시공원으로서 이용되었던 공간적 한계를 넘어 도시민의 레크리에이션 장소로 이용하는 공원, 즉 '자연' 을 대상으로 하는 '자연공원' 도 조성되게 되어 사람들의 다양한 요구와 희망을 채워 주고 있다.

공원이라 함은 공공녹지의 하나로서 자연지(自然地) 또는 인공적으로 조성한 후생적 조경지(造景地)를 말하며 전자를 자연공원, 후자를 도시공원으로 분류한다. 자연공원은 국립공원과 도 · 군립공원으로 나뉘어진다.

19.1 국립공원(National Parks)

19.1.1 국립공원의 정의

세계의 국립공원을 비롯한 자연보호지역(Protected Area)이 각 국가별, 국제기구별로 상이하게 구분됨으로써 발생하는 혼란을 방지하기 위하여 명칭과 개념 등 그 기준을 통일시키고자 1994년(당초 1978년의 규정을 개정) 국제자연보호연맹(IUCN : United Nations list of protected areas)에서 국립공원 및 보호지역을 6개의 카테고리로 구분한 바 있다. IUCN의 국립공원 정의는 다음과 같다.

- 국립공원은 비교적 넓은 면적이어야 하며, 이 구역은 인간의 개발과 점용에 의해 물리적으로 변화되지 않은 수개(1~7개)의 생태계를 유지하고 있어야 하고, 이 지역의 동 · 식물과 지형학적 위치 및 서식지가 특별한 과학적, 교육적, 여가선용적 가치를 지니고 수려한 자연풍경을 구비해야 한다.
- 국가의 최고 관계당국이 전 지역에서 가능한 한 빨리 개발이나 점용을 방지하거나 제거하는 조치를 취할 수 있어야 하고, 지정 당시의 생태적, 지형학적 또는 미학적 특성유지를 위한 조치를 효과적으로 수행할 수 있어야 한다.
- 영감적 · 교육적 · 문화적 그리고 여가선용을 위한 특별한 조건하에서만 탐방이 허용되어야 한다.

우리나라에서 IUCN의 분류상 카테고리 Ⅳ대상지역에 해당하는 곳은 자연생태계보전지역(낙동강 하구언, 지리산 노고단 · 심원, 대암산, 우포늪 등 10개소), 천연보호구역(홍도, 설악산, 한라산)이 있다.

19.1.2 세계 최초의 국립공원

미국 와이오밍(Wyoming)주 옐로우스톤국립공원(Yellowstone National Parks)에는 온천, 간헐천, 계곡 그리고 다양한 식생 등도 있지만 특히 그 곳의 흙과 돌, 바위들이 노란빛을 많이 띠고 있어 "옐로우(Yellow)"라는 이름이 붙여졌다. 그 면적은 200만 에이커(8,991.39 km^2)로서 남한 면적의 10%에 해당된다. 이 신비로운 자연경관이 세상에 알려지기 시작한 것은 200년도 채 되지 않은 1800년대부터이다.

1800년대 초부터 1850년대까지 옐로우스톤 지역으로부터 멀리 떨어진 미주리(Missouri)주 세인트루이스(St. Louis)시를 거점으로 활동하던 사냥꾼들과 모피상들의 입에서 입으로 전해진 옐로우스톤의 놀라운 자연현상에 관한 이야기와 소문과, 그리고 1860년대에 들어서는 금광을 찾는 사람들에 의해서 알려진 소문과 기록들이 옐로우스톤 지역에 인접한 몬타나(Montana)주 사람들의 관심을 끌기 시작하였는데, 가장 큰 관심을 보인 사람은 몬타나주 태생의 훗날 옐로우스톤국립공원의 초대 관리소장이 된 나다니엘 랭포드(Nathaniel P. Langford)였다. 랭포드 일행은 1870년 9월 모든 사람이 이토록 경이로운 자연현상을 자유롭게 보고 즐길 수 있도록 이 지역에 공공(公共) 유보지(Public park)의 개념을 적용하여 국립공원으로 지정하자고 주장함으로써 드디어 옐로우스톤 지역에 대하여 국립공원의 이념이 정립되었으며 이 원리가 세계 각국에 널리 적용되기 시작하였다.

19.1.3 한국의 자연공원 현황

1 자연공원 일반현황

한국의 자연공원은 총 73개소, 면적은 7,643 km^{2}로서 전 국토 면적의 4.8%를 차지하고 있다(표 19-1).

▶ 표 19-1. 한국의 자연공원 수(2008년)와 국립공원의 현황

구 분	계	국립공원	도립공원	군립공원
공원수(개소)	73	20	22	31
면적(km^2)	7,643	6,472	742	429

No.	명칭	위치	설립년도	면적 km^2	No.	명칭	위치	설립년도	면적 km^2
1	지리산	전남 · 북, 경남	1967	471	11	오대산	강원	1975	303
2	경주	경북	1968	138	12	주왕산	경북	1976	107
3	계룡산	충남, 대전	1968	64	13	태안해안	충남	1978	326
4	한려해상	전남, 경남	1968	545	14	다도해해상	전남	1981	2,321
5	설악산	강원	1970	398	15	북한산	서울, 경기	1983	79
6	속리산	충북, 경북	1970	274	16	치악산	강원	1984	181
7	한라산	제주	1970	153	17	월악산	충북, 경북	1984	87
8	내장산	전남 · 북	1971	81	18	소백산	충북, 경북	1987	322
9	가야산	경남 · 북	1972	77	19	변산반도	전북	1988	154
10	덕유산	전북, 경남	1975	231	20	월출산	전남	1988	56

※ 7,643 km^2 중 육지면적이 4,785 km^2, 해상면적이 2,858 km^{2}임

19.1.4 한국의 국립공원

1 한국의 국립공원 제도의 도입

우리나라의 자연풍경지에 대한 최초의 국립공원 지정 논의는 일제 치하인 1935년 일본인 학자 다무라(田村)에 의한 '금강산을 국립공원으로 지정하는 건의' 라 할 수 있다.

1945년 광복 이후부터 1960년대 초까지 국내에서도 국립공원 제도 도입에 관하여는 그 어떤 추가적 거론도 없었는데, 1961년 경제개발계획과 국토개발계획을 마련하는 과정에서 정부는 당시 국립공원에 조예가 깊던 미국인 해럴드 쿨리지(Harold J. Coolidge)와 레이몬드 클레란드(Raymond W. Cleland) 박사의 권유로 지역개발차원에서 국립공원제도의 도입을 검토하기 시작하였고, 이듬해 미국 시애틀에서 개최된 제1차 세계국립공원대회에 건축가 김중업씨와 농학자 김헌규 박사를 우리나라 대표로 참가시켰다.

▲ 그림 19-1. 국내 최초의 지리산 자연생태계 조사단(1958)

세계국립공원대회 참석을 통해 국립공원에 관한 자료를 수집한 이들은, 1963년 정부의 재건국민운동본부에 설치된 지리산지역개발 조사위원회의 부위원장으로 임명되면서 지리산지역의 국립공원 지정을 위한 조사 계획을 주관하게 되었다(그림 19-1).

지리산지역 개발계획보고서가 제출된 지 2년이 지난 1965년 정부는 국립공원 업무가 국토건설과 관련된 업무라고 판단하여 건설부 국토계획국 지역개발과로 그 업무소관을 확정지었고 드디어 공원법 제정작업에 착수하였다. 이 법이 1967년 2월 국회를 통과하고 3월에 법률 제1909호로 공포됨으로써 마침내 우리나라에 국립공원제도가 도입되었고, 1967년 12월 건설부장관이 지리산을 우리나라 제1호 국립공원으로 지정·공고하기에 이르렀다.

2 국립공원의 지정 개념과 기능

국립공원 지정의 근본 취지는 공원법에 우리나라를 대표하는 자연 풍경지역의 보호와 국민의 이용 증대로 규정하고 있고, 이것은 공원자원의 보호와 국민의 이용증대라 할 수 있다. 국립공원의 지정 및 운영과 관리는 합리적인 이용을 증진하기 위한 것이며, 보호대책은 합리적인 이용을 유도하고 이용기간을 영구화하기 위한 것이다. 우리나라의 국립공원 기능은 다음과 같이 요약된다.

자연풍경지가 훼손되지 않도록 보호·관리하고, 전체 국토의 생태적 질서의 파괴를 막고 생태계의 질서를 유지시킴으로써 국민을 위한 건강한 환경을 조성한다. 또한 전국 곳곳에 산재된 많은 문화적 유산 등의 자원을 보호 · 관리함과 동시에 청소년을 위한 자연관찰, 희귀 동식물의 관찰기회를 제공함으로써 자연 및 자연생태계에 대한 이해를 증진시킨다.
여가시간 및 여가인구의 증대로 인하여 위락공간의 수요가 증대되고 있으며, 이러한 수요의 일부를 국립공원에 수용하면 특정 토지 이용행위가 제한되고, 공공의 목적에 적합한 토지 이용이 이루어지며, 토지의 영속적인 관리가 효과적으로 이루어진다.

3 국립공원 관리공단의 설립

1968년 국립공원제도 도입초기의 관리체계를 살펴보면 다양한 부서 및 관리기관이 관장하는 등 문제가 많았다. 그러나 국립공원의 필요성, 이용자수 및 중요성과 문제점이 크게 부각되면서 1986년 자연공원법 개정작업에 착수한 뒤, 그 해 연말 개정안이 국회를 통과하고 1987년 7월 1일 개정된 자연공원법(제49조의2)이 시행됨에 따라 마침내 국립공원 전문관리기구인 국립공원관리공단(國立公園管理公團)이 발족되었다.

19.1.5 우리나라 국립공원의 특색

지리산 · 계룡산 · 속리산 · 한라산 · 설악산 · 내장산 · 가야산 · 오대산 · 덕유산 · 주왕산 · 북한산 · 치악산 · 월악산 · 소백산 · 월출산 등은 자연경치를 대상으로 지정되었으며, 한려해상 · 태안해안 · 다도해해상 · 변산반도 국립공원 등은 해양을 대상으로 지정되었고, 경주는 유일하게 사적지를 대상으로 지정되었다(그림 19-2).

1 가야산 국립공원

1966년 6월 사적 및 명승지 제5호로 지정되었으며, 1972년 국립공원 제9호로 지정되었다. 가야산은 경상남도와 경상북도가 서로 잇대어 있는 곳에 위치하고 있고, 우뚝 솟은 상왕봉은 일명 우두산이라고도 불리며, 해발 1,430 m의 위용을 자랑하고 있다. 이곳은 예로부터 해동의 10승지 또는 조선팔경의 하나로 이름나 있는 곳이기도 하며, 우리나라 화엄종의 근본 도량으로 팔만대장경을 봉안한 법보종찰 해인사가 있는 곳이기도 하다. 특히 해인사 앞자락을 굽이쳐 도는 홍류동 계곡은 우리나라 팔경 가운데 으뜸이다.

2 경주 국립공원

우리나라 고대문화의 진주인 경주는 삼국통일의 위업을 달성한 천년 수도로 고대인의 정신과 문화가 응집되어 있는 역사문화도시이다. 범상치 않은 산세와 땅의 기운은 경주가 천년 동안 한 나라의 중심이었던 이유를 보여주고 첨성대 등으로 대표되는 경주지역 건축물에는 신라과학의 우수성과 예술 감각을 엿볼 수 있다. 화려한 미의 극치에서부터 시민들의 소박한 미소까지 담아낸 다양한 공예품은 신라인 특유의 해학과 함께 뛰어난 예술성까지 느끼게 한다. 유적의 성격에 따라 불교미술계의 보고인 남산지구, 천년왕조의 궁궐터인 월성지구, 신라 왕릉을 비롯한 고분 분포지역인 대릉원 지구, 신라불교의 정수인 황룡사지구, 왕경방어지역의 핵심인 산

▲ **그림 19-2.** 전국의 10개 국립공원(2008년)

성지구의 5개 지역으로 구분하여 유네스코 지정 세계문화유산 52개를 보유하고 있다.

3 계룡산 국립공원

계룡산이라는 산 이름이 갖는 의미는 조선조 초기에 이태조가 신도안(계룡시 남선면 일대)에 도읍을 정하려고 이 지역을 답사하였을 당시, 동행한 무학대사가 산의 형국이 금계포란형(金鷄抱卵形 : 금닭이 알을 품는 형국)이요, 비룡승천형(飛龍昇天形 : 용이 날아 하늘로 올라가는 형국)이라 일컬었는데, 여기서 두 주체인 계(鷄)와 용(龍)을 따서 계룡산이라 부르게 되었다고 전해진다.

백두대간 중 금남정맥의 끝부분에 위치한 계룡산은 845.1 m의 천황봉을 중심으로 관음봉, 연천봉, 삼불봉 등 28개의 봉우리와 동학사 계곡, 갑사 계곡 등 7개소의 계곡으로 형성되어 있다. 그 자태와 경관이 매우 뛰어나 삼국시대에는 백제를 대표하는 산으로 널리 중국까지 알려졌으며, 신라 통일 후에는 오악(五嶽) 중 서악(西嶽)으로 조선시대에는 삼악(三嶽) 중 중악(中嶽)으로 봉해질 정도로 이미 역사에서 검증된 명산이다.

4 내장산 국립공원

내장산은 원래 본사 영은사(本寺 靈隱寺)의 이름을 따서 영은산이라고 불리었으나, 산안에 숨겨진 것이 무궁무진하다 하여 내장(內藏)산이라고 불리게 되었으며 지명도 내장동이라고 부르게 된 것이다. 정읍시 남쪽에 자리 잡고 있는 내장산은 순창군과 경계를 이루는 해발 600~700 m급의 기암괴석이 말발굽의 능선을 그리고 있다.

'호남의 금강'이라 불리기도 하는 내장산은 예로부터 조선팔경의 하나로 이름나 있으며, 동국여지승람(東國輿地勝覽)에는 남원 지리산 · 영암 월출산 · 장흥 천관산 · 부안 능가산(변산)과 함께 호남 5대 명산으로 손꼽힌다. 1971년 국립공원으로 지정되었는데 총면적이 81.7 km^2에 달하며 정읍시와 순창군, 전남 장성군에 걸쳐 있다.

5 다도해 해상 국립공원

전라남도 신안군 홍도에서 여수시 돌산면에 이르는 바닷길을 따로 구분하여 놓은 이 명소는 다도해 해상 국립공원으로서 1981년 12월 14번째 국립공원으로 지정되었다. 지정은 한참 뒤쳐졌으나 면적만큼은 우리나라 국립공원 중 가장 넓으며, 공원 안에만 약 400여개의 섬이 있다. 구역에 따라 7개 지구(흑산/홍도 지구, 비금/도초 지구, 조도 지구, 소안/청산 지구, 거문/백도 지구, 나로도 지구, 금오도 지구)로 크게 나뉜다.

6 덕유산 국립공원

덕유산은 1975년 오대산과 더불어 국내 10번째 국립공원으로 지정되었으며, 태백산맥에서 갈라진 소백산맥이 서남쪽으로 뻗으면서 소백산, 속리산 등을 솟아오르게 한 후, 다시 지리산으로 가는 도중 그 중심부에 빚어 놓은 또 하나의 명산이라고 할 수 있다.

덕유산은 전라북도 무주와 장수, 경상남도 거창과 함양군 등 2개도 4개 군에 걸쳐 솟아 있으며, 해발 1,614 m의 향적봉을 정상으로 하여 백두대간의 한 줄기를 이루고 있다. 13개의 대(臺), 10여개의 못, 20개의 폭포 등 기암절벽과 여울들이 굽이굽이 이어지는 구천동 계곡은 예로부터 선인들이 이름 붙인 33경으로 덕유산의 아름다움을 대표한다.

7 변산반도 국립공원

변산반도 국립공원은 우리나라 유일의 반도공원으로, 다른 국립공원에 비해 조금 늦은 1988년에 19번째 국립공원으로 지정되었다. 이곳은 희귀 동 · 식물의 서식지 및 자연생태계가 잘 보존되어 있어 생태관광지의 요건과 학술적 가치가 높은 곳으로, 면적은 154.7 km^2이다. 서해안 최고의 경관을 자랑하는 변산반도는 어느 한 곳에 중점을 두기보다는 그 느끼고자 하는 방향에 따라 경관도 변화하게 된다. 즉, 해안선을 따라 볼 수 있는 외변산도 절경 채석강, 천년고찰 내소사, 직소폭포, 변산, 격포, 고사포 해수욕장, 월명암의 낙조 등 많은 비경을 간직하고 있다.

8 북한산 국립공원

북한산 국립공원은 세계적으로 보기드문 도심 속의 자연 공원으로, 수려한 자연경관과 문화자원을 온전히 보전하고 쾌적한 탐방 서비스 제공을 위하여 우리나라의 15번째 국립공원으로 지정되었으며, 그 면적은 서울특별시와 경기도에 걸쳐 약 79.916 km^2, 평수로 환산하면 약 2,373만평이고, 우이령을 중심으로 남쪽의 북한산 지역과 북쪽의 도봉산 지역으로 구분된다. 공원 전체가 도시 지역으로 둘러싸여 생태적으로는 고립된 "섬"이지만, 도시지역에 대한 "녹색허파"로서의 역할을 훌륭히 수행하고 있으며, 수도권 이천만 주민들의 자연휴식처로 크게 애용되고 있다. 수도권 어디에서도 접근이 용이한 교통 체계와 거대한 배후도시로, 연평균 탐방객이 500만 명에 이르러 단위 면적당 가장 많은 탐방객이 찾고 있다.

9 설악산 국립공원

설악산 국립공원은 398.5 km^{2}에 이르는 광대한 면적에 수많은 동 · 식물들이 함께 살고 있는 자연생태계의 보고이며, 수려한 경관자원을 가지고 있는 공원이다.

최고봉인 대청봉을 중심으로 북북서쪽의 마등령, 미시령으로 이어지는 설악산맥, 서쪽의 귀때기청 대승령으로 이어지는 서북주능, 북북동쪽의 화채봉 철성복으로 이어지는 화채능선 등 3개의 주능선으로 크게 지형구분할 수 있으며, 이들 능선을 경계로 그 서쪽은 내설악, 동쪽은 외설악, 남쪽은 남설악으로 불린다. 우리나라 대표적인 산악경관으로서 호박바위, 기둥바위, 넓적바위 등이 공룡능선, 용아장성, 울산바위를 중심으로 발달해 있어 우리나라 제일의 암석지형의 경관미를 갖춘 국립공원이라고 할 수 있다. 설악산 일대는 세계적으로 희귀한 자연자원의 분포서식지로 1982년 유네스코(UNESCO)에 의해 우리나라 최초로 생물권보전지역으로 설정되었으며 2005년 12월 IUCN(국제자연보호연맹)으로부터 카테고리 II(국립공원)로 지정되었다.

10 소백산 국립공원

1987년 국립공원 제18호로 지정되었으며 총면적이 322.4 km^{2}로서 경북지역에 173.6 km^2, 충북지역에 148.8 km^{2}가 분포되어 있다. 소백산 국립공원은 한반도의 등뼈와도 같은 백두대간의 줄기가 서남쪽으로 뻗어내려 강원도, 충청도, 전라도와 경상도를 갈라 영주 분지를 병풍처럼 둘러치고 있다.

비로봉(1,439 m), 국망봉(1,421 m), 제1연화봉(1,394 m), 제2연화봉(1,357 m), 도솔봉(1,314 m), 신선봉(1,389 m), 형제봉(1,177 m), 묘적봉(1,148 m) 등의 많은 영봉들이 어울려 웅장하면서도 부드러운 산세로 수려한 경관을 보여 주고 있다.

11 속리산 국립공원

우리나라 팔경 중의 하나인 속리산은 태백산맥에서 남서방향으로 뻗어 나오는 소백산맥 줄기 가운데 위치하고 있으며, 남북으로 백두대간이 지나고 있을 뿐만 아니라 천황봉에서 한남금북정맥이 분기하고 있으며, 행정구역상으로 충북 보은군, 괴산군, 경북 상주시의 경계에 있는 산이다. 해발 1057m인 속리산은 화강암을 기반으로 변성퇴적암이 섞여 있어 화강암 부분은 날카롭게 솟아오르고 변성퇴적암 부분은 깊게 패여 높고 깊은 봉우리와 계곡이 가히 절경을 이루고 있어 광명산(光明山), 미지산(彌智山), 소금강산(小金剛山)으로 불리기도 한다. 속리산에 들어가면 속세를 잊게 된다. 산과 산들이 겹겹이 펼쳐놓은 절경을 통해 속세의 아름다움도 더불어 깨닫게 되는 산이 또한 속리산이다. 속리산 국립공원은 봄, 여름, 가을, 겨울의 특징이 뚜렷이 들어나는 곳이다. 법주사 지구, 화양동 지구, 화북 지구, 쌍곡 지구 네 지구로 구분이 되어 있는 속리산에서의 사계절 탐방코스는 봄, 가을에는 문장대, 천황봉, 도명산, 칠보산, 군자산을 탐방할 수 있고, 여름에는 화양/선유/쌍곡계곡을, 겨울에는 천황봉 코스의 펼쳐진 설원이 장관을 이룬다.

12 오대산 국립공원

해발 1,563 m의 비로봉을 주봉으로 동대산(1,434 m), 두로봉(1,422 m), 상왕봉(1,491 m), 호령봉(1,561 m) 등 다섯 봉우리가 병풍처럼 늘어서 있고, 동쪽으로 따로 떨어져 나온 노인봉(1,338 m) 아래로는 천하의 절경 소금강이 자리한다. 강원도 강릉시, 홍천군, 평창군 등 3개 시군에 걸쳐 있는 오대산은 1975년 국립공원으로 지정되었으며, 그 면적이 303.9 km^2에 달한다. 연간 100만 명의 탐방객이 찾아오는 이 산은 월정사 입구의 전나무 숲을 비롯해 온 산이 아름드리 전나무로 빽빽이 들어차 수목군락의 절경을 보여주며, 병풍처럼 둘러선 봉우리를 잇는 능선의 완만한 곡선은 우리나라의 자연미를 완벽하게 표현하고 있다. 또한 노인봉을 시발로 동쪽으로 펼쳐진 소금강은 기암들의 모습이 금강산을 보는듯하다고 해서 소금강이라 부르고, 또 학의 날개를 펴는 형상을 했다고 해서 일명 청학산이라고도 불린다.

13 월악산 국립공원

1984년에 17번째 국립공원으로 지정되었다. 주변에 충주호반을 비롯하여 문경새재 도립공원과 제천의 의림지, 단양적성의 선사유적지와 석회암지대에 형성된 많은 동굴들, 청풍의 문화재단지 등 문화 · 경관자원이 산재해 있고 수안보 · 문경 · 문강 · 단양유황온천이 30~40분 거리에 위치하고 있을 뿐 아니라, 공원 내에 미륵사지를 비롯하여 덕주사, 신륵사 등의 전통사찰과 덕주마애불, 미륵리 5층석탑, 미륵리 석불입상, 사자빈신사지석탑, 신륵사 3층석탑 등 많은 문화자원을 보유하고 있는 자연과 문화자원이 어우러진 빼어난 국립공원이다.

14 월출산 국립공원

월출산은 "달 뜨는 산"이라는 이름에 걸맞게 아름다운 자연경관과 유수한 문화자원, 그리고 남도의 향토적 정서가 골고루 조화를 이루고 있는 한반도 최남단의 산악형 국립공원이다. 비교적 좁은 면적(56.1 km^2)에 암석노출지와 수량이 적은 급경사 계곡이 많아 자연생태계가 풍부하게 유지되기에는 어려운 조건이지만, 식물 약 700종, 동물 약 800종이 서식하고 있으며, 오랜 세월 동안 암석지형에 적응해 온 생태적인 독특성과 난대림과 온대림이 혼생하는 위치 여건으로 그 보전 중요성이 매우 크다고 할 수 있다.

15 주왕산 국립공원

주왕산(720.6 m)은 우리나라 중앙부에 해당하는 태백산맥의 지맥에 위치하고 경북의 청송군과 영덕군 지역에 걸쳐져 있으며, 1976년 국립공원으로 지정되었고 면적은 총 107.4 km^2에 달한다. 이곳에는 뛰어난 자연경관 요소가 많은데 청학과 백학이 살았다는 학소대, 앞으로 넘어질 듯 솟아오른 급수대, 주왕과 마장군이 격전을 가졌던 기암, 주왕의 아들과 딸이 달 구경을 하였다는 망월대, 멀리 동해가 보이는 험준한 지형의 왕거암, 주왕이 숨었다가 숨진 전설의 주왕굴, 그리고 폭포, 약수 등 탐방객을 매료시키는 곳이 많다. 특히 주왕암에서 별바위에 이르는 약 13 km의 숲은 원시의 미로를 방불케 한다.

16 지리산 국립공원

1967년 12월 29일 우리나라 최초의 국립공원으로 지정된 지리산은 3개도(경상남도, 전라남·북도), 1개시, 4개군, 15개 읍·면의 행정구역이 속해 있으며, 그 면적이 471.8 km^2로서 20개 국립공원 중 가장 넓은 육지면적의 산악형 국립공원이다.

지리산(智異山)을 글자 그대로 풀면 "지혜로운 이인(異人)의 산"이라 한다. 이 때문인지 지리산은 여느 산보다 많은 은자(隱者)들이 도를 닦으며 정진하여 왔으며 지리산 골짜기에 꼭꼭 숨어든 은자는 그 수를 추정하기 어려웠다고 한다.

지리산은 예로부터 금강산, 한라산과 함께 삼신산(三神山)의 하나로 민족적 숭앙을 받아 온 민족 신앙의 영지(靈地)였다. 지리산의 영봉인 천왕봉에는 1,000여년 전에 성모사란 사당이 세워져 성모석상이 봉안되었으며, 노고단에는 신라시대부터 선도성모를 모시는 남악사가 있었다. 반야봉, 종석대, 영신대, 노고단과 같은 이름들도 신앙을 상징한다.

17 치악산 국립공원

우리나라의 등줄기인 태백산맥의 오대산에서 서남향으로 분기되어 매화산(1,084 m), 천지봉(1,086.5 m)이 위치하며, 연접한 비로봉(1,288 m)은 치악산국립공원의 최고봉으로 향로봉(1,042.9 m)과 남대봉(1,181.5 m)까지 해발 1,000 m 이상의 준봉들로 연결되는 대표적인 경관을 형성하고 있다. 치악산의 경관자원으로는 구룡계곡, 부곡계곡, 금대계곡 등 아름다운 계곡과 구룡소, 세렴폭포 등의 명소가 곳곳에 산재해 있으며, 사계절에 따라 봄에는 진달래와 철쭉, 여름철에는 구룡사의 울창한 송림과 깨끗한 물이 볼만하고, 가을의 단풍과 겨울의 설경은 특히 장관이다. 생물자원으로는 포유류 26종, 조류 98종, 곤충류 1,298종, 양서파충류 약 15종, 야생식물 738종이 서식하고 있다.

18 태안해안 해상 국립공원

태안해안 해상 국립공원은 서울 면적의 약 1/2 정도인 326.6 km^2로 우리나라 13번째 국립공원으로 1978년 지정된 국내 유일의 해안(海岸)국립공원이다. 학암포에서 남쪽으로 영목에 이르기까지 약 230 km의 리아스식 해안선을 따라 억겁(億劫)을 통해 자연이 만들어낸 아름다운 갯벌, 해안사구(砂丘), 해넘이 등 빼어난 자연경관 다양한 동·식물들이 함께 어우러져 독특한 해양생태계를 구성하고 있다.

19 한려해상 국립공원

한려해상 국립공원은 1968년 우리나라 최초의 해상국립공원으로 지정되었으며, 공원의 범위는 남쪽 거제 지심도~여수 오동도에 이르며 6개 지구(거제, 통영, 사천, 하동, 남해, 여수 오동도)로 나누어진다.

전체 면적 545.6 km^2 중 해상면적이 72%를 차지하며, 해양과 도서, 육지가 빚어내는 아기자기한 지형경관이 뛰어나 매년 100만명 이상의 탐방객이 즐겨 찾고 있다.

20 한라산 국립공원

천연보호구역이 설정된 한라산 국립공원은 1970년 국립공원으로 승격되었으며, 백록담을 중심으로 153.386 km^2의 면적이다. 이 가운데 천연보호구역은 93.2 km^2로 이 구역안에 있는 동·식물은 특별히 보호, 관리되고 있다. 한라산은 삼신산의 하나로 옛날부터 우리나라 명산으로 알려져 왔고, 제주도 중앙에서 그 줄기는 동서로 뻗어 있으며, 남쪽은 급한 반면 북쪽은 완만하고, 동서는 다소 높으면서 평탄하고 광활하다. 한라산은 지질학상 신생대 제4기에 화산분출로 생성된 휴화산으로 대부분 현무암으로 덮여 있는데 산마루에는 분화구였던 백록담이 있으며, 고산식물의 보고로서 식물의 종류도 무려 1,800여 종이나 되어 울창한 자연림과 더불어 광대한 초원이 장관을 이룬다. 뿐만 아니라 높은 절벽과 깎아지른 듯한 비탈, 그리고 얕은 계곡의 기암괴석 등 빼어난 자연경관과 이 산의 명물로 꼽히는 진달래 군락이 또한 아름다우며, 천자만홍에 덮인 가을의 만산홍엽은 빼놓을 수 없는 경관이다.

19.2 식물원(植物園, Botanical gardens)

19.2.1 식물원의 개념

주로 식물군 내의 유연관계를 보여주기 위해 살아 있는 식물들을 채집해 놓은 곳으로 식물원은 연혁과 규모에 따라 다소 목적을 달리하고 있으며, 대개의 식물원은 일반에게 공개하여 사회교육의 역할을 할 뿐만 아니라, 곳에 따라서는 휴양장소로서도 활용되고 있다. 식물원을 그 설치 목적에 따라 나누면 다음과 같이 6가지로 나눌 수 있으나 실제로는 2~3가지 목적을 겸한 것이 많다.

- 학술조사 연구를 주로 실시 : 식물원으로 기본적인 형태이다. 국내외 식물을 수집하여 각기 알맞은 장소에 심고 관리한다. 영국의 큐 왕립식물원, 인도의 인도식물원과 같은 국립식물원이나 독일의 베를린 달렘 식물원과 같은 대학부속 식물원 등이 이에 속한다.
- 학교교육과 사회교육 등 교육을 목적으로 설치한 것 : 흔히 볼 수 있는 식물과 특수 식물을 심어 자세한 설명을 덧붙여 놓았으며, 규모의 대소를 가리지 않는다. 학교의 교재원이나 학습원이 이에 속한다.
- 유용자원을 심어 자원의 활용과 산업의 발전 자료로 하는 것 : 그 목적에 따라 여러 종류

가 있으나 가장 흔한 것이 약초원(藥草園)이다. 옛날부터 세계 각국에 설치되었으며 이 것을 바탕으로 발달한 식물원이 많다. 이 밖에도 산림식물원 · 공업식물원 · 농업식물원 등이 임업시험장과 농업시험장에 설치되어 있다.

- 관상자원(觀賞資源)을 수집하여 전시하는 것 : 아름다운 꽃이 피는 식물을 모아서 화단 · 정원 · 생울타리 등을 아름답게 꾸민 것이며, 공원이나 유원지의 한 모서리에 이러한 군락이 설치된다.
- 보고 즐기는 것을 주로 한 것 : 공원이나 유원지에 나무와 아름다운 꽃이 피는 종류를 적당히 심고 사람들이 보면서 즐길 수 있도록 한 것이며, 넓은 뜻으로는 식물원이지만 휴양을 주로 생각하였기 때문에 심는 식물들은 관상식물이 많다.
- 특수식물원 : 야자나무류 · 대나무류 · 선인장류 · 진달래류 · 꽃창포류 등과 모란 · 매화 · 무궁화 등을 모아서 보존함과 동시에 관상할 수 있도록 꾸민 식물원이다.

현재 대부분의 식물원은 주로 식물군 내의 자연적인 유연관계에 역점을 둔 관상용 식물을 전시하고 있다. 이렇게 식물원은 관람과 분류를 목적으로 하는 두 가지 기능을 가진다. 한때 의학적으로 가치가 있는 식물이나 초기 식물원에서 중요하게 여긴 식물들은 지금은 역사적인 관심거리에 불과할 뿐 큰 의미를 지니지 않는다. 관목이나 교목 등의 목본식물을 전시하는 곳을 수목원(樹木園, arboretum)이라고 하는데 그 자체가 식물원이거나 식물원의 일부일 수도 있다. 현대 식물원의 주요 목적은 식물을 광범위하게 채집하여 채집된 지역과 일반명 및 학명을 명시하여 보존하는 것이다. 이와 같이 채집된 식물의 종류는 수백에서 수천 가지로 다양한데, 이런 것은 대지의 이용면적과 기관의 재정적 요소 및 학문에 대한 지원 여부에 따라 규모가 달라진다. 세계가 점점 도시화됨에 따라 식물원은 산업화된 나라의 중요 문화자원 가운데 하나로 인식되고 있다.

19.2.2 식물원의 역사 및 기능

인간은 유사 이전부터 식물을 활용하기 시작하였으며, 자기에게 필요한 식물을 근처에 심기 시작하였을 것이다. 이와 같이 유용식물(有用植物)을 심고 보존하는 곳도 식물원이라고 볼 수 있다.

식물원의 기원은 고대 중국과 지중해 연안의 많은 나라에까지 거슬러 올라갈 수 있다. 실제로 식물원은 식품이나 당시의 의약품을 만드는 데 이용되던 과수나 채소류, 그리고 각종 초본류를 재배하는 중심지이기도 했다. 인쇄술의 발견 이후, 수세기 동안 축적된 식물에 대한 각종 원고가 더 널리 유포되어 식물지의 출판을 더욱 가속화했고 식물학자들과 그들이 쓴 식물지는 식물원의 설립을 유발했다. 전설에 따르면 이집트에서는 BC 1500년, 그리스에서는 BC 400년, 이탈리아에서는 BC 100년에 식물원을 설치하였다고 하지만 이것을 구체적으로 증명할 만한

(a) (b) (c)

▲ 그림 19-3. Niagara 공원 사진들(a, b)과 미국의 Longwood gardens(c)

근거는 찾아 볼 수 없으며, 현대 식물원의 설치는 르네상스 이후의 학술진흥에 호응한 식물지식을 향상시키기 위하여 식물을 수집하여 심기 시작한 것이 계기가 되어 각처에 식물재배소가 설치되었다. 네덜란드의 레이덴식물원은 1587년에, 위트레흐트식물원은 1639년에, 암스테르담식물원은 1682년에 각각 조성되었다.

식물원은 식물의 새로운 변종을 만들 때 중요한 잠재적인 유전형질을 보관하는 보관소 역할을 한다. 펜실베이니아 주 케닛 스퀘어 부근의 롱우드식물원(Longwood Gardens)은 미국 농무부와 합작으로 최근 몇 년 동안 교배원종으로 쓰일 식물이나 경우에 따라서는 아름다운 관상용으로 쓰는 식물들을 채집하기 위해 세계 도처에 여러 채집팀을 파견하고 있다. 역사적으로는 영국 큐 지방에 있는 큐왕립식물원이 채집 팀에 의한 식물들의 직접채집 및 세계각지에서 자라는 경제성이 있는 식물들의 분포에 대한 정보수집으로 가장 유명하다. 큐왕립식물원은 파라고무나무(*Hevea brasiliensis*) · 브로멜리애드 · 바나나 · 차나무 · 커피 · 카카오 그리고 퀴닌을 만드는 기나수(幾那樹) 등 약품을 만드는 식물들을 널리 알리고 보급하는 데 이바지했다.

식물원의 기능 가운데 여전히 바뀌지 않은 것은 정원사들에 대한 훈련이다. 캐나다는 나이애가라 폭포 공원위원회의 원예학교에 이러한 프로그램을 오랫동안 개설해왔다. 위슬리에 있는 왕립원예학회식물원과 큐 · 에든버러 · 더블린의 식물원에서는 이러한 훈련과정을 통해 많은 나라에서 책임자 위치에 있는 능력있는 정원사들을 배출해내고 있다(그림 19-3).

19.2.3 식물원의 배치 및 시설

공원이 식물을 조경과 놀이 공간, 기타 기본적인 여가시설에 중점을 두어 배치하는 데 반해, 식물원과 수목원은 채집된 식물들간의 과학적인 유연관계에 따라 배치한다. 예를 들면, 식물원의 전통적인 배열양식은 교목과 관목을 식물원의 수목원 구역에 모아 전시하는 것이다. 그러나 때로는 교목과 관목을 각 분류군끼리 모아서 식물원 곳곳에 초본류와 함께 배치 · 전시하여 조경효과를 높이기도 한다. 때로는 식물원 전체나 일부를 식물의 원산지에 따라 설계하기도 한다. 때로는 장미원 · 붓꽃원 · 암석식물원 · 야생화원 · 일본조경식물원과 같은 작고 특별한 식물원을 중심으로 전체의 식물원을 배치한다. 식물원의 규모는 2~3 ha에서부터 1,000 ha까지 다양하다.

식물원과 관련된 온실은 식물을 번식시키거나 계절의 변동으로 인해 죽을지도 모르는 식물을 재배한다. 예를 들어, 온대지방에서 추운 겨울을 나는 열대산 난 종류는 온실 안에서 키워야 한다. 역시 열대산 양치류, 브로맬리애드, 열대나 열대의 인접지역에 잘 적응된 식물, 많은 선인장류와 다육식물, 아프리칸바이올렛, 베고니아 등도 온대지방에서는 온실에서 키워야 한다. 온실과 따뜻한 토양은 날씨가 충분히 따뜻해지면 외부에 심을 식물의 묘목을 키우는 데도 필요하다. 다량의 식물 채집을 원하는 식물원은 반드시 특정 계절에 특정 종이 요구하는 온도조건을 조절할 수 있는 저장공간을 갖추어야 한다. 난방장치 없이 온실로 쓰는 유리틀 장치는 많은 식물에게 있어서 이런 목적에 필요한 장비이고, 쉽게 냉해를 받는 어린 식물들이 겨울을 나는 데 필요하다. 다양한 차광시설은 반음지성 식물의 일시적인 보관이나 뜨거운 여름의 태양광선에 대해 저항력이 없는 식물의 성장에 중요하다.

식물원은 목적에 따라 시설과 규모가 다르지만 많은 식물을 수집하여 가꾸는 데는 우선 넓은 면적과 계곡이나 습지 같은 곳이 필요하며, 열대지방 식물을 가꾸기 위한 온실과 온상 등이 필요하다. 연구용 식물원에는 연구실 · 표본관(표본실) · 도서실 등이 필요하며, 식물원의 대부분은 학교 또는 사회 교육상 또는 휴양소로서 공개하기 때문에 휴식할 수 있는 장소와 설비, 음료수대 · 화장실 · 매점 · 안내간판 등이 필요하다.

식물의 이름표를 붙여 식물명을 알아볼 수 있도록 하고, 계절에 따라 식물의 아름다움을 보여주기 위한 화단용 묘(苗)를 기르는 묘상(苗床)의 준비가 필요하다. 국내외 식물원과의 종자교환을 통하여 새로운 종류를 늘려가며, 제초와 정지(整枝) 등을 적절히 실시하여 항상 식물의 아름다움을 나타낼 수 있도록 한다.

19.2.4 한국의 식물원

우리나라의 식물원은 1907년 수원농림전문학교(지금의 서울대학교 농업생명과학대학) 구내에 나무를 체계적으로 식재(植栽)한 것이 그 효시이며, 식물원이란 명칭이 붙여진 것은 1909년(융희 3년) 11월에 개원한 창경원 식물원이 최초이다. 일제에 의해 황실의 위안시설을 건립한다는 명목으로 창경궁을 변형 · 개조하여 만들어진 창경원 식물원은 일본 궁내성(宮內省)의 원두(苑頭) 후쿠와(福羽逸藏)에 의해 건설되었다. 식물원의 대온실은 575.404 m^2의 목조 유리건물로 열대 · 아열대식물을 주로 하여 약 200 종, 약 1,000주가 식재되어 당시 동양 최대의 규모였다. 그 후 규모가 점차 커져 1940년에는 400여 종, 1,755주의 식물을 보유했고, 식물원 개원 60주년이 되는 1969년에는 이중 돔식으로 개조공사를 실시하여 464종 1만 9,610주의 식물을 보유하게 되었다. 그러나 1982~1986년에 걸쳐 실시된 창경궁 복원사업에 따라 1985년에 경기도 과천시 막계동에 위치한 서울대공원 식물원으로 이전되었다.

1991년 현재 한국식물원연합회에 등록된 국립 · 시립 식물원으로는 광릉수목원, 서울대학교 농업생명과학대학부속 수목원, 서울대공원 식물원 등이 있으며, 사립식물원으로는 제주관광식물원(제주 서귀포시 색달동 소재) · 천리포식물원(충남 태안군 소원면 의항리1구 소재) · 용인에버랜드식물원(경기 용인시 포곡면 전대리 소재) · 기청산식물원(경북 포항시 청하면 덕정리 소재) · 미림식물원(경기 안성시 양성면 산정리 소재) · 한택식물원(경기 용인시 백암면 옥산리 소재) 등이 있다. 그밖에 청평양수발전소 고산식물원(경기 가평군 외서면 초명리 소재) · 동래 금강식물원(부산 금정구 장전2동 소재) 등이 있으며, 국립연구기관 부설식물원으로 국립산림과학원 홍릉수목원을 비롯하여 33개의 식물원이 전국에 분포되어 있다.

19.2.5 한국의 식물원 현황

국내에 있는 식물원은 국내 식물원연구소 http://www.bgarden.co.kr를 통하여 더 상세한 정보를 찾아 볼 수 있다.

1 거제 자연예술랜드

거제시 동부면 일대 2,315 m^2 부지에 1,000 m^2의 난 상설전시장(유리온실)을 비롯하여 풍란, 석부작, 목부작 등 500여 점의 분재, 각종 희귀 수석 등이 전시되고 있는 우리나라 최대의 난, 수석, 분재 전시장이다. 원장 이성보씨는 분재, 수석, 난에 해박한 지식을 가졌던 분으로 이 전시장을 완성키 위해 한 평생을 바쳤다.

2 고운식물원(http://www.kohwun.or.kr)

고운식물원은 1990년 부지조성을 시작으로 1997년 식물원 조성인가 후 2003년 4월 개원까지 다양한 식물구입 및 식재작업을 통해 조성되었다. 일반인을 위한 자연학습장, 식물 유전자원 보존 기능수행, 전공학생들을 위한 실습장 기능, 조경인들의 실무교육장 역할 담당등을 목적으로 약 12년간의 준비과정을 거쳐 완공되었다.

식물원 규모는 20 ha(약 20,000 m^2) 정도이고 교육실습장이 10 ha(1,000 m^2) 정도이다. 희귀 및 멸종위기 식물인 미선나무(목본), 가시연꽃(초본) 외 15종을 보유하고 있으며, 총 4,500여 종의 식물유전자원을 보유하고 있다.

▲ 그림 19-4. 기청산식물원

3 기청산식물원

식물과 인간과의 조화로운 만남을 주선하는 교육식물원으로서 토요일과 일요일에 식물원을 개방하며 평일에는 정기가이드 프로그램과 단체교육프로그램만으로 운영 중이다. 평일에

(a) 기원의 종 (b) 십이지신상 (c) 앙부일귀 해시계

▲ 그림 19-5. 동산식물원과 설립자 고광출 전 서울대 교수(a)

는 기본 1시간이 소요되는 정기가이드견학을 예약신청하면 식물원 교육팀의 가이드를 받을 수 있다. 교육프로그램은 수준별, 내용별로 다양하게 준비되어 있다(그림 19-4).

4 동산식물원

충남 천안시 동면에 1996년부터 조성된 동산식물원은 한국의 문화유산을 상징 또는 재현하려는 특징이 있는 식물원이자 문화유산 견학지라고 평가되고 있다. 십이지신상(十二支神像), 식물배치 등을 고르게 둘러 볼 수 있고, 인상적인 대종의 타종, 궁도, 자생식물군을 접할 수 있다(그림 19-5).

5 산귀래식물원(http://www.sangwirae.co.kr)

산귀래별서는 수도권 식수 보호를 위해 최후의 청정지역으로 남아 있게 될 수려한 고장 양평군의 양수리 근교에 위치한 특성을 살려, 비록 그 규모는 작지만 언제 어느 때 달려와도 그 시기에 피어나는 자연과 어우러진 들꽃을 보고 싱그러운 공기를 호흡할 수 있는 쾌적한 명소가 조성되어 인기가 높다. 구성면적시설에는 산귀래식물원 67,900 m^2(식물전시장, 까페, 갤러리, 산책로, 연못), 산귀래별서 5,832 m^2(민텔, 도자공방, 사슴장, 비닐하우스 및 육묘장, 사옥)로 구성되어 있다.

6 세계꽃식물원(http://www.asangarden.com)

5천여 평의 유리온실을 리모델링하여 세계 유명 꽃 1천여 종을 한데 모은 세계꽃식물원이 2004년 3월 충남 아산에서 문을 열었다. 30년의 재배 노하우를 가진 아산 아름다운 정원 영농조합법인은 50,000 m^2의 화훼단지내에 연중 다양한 테마별 꽃과 식물을 관람할 수 있도록 식물원을 꾸미기 시작하여 2년여 만에 문을 열었다.

▲ 그림 19-6. 세계꽃식물원

규모는 부지면적으로 총부지 5.4 ha, 온실 2.8 ha, 실내

식물원 1.8 ha이고 전시관조성에 세계 유명 꽃 1,000여종, 생태연못 등이 있다. 계절마다 꽃 축제를 개최하고 있다(그림 19-6).

7 신구대학식물원(http://www.sbg.or.kr)

2003년 5월 개원하여 도심속의 새로운 명소로 떠오른 신구대학식물원은 약 15만평의 임야에 270여 종의 자생식물을 보유하고 있다. 수도권지역 어린이 대상 체험학습 프로그램으로 인기가 높다. 신구대학식물원의 8가지 테마는 국내 최초의 어린이정원을 비롯하여 서양정원, 계절초화원, 철쭉원, 허브원 등 식물을 주제로 한 테마정원과 에코센터, 곤충생태관, 나무놀이터 등으로 생명환경교육 문화공간이다(그림 19-7).

▲ 그림 19-7. 신구대학식물원

국내에서 최초로 시도된 어린이정원은 나비정원, 잠자리정원, 달팽이정원, 미로원, 색종이정원 등을 갖추고 어린이들의 꿈과 상상력을 키워주며, 주변에 향료식물, 식용식물 등 주제별 식물도 전시하고 있다. 서양정원은 자연지형을 그대로 활용한 이탈리아 노단건축식 정원, 프랑스 평면기하학식 정원, 비스타정원 등이 독특한 분위기를 연출하고 있으며, 힘차게 솟아오르는 분수가 신비로움을 더한다. 또한, 철쭉원, 계절초화원, 테마산책로 등을 조성, 계절별로 특색 있는 식물관찰이 가능하다. 새벽 풀잎에 맺힌 이슬모양의 에코센터에는 흰자귀나무 등의 중부지방에서는 보기 힘든 남부지방식물이 전시되어 있고, 곤충생태관에는 나비, 수풍뎅이, 사슴벌레 등 사라져 가는 곤충을 사육하여 이들의 생태를 관찰, 학습할 수 있도록 하였다.

8 안산식물원

전시용 1관(열대식물원)의 규모는 392.81 m^2으로 식물종류는 선인장외 3류 220종 1,333본으로서 열대기후에서 볼 수 있는 식물들을 모아 놓은 곳으로 이국적인 분위기에서 사진에서나 볼 수 있던 식물을 직접 보고 느낄 수 있다(그림 19-8). 열대식물 전시관은 신비롭게 보이는 피라미드형 유리온실로 온도, 관수, 창문의 개폐 등이 자동 조절되며, 야자류, 초화류, 선인장류 등과 같이 열대에서나 생육이 가능한 식물 1,300여본이 전시되어 있다. 전시용 2관(중부식물원)의 규모는 850 m^2이고, 식물종류는 붓꽃 외 11류 177종 11,585본으로 우리꽃에 대한 애정과 관심을 키워주면서 야생화와 수목에 대한 지식을 습득할 수 있도록 배려하였다. 3관(남부식물원)은 규모 846 m^2에 식물종류로 습지식물 외 4류 177종 16,297본이고 우리나라 남부지방에서 자생하고 있는 나무와 야생화를 만날 수 있다. 남부식물원은 온도, 관수, 창문의 개폐 등이 자동조절 되며, 남부지방에서 자생하는 희귀식물 및 수목 16,200여본이

▲ 그림 19-8. 안산식물원

(a) 온실외부

(b) 음지식물 전시

(c) 작업장

▲ 그림 19-9. 여미지식물원

식재되어 있는 곳이며, 연못과 연꽃, 그리고 향기 나는 나무 등의 정취를 맘껏 느낄 수 있다.

9 여미지식물원(http://www.yeomiji.or.kr)

중문관광단지 내에 있는 제주관광식물원 "여미지"는 남국의 정취가 물씬 풍기는 동양 제일의 식물원으로서 부지면적이 100,000 m^2에 달한다. 12,300 m^2 규모의 온실 속에는 꽃과 나비가 어우러지는 화접원을 비롯하여 수생식물원, 생태원, 열대과수원, 다육식물원, 중앙전망탑으로 구분되어 있는데 희귀식물을 포함한 2천여 종의 식물이 있고 온실 밖에는 제주도 자생식물원과 한국, 일본, 이태리, 프랑스의 특색있는 정원을 꾸며놓은 민속정원이 있다(그림 19-9). 온실과 정원 사이에는 60인승 관광 유람열차가 운행되며 38미터 높이의 전망탑이 있어 중문관광단지, 천제연 폭포가 한눈에 들어오며 한라산과 인근 해안선 일대를 조망할 수 있고 쾌청한 날에는 국토 최남단 마라도까지 선명하게 볼 수 있다.

10 평강식물원(http://www.peacelandkorea.com)

583,200 m^2의 면적에 한국 자생식물과 전세계의 식물 5,000여 종이 전시되어 있으며, 주요시설에는 암석원, 들꽃원, 고산습원, 고층습지, 자생식물원, 고사리원, 습지원, 연못정원, 이끼원, 만병초원, 화이트가든, 잔디광장 등으로 조성되어 있다.

11 한국자생식물원(http://www.kbotanic.co.kr)

오대산국립공원 입구의 한 자락에 자리한 한국자생식물원은 총면적 100,000 m^2에 우리나라에만 자생하는 야생화와 식물 1,000여종이 서식하고 있는 곳이다.

국내에서는 처음으로 우리 식물만을 소재로하여 1999년 개원한 이곳은 할미꽃처럼 사람과 관련있는 이름의 식물, 우리 몸에 이로운 식물 등의 테마별 배치와 우리 꽃의 특성상 군락을 형성하였을 때 보다 아름답다는 장점을 이용하여 계절별로 군락지를 형성해 놓기도 했다.

▲ 그림 19-10. 한국자생식물원

사람명칭 식물원, 동물명칭 식물원, 향 식물원, 등이 있으며, 특히 생태 식물원에는 우리나라의 자생식물 1,100여종을 자연 생태계에 가깝도록 연출하여 긴 산책로를 따라 가며 진기한 우리나라의 자생식물들의 특성을 한껏 즐길 수 있다(그림 19-10).

시설로는 영상자료관, 이벤트관(갤러리), 분경, 분화관, 조경, 소재관이 있고, 생태식물원은 미선나무, 섬백리향 등 우리나라 자생식물 1,100여 종을 자연 생태계에 가깝도록 연출하고 있다. 실내전시관에는 계절별로 피고 지는 군락지 등을 조성하였고, 교육관(영상자료관)에서는 식물원의 사계를 담은 영상을 방영하며, 향식물원은 우리나라 자생식물 중에서도 섬백리향, 산국, 구절초, 꽃향유 등 식물체 전체에 향을 지닌 식물들을 소개하고 있다. 재배단지에는 5월 부채붓꽃을 시작으로 하여 대단위로 피어나는 우리꽃을 접할 수 있고, 습지원은 연영초, 가지괭이눈, 좀딸기 등 이 지역 고유의 식물들이 자생하고 있으며, 독성식물원은 박새, 독미나리, 진범 등 독을 가진 식물들을 전시하고 있다.

12 한택식물원(http://www.hantaek.co.kr)

1979년 경기도 용인시 백암면 옥산리에 100만 m^2(확장예정지 포함) 이상의 규모에 이택주 원장이 개원하여 희귀, 멸종위기 식물, 자생식물 및 외래종을 포함한 약 7,000여종의 식재 및 관리하고 있는 국내 최대의 식물원이다(그림 19-11).

▲ 그림 19-11. 한택식물원

2001년 사회에 대한 환원의 취지로 재단법인 한택식물원으로 다시 태어났으며, 환경부로부터 희귀멸종위기 식물서식지와 보전기관으로 지정받았다. 2002년에는 자생식물 현지 외 보전지역 및 수목원 조성 및 진흥에 관한 법률에 의거하여 국가 지정하는 식물원으로 지정되었다. 한택식물원은 비봉산 자락의 서향에 위치하여 양지와 음지, 계곡 등의 습지대가 잘 형성되었고 다양한 종의 자생식물이 자리하기에 최적의 요건을 갖추고 있다. 이용시설로는 가든센터, 자연생태원, 암석원, 호주원, 수생식물원, 약용식물원, 억새원, 음지식물원이 있고 그 외에는 아이리스원, 원추리원, 관목원, 숙근초원, 비비추원, 침상원, 잔디화단, 구근원 등 총 29곳으로 구분되어져 있다.

13 해여림식물원(http://www.haeyeorim.co.kr)

해여림식물원은 조그맣게 시작하여 차츰 범위를 넓혀 가며 이미 자생적으로 자리잡은 상태의 식물들을 약간 옮겨 심고 모아 심어 일반에게 공개하는 보통의 자생식물원과는 차원이 다른 기획식물원으로 조성되었다. 즉 처음부터 철저한 기획 아래 땅을 고르고, 초본류(풀)와 목본류(나무), 양지식물과 음지식물, 수생식물과 기생식물 등등 식물마다의 다양한 특성에 따른 환경을 조성하여 체계적으로 식재하였다. 또한 자생식물연구소와 관람객의 편의시설도 두루 갖추어 과학적인 시스템으로 연구, 운영하는 미래지향적 식물원이다.

19.3 수목원(樹木園, Arboretum)

19.3.1 수목원의 개념

식물원은 모든 식물종을 수집하여 가꾸면서 식물과학에 대한 연구를 주로 하는 곳이면서도, 산림에 관한 자연학습장의 역할과 산림사료를 영구적으로 보존·전시하기 위해 조성된 곳을 말하며, 수목원에서는 이러한 식물원의 목적 이외에 자연을 아름답게 꾸며주고 있는 나무들을 심고 가까이 하면서 자연의 아름다움을 즐기고자 하는 의도가 곁들여 있다. 따라서 일반 공원이 조용하게 쉴 수 있는 곳이라면 수목원은 조용히 쉬면서 자연을 체계적이고 과학적으로 공부할 수 있는 곳이라고 표현할 수 있을 것이며, 일반 공원과 식물원의 장점을 택한 중간형으로 보는 것이 타당할 것이다. 근년에는 식물원에서도 한쪽에 나무를 심고 표찰을 붙여서 공개하며 휴식처를 설치하는 등 수목원 형태와 비슷해져 식물원과 수목원을 엄밀히 구분하기 곤란하게 되었지만 수목원은 산림청 소속이고 식물원은 문화체육관광부 소속이다. 역사가 오래 된 수목원 형태의 식물원으로는 1587년 조성된 네덜란드의 레이덴식물원, 1679년 독일의 베를린달렘식물원, 1759년 영국의 큐왕립식물원 등이 있다.

19.3.2 한국의 수목원

우리나라에서는 1907년부터 수목원에 대한 꿈을 가지고 수원의 구 서울대 농과대학 구내에 나무를 수집하여 교재원(敎材園)으로 활용하기 시작하였고 1922년에는 현 산림청 구내에도 같은 시도가 있었으나, 정식으로 출발한 것은 서울대학교에서 1971년 대통령령 5666호로 공포한 것이 시초가 되었으며 현재 설치된 것은 관악수목원(1967년 경기 안양시), 천리포수목원(71년 충남 서산시), 명고산수물원(1981년 경기 가평군), 홍릉수목원(1922), 광릉수목원(1983~86년 경기 포천시) 등이 있다.

19.3.3 한국의 수목원 현황

1 강원도립화목원(http://www.provin.gangwon.kr/dep/part15/sub10/sub10_01.asp)

강원도내에 자생하는 향토꽃나무의 발굴 전시, 종 보존과 번식, 시험연구 기반확충을 목적으로 춘천시 사농동 시험포지(78,822 m^2)에 향토꽃나무 전시관과 수목원을 조성하여 1999년부터 일반인에게 개장, 운영하고 있다. 행정구역상 춘천시 사농동 218-5번지외 13필지로 춘천 도심에서 약 5 km 거리에 위치하며 주변에는 위도유원지, 청소년수련원, 육림랜드, 인형극장 등이 있어 춘천의 중추적인 관광지로 손색이 없다. 시설현황으로는 건축물 6동, 청사, 안내실, 팔각정, 농기구창고, 온실 등이 있으며 수목원 49,893 m^2 1,352종 94,000본에 시험포지 12,970 m^2으로 구성되어 있다.

화목원에는 시각장애인 식물원, 지피식물원, 조류관찰원, 수생식물원, 물레방아, 잔디원, 철쭉원, 산림박물관, 팔각정, 분수광장, 연못 및 석교, 임산물 판매장, 맨발로 걷는 길이 조성되어 있고, 대표식물로는 목본류로 개느삼, 히어리, 마가목, 참꽃나무겨우살이, 박쥐나무, 병아리꽃나무, 꼬리조팝나무, 가침박달, 생열귀나무, 매화말발도리, 산겨릅나무, 죽도화, 산앵도나무 등과 초화류로 금강초롱, 노랑무늬붓꽃, 광릉요강꽃, 노루귀, 매발톱꽃, 금낭화, 복수초, 개불알꽃, 은방울꽃, 솜다리 등이 있다.

2 관악수목원(경기도 안양)

1967년 관악산 천연림에 만들어져 40년 동안 비공개였다가 최근 개방했다. 1700여종 8만여 그루의 나무와 희귀식물이 다양하게 분포해 뛰어난 생태 환경을 갖추고 있다. 탐방객은 숲해설사의 안내를 받아 3 km 가량의 숲을 체험하게 된다. 예약 입장제로 월요일에서 금요일까지 주중에만 관람 가능하다.

3 국립수목원(http://www.kna.go.kr)

1984~1987년에 경기 포천시 소흘면(蘇屹面)에 조성된 광릉수목원을 모태로 1999년 임업연구원 중부임업시험장 수목원에서 산림청 국립수목원으로 개칭되었다. 광릉숲 가운데 총 1,118 ha의 면적을 차지하고 있는 국립수목원은 100 ha의 전문수목원과 1,018 ha의 천연수목원으로 나누어져 있으며, 수목원 내에는 목본식물이 1,863종류, 초본식물이 1,481종류로 모두 3,344종류의 식물이 심겨져 보존되고 있다. 수목의 특징이나 용도, 기능에 따라 침엽수원, 활엽수원, 관목원, 외국수목원, 고산식물원, 만목원, 관상수원, 화목원, 습지식물원, 수생식물원, 약용식물원, 식용식물원, 지피식물원, 시각장애인을 위한 식물원, 난대수목원(온실) 등 15개의 전문수목원으로 나누어져 조성되어 있다(그림 19-12).

수목원의 중앙에는 우리나라의 산림과 임업의 역사와 현황, 미래를 설명하는 각종 전시품과 자료가 전시되어 있는 연면적 4,628 m^2 규모의 산림박물관이 자리하고 있으며, 바로 인접하여 연

(a) 육림로 (b) 가을 습지원 (c) 침엽수원

▲ 그림 19-12. 국립수목원의 이모저모

면적 3,967 m^2 규모의 국내 최초 전용표본관으로 산림생물표본관이 2003년 11월에 완공되어 식물의 석엽건조표본을 비롯하여 곤충, 버섯, 산림동물 등의 표본을 소장하고, 계통분류에 관한 자체연구는 물론 관련분야 연구에 필요한 기본자료를 제공하고 있다.

국립수목원은 산림과 관련된 실생활에 필요한 여러 가지 유익한 주제를 가지고 다루는 산림문화 체험강좌를 실시하고 있다. 우리나라 풀이름알기 교실, 한지그림공예 체험교실, 천연염색 체험교실, 전통 목공예 체험교실, 우리꽃 만들기 체험교실, 꽃누르미(압화) 체험교실, 화분 · 분재 관리 교실, 야생화 사진촬영기술 교실, 식물세밀화 교실, 종이접기 체험교실 등 여러 가지가 있다. 또한 청소년들에게 산림사랑 정신을 고취시키고, 산림의 기능과 역할을 이해하도록 자연체험학습을 위한 녹색수업(그린스쿨)을 운영하며 방문객을 위해 수목원 해설안내, 자동안내해설기도 대여된다.

4 금강수목원(http://www.keumkang.go.kr)

금강수목원(1994년 개장)은 울창한 숲 속의 산책로를 떠올리게 하는 휴양림이라기 보다는 잘 정비된 도로위에 산림박물관, 수목원, 온실, 연못, 야생동물원 등 다양한 볼거리들이 산재해 있어 테마파크 같은 인상을 주고 있다.

산림박물관(1997년 개장)은 그 생김새부터 독특한데, 백제를 비롯한 우리나라 전통 목조건물 양식에 따라 전문 학자의 고증을 거쳐 건립된 것으로 지붕의 귀솟음, 기둥의 배흘림 등 전통적인 백제의 건축양식을 엿볼 수 있다. 산림전시관은 5개 전시실로 구성되어 있는데 각 실별로 주제를 정하여 마치 실물같은 갖가지 수목과 동 · 식물의 모형을 필요한 설명과 함께 전시하여 관람객의 이해를 도울 뿐 아니라, 나무로 조각된 십이지신상 등 각 전시실간 이동 공간에도 각종 전시물을 배치하고, 산림의 중요성을 직접 체험할 수 있는 시설들을 설치하는 등 관람객의 흥미를 유발시켜 자연스럽게 산림의 역사와 중요성을 이해하도록 세심하게 배려한 흔적을 전시관 곳곳에서 발견할 수 있다.

높이 약 20 m에 달하는 고딕형 유리온실이 독특한 모습으로 자리하고 있어 관광객의 시선을 잡아 끈다. 야생동물원에서는 반달가슴곰, 일본원숭이, 오소리, 사슴 등 각종 동물과 새들을 가까이에서 관찰할 수 있고 야생화원, 무궁화 동산, 장미원 등 수목원에서는 총면적 20 ha의 23개 원에서 421종 약 10만본의 수목을 기르고 있어 우리나라는 물론 세계 각국의 수목들을 직접 관찰할 수 있다. 또한 창연정이라는 이름의 팔각정 전망대에 오르면 금강변 일대의 절경을 조망할 수 있는데 휴양림 내에서 숙박을 하는 경우라면 이곳에서 저녁 노을을 바라보는 행운을 맛볼 수도 있다.

5 난대수목원(전남 완도)

완도 난대수목원(1991년 조성)에는 동백나무, 붉가시나무, 후박나무, 황칠나무 등 난대지방을 대표하는 식물 중심으로 조경되어 있다. 200 ha에 걸쳐 식용식물과 약용식물이 천연의 산림 군락으로 분포한다. 난대성 희귀식물인 사철난, 금새우난, 약난초 등도 709종이 자생한다.

6 내연산수목원(경북 포항)

경북 포항에 위치한 내연산수목원은 해발 550~780 m의 고산지대에 위치하고 있는데 보현산(1124 m), 향로봉(928 m), 천암산(807 m), 수석봉(821 m) 등 높은 산으로 둘러싸인 분지 형태라 시내와 동떨어진 고즈넉함을 느낄 수 있다. 고산식물원, 울릉도 자생식물원, 수생식물원 등이 있다.

7 대아수목원(전북 완주)

전국 최대의 금낭화 자생 군락지이다. 100 ha에 조성된 수목원에는 3만 3000여 그루의 관상수가 우거졌다. 19.42 km의 산책로는 코스별로 1~3시간 소요되며, 어린이에서 청장년, 노인에 이르기까지 다양한 코스 선택이 가능하다. 180명을 수용할 수 있는 숲속교실도 마련되어 있다.

8 물향기수목원(http://mulhyanggi.gg.go.kr)

경기도 오산에 소재하는 물향기 수목원은 이름 그대로 '물'이 있는 수목원으로서 수목원의 주제도 '물, 나무, 인간의 만남'이다. 30,000 m^2의 넓은 공간에 습지생태원, 중부지역 자생원, 곤충생태원 등 16개의 다양한 주제원을 갖추고 있다. 수목원에는 모두 1636종의 44만 5000여개 자생식물이 자라고 있다. 천안행 1호선 지하철을 타고도 갈 수 있어 교통체증 없이 가족들과 가볍게 다녀올 수 있다.

이곳에서 돋보이는 것은 충실한 프로그램인데, 경기녹지재단이 매주 화요일 유치원과 초등학생을 대상으로 진행하는 녹색수업은 어린이들에게 자연을 흥미롭게 만나게 하는 독특한 프로그램이다. 가족단위 관람객들을 위해 공룡모양의 향나무를 전시한 토피어리원과 곤충생태원, 관상조류원 등 어린이들이 흥미를 느낄만한 공간을 갖추어 놓았다.

9 미동산수목원(충북 청원)

속리산 정이품송 후계목을 비롯해 침엽수, 유실수 등 560종의 식물이 식재되어 있다. 수생식물과 고산식물 전시관이 볼 만하고, 나무와 숲을 체계 있게 배우고 즐길 수 있도록 자연학습 체험교실도 운영한다. 야외학습장과 관찰로가 있으며, 매주 월요일은 휴관한다.

10 벽초지문화수목원(경기도 파주)

2005년에 문을 열었다. 약 10만 m^2의 규모에 1400여 종의 관목과 교목, 야생화 등이 식재되어 있다. 10,000 m^2의 호수 위에는 화훼정원을 갖추어 경관이 뛰어나다. 카페와 레스토랑뿐 아니라 갤러리까지 있어 다양한 전시를 관람할 수 있다. 수목원 내의 펜션 역시 자랑할 만한 시설로서 단순한 수목원의 개념을 넘어 종합가족휴양지의 역할을 한다.

11 아침고요수목원(http://www.morningcalm.co.kr)

아침고요수목원은 축령산의 빼어난 자연경관을 배경으로 하여 우리나라의 미를 듬뿍 담은 정원들을 원예학적으로 조화시켜 설계한 원예수목원이다. 여러 가지 특색 있는 정원을 갖추고 있고, 울창한 잣나무숲 아래에서 삼림욕을 즐길 수도 있어 도시민들에게 쉼터를 제공한다. 설계자

(한상경 삼육대학교 원예학과 교수)가 명명하였으며, 1996년 5월에 개원하였다. 영화 "편지"의 촬영장소로 알려져 많은 관광객들이 주말이면 찾아가는 곳이다.

12 진주수목원(경남 진주)

진주시 이반성면에 있다. 열대식물원, 분재온실, 산림자료관, 산림동물원 뿐 아니라 학술연구관, 운동시설, 연못, 전망대, 야생동물원 등을 갖춘 종합자연학습장이다. 두 시간 정도면 주요 관람지를 둘러볼 수 있다. 수목원은 추석과 설에만 휴관하며 산림박물관은 매주 월요일은 휴관한다.

13 천리포수목원(http://www.chollipo.org)

충남 태안군 태안해안국립공원 내에 위치한 천리포수목원은 미국에서 귀화한 민병갈씨(C. Miller, 1921~2002)가 지난 1966년부터 조성한 것으로 현재 희귀, 특수, 멸종위기의 식물들을 포함하여 7천여종의 국내외 수종을 보유하고 있다(그림 19-13).

58만 m^2의 넓은 부지에 7개 지역(본원, 닭섬, 사구지역 등)으로 구성되어 있고, 30여년간 수집 관리해온 국내외 수종이 7천여종에 달할 만큼 다양하다. 해안가에 위치하여 근처에 만리포해수욕장에 인접, 해양성 기후의 영향으로 아한대성에서 아열대성에 이르는 다양한 식물군 보유, 이에 따라 사계절 예약 관광이 가능하다. 보유식물 중 목련(450여종 1,800여주)과 호랑가시나무류(400여종)는 수목원에서 97년 세계목련학회 학술대회, 98년 세계호랑가시나무학회 학술대회가 열릴만큼 국제적으로도 인정받고 있다. 생태계가 잘 보존되어 있어 다양한 조류(연간 약 60여종)와 곤충류가 서식하고 있으며, 태안해안국립공원내에 위치하고 있어 해안 경관이 수려하고 만리포, 천리포 등의 유명 해수욕장이 인접해 있다.

14 한라수목원(제주시 연동)

제주시 연동 광이오름 기슭에 있다. 제주도 자생 수종과 아열대식물 등 약 909종의 식물이 식재되어 있다. 10개의 전문 수종 전시원을 갖추어 학생들의 자연 학습 외에 연구의 장 역할도 한다. 테마 관광지로도 주목 받으며 연중 개방한다.

(a) (b) (c)

▲ 그림 19-13. (a) 천리포 수목원의 관리사, (b) 설립자 민병갈씨, (c) 적목련

15 홍릉수목원(http://www.kfri.go.kr/cms/523.do)

홍릉수목원은 1897년 명성왕후 능 부속림으로 지정되면서 1922년 조성된 한국 최초의 제1세대 수목원으로, 1900년대부터 일본인 식물학자와 국내식물학자인 당시 임업시험장에 근무하던 나무할아버지 김이만 옹 등이 전국 각지로부터 종자 및 어린 묘목을 수집하면서 수목원의 체계가 세워졌다.

홍릉수목원은 서울특별시 동대문구 청량리2동 국립산림과학원 내에 있는 수목원으로 약 435,600 m^3(44 ha)의 면적에 157과 2,035종, 20만본 이상의 국내 · 외의 다양한 식물유전자원을 체계적으로 수집 · 관리하여 기초 식물 학문분야 발전은 물론, 식물 유전자원 확보를 위해 조성한 학술림이다.

홍릉수목원과 1999년에 개관한 산림과학관은 매주 일요일은 일반인에게, 평일에는 학생 단체 관람객에게 무료로 개방하여 자연 및 환경학습, 산림의 소중한 가치를 체험할 수 있는 기회를 제공하고 있다. 또한 국립산림과학원 홈페이지에는 한국수목도감(515종), 수목병해도감(해충 217종, 병해 106종)이 전자책으로 이용 가능하여 다양한 수목관련 정보를 얻을 수 있으며 홍릉수목원 자연학습관의 어린이 학습관의 열매구별하기, 나무의 고동소리듣기, 도토리 팽이만들기, 청소년학습관의 독버섯 식용버섯 구별하기, 자연을 소재로 염색하기, 버들피리 만들기, 일반인 학습관의 산나물의 종류, 나무이름의 유래 및 얽힌 전설을 통해 수목을 공부할 수 있는 다양한 자료들이 제공되고 있다(그림 19-14).

(a) 산림과학관

(b) 견학산책로

(c) 철쭉 관람

(d) 즐거운 점심

▲ 그림 19-14. 홍릉수목원의 단체견학 사진

19.4 한국의 관광단지

최근에는 매우 많은 수의 관광농원, 식물원, 기타 지자체가 주관하는 각종 테마파크(theme parks)가 설립 운영되고 있고, 이러한 정보는 인터넷을 통해 쉽게 검색이 가능하다. 역사적으로나 관광객수에서 그래도 가장 손꼽히는 곳이 Everland("자연농원"이라는 명칭으로 출발)이며, 다양한 원예장식이나 행사 외에도 많은 다른 볼거리와 놀이기구 등이 있어 많은 사람의 사랑을 받는다. 특히 여름철에는 곁에 캐리비안베이에도 많은 인파가 몰리고 있다. 이외에도 유적을 중심으로 하는 관광단지, 새로운 주제를 가진 관광단지(함평 나비, 보성 녹차, 태안 백합, 구례 압화 등)가 늘어나고 있다. 자연경관을 인위적으로 변경하여 조성한 거제도 옆에 위치한 외도 보타니아(http://www.oedobotania.com)는 나름대로의 독특한 일면이 있어 단시간 방문에 최대한의 효과를 누릴 수 있다(그림 19-15).

최근에는 정부 연구기관의 각종 연구소의 온실과 전시포장도 일반인에게 공개되어 많은 관람객들이 찾고 있기도 하다. 예를 들면, 경기도 고양에 위치한 선인장연구소가 있고 2010년 8월 세계문화유산(World Heritage)으로 등록된 안동 하회마을과 경주의 양동마을도 색다른 체험관광이 될 수 있다(그림 19-16).

(a) Everland (b) Everland 야경

(c) 외도 보타니아 (d) 여미지식물원

▲ 그림 19-15. (a)·(b) Everland, (c) 외도 보타니아, (d) 제주도 여미지식물원 내부

(a)

(b)

▲ 그림 19-16. (a)선인장연구소, (b)세계문화유산으로 등재된 경주 양동마을

참고문헌

1. 국립공원관리공단. 2006. 한국의 국립공원.
2. 한국관광공사 홈페이지. 2007(http://www.visitkorea.or.kr)
3. 최운규. 1993. 한국 국립공원과 여가활동에 관한 연구.
4. 대한국토 도시계획학회. 1993. 도시의 계획과 관리.
5. 양승용. 2000. 국립공원의 관광객 이용행태에 관한 연구.
6. 농촌진흥청. 2002. 국내외 관상화훼식물원 운영현황 및 관리체계 분석.
7. 최영재. 2005. 한국 수목원 및 테마식물원의 현황에 관한 연구.
8. 이근식. 2004. 수목원의 합리적 운영을 위한 기초적 연구.
9. 서경근. 식물원의 기능별 사례.
10. 산림청. 2001. 수목원 조성 및 진흥에 관한 법률 제정 자료모음집.
11. 국립공원관리공단 홈페이지(http://www.knps.or.kr)
12. 산림과학정보월간. 2005. 청량리의 홍릉숲.
13. 최주견. 2004. 세계의 식물원과 꽃박람회. 농경과 원예.
14. 임준수. 2004. 세상에서 가장 아름다운 식물원. 김영사.
15. 한국의 수목원(http://www.koreaplants.go.kr)

부 록

1. 각국의 국화(國花)

국 명	국 화	국 명	국 화
과테말라	리카스테(*Lycaste skinnert*)	에콰도르	리카스테(*Lycaste skinneri*)
그리스	아칸서스(*Acanhus mollis*)		키이네(*Chincona succirubra* ; 적색)
남아프리카공화국	프로테아(*Protea cynaroides*)	엘살바도르	커피나무(*Coffea arabica*)
네덜란드	튤립(*Tulipa* sp.)	영국	장미(*Rosa* sp.)
니카라과	꽃생강(*Hedychium coronarium*)	스코틀랜드	엉겅퀴(*Cirsium vulgare*)
	헬리오트롭(*Heliotropium* ; 백색)	아일랜드	클로버(*Trifolium repens*)
대한민국	무궁화(*Hibiscus syriacus*)	웨일즈	수선(*Narcissus* sp.)
덴마크	수련(*Nymphaea* sp.)	잉글랜드	장미(*Rosa* sp.)
도미니카공화국	마호가니(*Swietenia mahogani*)	오스트레일리아	꽃아카시아(*Acacia cultriformis*)
독일	참나무(*Quercus* sp.)	오스트리아	에델바이스(*Leontopodium alpinum*)
러시아	해바라기(*Helianthus annuus*)	우루과이	에리스리나(*Erythrina* sp.)
루마니아	장미(*Rosa* sp. ; 백색)	이라크	장미(*Rosa* sp.)
말레이시아	히비스커스(*Hibiscus rosa-sinensis*)	이란	수련(*Nymphaea lotus*)
멕시코	다알리아(*Dahlia* sp.)	이스라엘	올리브(*Olea europaea*)
	선인장(*Nopalea cochinellifera*)	이집트	수련(*Nymphaea lotus*)
모나코	카네이션(*Dianthus caryophyllus*)	이탈리아	옥스아이데이지 (*Chrysanthemum leucanthemum*)
베네수엘라	카스타세튬(*Castasetum pileatum*, *Tabebunia chsantha*)	인도	연꽃(*Nelumbo nucifera*)
벨기에	아잘레아(*Azalea* sp.)	인도네시아	보르네오자스민 (*Jasminum grandiflorum*)
	개양귀비(*Papaver rhoeas* ; 홍색)		
불가리아	장미(*Rosa* sp. ; 홍색)	일본	왕벚나무(*Prunus yedoensis*)
브라질	크로톤(*Codiaeum variegatum*)	중국	매화(*Prunus mume*)
	카틀레야(*Cattleya* sp.)	체코슬로바키아	피나무(*Tilia europuea*)
브루나이	아바우리아(*Abauria* sp.)	칠레	카네이션(*Dianthus caryophyllus*)
	니파프루티칸스(*Nipa fruticans*)	캐나다	사탕단풍나무(*Acer saccharum*)
사우디아라비아	장미(*Rosa* sp.)	콜롬비아	카틀레야(*Cattleya* sp.)
스리랑카	연꽃(*Nelumbo nucifera*)	쿠바	꽃생강(*Hedychium coronarium*)
	은방울꽃(*Convallaria majalis*)	태국	자스민(*Jasminum* sp.)
스웨덴	옥스아이데이지 (*Chrysanthemum leucanthemum*)	터키	튤립(*Tulipa gesneriana*)
		로코	튤립(*Tulipa* sp.)
스위스	에델바이스(*Leontopodium alpinum*)	파나마	수선(*Narcissus* sp.)
스페인	카네이션(*Dianthus caryophyllus*)	파라과이	부룬펠시아(*Brunfelsia hopeann*)
시리아	아네모네(*Anemone coronaria*)	파키스탄	자스민(*Jasminum* sp.)
싱가포르	반다(*Vanda* sp.)	페루	해바라기(*Helianthus annuus*)
아르메니아	아네모네(*Anemone coronaria*)	포르투갈	라벤더(*Lavandula stoechas*)
아프가니스탄	튤립(*Tulipa gesneriana*)	폴란드	제비꽃(*Viola* sp. ; 흰색)
에리트리아	칼라(*Zantedeschia* sp.)		팬지(*Viola tricolor*)

국 명	국 화	국 명	국 화
폴란드	양귀비(*Papaver orientalis*)	프 랑 스	옥스아이데이지 (*Chrysanthemum leucanthemum*)
	옥스아이데이지 (*Chrysanthemum leucanthemum*)	핀 란 드	은방울꽃(*Convallaria majalis*)
프 랑 스	아이리스(*Iris* sp.)	필 리 핀	자스민(*Jasminum grandiflorum*)
	센토레아(*Centaurea cyanus*)	헝 가 리	튤립(*Tulipa* sp.)
	개양귀비(*Papaver rhoeas*)	혼두라스기	장미(*Rosa* sp.)

이종석 외, 1996

2. 우리나라 시도별 지정 꽃 · 나무 및 새

시도별	꽃	나무	새
서 울	개나리(*Forsythia koreana*)	은행나무(*Ginkgo biloba*)	까치
부 산	동백나무(*Camellia japonica*)	동백나무(*Camellia japonica*)	갈매기
대 구	목련(*Magnolia kobus*)	잣나무(*Pinus koraiensis*)	독수리
인 천	장미(*Rosa hybrida*)	백합나무(*Liriodendron tulipifera*)	재두루미
광 주	철쭉(*Rhododendron schlippenbachii*)	은행나무(*Ginkgo biloba*)	비둘기
대 전	백목련(*Magnolia denudata*)	백합나무(*Liriodendron tulipifera*)	까치
경 기	개나리(*Forsythia koreana*)	은행나무(*Ginkgo biloba*)	비둘기
강 원	철쭉(*Rhododendron schlippenbachii*)	잣나무(*Pinus koraiensis*)	뻐꾸기
충 북	백목련(*Magnolia denudata*)	느티나무(*Zelkova serrata*)	까치
충 남	국화(*Chrysanthemum morifolium*)	능수버들(*Salix pseudo-lasiogyne*)	원앙새
전 북	배롱나무(*Lagerstroemia indica*)	은행나무(*Ginkgo biloba*)	까치
전 남	동백나무(*Camellia japonica*)	은행나무(*Ginkgo biloba*)	산비둘기
경 북	배롱나무(*Lagerstroemia indica*)	느티나무(*Zelkova serrata*)	왜가리
경 남	장미(*Rosa hybrida*)	느티나무(*Zelkova serrata*)	백로
제 주	참꽃나무(*Rhododendron weyrichii*)	녹나무(*Cinnamomum camphora*)	큰오색딱따구리

이종석 외, 1996

3. 각종 식물의 꽃말

화 종	학 명	꽃 말
갈대	*Phragmites communis*	근신하지 못함, 우수, 한적, 음악(갈대피리를 만들기 때문)
감나무	*Diospyros kaki*	경이, 자애, 속박
강아지풀	*Setaria viridis*	노여움
개나리	*Forsythia* sp.	희망, 깊은 정
개양귀비	*Papaver rhoeas*	망각, 위안, 꿈길, 몽상(백색 : 수면, 홍색:허영, 농자색 : 열광)
거베라	*Gerbera jamesonii*	신비, 풀기 어려운 수수께끼
고데치아	*Godetia amoena*	변하기 쉬운 마음
과꽃	*Callistephus chinensis*	변화 : 나의 사랑은 당신의 사랑보다 깊다. 당신을 믿고 있으나 걱정스럽다, 아름다운 추억, 추상, 뒷근심
관엽베고니아	*Begonia* sp.	짝사랑, 부조화
구근베고니아	*Begonia tuberhybrida*	완성된 기품, 매혹
국화	*Chrysanthemum morifolium*	성실, 고상, 정조, 밝음, 진리, 굳은 절개, 사랑, 실망(흰색 : 고결, 적색 : 고상, 황색 : 실연)
군자란	*Clivia miniala*	당신의 고결함에 감명을 받다
극락조화	*Strelitzia reginae*	영구불멸
글라디올러스	*Gladiolus gandavensis*	나는 당신의 인격에 감화되어 있다, 조심, 주의, 견고, 성격의 힘, 밀회, 승리, 건강하게 자라라
글록시니아	*Sinningia speciosa*	위안, 당신 곁에 있어서 행복하다
금낭화	*Dicentra spectabilis*	당신을 따르겠습니다
금사철	*Euonymus japonica* var. *aureovariegatus*	슬기로운 생각
금어초	*Antirrhinum majus*	거만, 용모, 욕망, 교만, 부정
금잔화	*Calendula officinalis*	이별을 슬퍼한다, 비애, 비탄, 무덤
기생초	*Coreopsis linctoria*	추억, 상쾌한 기분
꽃베고니아	*Begonia semperflorens*	청춘, 항상 즐겁다
꽃양배추	*Brassica oleracea* var. *francheti*	이익
꽃창포	*Iris ensata*	좋은 기별, 우아한 심정
꽃치자	*Gardenia jasminoides*	나는 너무나도 행복하다
꽃토마토	*Lycopersicon esculentum*	사랑의 열매
꽈리	*Physalis alkekengi* var. *francheti*	조용한 아름다움
끈끈이대나물	*Silene armeria*	거짓사랑, 함정
나팔꽃	*Pharbitis nil*	허무한 사랑, 풋사랑, 기쁜 소식, 거짓애교
나팔수선	*Narcissus pseudonarcissus*	이룰 수 없는 사랑
남천	*Nandina domestica*	격정, 전화위복
너도밤나무	*Fagus crenata* var. *multinervis*	융성, 번영
네프롤레피스	*Nephrolepis* sp.	음침한 사람, 매혹, 애교있는 성실

화 종	학 명	꽃 말
능소화	*Campsis grandiflora*	여성, 이름을 날림
단풍나무	*Acer palmatum*	사양
달리아	*Dahlia hybrida*	믿지 못할 마음, 화려함, 불안정, 영화, 우미 백색 : 당신의 친절에 감사한다 적색 : 당신의 사랑은 나를 행복하게 한다 잡색 : 나는 당신 생각만 하고 있다
달맞이꽃	*Oenothera odorata*	기다림, 밤의 요정
대나무	*Phyllostachys bambusoides*	충절, 절개
댑싸리	*Kochia scoparia*	나는 당신에게 고백한다
데이지	*Bellis perennis*	백색 : 천진난만 적색 : 무의식, 소녀의 순정, 순결
덴드로비움	*Dendrobium nobile*	오만한 미인
델피니움	*Delphinium ajacis*	왜 당신은 나를 싫어합니까 백색 : 나를 억압하지 말라 분홍색 : 변하기 쉽다 보라색 : 거만한 사람
도라지꽃	*Platycodon grandiflorum*	상냥한 미소, 소망, 영원한 사랑
독일붓꽃	*Iris germanica*	타오르는 불길, 결혼
돈나무	*Pittosporum tobira*	편애
돌배나무	*Pyrus pyrifolia*	참고 견딤
동백나무	*Camellia japonica*	분홍색 : 그대에게 사랑받는 것을 영광으로 생각한다, 자랑 적색 : 그대를 누구보다 사랑한다
드라세나	*Dracaena* sp.	약속, 이행
등나무	*Wisteria floribunda*	환영, 사랑에 취함
디기털리스	*Digitalis purpurea*	열의, 열심, 불성실, 열렬한 사랑, 당신이 이끄는 대로 따라가겠습니다
떡갈나무	*Quercus dentata*	온건
라넌큘러스	*Ranunculus asiaticus*	비난
라일락	*Syringa vulgaris*	청춘, 젊은 날의 회상, 우정, 기쁨, 첫사랑, 친구의 사랑
란타나	*Lantana camara*	엄격, 나는 변하지 않는다
로벨리아	*Lobelia erinus*	정숙, 겸손, 원망
루드베키아	*Rudbeckia bicolor*	불변, 정의
루드베키아(황금화)	*Rudbeckia laciniata*	영원한 행복
루피너스	*Lupinus hirstus*	모성애, 탐욕, 비상한 행복
리아트리스	*Liatris spicata*	팔방미인, 고결, 고집쟁이
마가렛	*Chrysanthemum frutescens*	사랑을 점치다, 진실한 사랑, 사람을 찾는다, 비밀을 밝힌다

화 종	학 명	꽃 말
마타리	*Patrinis scabiosaefolia*	변하기 쉬운 사랑
만수국	*Tagetes erecta*	질투를 내지 마라, 사랑의 냉혹
매리골드	*Tagetes patula*	질투는 그만 두시오
매발톱꽃	*Aquilegia vulgaris*	느림보, 머리가 돌았다, 정직, 솔직
매화	*Prunus mume*	미덕, 고귀, 정결, 결백, 정조
맨드라미	*Celosia cristata*	치정, 괴기, 감정, 영생, 어렸을 때부터의 우정, 시들지 않는 사랑
메꽃	*Calystegia japonica*	속박, 이루지 못할 사랑
멕시코해바라기	*Tithonia speciosa*	당신은 매우 훌륭하다
모란	*Paeonia suffruticosa*	부귀, 성실, 호기심
몬스테라	*Monstera deliciosa*	괴이
무궁화	*Hibiscus syriacus*	일편단심
물망초	*Myosotis alpestris*	나를 잊지 마오, 진실한 사랑
미국부용	*Hibiscus moscheutos*	호화로운 아름다움
미모사	*Mimosa pudica*	감각, 예민, 교묘
민들레	*Taraxacum platycarpum*	무분별, 수수께끼
밀짚꽃	*Helichrysum monstrosum*	항상 기여하라, 영원한 사랑
배꽃	*Pyrus ussuriensis* var. *marcrostipes*	사랑하지 않습니다
백목련	*Magnolia denudata*	숭고한 정신, 연모, 장려, 자연의 사랑
백일홍	*Zinnia elegans*	희박해 가는 우정에 대한 근심, 멀리 있는 친구를 생각함, 추억, 죽은 친구를 생각함
백합	*Lilium longiflorum*	순결, 존엄, 신성, 희생
버베나	*Verbena hybrida*	단란한 일가(一家), 유혹당합니다
벚꽃	*Prunus serrulata*	절세 미인, 뛰어난 미인
베고니아	*Begonia* sp.	뜬소문, 짝사랑
변경초	*Sedum spectabilis*	안정
보리	*Hordeum vulgare* var. *hexastichon*	보편
보리수나무	*Elaeagnus umbellata*	결혼, 부부의 사랑
복수초	*Adonis amurensis*	회상
복숭아꽃	*Prunus persica*	그대와 같은 매력, 희망, 용서, 사랑의 기쁨
봉선화	*Impatiens balsamina*	신경질, 나를 건드리지 마세요
부들	*Thypa orientalis*	기백, 기민
부레옥잠(워터히아신스)	*Eichhornia crassipes*	아들 부자, 방랑객
부용	*Hibiscus mutabilis*	매혹, 섬세한 아름다움
분꽃	*Mirabilis jalapa*	겁쟁이, 내성적, 소심, 수줍음
붓꽃	*Iris nertschinskia*	분개, 신비로운 사람, 기별
사과꽃	*Malus pumila* var. *dulcissima*	사랑, 순결, 약속, 성공
산세비에리아	*Sansevieria trifasciata*	고지식하다

화 종	학 명	꽃 말
산수유	*Cornus officinalis*	호의를 기대합니다
살구꽃	*Prunus armeniaca* var. *ansu*	의혹
상사화	*Lycoris squamigera*	육체의 쾌락
색동호박	*Cucurbita pepo* var. *ovifera*	나의 마음은 아름답다
색비름	*Amaranthus tricolor*	새침떼기, 간사하다
샐비어(깨꽃)	*Salvia splendens*	나의 마음은 불타고 있다, 열정, 지식의 발달, 세력, 정조, 지혜
샤스타데이지	*Chrysanthemum burbenkii*	만사는 인내로부터
서양솔체꽃	*Scabiosa atropurpurea*	미망인, 모든 것을 잊어버렸다, 불행한 연애
서양채송화	*Mesembryanthemum spectbilis*	화려한 옷치레
석류나무	*Punica granatum*	자식, 부자, 전성, 자손의 번영, 자손수호 (꽃 : 무분별, 열매 : 결합, 나무 : 서로 생각하다)
설악초	*Euphorbia marginata*	축복
성화맨드라미	*Celosia cristata* var. *childsii*	뜨거운 사랑
센토레아	*Centaurea cyanus*	유쾌, 행복, 섬세
소나무	*Pinus densiflora*	영원불변, 동정, 연민, 장수
소철	*Cycas revoluta*	강정(剛情)
속새	*Equisetum hyemale*	비범
수국	*Hydrangea macrophylla*	거만, 기만, 당신은 너무 냉담합니다.
수련	*Nymphaea odorata*	마음의 결백, 순진한 마음, 신비, 순결, 꿈, 청정
수선	*Narcissus* sp.	자존심, 존경, 나는 당신을 좋아한다, 자기사랑, 짝사랑, 몰념, 독선, 고결, 신비
수양버들	*Salix babylonica*	비애, 추도
수염패랭이꽃	*Dianthus barbatus*	웃는 낯을 보여주오, 순결한 사랑
숙근금계국	*Coreopsis lanceolata*	항상 쾌활하다
숙근플록스	*Phlox paniculata*	활발하지 못하다
스노우드롭	*Galanthus nivalis*	희망, 운이 터지다
스위트피	*Lathyrus odoratus*	사랑스러운 추억, 만나주세요
스타치스	*Statice sinuata*	영원한 사랑, 언제 이루어지나
스토크	*Matthiola incana*	변치 않는 미인 백색 : 영원한 사랑 적색 : 믿어주세요 황색 : 쓸쓸한 사랑
시네라리아	*Senecio cruenta*	항상 즐기다, 쾌활, 최후의 행복이 있다, 건강, 행 복하게 되다
시클라멘	*Cyclamen persicum*	겸손, 내성적, 의심, 질투, 수치
아가판서스	*Agapanthus africanus*	연애편지
아게라텀(풀솜꽃)	*Ageratum houstonianum*	신뢰, 믿음

화 종	학 명	꽃 말
아나나스	*Ananas* sp.	만족
아네모네	*Anemone coronaria*	사라져가는 욕망, 덧없는 사랑, 고독
아마릴리스	*Hippeastrum hybridum*	알맞은 미, 침묵, 금지
아스파라거스	*Asparagus plumosus*	변화없는, 영원불멸, 영원한 마음
아이리스(제비붓꽃)	*Iris laevigata*	사자, 즐거운 방문, 소식, 기다림, 잘 전해다오.
아잘레아	*Azalea simsii*	첫사랑, 사랑의 즐거움
아카시아	*Robinia pseudoacacia*	우정, 비밀, 연애
아프리카매리골드	*Tagetes erecta*	사랑의 냉혹
아프리칸바이올렛	*Saintpaulia ionantha*	내성적
악토시스	*Arctotis grandis*	의혹
안개초	*Gypsophila elegans*	깨끗한 마음
안스리움	*Anthurium andraenum*	번뇌, 불타는 마음
애기금붕어꽃	*Linaria maroccana*	내 마음을 알아다오
애기냉이꽃(스윗알릿섬)	*Lobularia maritima*	우아한 아름다움
앵초	*Primula sieboldii*	청춘, 행운의 열쇠
양달개비	*Tradescantia reflexa*	사랑할 수 없습니다
엉겅퀴	*Cirsium japonicum*	당신을 신용함, 고독한 사랑, 근엄
에키놉시스	*Echinopsis ritro*	배타, 독선적
연꽃	*Nelumbo nucifera*	순결, 청정, 신성, 번영, 장소, 불신, 순수
엽란	*Aspidistra elatior*	거역
오이풀	*Sanguisorba offcinalis*	섬세한 아름다움
옥잠화	*Hosta plantaginea*	고독, 침착, 추억
왕버들	*Salix glandulosa*	자유, 솔직
용담	*Gentiana scabra*	정의, 부부의 사랑
원추리	*Hemerocallis* sp.	시들어가는 청춘
유카	*Yucca filamentosa*	웅장
유칼립터스	*Eucalyptus* sp.	회상, 추억
으름덩굴	*Akebia quinata*	재능
은방울꽃	*Convallaria majalis*	행복이 온다, 사랑의 꽃, 순애, 행복의 기별
은사철	*Euonymus japonica* var. *argento variegata*	지려, 장수
은행나무	*Ginkgo biloba*	항상 사랑스럽다
이태리나팔꽃	*Quamoclit pennata*	영원한 사랑
인도고무나무	*Ficus elastica*	부성애, 사랑의 인연
인동덩굴	*Lonicera japonica*	우정
일일초	*Vinca rosea*	교염, 치욕, 분노, 수치
작약	*Paeonia alkiflora*	연애, 애정, 아름다움

화 종	학 명	꽃 말
장미	*Rosa hybrida*	적색 : 열렬한 사랑 황색 : 질투, 깨진 사랑 분홍색 : 아름다운 안색 백색 : 결백, 사랑의 한숨 꽃봉오리 : 사랑의 고백, 처녀의 마음
접시꽃	*Althaea rosea*	단순한 사랑, 남몰래 받는 사랑, 순정의 로맨스, 다산, 풍요, 야망
제라늄	*Pelargonium hortorum*	결심, 진실한 사랑 백색 : 나는 당신의 사랑을 믿지 않는다 분홍색 : 당신 곁에 있어서 행복하다 적색 : 나는 당신을 잊지 않는다 기대, 결백한 사랑
제피란데스	*Zephyranthes candida*	천재적인 생각
조록나무	*Distylium racemosum*	밤의 고독
조롱박	*Lagenaria leucantha* var. *gourda*	빨리, 봄
조팝나무	*Spiraea prunifolia*	아양떠는 모습
종꽃	*Campanula medium*	승리
종려	*Trachycarpus excelsa*	사랑의 즐거움
진달래	*Rhododendron mucronulatum*	헛수고
꽃생강	*Hedychium coronarium*	우미, 주의깊다
찔레나무	*Rosa multiflora*	친절, 세력, 활력
참억새	*Miscanthus sinensis*	체념, 용기, 신뢰
창포	*Acorus calamus* var. *angustatus*	가련, 천진난만
채송화	*Portulaca grandiflora*	단결, 협력
천인국	*Gaillardia pulchella*	변하지 않는다, 변하지 않는 사랑
천일홍	*Gomphrena globosa*	사랑의 기쁨
철쭉	*Rhododendron* sp.	장난
청미래덩굴	*Smilax china*	건강
측백나무	*Thuja orientalis*	사치스러움
칠엽수	*Aesculus hippocastanum*	감사, 보은, 자비로움
카네이션	*Dianthus caryophyllus*	백색 : 나의 애정은 살아있다 분홍색 : 당신을 열렬히 사랑합니다 적색 : 열렬한 사랑 황색 : 경멸
카칼리아	*Cacalia coccine*	숨긴 사랑, 사람 마음을 움직이게 한다
카틀레야	*Cattleya* sp.	마력
칸나(홍초)	*Canna* sp.	존경, 쾌활하시기를 바랍니다, 견실한 훗날, 의혹
칼라	*Zantedeschia aethiopica*	환희, 청정, 애정, 열정

화 종	학 명	꽃 말
칼라디움	*Caladium bicolor*	기쁨, 환희
칼세올라리아	*Calceolaria herbeohybrida*	당신에게 나의 재산을 바칩니다
캘리포니아포피	*Eschscholtzia californica*	나의 희망을 받아들여 주세요
코스모스	*Cosmos bipinnatus*	백색 : 소녀의 순결
		적색 : 소녀의 애정
콜레우스	*Coleus blumei*	절망적인 사람
크로커스	*Crocus vernus*	나는 당신을 믿지만 근심이다, 당신은 나를 사랑하는 것을 후회하고 있다.
클레오메	*Cleome spinosa*	생각한 만큼 기쁘지 않다.
태산목	*Magnolia grandiflora*	자연의 애정, 위엄을 갖는다.
탱자나무	*Poncirus trifoliata*	추억, 참고 복종함
텔란세라	*Telanthera bettzickiana*	열중하면 식는 사랑
토레니아	*Torenia fournieri*	가련한 욕망, 애교
튜베로스	*Polianthes tuberosa*	위험한 도락
튤립	*Tulipa gesneriana*	명성이 높다, 사랑, 애정의 고백, 사랑의 고백
		적색 : 당신을 사랑합니다, 정조
		백색 : 실연
		자색 : 불멸의 애정
		황색 : 가망이 없는 사랑
트리토마	*Kniphofia uvaria*	흑색 : 나는 사랑에 불탄다
틈나리	*Lilium elegans*	당신을 사랑하는 마음
팔손이나무	*Fatsia japonica*	우아한 아름다움
패랭이꽃	*Dianthus chinensis*	기만, 교활, 비밀, 분별
팬지	*Viola tricolor*	부인의 사랑, 열렬한 사랑, 위급
펠라고니움	*Pelargonium domesticum*	쾌활한 마음 : 나를 생각하라, 작은 제모
포도나무	*Vitis vinifera*	행복한 욕망, 순결한 의지
포인세티아	*Euphorbia pulcherrima*	은혜
후크시아	*Fuchsia hybrida*	축복하다, 나의 마음은 불타고 있다, 희생, 박애
풍선초	*Cardiospermum halicabum*	숨은 사랑, 취미
		다망하다
프리뮬러말라코이데스	*Primula malacoides*	첫사랑, 나를 믿어주세요, 행운의 열쇠, 유년시절의 희망
프리뮬러폴리안사	*Primula polyantha*	나를 믿어주세요, 첫사랑
프리지어	*Freesia hybrida*	청향, 천진난만
플록스	*Phlox paniculata*	내 가슴은 불타고 있다, 일치, 동의, 같은 마음, 온화
피소스테기아	*Physostegia virginiana*	충분히 소망을 채웠다
페튜니아	*Petunia hybrida*	당신과 같이 있으면 마음이 편안하다, 장애물
필로덴드론셀로움	*Philodendron selloum*	나를 사랑해 주세요

화 종	학 명	꽃 말
하늘나리	*Lilium concolor*	변함없는 사랑, 변치 않는 귀여움
하와이무궁화	*Hibiscus rosa-sinensis*	섬세한 아름다움, 유혹
한련화	*Tropaeolum majus*	애국심, 승리, 전승기념품, 당신의 마음은 잠겨져 있다
할미꽃	*Pulsatilla koreana*	슬픔, 추억
해당화	*Rosa rugosa*	원망, 온화
해바라기	*Helianthus annuus*	숭배, 경모, 신앙, 기다림
헬리오트롭	*Heliotropium peruvianum*	애착, 헌신, 나는 어디까지나 당신을 사랑합니다
협죽도	*Nerium indicum*	위험, 주의하라
황색코스모스	*Cosmos sulphureus*	소녀의 마음
히아신스	*Hyacinthus orientalis*	겸손한 사랑, 승부
		보라색 : 비애, 추억, 불행

이종석 외, 1996

4. 도량형 환산표

■ 길이

단위	cm	m	인치	피이트	야드	마일	자	간	정	리
1 cm	1	0.01	0.3937	0.0328	0.0109	…	0.033	0.0055	0.00009	…
1 m	100	1	39.37	3.2808	1.0936	0.0006	3.3	0.55	0.00917	0.00025
1 인치	2.54	0.0254	1	0.0833	0.0278	…	0.0838	0.0140	0.0002	…
1피이트	30.48	0.3048	12	1	0.3333	0.00019	1.0058	0.1676	0.0028	…
1 야드	91.438	0.9144	36	3	1	0.0006	3.0175	0.5029	0.0083	0.0002
1 마일	160930	1609.3	63360	5280	1760	1	5310.8	885.12	14.752	0.4098
1 (자)	30.303	0.303	11.93	0.9942	0.3314	0.0002	1	0.1667	0.0028	0.00008
1 (間)	181.818	1.818	71.582	5.965	1.9884	0.0011	6	1	0.0167	0.0005
1 (町)	10909	109.091	4294.9	357.91	119.304	0.0678	360	60	1	0.0278
1 (里)	392727	3927.27	154619	12885	4295	2.4403	12960	2160	36	1

■ 넓이

단위	평방자	평	단보	정보	평방미터	아아르	평방피트	평방야드	에이카
1 평방자	1	0.02778	0.00009	0.000009	0.09182	0.00091	0.98841	0.10982	…
1 평	36	1	0.00333	0.00033	3.3058	0.03305	35.583	3.9537	0.00081
1 단보	10800	300	1	0.1	991.74	9.9174	10674.9	1186.1	0.24506
1 정보	108000	3000	10	1	9917.4	99.174	106794	11861	2.4506
1 m^2	10.89	0.3025	0.001008	0.0001	1	0.01	10.764	1.1958	0.00025
1 a	1089	30.25	0.10083	0.01008	100	1	1076.4	119.58	0.02471
1 ft^2	1.0117	0.0281	0.00009	0.000009	0.092903	0.000929	1	0.1111	0.000022
1 yd^2	9.1055	0.25293	0.00084	0.00008	0.83613	0.00836	9	1	0.000207
1 acre	44071.2	1224.2	4.0806	0.40806	4046.8	40.468	43560	4840	1

■ 부피

단위	홉	되	말	cm^2	m^2	ℓ	1 in^3	ft^3	yd^3	gal(미)
1 홉	1	0.1	0.01	180.39	0.00018	0.18039	11.0041	0.0066	0.00023	0.04785
1 되	10	1	0.1	1.8039	0.00180	1803.9	110.041	0.0637	0.00234	0.47656
1 말	100	10	1	18039	0.01803	18.039	1100.41	0.63707	0.02359	4.76567
1 cm^2	0.00554	0.00055	0.00005	1	0.00001	0.001	0.06102	0.00003	0.00001	0.00026
1 m^2	5543.52	554.325	55.4352	1000000	1	1000	61027	35.3165	1.30802	264.186
1 *l*	5.54352	0.55435	0.05543	1000	0.001	1	61.027	0.03531	0.00130	0.26418
1 입방인치	0.09083	0.00908	0.00091	16.386	0.00001	0.01638	1	0.00057	0.00002	0.00432
1 입방피트	156.966	15.6666	1.56956	26316.8	0.02931	28.3169	1728	1	0.03703	7.48051
1 입방야드	4238.09	483.809	42.3809	764511	0.76451	764.511	46656	27	1	201.974
1 gal(미)	20.9833	2.0983	0.20983	3785.43	0.00378	3.78543	231	0.16368	0.00495	1

■ 무게

단위	그림(g)	킬로그램(kg)	톤(t)	그레인	온스(oz)	파운드(1d)	톤	근(斤)	관(貫)
1 g	1	0.001	0.000001	15.432	0.03527	0.0022	0.26666	0.00166	0.000266
1 kg	1000	1	0.001	15432	35.273	2.20459	266.666	1.6666	0.26666
1 ton	1000000	1000	1	....	35273	220459	266666	1666.6	266.666
1그레인	0.06479	0.00006	....	1	0.00228	0.00014	0.01728	0.00108	0.000017
1온스	28.3495	0.02835	0.000028	437.4	1	0.0625	7.56	0.0473	0.00756
1파운드	453.592	0.45359	0.00045	7000	16	1	120.96	0.756	0.12096
1 돈	3.75	0.00375	0.000004	57.872	0.1323	0.00827	1	0.00625	0.001
1 근	600	0.6	0.0006	9259.556	21.1647	1.32279	160	1	0.16
1 관	3750	3.75	0.00375	57872	32.28	8.2672	1000	6.25	1

5. 여러 가지의 수형

A. 추형(양버들)

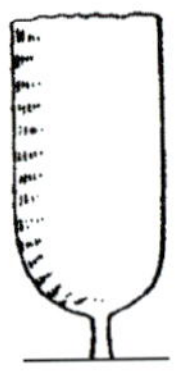

B. 원통형(측백나무)

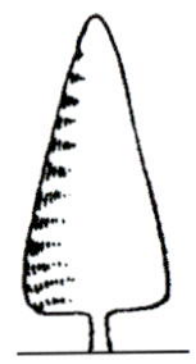

C. 원추형(젓나무)

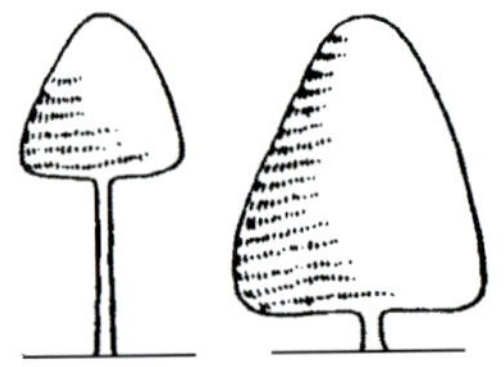

D. 우산형(편백)

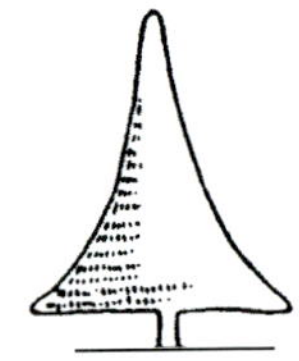

E. 탑형(독일가문비)

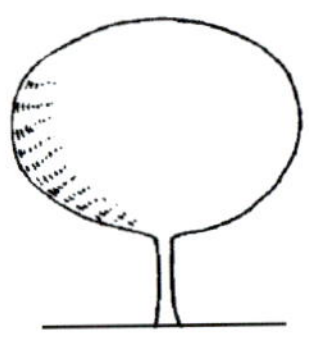

F. 원개형(녹나무)

G. 타원형(동백나무)

H. 난형(가시나무)

I. 백형(느티나무)

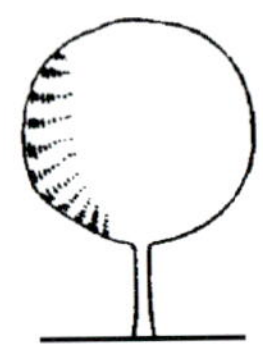

J. 구형(반송)

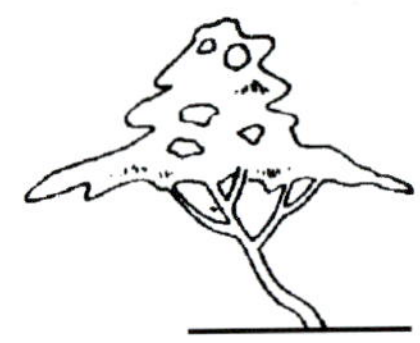

K. 횡지형(단풍나무)

L. 포복형
(눈향나무)

M. 수지형
(능수버들)

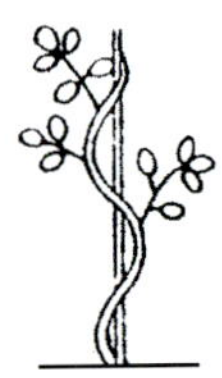

N. 만경형
(등나무)

O. 피복형
(가라목)

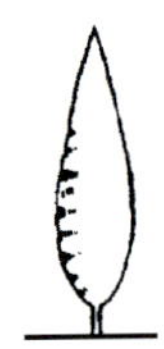

P. 양촉형
(이탈리안
사이프레스)

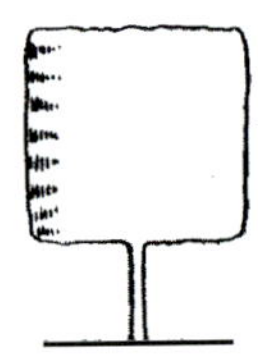

Q. 각형
(인위적으로
작형한 것)

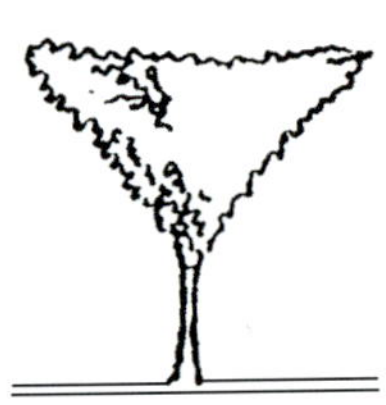

역삼각형

방두형

불규칙형

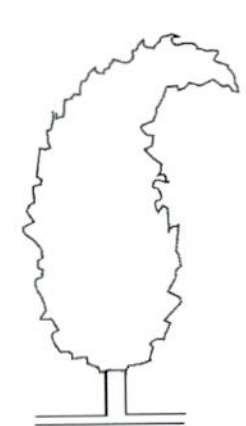

하수형

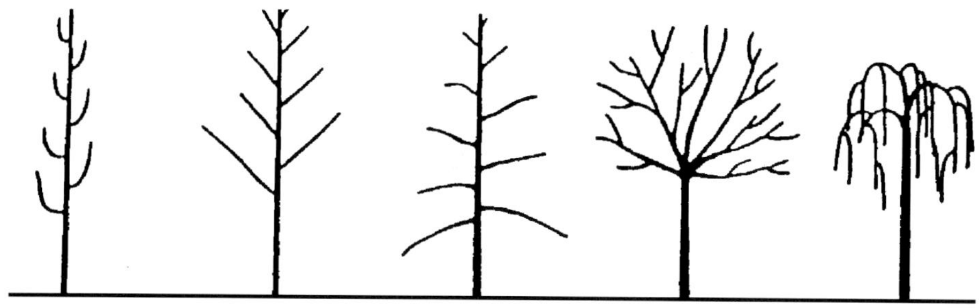

상향형 경사형 수평형 분산형 능수형

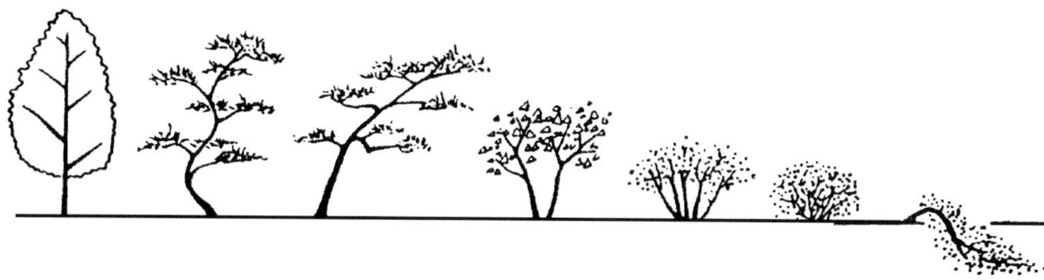

직립형 곡간형 경사형 장간형 다간형 밀집형 현애형

단간직립형 사슴뿔형 쌍간형 계단형 노출형

단간스탠드형 촛대형 토피어리형

찾아보기

생활원예 정가 25,000원

인 쇄 2008년 9월 1일 초판 1쇄
발 행 2011년 3월 10일 2 판 1쇄
저 자 이승우·이정명
발행인 정우용
발행처 도서출판 동화기술
경기도 파주시 교하읍 문발리 파주출판도시 500-13
Tel (031)955-4211~6 donghwae@kornet.net
Fax (031)955-4217 www.donghwapub.co.kr
(등록) 1977년 12월 19일/9-16호

Printed in Korea
ISBN 978-89-425-1619-3